U0381217

基于水资源刚性约束的
宿迁黄河故道片区
水资源优化配置研究

主　编◎胡继成

副主编◎黄昌硕　　吴培强　　赵新化　　盖永伟　　饶　猛

河海大学出版社
HOHAI UNIVERSITY PRESS
·南京·

图书在版编目(CIP)数据

　　基于水资源刚性约束的宿迁黄河故道片区水资源优化
配置研究 / 胡继成主编；黄昌硕等副主编. -- 南京 ：
河海大学出版社，2024. 10. -- ISBN 978-7-5630-9284
-0

　　Ⅰ. TV213.4

中国国家版本馆 CIP 数据核字第 2024QJ9585 号

书　　名	**基于水资源刚性约束的宿迁黄河故道片区水资源优化配置研究**	
书　　号	ISBN 978-7-5630-9284-0	
责任编辑	成　微	
特约校对	徐梅芝	
装帧设计	徐娟娟	
出版发行	河海大学出版社	
地　　址	南京市西康路 1 号(邮编:210098)	
网　　址	http://www.hhup.com	
电　　话	(025)83737852(总编室)	
	(025)83787769(编辑室)	
	(025)83722833(营销部)	
经　　销	江苏省新华发行集团有限公司	
排　　版	南京布克文化发展有限公司	
印　　刷	广东虎彩云印刷有限公司	
开　　本	787 毫米×1092 毫米　1/16	
印　　张	22.25	
字　　数	407 千字	
版　　次	2024 年 10 月第 1 版	
印　　次	2024 年 10 月第 1 次印刷	
定　　价	92.00 元	

前言 | Preface

　　水资源是生态系统正常循环不可缺少的最基本要素，是生态环境不可替代的自然资源和组成部分，是不可或缺的维护一切生物正常代谢的重要资源，同时也是确保国民经济可持续发展的基础。随着经济社会的快速发展，城市化、工业化进程的加快以及人口持续增长，人类对水资源的需求变得越来越大。因此，必须重视水资源的合理开发利用以及加强水资源管理，避免由于缺水导致的一些工业和农业生产无法正常进行的事故，促进水资源的可持续利用，保障经济社会的可持续发展。

　　水资源的时空分布不均、城市快速扩张和人口增长导致的用水需求不断增加，引发了水资源利用的矛盾。水资源的优化配置是缓解冲突最有效的方法之一，它可以通过各种工程措施和非工程措施，将有限的可用水资源在地区和部门之间进行有效分配。在相对缺水地区进行水资源优化配置，是合理开发利用区域水资源的基础，也是水资源可持续利用的根本保证。

　　为贯彻"节水优先""四水四定""水资源刚性约束"等原则和制度，在进入新发展阶段的关键时期，落实新发展理念，适应新发展格局，保障黄河故道片区高质量发展，提高黄河故道片区新质生产力，支撑朱海站等水源工程立项建设，推进高质量建设黄河故道生态富民廊道，根据国家及江苏省、市各相关部门要求，以"十四五"水利发展规划为重点，科学地进行宿迁市黄河故道片区水资源优化配置是优化水资源战略格局、提高水利保障能力、促进廊道区域生态文明建设、推动经济社会高质量发展的有效举措。

　　本书将理论和实践相结合，从理论创新、模型构建、实例研究等方面系统研究基于水资源刚性约束的水资源优化配置，探索水资源优化配置的原理，构建水资源优化模型，分析水资源需求预测，建立水资源优化配置评价体系，开展黄河故道片区水资源优化配置研究。本书共分为八章：第一章，简述了我国水资源概况，总结了实行水资源优化配置的必要性，梳理了基于水资源刚性约束的水资源优化配置研究；第二章，主要梳理了水资源需求预测的理论基础，包括需水预测的内容、原则、方法、影响因素等，阐述了不同行业需水过程中的经济社会指标和基于水资源刚性约束的需水量预测方法；第三章，建立了水资源优化配置的基本框架并分析具体内容,介绍了水资源配置基本原则和手段,并构建了多种水资源优化配置模型;第四章,介绍了水资源刚性约束的概念,分析了水资源刚性约束的理论基础,提出了基于水资源刚性约束的区域水资源优化配置的相关模型;第五章,介绍了水资源配置效果评价、水资源配置方案效益评价、水资源配置方案风险评估的相关方法与内容;第六章,简述宿迁黄河故道片区的区域概况、水资源状况,分析水资源开发利用现状,明确水资源管控指标的符合性,计算水资源承载能力,明晰存在问题并进行开发利用潜力分析;第七章,针对宿迁黄河故道片区进行水资源需求预测,基于水资源刚性约束进行供需协调分析;第八章,对黄河故道片区水资源进行了优化配置,并对其水资源优化配置方案进行了评价。

本书参考并引用了大量国内外学者的相关论著,吸纳了同行们的研究成果,作者从中受益颇深并得到了很大的启发,在此谨向各位学者表示衷心的感谢!除封面署名人员外(主编胡继成完成约 10.5 万字,几位副主编完成约 20 万字),参与本书编写的还有陈丽君、杨冠锦、赵梦凡、杨军飞、徐方圆、侯锐、丛培月、侯方玲、颜冰、郭荣、高树、张楠、杨璐、张恒宇等。

由于编写时间仓促,加上研究水平有限,书中部分方法和结论难免会有不足,敬请各位同行和广大读者给予批评指正。

作者

2024 年 6 月

目录 | Contents

第一章 | 水资源优化配置概述

1.1 实行水资源优化配置的必要性

水资源短缺、水资源分布不均和水污染严重是我国的基本水情。目前,我国水资源总量出现衰退趋势且耗水量增长迅速,未来的水资源供需形势严峻(如出现水质性缺水现象和季节性缺水现象)。我国水资源存在的问题,迫切需要通过实行水资源刚性约束制度和水资源优化配置来解决。同时,进入新发展阶段,生态文明建设和经济社会高质量发展都面临水资源短缺的严峻挑战和重大制约,强化水资源刚性约束和水资源优化配置是解决缺水问题的必然选择。习近平总书记在关于治水的重要论述中曾多次提到水资源刚性约束制度,强调"要加强需求管理,把水资源、水生态、水环境承载力作为刚性约束""坚持以水定城、以水定地、以水定人、以水定产,把水资源作为最大的刚性约束,合理规划人口、城市和产业发展,坚决抑制不合理用水需求"。在我国的水资源管理制度中,水资源刚性约束制度是总要求。

1.1.1 实现总体配置最优

水资源在配置过程中被应用于不同方面,由于中国水资源缺乏的现状,对于生产、生活相应需水量不可能都满足,供给的差异反映现有技术条件的局限和配置过程的侧重点,为使有限水资源能发挥最大作用,在配置过程中应体现总体最优的特征,协调互相关联的系统,避免出现局部地区由于水资源严重缺乏影响生产、生活的状况。

不同时点的供需变化对水资源配置影响较大。对于水资源供应,不同季节降水量多少会使区域地表径流、湖泊拥有水量有较大变化;随着地表水的渗透,地下水水位也随之变化,这些变化带来季节性水量丰枯,使得供水能力在不同年份也有较大差异。而与之相关的水资源需求,受到产业特征和生活需求影响也表现出一定程度的规律,如农业灌溉中不同作物有特有的需水较多时期、夏季生活用水量明显高于冬季用水。在水量配置中,水量供给与用水需求变化很难有相同规律,不可能在一个配置周期内保证各个时点水量配置最优,因此必须通过比较不同时点需求的重要程度,将水量在不同时段的用途重点进行划分,实现有选择地配置。

水资源配置过程中必然会涉及水量开采、输送、储存等环节,相应环节与所在地区的地理水文特征有着密切的关系,其优化过程受空间条件约束。水源地到用水户的距离远近、取用地表水还是地下水、所取水源的水质如何、水源地是否归属同一行政区、不同地区水资源输送方式存在差异、输送过程中水量损失情况不同、所在区域是否有水库等蓄水工程是配置过程中资源空间特性的主要方面。此外,不同区域的人口分布、产业结构、产业聚集程度、不同产业的需水特性也是影响水资源空间布置的相关方面,空间约束会影响到配置过程中的配置成本与时间花费,同时不同地区以各自的利益最大化为目标,希望在降低取水成本的同时获得较多的水量。这些问题的存在一方面提高了配置过程的复杂性,另一方面各方利益纠纷博弈的结果迫使各方接受能达到均衡的方案,而不是各自最优的方案。

对于水资源配置,要求从时间和空间两方面考虑以达到总体配置最优,配置过程中还应看到不同区域的社会、经济发展并不平衡,水资源自身供给能力也会随气候、上游来水多少而变化,因此在一定条件下形成的合理配置方案,经过一段时间后会由于某一方面情况的变化而产生新的需求格局。这要求水资源配置是个动态的变化过程,其变化可反映在两个方面:其一为水资源配置的供应约束方面,其二为区域用水目标方面。在实际配置过程中可根据目标和约束条件的变化,重新设计配水方案,力图得到新的总体最优方案。

1.1.2 耦合计划配置与市场配置

计划配置在水资源配置管理中占有重要地位,是中国水资源配置的主要方式。根据已有的水资源统计资料,结合不同地区用水需求,以行政决策为基础,通过行政、法律法规等约束来贯彻配水方案,是计划配置的主要特点。我国《水量分配暂行办法》公布以后,计划配置进一步在法规上得到明确,形成了在不同省际行政区之间以流域配置为主、行政区内以各地方政府为主进行初始水权分配的方式。计划配置过程保障了国家对水资源的所有权,在实践中贯彻了水资源归国家所有的基本原则。以流域为基础范围制定水资源总体规划,体现了对不同因素综合作用的考虑,通过制定流域规划以综合考虑水量、水质,流域中产业发展状况,区域人口增长等因素,使有限的水资源在上游和下游之间较为均衡地利用,避免了由于上游与下游争水,导致下游由于枯水期或降水较少而产生断流。由于对分配方案的执行依靠的是行政和法规手段,对措施的响应时间快,能保证方案在短时间内得以推行。计划配置水资源对保证水资源公共物品属性的发挥有重要作用。对流域水资源的利用不仅仅要考虑区域发展,对于流域中生物种类多样性的保护、洪涝灾害的防治、水污染物去除、流域中水土流失的治理、湖泊面积与水量的保持都需要从流域整体进行计划,流域中计划的统一性是流域能实现配置优化的基础。在具体用水户配置过程中,计划配置避免了由于完全市场化可能出现的恶性竞争,保障了弱势群体的基本饮水权利,体现了配置的公平性原则。

虽然计划配置水资源存在着诸多优点,但同时也应看到完全计划配置水资源也并不是完美无缺的,信息及统计数据的完备性是计划配置能取得良好效果的前提,而水资源的配置涉及与水量和水质有关的各个方面,从宏观经济发展到微观的家庭消费都会影响水资源配置的合理性,同时这些方面在社会发展过程中处于相互影响、不断地变化之中,而计划配置所依据的已有的信息和数据,不可避免地会产生疏漏和失误,计划配置过分依赖于管理者做出决策的正确性,可能会产生与实际情况脱节、忽视经济效果的问题,对此,市场配置成为计划配置的有效补充。通过市场配置可降低水资源管理成本,灵活应对水资源供需变化,扩大水资源配置的范围,由水价变动反映水资源的需求差异,对供水成本能很好补偿,能促进水资源节约利用。以计划配置为主、市场调节为辅,避免了由于水权市场竞争中形成垄断而影响水资源配置的公平性,对维护市场机制的稳定性有着重要作用。通过建立快速反应的市场配置与多目标计划配置相结合的配置机制,发挥计划与市场各自优势实现两者的协同,可实现在保证水资源国家调控的前提下局部快速反应。

1.1.3 促进水质达标,实现可持续发展

通过水资源优化配置可解决水质性缺水的情况,改善水污染现状,但目前发生水质性缺水的地区由于水资源优化配置效果较差,水资源污染情况没有根本性好转,这已成为水资源配置过程中普遍面临的问题。目前大多采用工程调水或水权交易方式,但无论是水资源配置成本还是配置管理的复杂性都高于直接在区域内配置。如何在确定的时间和地点提供必要的水质和水量是水资源管理

者实施各种配置策略考虑的重要方面。

农业用水量始终居于各类用水量排名的首位。由于农业水资源配置过程中供水设施相对简单,主要采取就近取水方式,水量需求较大,所以我国对灌溉用水的控制不是十分严格,虽然有相应的农业灌溉标准,对灌溉用水的分类、具体检测指标都有明确规定,但在实行过程中对实施部门、检验周期、不合格灌溉用水的处理方式规定得并不十分明确。由于城市对于水污染控制的加强,污染企业有向农村扩散的趋势,农业灌溉用水污染的取证、申诉和处罚机制并不完善,导致只有在水污染状况已十分明显的情况下,水污染治理工作才会得到相关部门的重视。农业灌溉用水污染会引起有毒物质在土壤中积累,降低土壤肥力,由于植物根系的吸收作用,有毒物质进入作物后,随着农产品的生产危害消费者健康,而这些主要源于对农业用水水质配置监管不力,强化农业用水日常管理是保证农业用水的关键。

中小工业企业排放达标率低对水质配置影响较大。我国虽然实行了"三同时"的水污染治理措施,但对于投资少、规模小的中小企业管理不是十分规范,往往对项目的审批环节较为重视,而对产生实际治理效果的验收、运行环节重视程度不足,导致与企业生产相关的水污染治理项目进度慢、验收率低,其效果往往低于最初的设计水平。此外,由于每个中小企业工业废水排放相对较少,治理的成本相对较高,而中小企业其盈利十分有限,对产生的污染物很难有效治理。由于中国目前对水污染的控制主要采用确定周期进行监测的方法,企业为了降低治理成本,私排、偷排的现象时有出现,由于检测困难,大多数只有在出现水污染突发事件并造成严重污染时,才会对企业实施处罚,使工业废水私排、偷排现象没有得到根本性的改变。这导致工业发达地区水资源污染程度恶化,由于水质性缺水带来的配置问题相对明显。

生活污水中的有毒物质相对于工业废水较少,可成为城市回用水的主要来源,可在不开发新水源的前提下,给水资源配置提供可用水量,发达国家在这方面有较多的成功经验。但由于我国城市污水排放管网建设相对落后,污水处理厂数目有限,污水集中处理能力较低,城市的生活污水不经处理就直接排放的比例还较大,不仅减少了可用水量,同时对环境水质也有负面影响。增强生活污水的处理能力是提高城市供水能力的重要方面,可减轻城市水资源配置压力。

1.2　水资源优化配置的研究进展

纵观国内外水资源优化配置研究进展,水资源优化配置理论和方法研究已取得了长足的发展,且在社会经济和科学技术的高速发展过程中不断完善,取得了很多有价值的成果。

1.2.1　需水预测

需水预测是水资源配置的基础,需水预测的准确性影响了后续水资源配置的准确性和实用性。水资源规划的概念最早出现在 20 世纪 40 年代,而同时期的需水预测还只是停留在定性预测的层面,如采用德尔菲法、交叉影响概率法等,由于定性预测无法满足规划配置的定量要求,故为了满足供需平衡和配置定量的要求,需水量的预测逐渐向定量的方向发展。60 年代,Quraishi 以瑞典 30 年的数据和前期预测做对比,发现用某个特定的数学公式来计算或用函数曲线来代表未来需水量的趋势是不准确的,也是不可行的,此发现揭开了需水定量预测的篇章。

随着世界经济快速发展、科学技术的不断革新以及生活水平的不断提高,社会快速发展带来的负面影响,如生态环境遭到破坏、资源短缺且利用率低等问题不断涌现出来。为了应对未来水资源可能出现的短缺状况,许多国家开展了水资源规划工作。最早进行需水量的定量预测的国家是美国,开始于 20 世纪 60 年代到 70 年代。在南北战争结束后,美国城市供水系统逐渐修复,在"人口需要决定用水量"的原则下,美国政府于 1965 年至 1968 年完成了首次全国水资源调查评价,水资源有关部门在评价报告的基础上研究用水现状与展望,并对未来 2000 年、2020 年全国需水量进行了预测。1978 年,美国政府部门根据实际的用水使用情况对需水进行了分类预测,并做出 1985 年和 2000 年的水资源利用规划。加拿大、日本、意大利、法国等发达国家也从 20 世纪 60 年代开始逐步展开国家范围内的需水预测的相关工作,并将需水预测作为国家规划的重要组成部分,以期实现水资源的高效配置与利用。

联合国环境与发展大会在 1992 年通过《21 世纪议程》,使水资源开发利用与需水预测工作开始围绕"可持续发展"理念展开,进而推动了需水预测的进一步研究。近十年,水资源供需矛盾进一步激化,水资源规划与预测的重要性进一步显现。2015 年联合国会员国在《2030 年可持续发展议程》中提出"为所有人提供水和环境卫生并对其进行可持续管理"的目标,同时阐明了水资源与经济、社会、市场,以及不断涌现出的全球挑战之间的联系,强调水资源在可持续发展中的核心位置。2018 年,联合国在《2018 年世界水资源开发报告》中指出,全球水资源的需求正在以每年 1% 的速度增长,各个国家必须根据自身状况制定合理的水资源发展规划来应对水资源短缺所带来的多方面问题。

国内需水预测工作的研究进程相对滞后,研究发展大致分为三个阶段:

第一阶段是新中国成立至改革开放前。我国在新中国成立后逐步建立起计划经济体制,为了保障人民生活以及国家发展的用水需求,逐步开展需水预测工作。由于当时我国尚处于农业国家向工业国家的过渡阶段,农业用水量较大,因此主要针对农业灌溉需水进行预测。

第二阶段是改革开放前期至 1992 年。在其他各国相继开始对本国的水资源量展开调查并对 21 世纪的需水量进行预测时,我国也开展了全国第一次水资源调查,其中就包含需水预测。中国改革开放政策实施后,随着我国经济飞速发展以及工业和城镇居民的用水需求不断增加,水资源短缺的问题逐渐凸显出来,我国开始了对需水预测理论方法的深入研究,同时对地下水、地表水以及跨流域调水进行研究。我国水文和水资源规划部门于 1979—1986 年开展了全国水资源评价工作,并最终提交了《中国水资源评价》研究报告。1990 年,丁宏达将回归分析与马尔科夫理论相结合来预测需水量,该方法可有效校核误差,但此种方法预测时需要大量数据,在缺乏数据时无法开展研究。

第三阶段是 1992 年至今。随着改革开放的不断深化,水质污染、重度缺水等问题随之涌现。1992 年水资源可持续发展理念的提出标志着需水预测进入了新阶段。1998 年,张洪国等人首次在需水量预测中应用灰色预测模型,并在哈尔滨等城市中做了实践,验证了此模型在水资源预测中的可行性。2001 年,单金林等人利用神经网络理论建立了需水预测模型,并在实际应用中取得了较高的精度。2004 年,刘勇健等人提出了遗传神经网络需水预测模型的方法,以弥补遗传算法收敛速度较慢的问题。2009 年,张灵等人构建了投影寻踪和免疫进化算法耦合的模型,以此来预测城市的需水量,该模型解决了预测时的高维非线性异常预测的问题。2012 年,景亚平等人建立了马尔科夫链修正的组合灰色神经网络模型,该方法适用于数据呈随机性分布的情况。2017 年桑慧茹建立了主成分分析与径向基函数神经网络相结合的模型,并将该理论模型应用于凌源市,取得了良好的预测结果,同时指出该模型可用于半干旱山区的需水量精准预测。2018 年陈伟楠提出一种由主成分分析、粒子群算法及 BP 神经网络三者相结合的改进预测模型,利用主成分分析筛选出影响需水量的主要因子,再将这些因子输入由粒子群优化的 BP 神经网络模型,并以泰州市做实例应用,得到良好的预测结果。2021 年单明义提出基于灰色关联度的 PSO-SVR 的需水预测模型,先用灰色关联度分析选取影响需水量的主要因子,并在此基础上应用粒子群算法优化支持向量回归机的模型,然后将此模型运用在山西省的需水预测中,结果具有较高的拟合度和预测精度。21 世纪以来,水资源可持续发展理念引导众多学者以水资源可持续利用为中心,开始了新的中长期需水量预测研究。

随着全球开启了水资源规划的浪潮,众多学者开始重视水资源的供需分配并展开相应的研究,定量需水预测的方法得到发展和完善。由于需水量受到气候、科技进步、经济发展和政策改革等诸多因素的影响,需水预测工作呈现出不确定性、复杂性以及数据的非线性,预测难度较高,如果能根据已有信息进行可靠的预测,就能提前规划,采取措施尽量减少缺水对农业生产、城市供水以及经济发展等造成的不利影响。根据预测周期的长短,需水预测可以分为长期预测、中期预测和短期预测;根据用水主体的不同,需水预测可分为农业、工业、生活和生态需水预测;根据预测的方法不同,需水预测可分为统计学方法、系统分析方法以及结构分析方法。

需水预测常用的方法主要有时间序列模型、神经网络模型、灰色模型、支持向量机、组合模型法等,实际预测工作中需要根据实际情况选择模型。其中时间序列法主要是根据需水量的时间序列找出其发展趋势并做出推测,常见的时间序列法有趋势外推法、移动平均法等等;常见的相关分析法有定额法、灰色预测、人工神经网络等等。人工神经网络是模拟人脑的神经网络对复杂信息处理机制的简化模型,具有信息处理并行性、高度的非线性以及良好的容错性等特点,其性能已经在线性和非线性应用中得到了证明,被广泛应用于水文预测中,并取得了良好的效果,目前在需水预测领域常用的神经网络模型有 BP、GRNN、Elman、RBF 等。灰色模型是根据过去少量的灰色信息,对原始序列作累加生成,建立灰色微分预测方程,进而进行预测的模型。灰色系统理论主要研究小样本、贫信息的问题,目前最常见的灰色模型为一阶单变量灰色动态模型[简称GM(1,1)]。近 10 年中,灰色预测模型的发展迅猛。谢乃明等针对 GM(1,1)模型微分方程由离散形式到白化形式转变过程中预测稳定性不佳的问题,提出离散型灰色模型[DGM(1,1)]。吴利丰等基于新信息优先的原则提出分数阶灰色模型,使得模型阶数的取值范围由整数扩大至实数,因此能够实现预测结果误差最小化。支持向量机是一种新的处理二分类问题的学习机器,具有较高的泛化能力。单义明等建立了基于粒子群算法优化的支持向量机模型并对山西省2015—2017 年的需水量进行预测,经对比,优化后的模型可以显著降低山西省需水量预测的误差。组合预测法是在两种或两种以上预测方法的基础上形成的预测方法,它能够充分结合各个单一模型的优势,从多方面挖掘时间序列的变化特征,有效地进行模拟预测,事实证明,相比于单一方法,组合模型在实际预测中能取得更好的预测效果。

1.2.2　水资源配置

国外关于水资源配置的相关研究,始于20世纪40年代,由Masse等利用水资源系统分析方法,对水资源调度问题进行了初步的研究,同期其他学者也开始研究水资源配置问题。但是,这一时期的研究主要是理论探索,实际应用不多。而后,美国工程师首次构建了水资源模拟模型,解决了密苏里河流域水库的调度问题。在50—60年代随着系统分析理论、技术和计算机技术的发展,水资源配置的模拟模型得到迅速发展和应用。在70—80年代,由于系统分析理论的不断深入,对水资源配置领域相关问题的研究逐步发展为建立仿真模型模拟研究。水资源配置模型能够详细描述水资源所涉及的复杂的政治和决策问题,进行有效的分析和计算,为合理规划水资源提供科学依据。Buras在《水资源科学分配》中对水资源分配理论和方法进行了系统研究,Buras和Hall首次利用动态规划的方法,解决地表水与地下水的分配问题。Pearson等采用二次规划方法,对Nawwa区域的用水分配进行研究。Yeh在《水库管理和经营模式》中,在已有水库模型的基础上,通过系统分析法升华了其在水资源方面的理论,并形成了系统分析的理论框架。1975年Haimes应用多层次管理技术对地表水库、地下含水层的联合调度进行了研究,使模拟模型技术向前迈进了一步。

20世纪90年代,水资源短缺、水污染加剧带来的水资源问题受到高度重视,国外学者在水资源配置模型中逐步加入了水环境效益目标和水质约束。在早期阶段,水资源配置研究以水量配置为主,更多的是将经济效益作为研究中不可或缺的重要指标,以实现经济效益最大、缺水最小、提高用水效率等作为首要目标或主要的研究内容。Afzal等以巴基斯坦为研究对象,构建了线性规划模型,研究了灌溉系统不同水质下灌溉水的配置。Castle和Lindebory通过构建线性规划模型,解决了两个农业用户之间的地表水与地下水水量分配问题。Percia等以经济效益为约束,建立了埃拉特地区多水源管理模型。在90年代后期,水资源配置研究中学者多采用遗传算法等方法。

21世纪以来,国外的配置研究开始从资本市场出发,综合考虑水权分配、水资源经济效益和政府管理政策等综合影响。Iftekhar等基于农场模型,分析了考虑公平性和效率性的西澳大利亚地下水系统。Saeid等以供水规模最大、地下水开采规模最小为目标函数,通过多目标算法,得到地表水和地下水最优开采比例。Ahmad Ijaz等针对水资源规划提出了一种简单的双层多目标线性规划(BLMOLP),该方案在有限水资源配置的多目标框架下,由水库管理者和多个用水部门组成层次结构。Abolpourf等采用自适应神经模糊推理系统方法,对伊朗的七个子流域进行了模拟,并比较了该方法的模拟预测值与历史数据测量结果,建立了自适应神经模糊强化学习模型,用来解决不确定性的水资源配置问题。Alireza 等构建了系统动力学模型,得到伊朗东阿塞拜疆省的最优水量分配方案。Barzegari 等构建了水资源管理配置模型,利用遗传算法和非支配排序遗传算法对其进行了对比分析,得到最优水管理情景。

与国外相比,国内在水资源配置领域的研究开始得相对较晚,起步于 20 世纪 60 年代。在 80 年代初,华士乾教授带领课题组研究了北京地区的水资源合理利用问题,形成我国水资源配置研究的雏形。随后,我国对水资源配置方面开展了大量研究,形成了几个代表性阶段。

1. 就水论水配置阶段

该阶段总体而言是“以需定供”模式,主要用以解决用户缺水量最小、水量配置最均衡等问题,通过水量配置为水利工程规划建设服务。1989 年,陈铁汉以解决枯水年实际缺水为主要目标,兼顾消除或减轻旱涝灾害的配置原则,对江西省锦江流域进行水资源配置。1991 年,董增川较全面地综述了大系统的理论、方法及在水资源系统规划和管理中的应用,首先综述大系统的三类策略:递阶、分散控制、主从方法。陈欣分析了水资源以及水资源系统的特点,对世界范围内的水资源问题进行了分析;对当时国内外水资源开发利用、水资源合理配置研究进行了全面回顾;阐述了区域水资源合理配置的含义、内容、目标、原则、模式和技术方法。

2. 宏观经济配置阶段

该阶段重点研究水与经济社会的复杂关系,目标是达到经济效益最大化。由于水资源配置涉及的因素逐步增多,引入了系统分析方法。顾文权等以汉江中下游为例,构建了水资源配置的多目标风险分析模型。赵丹等基于系统分析的思想,建立了南阳渠灌区的水资源配置序列模型,利用多目标多情景模拟计算方法,得到了最优的配置方案。1999 年,王强等利用价格杠杆,理顺山东黄河供水价格体系,合理确定供水价格标准、丰枯季节时间及比价关系,对山东黄河水资源进行了配置。为了实现汤浦水库垃圾发电、聚酯切片和印染技改扩建等各项目与用水量关系利益最大化,王柏明等利用运筹学的一个分支,即动态规划方法,提出最优水量分配方案。霍有光在陕西水资源与国土资源特点的基础上,论述了关中、陕北地区和陕南地区调整产业结构与合理利用水资源的战略,并就提高水资源利用率与水的经济效益问题,提出了有关完善产业政策、人口政策、城市与城市化政策、水价政策、水管理机构等方面的具体措施。张帆等以甘肃省黑河中游 17 个灌区间水资源配置为例,以经济效益、社会效益、生态效益为目标函数构建多目标模型,并分别使用传统方法与复合多目标方法进行配置。

3. 面向生态配置阶段

该阶段主要针对西北内陆河流域提出面向生态的水资源配置方法。尹明万等构建了基于时间和空间的水资源配置模型,全面考虑了生活、生产、生态环境和各种水源、工程供水特点。杨献献等构建了面向生态的单目标和多目标水资源配置模型,并应用于黑河中游。周维博等以陕西宝鸡峡灌区为例,构建了灌区水资源综合效益评价模型,并把经济效益、生态效益、社会效益考虑在内。张世华分析研究了讨赖河流域水资源的现状及利用情况,提出了流域水资源配置的思路和措施。Liu 等的研究取得了水资源持续有效利用的供需关系,用于制定影响水资源需求的政策。

4. 跨流域大系统配置阶段

该阶段主要针对南水北调工程问题。由于南水北调水量分配存在多用户、多水源、多阶段、多决策主体,对其水资源合理配置是确定工程规模的基础。随着计算机的快速发展,算法和模型的不断改进,许多学者通过数学模型来解决水资源配置的问题。李丹等在综合考虑国民经济需水量、水资源平衡和生态环境用水量的基础上,建立了跨界水资源多目标配置模型。赵建世以黄河流域为研究对象,构建了水资源配置总体模型,研究了影响水资源配置的主要演化动力的作用机制。史银军等基于水资源转化过程,构建了流域水资源配置模型,采用模拟寻优和遗传算法进行求解,从而将石羊河流域的水资源分配到所在行政区,便于管理。焦露慧等运用系统动力学方法构建了陕西渭河段水环境承载力评价体系,提出提高渭河流域水环境承载能力的方案,该模型对西北干旱地区水环境承载力具有普适性。刘伟莉对博弈论在流域水资源配置中的应用展开研究,较全面地阐述了国内外水资源配置及博弈论在水资源领域应用的研究现状和流域水资源配置存在的问题。

5. 量质一体化配置阶段

该阶段源于实际需求,因为不同的用户有不同的用水水质需求,进而推动了结合水质条件的水量配置。刘丙军等将模糊理论和信息熵结合,构建了基于耗散结构理论的河流系统水质演化模型,完善了水资源系统分析理论和方法。张相忠等对青岛市水资源承载力进行研究,并设计了四种水资源配置方案,通过对比分析确定了研究区水资源配置的最佳方案。邬亮利用定额法预测了工业、生活、农业的需水量,针对需水量进行供需平衡分析,制定了济阳县和商河县的水资源配置方案。齐学斌等对灌区水资源的合理配置进行研究,发现我国水资源存在保护政策落实不到位、配置模型不实用等方面的问题,为我国灌区的水资源配置改进提供理论支持。张守平等将水量和水质相结合,构建了基于水功能区纳污能力的污染物总量分配模型。李志林构建了基于系统动力学的卫运河区域水资源配置模型,综合考虑了水资源、社会、经济和生态环境方面的要素。朱文礼等以庐江县为例,基于系统动力学理论,构建了以水量和水质为约束的水资源承载力配置模型。边乐康等建立了区间多阶段双侧随机联合概率机会约束规划模型,提供了九种灌溉方案,为红崖山灌区的水资源配置提供参考。沈军等将水资源配置问题模拟为生物进化问题,通过判断每一代个体的进化程度来优胜劣汰,从而产生新一代,如此反复迭代来完成水资源配置。王凡以锦州市为例,利用全局寻优能力强且收敛速度快的鲸鱼算法求解水资源配置模型,得到不同规划年的配置方案。

上述研究采用不同方法在水资源配置方面进行了积极探索,但由于水资源承载力系统的高度复杂性,水资源配置理论和技术方法方面尚存在明显不足。因此,目前国内外学者对水资源配置等理论与方法的研究还在持续发展中。

1.2.3 水资源配置模型

水资源配置系统为一规模庞大、结构复杂、功能综合、影响因素众多的大系统,必须考虑系统固有的特征:多目标、多属性、多层次、多阶段及多不确定性因素等。为此,水资源配置研究正朝着水资源复杂系统所要求的方向发展。根据国家新时期的治水方针,并综合考虑到我国水资源开发利用及管理中出现的新问题与新情况等,目前可以预见的发展方向是:以单纯追求一个目标最优的择优准则,向由复杂事物固有的多目标优化满意准则转化;由单一整体、功能有限的模型结构形式,发展为分散的多层次的又能协调和聚合的多功能模型系统;从"策略导向"的个人决策模式,演化为"决策过程导向"的个人或群体决策模式等。

1. 目标从单一目标趋向于多目标

以前在研究和解决水资源配置问题时,多半采用最优准则(如发电、供水量最大,工程成本最小,或投资最小、淹没损失最小等)和单一目标(将一些相互竞争的目标作为约束条件处理后,选用一个目标)进行优化,给出"最优方案"(或策略)供决策者参考和采用。这样的"最优方案",主要问题是易于失真,不易被决策者所采纳。原因是:其一,决策者若考虑到模型未能概括的其他因素,如环境、社会和政治等,"最优方案"可能急剧变坏,甚至成为不可行方案,即使并非如此严重,考虑到不确定性因素的影响,也无法保证它确是唯一的最优方案;其二,不能反映作为约束条件处理的各个目标之间的利益转换关系,难为利害冲突的有关各方所接受;其三,也是最大的问题,这种唯一的最优,常常不能反映决策者的愿望,甚至引起疑虑;其四,往往受水资源配置系统本身及与之相关的决策机构的体制、管理不协调及缺乏评审考核标准与相应的奖励办法、制度等影响。这些不能不说是当今水资源配置研究成果虽多,而被采纳实施不多的原因之一。

鉴于上述弊端,采用最满意准则(体现的形式很多,如目的、理想、优先权/级、效用、最佳均衡等,总之与决策者偏好有关)和多目标函数(如经济的、环境的、社会的等)是必要的。早在 20 世纪 50 年代末期,J. G. March 和 H. A. Siman 就指出,人们关心的是寻找和选择满意的决策方案;仅在特殊情况下,方去寻找和选择最优的决策方案。

由于多目标决策技术的性质和灵活性,它可以给出各个目标之间的利益转换关系,也能给出所有方案的排队关系,还可根据决策者的偏好和效用给出相应的决策方案。因此,应用多目标决策方法,研制水资源配置多目标分析模型,该方法下研制的模型能适应问题的各种决策要求和扩大决策范围,有利于决策者选出最佳均衡方案。

2. 模型功能向多功能方向发展

为了使模型能反映客观事物内在联系、符合人类思维方式和成为决策过程的有力工具,水资源配置模型的功能应该是重点研究内容之一,其应具有产生方案、比较方案和评价方案的多种功能。所谓产生方案,是指通过模型求解,能得到供决策者挑选的多种组合形式的较好方案。所谓比较方案和评价方案,是指可对模型生成的各种方案的各个方面影响做出详尽的分析,并可根据一定的评价准则(其中包括决策者的愿望或偏好)对方案进行分类比较、排序和择优。

水资源的开发与利用,涉及国计民生、生态环境的广阔领域,其中包括国民经济发展、结构调整、产业布局、地区开发、社会福利、生态环境保护等诸多方面,以及国家、集体和个人的眼前、长远利益与人们的心理状态等因素。如果水资源配置模型具备上述的功能,就可较好地适应水资源配置所面临的复杂局面。面对如此复杂、相互矛盾的目标,常常需要反复考虑各种因素、权衡各方面利益后,做出一种协调平衡的水资源配置决策。当水资源配置模型具有上述的多目标功能时,不仅可提供使决策者具有全面权衡利弊得失的各种方案,而且在比较挑选方案过程中,还可以为决策者提供大量决策信息,帮助决策者找到"最佳均衡方案"。

水资源配置决策过程是一个反复研究和逐步深化的动态过程。决策分析伊始,并不能对目标、约束等做出全面准确的定义,也不可能对影响决策的各种因素及其矛盾程度具有全面深刻的认识,只能在决策过程中逐步深化。如果决策分析模型具备产生、比较和评价方案的功能,就可在决策过程中,随着决策分析的深入、决策信息的增加,调整模型结构、改善参数等,重新产生方案,做出全面准确的评价,为最终决策提供源源不断的有用信息。

3. 模型结构用模型系统取代整体模型

为了使水资源配置模型具备上述功能,模型结构的形式也要做出相应的改进。过去采用一个整体的、复杂的、维数(阶数)众多、求解困难的水资源配置模型,分析者的精力主要倾注于模型的求解计算,很少有余力关注决策分析的其他环节。特别是采用"策略导向"的决策方式,决策者对模型不易理解,对求解成果也免不了持怀疑或不信任的态度。将单一整体模型结构代之以模型系统结构,可以弥补上述缺陷。这种模型系统视问题的复杂程度和求解要求,可由简单的优化模型和评价模型所组成;也可由复杂的层次(递阶)优化模型、仿真模型和评价模型所构成;还可能由其他的结构形式(只要满足产生、比较和评价方案的功能),如嵌入模型、启发式模型、组合模型等组成。因为大系统具有多目标、多属性、多层次、多阶段的特性,可以采用若干子模型在不同层次不同阶段真实细致地描绘大系统的某个侧面或某个问题,解决决策分析中的一个或几个子问题;而模型系统中高层次的模型又可按一定关系将子模型组织起来,解决决策分析中更宏观的问题。这样,一些子模型具有相对的独立性,不同的模型可用不同的优化技术求解,而且求解容易,使用方便。这样的模型结构,既可解除维数障碍,又能够解决大系统的总体问题,各个子模型还可单独使用,解决大系统中某个方面的问题。

目前,水资源配置模型多以实物或物理量为目标,而少用或不用经济量作为目标。主要原因是经济资料不全不准,社会、生态、环境等资料尤为短缺。但是,物理量值最大与经济效益、社会效益最优并不等价,因而只好以"策略导向"方式提供备选方案,由决策者选择。采用模型系统,可以把优化模型(产生方案)与用经济效益、社会效益和生态环境影响等的评价模型结合起来,尽可能地避免不确定的因素进入优化目标函数,并进行多目标优化,生成非劣解集;然后用模拟模型来分析各种非劣解的经济、社会和环境影响;最后按一定的评价准则(可包括经济的、社会的和环境的以及决策者的偏好等),通过评价模型评比各种方案,从而选出最终的决策方案。

根据大系统问题的性质和要求,构造不同功能组成的模型系统,其最终决策方案是比较全面合理的。这样的模型系统,描述复杂问题更真实、灵活、简单、便于修改,有利于进行交互程序分析,可以实现"决策过程导向"的决策模式,也是水资源配置研究发展的趋势和方向。

4. 考虑不确定因素的方案选择

水资源配置系统的另一个特点是不确定因素的存在与影响。水资源配置模型方法可以把不确定因素引导到决策者的视野之中，并尽可能地加以处理。但是，其处理不确定因素影响的能力还是有限的。为使现时的决策在今后的多变条件下较好地发挥模型的预定功能和作用，不确定因素的影响是绝对不可忽视的，而且还要加强研究处理不确定因素影响的模型技术和方法。处理不确定性因素影响的方法与途径有：①用确定的期望值与灵敏度分析相结合的方式来评估不确定因素的影响，即以确定的期望值或可接受的临界值来代替不确定的变量，从而用确定性方法来求解，并给出优化方案，然后通过灵敏度分析评估非确定性因素对优化方案的影响程度。这种方法适用于不确定因素变化幅度小，且对系统性能影响不大的场合。②在考虑的非确定因素变化幅度大，或变幅虽不大而对系统性能影响比较大的场合，既要考虑不确定因素对系统性能的影响，又要估计对所选方案失效的风险程度，因此，可采用风险决策中的最大最小准则来处理不确定性因素的影响。③将多变的和非确定性因素并入目标和模型之中，即所谓的随机模型法，这种方法目前只能解决一些较为简单的水资源配置问题。

考虑不确定因素的影响，使现今的决策方案具有适应未来多变环境的性能，不从模型直接入手，而从方案选择中想办法，也是一种值得尝试的途径。这种设想是在决策分析的方案评价准则中，增添一种方案适应条件变化能力的标准，称为稳健性准则，用其作为评价选择方案的一种标准。根据这种评价准则，在水资源配置决策分析中，不去寻找效益响应面陡峭的顶峰，而是选择顶峰附近的一块较为平坦的坡地，作为挑选最终决策方案的适宜场所；这就是说，考虑未来的不确定因素变化，不去选择最优的方案（峰值），而是选择适应多变能力强的次优方案，甚至哪怕再次优的方案，作为最终的决策方案。因为最优方案，在条件略加变化下，就可能急剧下降变坏，甚至成为不可行解。

考虑不确定因素对配置方案的未来影响，还可对有关参数和主要决策变量进行敏感性分析，以便为决策分析提供更多的信息，使决策者在选定方案时有一定的余地考虑随机因素影响的后果。

发展多目标随机规划的非劣解生成技术是很有意义的，不过难度是相当大的。正如 Rogers 和 Fiering 教授指出：解决复杂的水资源配置决策问题，多目标优化、递阶分析方法是有潜力的，但还不能应用到随机条件之下。考虑随机问题，仍不能从整体的随机模型入手，而是利用模型系统在相对独立的子模型中考虑随机因素，并利用现有的随机规划方法来求解，然后再利用高层次的模型生成非劣解集。将随机优化与向量优化分开处理，但又通过高层次模型把它们统一起来,这将是一种解决问题的新途径。

5. 大系统多目标分析技术势必迅速发展

由于大系统的特点,于 20 世纪 70 年代发展起来的大系统递阶分析与多目标决策分析逐步融汇在一起,形成了大系统多目标递解分析。这是系统分析解决复杂问题的又一重要发展途径。

在大系统递阶分析中,"分解-协调"技术是目前广泛使用的方法,国内译著不少,应用也在逐渐发展。除此之外,还有用于动态分散控制的交叠分解法。在水资源配置中应用较广的具有不同形式的多模型方法都为系统解决问题提供了新思路。

多目标决策思想出现于 19 世纪末。作为多目标决策理论基础之一的向量优化理论,是在 1951 年由 Kuhn 和 Tucker 导出的非劣性条件奠定的。另一理论是效用理论。大多数的多目标决策技术是 20 世纪 70 年代发展起来的,大体上有:非劣解生成技术;基于决策者偏好的决策技术;交互式的生成决策技术;对非劣方案和方案排队的评价技术等。这些技术有的较为成熟,有的仍在检验发展中。

大系统多目标递阶分析是反映大系统的递阶和多目标的多属性这两个相互联系特点的产物。据 1986 年第四届大系统理论与应用国际会议(IFAC/IFORS)报道,Haimes 等人的综述文章介绍,目前大系统多目标递阶分析方法有:多目标"分解-协调"法、效用函数法、权重法、权衡法和生成法、多目标交叠分解法和多目标模型技术等。

6. 水资源配置决策支持系统(WRDSS)将得到迅速发展

根据水资源配置决策支持系统研究、应用现状和存在的问题,以及水资源规划与管理的实际需要等,我们认为 WRDSS 的发展有以下几种趋势。

(1) 智能型水资源配置决策支持系统

智能型水资源配置决策支持系统是水资源配置决策支持系统的一个重要发展方向。在水资源规划与管理决策中除部分结构化程度高的问题可以用数学模型描述、定量计算外,有很多问题仅借用于数学模型描述、定量计算是不够的,有一些需要考虑的因素(如决策者的偏好等)是无法定量表示的。因此,开发和研制智能型水资源配置决策支持系统是解决水资源配置决策问题的有效途径。在WRDSS 的基础上,研究和开发同时处理含有定量和定性问题的知识库与推理机等,是今后的一个重要研究课题。

(2) 多目标水资源配置群决策支持系统

水资源规划与管理决策是由各级部门的多个决策者共同做出的,故水资源配置多目标群决策支持系统较适合目前我国各级决策部门的集体决策方式。随着计算机网络技术的日益发展,分布式 WRDSS 将是今后的一个重要研究方向。

（3）集成式水资源配置决策支持系统

单一基于信息的系统,或单一基于模型的系统,或单一基于知识的系统都无法满足复杂水资源配置决策的需要,将各种方法、知识、工具集成化,形成面向具体问题的综合型决策支持系统是解决水资源配置问题的理想途径。集成式 WRDSS 应具有数据自动采集和处理、综合信息预警、紧急情况报警和系统监控等功能。

（4）数据采集和通信系统的发展

水资源配置决策所需要的数据量大、类型多,因此各种类型的数据采集和通信系统的发展将促进 WRDSS 的进一步开发和广泛应用。同时,数据采集与通信系统的准确性和可靠性将会得到进一步重视和深入研究。

（5）通用商业软件的广泛应用和友好界面的进一步发展

各种先进的数据库管理软件、计算机图形软件等为水资源规划、设计和运行管理提供了友好界面,节约了很多编程工作,用户友好界面如语言识别、图像识别等将进一步推动 WRDSS 的发展和应用。

（6）水资源配置决策专家系统

随着人们在水资源开发利用中不断积累和丰富实践经验,以及考虑的因素不断增多和全面,水资源配置问题越加复杂,决策者或决策机构做出科学的判断和决策将会变得更加困难,因此迫切需要借助于该领域专家的知识、经验等来辅助决策者或决策机构做出科学的判断和决策。故随着信息技术的不断发展和完善,水资源配置决策专家系统将会应运而生,并将得到迅速发展和普及、应用。

（7）基于可持续发展的水资源配置理论将不断发展和完善

根据我国的治水方针、水资源开发利用和管理中出现的新问题与新情况,研究和指导水资源开发利用的理论、观点,正逐步向着基于可持续发展的水资源配置理论发展。社会经济的不断发展,使得人类对水资源的需求量不断增加,而对水资源的盲目、掠夺式开发和利用则会危及人类赖以生存的生态环境;生态环境的破坏,又会反过来阻碍经济社会的发展,最终危及人类的生存与发展。因此,只有实现水资源合理开发和高效利用、积极恢复和修复被破坏的生态环境,人类才能保障自己的生存环境和可持续发展。因此,基于可持续发展的水资源配置理论将会得到不断发展和完善、日趋成熟。

随着我国水资源问题的日益突出,进行水资源配置研究的地域范围也需要扩展,从资源型缺水的北方地区扩展到水质型缺水的东南沿海地区,为各地区的社会、经济、环境的可持续发展奠定基础；另外，水资源配置研究的领域也在不断拓展，如为了实现水资源的优化配置，水资源承载能力和水价、水权市场，以及水资源实时监控管理、水务一体化管理、水量水质双总量控制和有关政策法规等方面的研究，也日益受到人们的关注，迫切需要开展深入、系统的研究和联合攻关，真正为我国水资源的优化配置和科学管理提供理论和技术支撑。

1.3　基于水资源刚性约束的水资源优化配置

1.3.1　水资源刚性约束

　　国外对水资源约束的研究取得了许多成果。Knapp 讨论了干旱及半干旱地区的水问题对人类社会、生态等方面的影响。Ricciardi 等阐述了水资源约束对丝绸之路产业的深刻影响。Yan 等根据干旱区水资源约束的特点，采用最小人均面积法、ESPR 脆弱性评估模型、灰色预测模型和地理信息系统空间分析等方法识别和分析了退水面积和位置，实现退水的空间分区布局。He 等提出了用水总量约束下的水资源分配新框架。Meng 等构建了华北汾河流域水污染与缺水双重约束下的水资源管理优化模型。Li 等通过建立多目标优化模型，探讨了京津冀地区在水资源约束下的产业结构优化。但国外学者对水资源刚性约束的概念、内涵及相关研究尚不完善。目前国外对水资源刚性约束的研究中，Su 等为量化水资源刚性约束的强度，首次提出了水资源效率刚性约束的概念，并探讨了区域水资源效率的刚性约束强度空间。目前还未有国外学者提出具体、全面的水资源刚性约束概念，并缺少在实际问题中的应用研究。

　　随着经济社会的快速发展，各行业对水资源需求不断扩大，水资源短缺已逐渐成为一个深刻的社会危机，成为制约我国城市发展的瓶颈。目前，国内学者对水资源约束的研究已相当充足，并已经将水资源约束考虑进各领域、各方向中进行研究。畅明琦等论述了我国水资源安全现状，警示人们水资源形势已不再乐观。自宋全香等分析城市化带来的水问题，并提出了解决方案，学者们开始重视水资源短缺的原因，并尝试探索解决方案。高明杰等构建了用于调整区域节水高效种植结构的多目标模糊优化模型。王海英等在充分分析经济社会要素与水资源短缺的矛盾基础上，提出了黄河沿岸地带水资源约束下的产业结构优化与调整措施。颜加勇通过对我国粮食安全和水资源现状的分析，提出了保障我国粮食安全的水资源保护措施。赵明华运用德尔菲法和层次分析法定量评价了水资源约束下的山东半岛经济发展与资源、环境的协调程度。雷鸣等设置了土地面积、宏观计划、粮食产量、市场等约束，采用多元优化模型及遗传算法，给出了黄淮海平原区土地利用结构的优化方案。翟同宪提出了水资源约束下的河西走廊生态农业建设基本框架、途径及措施。

党的十八大以来，习近平总书记站在中华民族永续发展的战略高度，深刻洞察我国国情水情，提出新时期治水思路，强调坚持"四水四定"原则，把水资源作为最大的刚性约束，推动以可用水量确定经济社会发展布局、结构和规模。水资源是事关国计民生的基础性自然资源和战略性经济资源，是生态环境的控制性要素。建立水资源刚性约束制度，把节水放在优先位置，是解决我国复杂水问题的根本出路，也是推动经济社会、人口与水资源均衡发展的必然要求。

习近平总书记在黄河流域生态保护和高质量发展座谈会上强调，"要坚持以水定城、以水定地、以水定人、以水定产，把水资源作为最大的刚性约束"。自古以来，我国基本水情呈现夏汛冬枯、北缺南丰，水资源时空分布不均衡的特点。伴随着经济高速增长与城镇化快速发展，我国水资源供需矛盾不断加剧，经济社会发展规模与区域水资源承载力不匹配，水资源超载区或临界超载区面积约占全国国土总面积的53%，资源性缺水、工程性缺水与水质性缺水问题同时存在。而水资源作为经济社会发展的基础性、先导性、控制性要素，水的承载空间决定了经济社会的发展空间，破解水资源配置与经济社会发展需求不相适应的矛盾，已然成为新时代我国发展面临的重大战略问题。"把水资源作为最大的刚性约束"，就是以可用水量来决定城市发展布局、农业种植结构、生活用水习惯、生产用水方式，形成"以水定城、以水定地、以水定人、以水定产"的社会经济发展格局，从而拓展我国发展空间，形成可持续的"水—人—城"和谐发展模式。

习近平总书记还指出，面对水安全的严峻形势，发展经济，推进工业化、城镇化，包括推进农业现代化，都必须树立人口经济与资源环境相均衡的原则。"有多少汤泡多少馍"。要加强需求管理，把水资源、水生态、水环境承载力作为刚性约束，贯彻落实到改革发展稳定各项工作中。建立水资源刚性约束制度就是围绕强化水资源刚性约束作用，对经济社会发展、产业布局和方向以及规模所提出的一系列约束性管制措施、法律法规、管理制度等政策举措。党的十九届五中全会明确"建立水资源刚性约束制度"，这一举措与2011年中央一号文件提出的最严格水资源管理制度、2021年中央印发的《黄河流域生态保护和高质量发展规划纲要》明确提出实施最严格的水资源保护利用制度，共同搭建起我国水资源管理制度框架。其中，水资源刚性约束制度占据统领地位，实施最严格水资源管理制度和最严格水资源保护利用制度是落实水资源刚性约束制度的具体要求。通过建立水资源刚性约束制度，把水资源作为高质量发展的约束条件，明确水资源保护利用的方向与范围,把经济社会活动限定在水资源的承载能力之内,推动实现水资源保护与经济高质量发展之间协调统一。

水资源刚性约束制度实施的重点是调整生产关系,实现人与水和谐共生。具体而言,就是要根据水资源的禀赋条件,制定约束指标体系、划定管控分区的边界,采取"指标约束+分区准入"的管理方式,处理好水资源保护利用与经济高质量发展关系,定好水资源保护利用的范围边界,提高水资源利用效率,通过水资源约束指导国土空间布局,扩大发展空间,落实"以水定城、以水定地、以水定人、以水定产",构建经济社会发展与水资源均衡匹配的新格局,为推动高质量发展、全面建设社会主义现代化国家提供坚实的水资源水环境支撑。

1.3.2　基于水资源刚性约束的水资源优化配置需求

水资源是基础性、战略性资源,是国家发展不可替代的重要支撑资源,水资源供不应求、过度开发、污染严重及治理困难的现状成为国家生存发展的重大危机。如何科学利用有限的水资源,实现国家或地区的高质量发展是当前人类面临的重要挑战。

中国水资源短缺且时空分布不均,水资源分布与经济社会发展布局不匹配,随着中国经济社会快速发展,水资源短缺矛盾日益凸显,水资源作为基础性的战略资源,缓解当前严峻的水资源短缺矛盾,保障国家水安全,是实现人与自然和谐共生的现代化建设目标的必然要求。因此,针对我国水资源贫乏的现状,定性配置分析已不能满足未来区域水资源承载力管理需求。根据区域的水资源条件、经济发展规模、生态环境保护等现状,建立水资源刚性约束制度逐渐成为当今社会发展的重中之重。

当前全面建设社会主义现代化国家的新征程,需要通过制度构建新型的人水关系。近年来,国家对水资源管理逐步提出了更高的要求。2011年,中央一号文件《中共中央　国务院关于加快水利改革发展的决定》提出以水资源开发利用控制、用水效率控制、水功能区限制纳污"三条红线"为限制条件的最严格水资源管理制度。2012年,为解决中国水资源短缺的问题,《国务院关于实行最严格水资源管理制度的意见》应运而生,其中的"三条红线"政策对各部门用水提出了更高的要求。2014年,习近平总书记提出要坚持"以水定需、量水而行、因水制宜"。随后,在2019年黄河流域生态保护和高质量发展座谈会中提出要把水资源作为最大的刚性约束,至2020年党的十九届五中全会明确提出,把水资源作为高质量发展的约束条件的水资源刚性约束制度,再至2022年水利部、国家发展改革委联合印发"十四五"用水总量和强度双控目标的通知,逐步落实水资源刚性约束的定量化,是现阶段水资源管理的方向,同时党的二十大报告强调:"全面建设社会主义现代化国家新征程""加快构建新发展格局,着力推动高质量发展""推动绿色发展,促进人与自然和谐共生"。在新发展格局下,需要构建新型的人水关系,确定用水总量、用水效率、生态流量等水资源刚性约束指标,制定取用水管理、水资源论证等制度。将水资源作为最大刚性约束有利于国家更加协调稳定的发展,最终走向和谐共进的高质量发展阶段。因此,亟需水资源刚性约束制度的建立,更好地服务于国家战略的实施。

目前水资源刚性约束已经成为社会、环境等方向的研究热点,且大多集中在国内,已在概念、内涵及判别准则等定性研究中取得很多重要成果,在水资源承载力评价等定量研究方面进行了初步探究。然而对如何在实际区域发展优化问题中考虑水资源刚性约束这一重点还未有良好的解决方案。

未来,随着水资源刚性约束制度的制定,我国对水资源的开发、利用与保护都将提出更高的要求,可为实现全流域统筹协调发展提供明确的方向。通过基于水资源刚性约束的水资源优化配置,能够定量区域(流域)的高质量发展水平,明晰高质量发展现状,辨析高质量发展的主要驱动因素,为水资源短缺形势下的高质量发展提供合理、准确的评价思路。通过将水资源作为高质量发展的最大刚性约束,构建基于水资源刚性约束的水资源优化配置模型,能够在调控中充分考虑各地区水资源状况,提供合理的水资源优化配置方案,以提高地区高质量发展水平和保障水资源安全,这对加快我国生态文明建设步伐、保护我国水资源、改善资源利用模式、实现中华民族伟大复兴具有重要的现实意义。

1.4 本书的研究体系

1.4.1 研究内容

本书的研究内容包括以下几个方面:

1. 水资源优化配置概述

分析实行水资源优化配置的必要性;梳理需水预测、水资源配置、水资源配置模型等的研究进展;提出基于水资源刚性约束的水资源优化配置方法。

2. 基于水资源刚性约束的水资源需求预测分析

介绍判断预测法、发展指标与用水定额法、机理预测法、人均需水量法、趋势预测法和弹性预测法等多种预测方法,提出基于水资源刚性约束的区域需水量预测中生活、生产和生态环境三大类需水量的预测方法。

3. 水资源优化配置理论

提出水资源优化配置的具体界定理论,在时间、空间、数量、质量以及用途上,剖析水资源优化配置的实质和手段,阐述其多水源、多要素、多用户、多目标的属性,提出水资源优化配置模型。

4. 基于水资源刚性约束的水资源优化配置

提出了水资源刚性约束的基本概念、水资源刚性约束的理论基础和方法。提出了多种基于水资源刚性约束的区域水资源优化配置模型。

5. 水资源优化配置评价

建立水资源配置效果评价指标体系,并提出指标量化方法;提出水资源配置方案的效益评价准则和流程,建立合理的配置评价指标;依据风险分析的内涵,提出水资源配置方案风险因子识别、风险估计和敏感性分析的方法。

6. 宿迁市水资源条件评估

介绍了宿迁市自然地理、地形地貌、水文地质、社会经济和河流水系等区域概况,降雨量、水资源量、水功能区水质情况等水资源状况,宿迁市水资源开发利用情况,用水总量、用水效率、水量分配方案和分配指标、生态水位等水资源管控指标,对水资源承载能力进行分析,提出存在问题和开发利用潜力等。

7. 宿迁黄河故道片区水资源供需分析

对宿迁黄河故道片区进行基本概况、社会经济、土地利用现状与布局、产业发展现状与布局、现状功能布局、区域现状水资源开发利用、区域污水处理现状等分析,进行基于水资源刚性约束的水资源需求预测,并进行黄河故道片区水资源供需协调分析。

8. 基于水资源刚性约束的宿迁黄河故道片区水资源优化配置与评价

梳理黄河故道片区现状水源配置情况,进行基于水资源刚性约束的水资源配置方案论证,分析水资源配置的合理性,制定突发情况下应急预案和措施,并进行水资源节水目标与指标、综合效益、配置方案风险评估、配置影响等方面的水资源优化配置评价。

1.4.2　本书结构框架

本书的结构框架如图 1.4-1 所示,各部分内容将在后文分别予以论述。

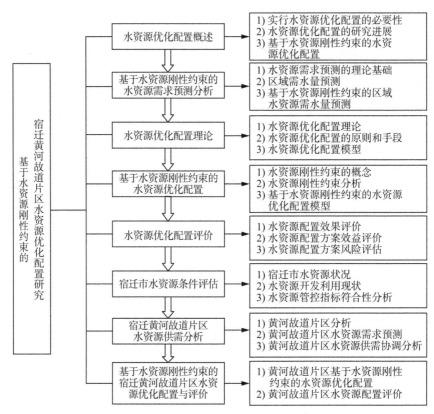

图 1.4-1　本书结构框图

第二章 | 基于水资源刚性约束的水资源需求预测分析

2.1 水资源需求预测的理论基础

在水资源刚性约束的背景下,根据水资源的禀赋条件,通过制定约束指标,包括江河水量分配、河湖生态流量水量保障目标、地下水的取水总量和水位双控指标、区域的可用水量等,结合我国主体功能区规划,针对农业、城镇和生态安全等三大功能区,科学划分水资源管控分区,定好水资源保护利用的范围边界,突出差别化管理,发挥水资源刚性约束作用。将水资源作为最大的刚性约束,从"以需定供"转向"以水定需",提出"四水四定"水资源配置理念。通过解析水与"城地人产"的内在关系,分析相应的控制指标,提出"四水四定",协调优化准则,优化行业用水分配,形成系统分析方法和模型工具,统筹"城地人产"规模控制和水量协调分配。通过"四水四定",以水资源条件优化确定区域经济社会发展边界,引导"适水发展",改变水资源供需理念,有助于构建与水资源承载力相适应的发展布局,促进水资源与人口经济协调,落实水资源刚性约束的管控措施。

水资源需求预测是用预测理论和方法,研究社会、经济和生态环境等的需水发展规律,并对其可能产生的效果和趋势做出定性或定量的预见。需水预测的目的就是为水资源优化配置和供需分析提供科学决策所必需的未来信息,并努力提高这种信息的可靠性和准确性。随着经济社会的迅猛发展和人口的快速增长,水资源将日趋短缺,生态环境将日趋恶化,在这种情况下能否合理有效地预测出未来水资源的需求量,对水资源优化配置和供需分析研究至关重要,因此,对社会、经济和生态环境需水量进行预测研究是十分必要的。水资源短缺已成为我国经济社会可持续发展的重要制约因素,水资源多维临界调控可提高水资源的利用效率和效益,使水资源可持续利用,支撑经济社会可持续发展。准确地预测水资源需求量是进行一切水资源规划管理工作的基础和有效手段,是进行水资源优化配置和多维临界调控的前提。在水危机严峻的今天,如何准确、有效地预测需水量,避免投资的浪费,避免用水危机的发生,是当前迫切需要考虑的问题。

2.1.1　需水预测内容、原则、特点

水资源需求预测指对未来某一发展水平下某时段所需求的水量进行预测,主要包括各行业、部门、地区的需水量。关于需水的具体定义说法不一。传统的统计口径认为,需水是社会经济发展所必需的水量。而 2002 年《全国水资源综合规划技术大纲》给出了新的统计口径,将维持人工生态景观稳定的需水纳入需水范畴,即需水包括“三生”(生活、生产和生态)用水。但事实上需水的界定范围不同,其包括的内容含义和详细程度也不尽相同,在强调人与自然和谐共处的今天,生态环境需水均应纳入需水行列,而不单单是人工生态景观需水。在水资源开发和利用领域,需水预测是人们始终关注的问题,它反映各区域社会发展对水资源的需求态势,也是资源配置、产业布局、供水决策、水利投资、城市规划的重要参考依据,对于社会、经济和环境的协调发展,重大水利工程的方案选择和实施乃至对判定市场经济条件下的用水管理模式,均有重大意义。然而目前水资源需求预测工作的开展却是不尽人意,行政干预和浮夸定额导致需水预测值与实际用水量相差较大,有待重新审视。

水资源需水预测是以预测理论和方法为基础,对经济、社会和生态环境等各方面的需水量发展规律进行研究,并定性或定量地对其可能产生的影响和趋势做出预见,水资源需求的精准预测对供水系统的优化调度和供需分析有一定的指导作用,能提供水资源规划和可持续利用科学决策所必需的理论依据,具有重要的现实意义。

供水系统不仅具有一定的随机性和周期性的特点,而且还受到经济、社会、气象等诸多因素的影响。一方面,在各种因素的作用下,需水量在不同时期呈现出随机性的变化;另一方面,需水量在一定周期内又具有一定规律性。因此,对区域需水量进行预测时,不仅需要充分利用它的规律性,还要全面考虑其他因素的影响。经济社会的不断发展和人口加速增长的压力会使得水资源不断减少、水环境不断恶化、水资源供需矛盾日益突出。在这种情况下,合理有效地预测出未来水资源的需求量,做好城市水资源发展规划显得格外重要。

需水量是既定经济社会发展目标下对水资源的合理需求量,预测中需要充分考虑水资源量及其分布以及承载能力、开发利用潜力的制约。因此,必须按照合理的原则对水资源需求量进行预测。

1. 整体性原则

一个区域的水资源需求量不仅有其自身的规律,而且与外部环境因素也有很密切的关系。整体性原则是指研究需水量时将其作为一个具有层次的系统结构统筹考虑,不但要充分考虑系统内部各组成要素之间的相互关系,同时与其他外部因素之间的相互关系也要兼顾,需充分分析其内部与外部的联系,方可全面把握并对其进行预测。

2. 有序性原则

有序性表明供水系统结构具有稳定性的特点,它是区域水资源需求量预测研究的重要前提。有序性原则主要分为连贯原则与类推原则两种。连贯原则是指水资源需求量具有能够保持相对稳定和连续发展的特点。类推原则是指区域水资源需求量与其他事物在结构和发展模式上的相似性,使其可以进行对比类推。因此可以利用历史资料对其发展过程进行模拟并对其未来值进行预测。

3. 相关性原则

相关性原则是指受诸多因素影响的区域需水量,影响因素的发展变化与其发展变化必然存在一定的相关性。因此,需要详细分析需水量与其他各种影响因素,才可全面描述它们之间的互动关系。

4. 动态性原则

动态性原则是指研究预测水资源需求量要统筹考虑供水系统的发展规律以及其可能出现的突变与转折。因为与供水系统关系密切的客观条件发生变化会打破供水系统的有序性,会导致供水系统已有的历史发展规律发生一定变化,出现突变和转折。

水资源需求预测事实上涉及需求和供给两个方面。人们可以从两个不同的角度来进行水资源的供需预测分析,即我们常说的以需定供和以供定需。在传统的预测方法中,需求是作为外生变量处理的,即对以往的国民经济发展速度和结构进行外延,得到未来的经济发展规模,以此为基础乘以相应的定额,进行需水预测。在这种模式下,各水平年的需水量及过程均作为定值处理,影响需水的诸因素间的动态相互制约关系被忽视。在缺水状态下,若按需水预测结果配置供水并不现实,也不经济。另一种模式是用水资源的供给可能性来控制需求总量,先确定水资源的开发利用程度及相应的工程安排,然后计算各水平年的可能供水量,最后再根据供水量安排工农业生产用水,这种模式也存在一定的弊端。科学、合理、客观的水资源需求预测应体现以下几方面:

(1)水资源需求预测的思想应当是将水资源的需求与供给联系起来考虑,将影响需水、供水、生态、经济这四大方面的主要因素均作为内生变量处理,在各个水平年均保持供水变量与需水变量间的动态平衡。

（2）用水部门如城市生活与工业供水、水力发电、农业灌溉等均有内在联系，所以在进行需水预测时除了要考虑水资源的需求水平与供给水平间的相互适应外，还要考虑各经济部门间的相互制约关系。

（3）水资源需求的影响因素相对比较稳定，因此需求变化随因素变化呈现出较强的规律性，在进行分解预测的同时，要兼顾其规律性的验证，以确定需水预测的合理性。

（4）需水预测呈现多层次、多种类的现象。不同的背景、不同的部门对水资源需求量的精度和范围要求存在较大的差异，因此要依据不同的需水要求选择不同的预测方法。

2.1.2　需水预测方法分类

需水预测是水资源优化配置的基础，目前国内外学者做了大量工作，将经验法或函数法等数学方法用于需水预测。然而每种方法都有其特定的适用环境及局限性，应在研究每种预测模型原理的基础上，首先分析出该模型所适合预测对象的最佳特性，然后根据用水量序列的数据特征来进行模型优选，这样才能获得较好的预测效果。

目前常用的研究需水预测的方法主要有判断预测法（直观预测法）、发展指标与用水定额法（定额法）、机理预测方法、人均需水量法、趋势分析法、弹性系数法等，其中定额法是采用得最为普遍的方法。

1. 判断预测法

判断预测法是一种定性预测方法，是基于个人或集体的经验和知识进行的预测，它可以是纯主观的，也可以是对任何一种客观预测结果的主观修正。该方法具有省时、经济、数据资料要求低等特点，但由于根据人的主观经验进行判断，因此客观性较差，可靠性不强。但是，有时受资料所限制，有些变量间的关系无法通过统计分析来确定，故只能根据经验进行判断。因此，判断预测法在需水量预测中（特别在水资源决策中）仍占有十分重要的地位。

2. 发展指标与用水定额法

定额法主要涉及两个方面的预测，一个是针对国民经济发展指标的预测，一个是针对这些指标的用水定额的预测。国民经济发展指标一般包括一、二、三产的增加值以及人口数、灌溉面积、建筑面积等，对于用水定额的预测主要采取万元工业增加值用水量、人均生活日用水量、亩均用水量等指标。

定额法是目前我国广泛采用的方法，但是对于此方法也存在一些异议，如认为定额法预测的需水量偏大等等。定额法最主要的问题是,对于国民经济发展的预测有时候把握不是很准,因为国民经济发展受很多因素影响,而且有些因素是不可测的,目前往往都是比较乐观的估计,也有个别估计保守的情况。而对于用水定额的预测,特别是超长期的定额预测,也缺乏有效的定量手段,但是,定量问题不只是定额法存在的问题,也是其他一些方法普遍存在的问题。由于这两个方面的原因,许多学者会对定额法存在异议,但是在实际应用中如果对这两个方面的预测加以认真对待,多方面求证,完全可以提高预测精度,把预测误差控制在允许的范围内。

3. 机理预测法

该方法是从需水机理入手,考虑的因素比较全面,应该说是一种比较精确的需水预测方法。机理预测法一般要通过大量的试验得到用水的一般规律,对于资料要求较高,而且存在着一定的应用条件,由一个地方的用水规律进行的预测,换到另外一个条件相差较大的地方则不再适用,需要进行简化和修正,因此该方法只有在试验点或者范围比较小的地方适用,对于宏观规划则无法直接应用。

4. 人均需水量法

用水或需水归根结底为人的需水,因而采用人均需水量方法进行预测,也不失为一种简单、综合判定的方法。人均需水量指标主要基于国内外、区内外的比较分析做出综合判定。该方法的优点是简单、快捷。缺点主要是它只能估算总的用水量,得不出分行业的需水量,而需水预测一般是为水资源规划、水资源配置服务的,作为规划和配置来说必须要知道不同用水部门的需水情况,即农业需水多少、工业需水多少、生活需水多少等,知道了不同用水部门的用水多少才能进行水资源的合理配置,才能进行水资源规划和决策。另外,对于不同地区,对于不同的经济社会发展的阶段,特别是水资源禀赋和开发利用的难度不同,人均需水量(人均用水量)在时间尺度和空间尺度上差异十分明显,如西北内陆河流域 2000 年人均用水量超过 2 000 m^3,而经济发达的黄淮海地区则只有 300 m^3 左右,全国平均为 430 m^3(2000 年),因此很难确定哪个人均用水量指标是合理的。

5. 趋势预测法

趋势预测法是将未来的用水需求和过去的用水量相联系,选取一定长度的,具有可靠性、一致性和代表性的统计数据作为样本,进行回归分析,并以相关性显著的回归方程进行趋势外延。这种方法的缺点是用水机制不太明确,优点是需求资料少,方法简单,趋势性较好。对于需水预测来说,由于需水增长受各类因素的综合影响,目前还没有一种方法能定量反映诸多因素对需水量的影响,因而趋势预测方法仍是需水预测的常用方法之一。

6. 弹性预测法

需水增长与其用户发展指标是有密切联系的,同时受诸如水价、收入水平、用水水平等因素的影响。其影响可以通过弹性系数来反映,如需水的人口弹性系数、水价弹性系数、人均收入水平的弹性系数等。所谓需水弹性系数,即需水增长率与其考虑对象的增长率的比值。如工业需水弹性系数可以描述为工业需水量的增长率与工业产值的增长率的比值。显然,需水弹性有其阶段性、区域性特点,在不同的发展阶段、不同的地区,其弹性是有差异的。该方法在国际上广为应用,但因其对资料的要求较高,在我国主要在工业需水预测方面有些应用,其他行业应用不多,更多的是作为检验需水预测合理性的一种方法。

用于需水预测的方法有多种,从不同的角度出发,有不同的分类方法。

按照预测方法和结果的表述不同,可分为定性预测与定量预测。定性预测是通过对历史资料的分析和对未来条件的研究,凭借预测者的主观经验和逻辑推理能力,对事物未来表现的性质进行推测和判断。常用的定性预测技术有抽样调查法、类推法、主观概率法等。定量预测是在历史数据和统计资料的基础上,运用数学或其他分析技术,建立数量关系模型,预测事物在未来可能表现的数量。事实上,定性预测与定量预测是密不可分的,在实际预测工作中,总是将定性预测和定量预测结合起来,以提高预测的可信度。

按照预测时间的长短不同,可分为短期预测、中期预测与长期预测。因预测应用的领域不同,或预测对象不同,长期、中期、短期的时间区分也有所不同。预测结果的准确性或可信度,随着预测期的延长而降低。特别是长期预测,由于未来不确定因素较多,预测结果完全准确是比较困难的。对于短、中期预测,特别是短期预测,应力求预测准确性合乎要求。

根据对数据需求及处理方式的不同,常用的需水预测方法可分为时间序列法、结构分析法和系统方法。时间序列法是通过研究用水量自身的发展过程和演变规律进行预测,所用数据单一,操作简便,如移动平均法、指数平滑法等。结构分析法是通过研究用水量影响因素的比例演变关系进行需水预测,如弹性系数法、指标分析法等。系统方法是通过分析用水系统,收集多种用水数据后建立的,在用水系统未发生很大变化的条件下,能进行预测,如灰色预测方法、神经网络方法等。一般来说,各种预测方法的预测误差都会随着预测期的延长而增加。

1. 时间序列法

时间序列法是一种定量预测方法,亦称简单外延方法,即通过时间序列的历史数据来揭示现象随时间变化的规律,将这种规律延伸到未来,从而对该现象的未来做出预测。

时间序列是指被观测到的依时间次序排列的数据序列,时间序列法着重研究数据序列相互依赖的关系。对于两个时间序列 $X(t)$ 和 $Y(t)$,如果能找出这两个序列间的动态关系,就可以用过去值对 $Y(t)$ 做出预测。对其预测值要做精度方面的计算,使其实际值与预测值之间的偏差尽可能小。常见的时间序列法大致分为三种:

时间序列法的方法之一是把一个时间序列的数值变动,分解为几个组成部分,通常分为:①倾向变动,亦称长期趋势变动 T;②循环变动,亦称周期变动 C;③季节变动,即每年有规则地反复进行变动 S;④不规则变动,亦称随机变动 I 等。然后再把这四个组成部分综合在一起,得出预测结果。

时间序列法的另一种方法是把预测对象、预测目标和对预测的影响因素都看成为具有时序的函数,即时间的函数,而时间序列法就是研究预测对象自身变化过程及发展趋势。如果未来趋势是线性的,其数学模型为:

$$Y_{T+L} = a_T + b_T L \tag{2.1-1}$$

式中:Y_{T+L} 为未来预测值;a_T 为截距;b_T 为斜率;L 为由 T 到预测时的单位时间数(如 5 年、10 年等)。

时间序列法的第三种方法是根据预测对象与影响因素之间的因果关系及其影响程度来推算未来。与目标相关的因素很多,只能选择那些因果关系较强的为预测影响因素。设影响因素自变量为 X,因变量 Y 为预测目标,二者若为线性关系,则为 $Y = a + bX$;若为非线性关系,则可能为 $Y = a + b_1 X + b_2 X^2 + \cdots$ 或其他方程,式中 a、b 均为方程系数,可依靠统计或其他方法取值。

在进行需水预测时,常用到时间序列方法。但是时间序列分析法预测的精度与数据系列的长度直接有关,随着预测时间步长的增加,其预测的精度下降,所以时间序列分析法更适用于短步长预测,对于长步长的预测该方法有局限性。

时间序列法的基本思想基于这样一个前提假设:除了一些不规则变动外,过去的时序数据存在某种基本形态,而这种基本形态在短期内不会有太大改变,可以作为下一期预测的基础。因此,应用该方法时,认为其近期数据包含了极其重要的预测信息,更适用于短步长预测;当基本结构有不连续变化时,应对模型进行适当的修正。由于该模型可以把实际数据以及系统的扰动因素及时地输入到计算机中,由计算机动态地完成建模—预测—再建模—再预测的过程,所以比较适合于优化调度时所需要的时需水和日需水预测,对于长周期的需水量预测,由于受用水政策、节水措施的影响,不宜采用该方法。

在需水预测中可使用的时间序列方法有以下几种:

方法一:移动平均法

移动平均法是通过历史用水数据的加权平均值来预测未来的需水量,如 y_n 为预测年需水量,过去 m 年用水量分别为 y_{n-1}、y_{n-2}、$\cdots$、y_{n-m},则其预测模型为:

$$y_n = (\alpha_1 y_{n-1} + \alpha_2 y_{n-2} + \cdots + \alpha_m y_{n-m})/m \qquad (2.1\text{-}2)$$

式中:α_1、α_2、$\cdots$、α_m 为各年数据的加权系数。这种方法简便易行,适用于数据存在波动的情形,用于近期预测,其结果具有一定的准确性。但若用于远期预测,就会变成完全建立在预测数据上的预测,导致结果偏差较大。

方法二:指数平滑法

指数平滑法是以某种指标的本期实际数和本期预测数为基础,引入一个简化的加权因子,即平滑系数,以求得平均数的一种预测法。它是加权移动平均预测法的一种变化。平滑系数 α 可以取 $0\sim1$ 区间的任意值。

$$\hat{y}_{t+1} = \alpha y_t + (1-\alpha)\hat{y}_t \qquad (2.1\text{-}3)$$

式中:$\hat{y}_{t+1}$ 为第 $t+1$ 期的预测值;y_t 为第 t 期的实际值;$\hat{y}_t$ 为第 t 期的预测值。从式(2.1-3)我们不难看出指数平滑法具有递推性,可以展开成:

$$\hat{y}_{t+1} = \alpha y_t + \alpha(1-\alpha)y_{t-1} + \alpha(1-\alpha)^2 y_{t-2} + \cdots + \alpha(1-\alpha)^{t-1}y_1 + (1-\alpha)^t\hat{y}$$
$$(2.1\text{-}4)$$

从式(2.1-4)可以看出,指数平滑法在预测时加重了近期的权重,远期的权重则随着项数的增加而减少。下期预测数常介于本期实际数与本期预测数之间。平滑系数的大小,可根据过去的预测数与实际数比较而定。差额大,则平滑系数应取大一些;反之,则取小一些。平滑系数愈大,则近期倾向性变动影响愈大;反之,则近期的倾向性变动影响愈小,愈平滑。这种预测法简便易行,只要具备本期实际数、本期预测数和平滑系数三项资料,就可预测下期数,但是该方法存在着滞后性及只具有短期预测能力的缺陷。

方法三:趋势外推法

在长系列数据中,往往存在某种结构的趋势,用适当的方法可以模拟这种趋势,使其原本离散的数据有规律可循。常见的趋势外推法有:线性模型、多项式模型、指数曲线模型、对数曲线模型、乘幂模型、生长曲线模型。其趋势方程分别如式(2.1-5)中各式所示。对于给定的历史系列数据,首先确定其变化趋势,然后依据相应点数据,对其未知的参数进行估计,最后得出趋势方程,利用趋势方程进行预测。趋势外推法在进行预测时,具有一定的精度,但是结果不稳定。

$$y = a + bt$$
$$y_t = a_1 + a_2 t + a_3 t^2 + \cdots + a_n t^n$$
$$y_t = a\,e^{bt}$$
$$y_t = a\ln(t) + b \qquad (2.1\text{-}5)$$
$$y_t = a t^b$$
$$y_t = a\,e^{b-ct}$$

方法四:马尔科夫法

马尔科夫法是利用上述任意一种方法得出趋势线,而后按数据波动的概率分布,得出未来波动的方向,对趋势值进行修正的一种预测方法。这种方法由于采用了马尔科夫法进行"滤波",可排除一定随机因素,但结果较不稳定。

方法五:B-J 法

博克斯-詹金斯法(B-J 法)包括自回归模型(AR)、移动平均模型(MA)、自回归-移动平均模型(ARMA)。ARMA 模型是对自回归模型和移动平均模型的耦合,它将预测对象随时间变化形成的序列先加工成一个白噪声序列进行处理。ARMA 模型实际上是一个具有较高精度的短期预测模型,所以它可对任何一个用水过程进行模拟,对时需水量预测、日需水量预测和年需水量预测均有效。B-J 法适合于对时间序列的典型特征难以做出判断的时间序列的预测,但是该方法与其他时间序列方法一样,具有预测周期短、所用数据单一的缺点,只能给出下一周期需水量的预测值,且无法剖析形成该值的原因及给出合理的误差估计,所以它更适用于优化控制的短期预测。此外,该方法还存在着明显的滞后性,即最近一期实际数据发生异常变化时,由于模型的平滑作用,预测数据无法立即对其作出反应,使得在存在一些异常值时造成预测的误差较大,甚至失真。

2. 结构分析法

结构分析法是假定用水量与几个独立的影响因素之间存在一定的因果关系,并建立其关系模型来模拟未来的需水量,包括回归分析法、弹性系数法等。

方法一:回归分析法

该法是寻求历史用水量与其影响因素之间的相关关系,建立回归模型进行预测,可以是一元线性回归、多元线性回归、非线性回归(如指数、幂函数回归)等。该方法是通过自变量(即影响因素)来预测因变量(即预测对象)的,其中自变量的选取及其预测值的准确性是至关重要的。对于短期需水量预测,影响因素主要包括日类型（如分工作、休息、节假等不同日类型）、日天气状况（如最高温、最低温、天气情况、平均湿度等）和特别事件（如停水情况）等。对于长期需水量预测，影响因素主要包括城市经济的发展、人口增长、人民生活水平、工业生产能力以及教育、旅游、文化卫生事业，节水技术的推广应用，水价问题等。该方法需要长系列的历史用水数据，若系列太短则会影响回归结果的质量。在用水系统发生较大变化时，回归分析法可以根据相应变化因素修正预测值，同时也可以大体上把握预测值的误差，对长短期预测都适用。

回归分析法首先分析研究各种因素和预测对象间的关系，确定回归方程式，然后根据自变量数值的变化，代入回归方程式推算预测对象的变化。

根据自变量的个数不同，回归分析法可分为一元回归分析和多元回归分析；根据回归方程的类型不同，回归分析法可分为线性回归分析和非线性回归分析。常用的方程形式有：

一元线性回归分析：$y = a + bx$

多元线性回归分析：$y = a + b_1 x_1 + b_2 x_2 + \cdots + b_n x_n$

一元非线性回归分析：$y = ax^b$

多元非线性回归分析：$y = ax_1^{b_1} x_2^{b_2} \cdots x_n^{b_n}$

式中：y 为因变量，x 为自变量，y、x 的数值是根据统计数据取得的；a、b、b_1、b_2、$\cdots$、b_n 为方程系数，一般用回归法求得，故又称为回归系数。

在回归方程确定之后，为了保证预测结果的可信程度，需对所确定的回归方程进行效果检验。复相关系数是用来检验总回归效果的参数，表示全部自变量与因变量的相关程度。复相关系数越接近 1，回归效果就越好。此外，还需要对多元回归模型进行各种统计检验，包括回归系数的显著性检验（t 检验）、回归方法的显著性检验（F 检验）等。

工业、农业的需水量与各影响因素之间的关系并非线性关系，可根据假定的非线性关系式，通过数学变化，将其化为线性关系，再利用线性回归的方法确定回归模型。所以一般采用双对数函数的形式进行工业和农业需水量的预测，其表达式为：

$$\ln y = \alpha_0 + \alpha_1 \ln x_1 + \cdots + \alpha_n \ln x_n \tag{2.1-6}$$

式中：y 为需水量；α_0、α_1、$\cdots$、α_n 为模型参数；x_1、x_2、$\cdots$、x_n 为需水量的主要影响因子。

对于生活和生态环境需水量，因其与影响因素的关系一般是线性的，故多采用多元线性回归方程建立需水量与影响因子的线性关系式：

$$Q = \alpha_0 + \alpha_1 x_1 + \alpha_2 x_2 + \cdots + \alpha_n x_n \qquad (2.1\text{-}7)$$

式中：Q 为需水量；α_0、α_1、$\cdots$、α_n 为模型参数；x_1、x_2、$\cdots$、x_n 为需水量的主要影响因子。

针对影响因素间可能存在多重相关性的问题,采用偏最小二乘回归的方法解决。偏最小二乘回归(简称 PLS)是一种新的多元统计数据分析方法,它于1983 年由伍德(S. Wold)和阿巴诺(C. Albano)等人首次提出。它集多元线性回归分析、典型相关分析和主成分分析的基本功能为一体,将建模预测类型的数据分析方法与非模型式的数据认识性方法有机地结合起来,即:偏最小二乘回归≈多元线性回归分析＋典型相关分析＋主成分分析。

方法二:弹性预测法

对于需水量而言,不同部门(行业)的需水呈现不同的规律,影响因素亦各不相同,生活、农业灌溉、生态需水的规律性受气候、季节、管理水平、工程措施等的影响。而影响工业需水量的因素单纯,工艺技术条件、产品产量、行业产值是其主导因素,工艺技术条件、产量与产值又有着密切的关系,所以工业需水量与产值(产量)关系很强。

在进行工业需水量预测时,采用工业用水弹性系数法,因为在时间序列中工业用水弹性系数基本不变,基于此规律可预测未来的工业需水量。工业弹性系数（ε）指工业用水增长率（α）与工业产值增加值率（β）的之比,即 $\varepsilon = \alpha / \beta$。

在工业结构不变的情况下,弹性系数法预测的结果较符合实际,但若区域内的工业结构调整幅度比较大,诸如由原来的资源型产业向高新技术产业转变,此时工业的弹性系数就发生了很大变化,此种方法预测的结果就有偏差。

结构分析法预测需水量的方法种类很多,比如常用的简单易行的有用水增长系数法、指标分析法。用水增长系数法主要用于工业需水的分行业预测,根据某行业的产值及用水量求出用水增长系数,然后将其代入未来的规划产值,反推出未来的需水量。但是随着工业技术的革新、节水措施的加强,用水增长系数法计算得出的结果误差较大。指标分析法就是依据各行业自身的发展情况,根据其发展指标、定额指标进行需水量预测,未来指标选取时应综合考虑技术水平、经济发展速度、政策等因素,合理预测出各行业的用水量;对于长周期的预测,其指标的定量较难。

3. 系统分析法

系统分析法包括灰色预测法、用水定额法、人工神经网络法、系统动力学法等。

方法一:灰色预测法

灰色系统理论由邓聚龙教授于 1982 年提出,它是一种不严格的系统方法,它抛开系统结构分析的环节,直接通过原始数据进行累加生成寻找系统的整体规律,构建指数增长模型。该方法根据数据系列的不同特点构造出不同的预测模型,适用于时、日、年需水预测;所需数据量少,通常有 4 个以上的数据即可建模,这在数据缺乏时是十分有效的。该方法所构建的模型其实质是反映水资源需求的一种发展趋势,预测效果很大程度取决于历史用水数据的特点。应用这种方法时使用的数据系列不宜过长,且应注重于近期的数据。

灰色预测模型具有需要数据少、不考虑变化趋势、不考虑分布规律、运算方便、易于检验等优点,近年来得到了广泛的应用。当然,与其他方法相比它也存在一定的局限性:当数据较离散时,即数据灰度大时,预测精度相应就会差些;预测期不宜太长,一般仅预测的最近的一两个数据具有高精度和实际意义,其他更远的数据只能反映未来用水趋势。另外,该法的指数增长模型对出现负增长用水(如工业用水)时的预测会出现很大误差。

灰色系统理论认为对既含有已知信息又含有未知或非确定信息的系统进行预测,就是对一在一定方位内变化的、与时间有关的灰色过程的预测。尽管过程中所显示的现象是随机的、杂乱无章的,但毕竟是有序的、有界的,因此这一数据集合具备潜在的规律,灰色预测方法就是利用这种规律建立灰色模型,对灰色系统进行预测的。这种预测方法的特点在于应用不多的数据就能进行建模和预测,预测方法较简洁实用。当预测对象的数据序列符合灰色模型的变化规律时,预测精度较高。

灰色预测是灰色系统理论的重要组成部分,也是应用最活跃的分支之一,到目前为止,已在许多领域得以应用,并收到了较好的效果。根据数据取舍及建模方式的不同,灰色预测分为数列预测、灾变预测、系统预测和拓扑预测四类。目前使用最广泛的是数列预测,它是指对某现象随时间的顺延而发生的变化做出预测的一种方法,该方法直接通过对原始数据的累加生成寻找系统的整体规律,构建指数增长模型。该方法的预测范围很广,对长、短期预测均可,且所需数据量不大,在数据缺乏时十分有效。

在进行需水量预测时大多采用的是 GM(1,1)模型。GM(1,1)模型是最常用的一种灰色模型,它是由一个只包含单变量的一阶微分方程构成的模型,是 GM(1,n)模型的特例。GM(1,n)模型能包含多个用水量影响因素,能处理需水量的季节变化等,它的预测范围很广,对长、短期预测均有效。

灰色模型中的 GM(1,1)模型构造如下:

①给定原始数据序列 $X^{(0)} = [x^{(0)}(1), x^{(0)}(2), \cdots, x^{(0)}(n)]$,对 $X^{(0)}$ 做一次累加,生成新数据序列 $X^{(1)} = [x^{(1)}(1), x^{(1)}(2), \cdots, x^{(1)}(n)]$,即

$$X^{(1)}(k) = \sum_{t=1}^{k} x^{(0)}(t) \tag{2.1-8}$$

②采用一阶微分方程拟合的模型：

$$\frac{\mathrm{d}X^{(1)}}{\mathrm{d}t} + aX^{(1)} = u \tag{2.1-9}$$

式中：a、u 为待求参数（a 为发展系数，u 为灰作用量）。

采用最小二乘法求参数得：

$$(a, u)^{\mathrm{T}} = (\boldsymbol{B}^{\mathrm{T}}\boldsymbol{B})^{-1}\boldsymbol{B}^{\mathrm{T}}\boldsymbol{X}_n \tag{2.1-10}$$

式中：

$$\boldsymbol{B} = \begin{bmatrix} -\dfrac{1}{2}\left[x^{(1)}(1) + x^{(1)}(2)\right] & 1 \\ -\dfrac{1}{2}\left[x^{(1)}(2) + x^{(1)}(3)\right] & 1 \\ \vdots & \vdots \\ -\dfrac{1}{2}\left[x^{(1)}(n-1) + x^{(1)}(n)\right] & 1 \end{bmatrix}; \boldsymbol{X}_n = \begin{bmatrix} x^{(0)}(2) \\ x^{(0)}(3) \\ \vdots \\ x^{(0)}(n) \end{bmatrix} \tag{2.1-11}$$

③求解上式的一阶微分方程：

$$\hat{x}^{(1)}(k+1) = \left[x^{(0)}(1) - \frac{u}{a}\right]\mathrm{e}^{-ak} + \frac{u}{a} \tag{2.1-12}$$

还原数据序列为：

$$\hat{x}^{(0)}(1) = x^{(0)}(1)$$

$$\hat{x}^{(0)}(k) = (1 - \mathrm{e}^a)\left[x(1)^{(1)} - \frac{u}{a}\right]\mathrm{e}^{-a(k-1)}, k = 2, 3, \cdots, n \tag{2.1-13}$$

灰色预测方法的特点在于应用不多的数据就能进行建模和预测，预测方法比较简捷实用。当预测对象的数据序列符合灰色模型的变化规律时，预测精度较高。

方法二：用水定额法

基于单位指标的用水定额预测而进行的需水预测方法，称为用水定额法。用水定额法的计算通常包括：社会经济发展指标预测；各用户用水定额预测；此二者乘积。工业需水预测大多采用发展指标与定额法；生活需水预测采用人均日用水量法;农业用水采用灌溉定额与灌溉面积的方法预测。该方法的局限性在于超长期用水定额的预测缺乏必要的定量手段。

方法三:人工神经网络法

人工神经网络(Artificial Neural Networks,简称 ANN),又称连接机模型或并行分布处理模型,是由大量简单神经元广泛连接而成的复杂网络。它是在现代生物学研究人脑组织所取得的成果基础上提出来的,用以模拟人类大脑神经网络的思维活动。它具有数据处理的并行性、函数映射的高度非线性、自适应性、自学习性、自组织性和容错性等特点。人工神经网络法通过对非线性函数的复合来逼近输入和输出之间的映射。它不需要设计任何数学模型,只靠过去的经验来学习,通过神经元的模拟、记忆和联想,处理各种模糊的、非线性的、含有噪声的数据,采用自适应的模式识别方法来进行预测分析。在进行需水量预测时,先将历史数据预处理后,将影响需水量大小的相关因子作为输入神经元,并把需水量数据输入,经过训练后,建立影响因子与需水量间的关系式,根据未来的影响因子,利用训练好的网络,输出未来的需水量。

采用误差反传训练算法的神经网络称为 BP 网络。BP 网络按有教师学习方式进行训练,当一对学习模式提供给网络后,其神经元的激活值将从输入层经隐含层向输出层传播,输出层的各神经元输出对应于输入模式的网络响应。然后按减少希望输出与实际输出误差的原则,从各输出层经各隐含层,最后回到输入层,逐层修正连接权。由于这种修正过程是从输出层到输入层进行的,所以称作误差反传训练算法(BP 算法)。BP 算法的学习过程由正向传播和反向传播两步组成。在正向传播过程中,样本信号经过 Sigmoid 函数 $f(x) = 1/[1 + \exp(-x)]$ 的作用,逐层向前传播,每一层神经元的状态只影响下一层神经元的状态。如果在输出层不能得到期望的输出信号,那么修改各层神经元的权值,同时使输出信号的误差沿原路返回。经过反复传播,最后使信号误差达到所要求的范围。

BP 网络具有结构简单、易于实现的特点,由于引入了隐含层神经元,提高了其解决问题的能力,而且采用了误差反向传播算法,从而使网络的学习可以收敛,网络也达到了实用的程度,这种方法被广泛地应用于许多领域,取得了良好的效果。运用单点输出神经网络预报模型可进行长期预报。利用 $t-k$ 年到 t 年的实际需水量对 $t+1$ 年的需水量进行预测,用 $t-k+1$ 年到 $t+1$ 年的需水量对 $t+2$ 年的需水量进行预测,依此类推,推求规划年的需水量。

输入层数也就是输入层的节点数目,取决于影响因子的维数,即这些节点能够代表每个影响因子,所以,最困难的设计是弄清楚正确的影响因子。如果影响因子中没有包括对预测对象有影响的因子时,那将必然会妨碍对网络的正确训练,因此,确定影响因子的个数是关键。当不能确定某一因子的影响程度时,可以通过增加因子和减少因子的方法进行对比试验,观看训练和预测效果,从而确定是否在模型中引入此因子。

在应用人工神经网络解决实际问题时,必将遇到选择网络的最佳结构问题,具体说就是给定某个应用任务,如何选择网络的隐含层数和隐含层应该具有的节点数。正如前面所述,三层神经网络就可以实现逼近任一连续函数。一般来说,对于隐含层节点数的选择是一个很复杂的问题。隐含层节点数太少时,网络可能训练不出好的结果,这是因为使用隐含层节点数少时,局部极小值就多,或者鲁棒性差,就不能识别以前没有看到过的样本,容错性差;但是隐含层节点数太多时又使得学习时间过长。隐含层节点数与计算问题的复杂性也有很大关系,问题复杂时,隐含层节点数必须达到一定程度,使得网络能够处理给定问题所要求的复杂程度;可是,如果太大,这些权就变得难以从训练数据中得到可靠的隐含关系,因此需要确定一个最佳的隐含层节点数。目前的实用方法是根据问题的复杂程度,用试验法来确定隐含层的最佳节点数。

最初由 Werbos 开发的反向传播训练算法是一种迭代梯度算法,用于求解前馈网络的实际输出与期望输出间的最小均方差值。BP 网络是一种反向传递并能修正误差的多层映射网络,当参数适当时,此网络能收敛到较小的均方差,是目前应用最广的网络之一。BP 算法通过误差函数最小化来完成输入到输出的映射,其主要思想是把学习过程分为两个阶段:第一阶段(正向传播过程),给出输入信息,通过输入层经隐含层逐层处理并计算每个单元的实际输出值;第二阶段(反向过程),若在输出层未能得到期望的输出值,则逐层递归地计算实际输出与期望输出之差(即误差),以便根据此差调节权值,具体说,就是可对每一个权重计算出接收单元的误差值与发送单元的激活值的积。因为这个积和误差对权重的(负)微商成正比(又称梯度下降算法),故把它称作权重误差微商。权重的实际改变可由权重误差微商计算出来,即它们可以在这组模式上进行累加。

方法四:系统动力学法

系统动力学法(System Dynamics,SD)是一种将结构、功能和历史相结合,以反馈控制理论为基础,借助计算机进行模拟仿真而定量地研究高阶次、非线性、多重反馈复杂时变系统的系统分析理论和方法,是研究具有复杂反馈关系系统的重要方法。SD 本质上是带时滞的一阶微分方程组,模型能方便地处理非线性和时变现象,能做长期的、动态的、战略的仿真分析与研究,较适用于分析研究系统的结构与动态行为,可作为实际系统,特别是社会、经济、环境、生态等复杂大系统的"模拟实验室",是研究水资源系统的重要方法。通过系统分析、系统模型的建立,可以对系统进行白化,再经过计算机动态模拟,还可以找出系统的一些隐藏规律。所以,该方法不仅能预测出远期预测对象,还能找出系统的影响因素及作用关系,有利于系统优化。将该法运用于需水量的预测,能够考虑水价、水利工程投资、水污染治理投资、用水政策等因素对需水量的影响,对经济-社会-水资源-水环境系统的各种复杂因素考虑得比较全面。不过,系统分析过程复杂,工作量大,且对分析人员能力要求较高,建模周期长,不适用于短期需水量预测。而对长期需水量预测,其优势是十分明显的。

系统动力学是一门分析研究信息反馈系统的学科,也是一门认识和解决系统问题的综合性学科。研究解决问题的方法是一种定性与定量相结合,系统分析、综合推理的方法。系统动力学把所研究的对象看作是具有复杂反馈结构的、随时间变化的动态系统。它先将描述社会系统状态的各参量加以流体化,绘制出表示系统结构和动态特征的系统流图,然后把各变量之间的关系定量化,建立系统的结构方程式,以便运用专门的计算机语言进行仿真试验,从而预测系统的未来行为。系统动力学法解决问题的过程大致可分为五步:①系统分析。主要任务在于分析问题,剖析要因。②系统结构描述。主要是处理系统信息,分析系统的反馈机制。③建立系统的规范模型。④模型模拟与政策分析。⑤模型的检验与评估。利用系统动力学方法,可以在缺乏基础数据、定量表达式难以建立的情况下,利用较少的变量来对系统发展的整体水平进行预测,并保证一定的精确度。

方法五:宏观经济法

主要指投入产出分析法。投入产出分析法是通过建立投入产出模型(投入产出表或投入产出数学模型),研究经济系统各要素之间投入与产出的相互依存关系的经济数量分析方法。该方法借助于投入产出表,对各经济系统间在生产、交换和分配上的关联关系进行分析,然后利用产业间关联关系的特点,为经济预测和经济计划服务。在投入产出表的基础上加入各部门的耗用水量,便可用于水资源管理,根据投入产出分析方法从经济系统角度研究各部门耗用水量和水资源需求量规律,考虑未来生产技术进步和投资变动来修订直接消耗系数、直接消耗用水系数和投资系数,并通过未来总产出或未来经济发展规模来确定未来需水量。水资源投入产出法发展至今还存在许多争议,其最大的争议在于水资源投入产出表的建立。该表将各部门用水量价值化,而目前水资源还没有完全市场化,尤其在发展中国家,所以建立水资源投入产出表就已存在问题与困难。此外,投入产出法的同质性(各部门的产品都是同质的,采取的生产技术方式是相同的,即消耗结构是单一的)、比例性(各部门投入产出之间的关系是线性)和时间静态(各部门的生产没有先后顺序)的假定,使得投入产出分析法适用于短期而不适用于长期,适用于分析而不适用于预测。

需水量预测的方法各有优缺点,在实际预测中,通常不是采用单一的需水预测方法,而是采用多种方法分别预测或者进行分类/组合预测。组合预测利用了各种预测方法所提供的信息,可以有效提高预测精度和稳定性,预测结果可能优于单一预测方法。分类预测考虑了不同用水户的用水性质和各部分在总用水量中所占的比重,使得不同成分与影响因素联系起来,其响应特性得以充分反映,从而提高了预测精度。当然,并不是对用水部门分类越细,预测的精度就越高。因为分类越细需要的信息就越多,要搞清楚的关系也就越多,目前我们还无法弄清需水与所有影响要素之间的关系,更何况是定量关系。只有在有足够的可靠数据资料的时候,详细的分类预测才会得出更可靠、更有价值的预测结果。

预测未来水资源需求量的方法很多,不同用水行业(户)的需水预测方法不同;同一用水行业(户),也可用多种方法预测。在实际应用过程中,可根据区域内的用水行业(户)要求采用多种方法预测其需水量,尽可能使需水量预测结果符合实际。通常以指标定额及水利用系数预测方法为基本方法,同时也可用趋势法、机理预测方法、人均用水量预测法、弹性系数法等其他方法进行复核。对各种方法的预测成果进行相互比较和检验,经综合分析后得出各用水户的需水量。

还可从微观层面和宏观层面对需水预测结果进行合理性分析,微观层面分析主要是从各用水户角度,分析其水重复利用率、用水效益、发展趋势等;宏观层面分析主要是从区域需水总量角度,分析其需水量与水资源条件、节水程度、需水结构等的相关度。

水资源需求量因其经济社会发展的不确定性,在进行需水预测时采用多情景预测,然后将不同的方案进行比选,最终提出需水预测的成果。需水预测理论与方法是一个动态发展的过程,与人类社会不同发展阶段、水资源相对稀缺程度、科学技术应用水平、人类对水以及自然价值观念的认识息息相关。从总的发展趋势看,需水预测正在从单一目标、单一系统、简单决策向多个目标、复杂系统、集体决策的方向转变。

2.1.3　需水预测影响因素

需水预测除与具体预测方法有关外,还与其他一些非技术性的影响因素有关,如社会经济发展状况、科学技术的进步、产业结构调整以及有关的政策法规等因素,这些因素会影响需水预测的准确性。

1. 资料的可靠性

需水预测中需要的资料都是一些历史数据,这些数据通常存在着很大的质量问题。复杂模型的建立往往需要大量的数据,而我国目前信息化平台还不完善,许多数据的收集、统计往往较困难,造成资料短缺,或资料数据不太可靠,从而影响建模及预测精度。这一问题在现实工作中是较为普遍的。但这个问题将随着水管理部门的数据收集手段和管理水平的提高而逐渐得以解决。

2. 节水的影响

随着水资源缺乏问题日益严重,节水已成为一个摆在政府和民众面前不得不面对的问题,更是水资源多维临界调控工作中的一个核心问题。在水资源供需平衡分析中,节水相当于增加了供水量,对于城市化进程迅速推进的今天,节约用水可以大大缓解未来工业生产和城镇生活未来用水需求激增而引发的供需失衡问题。由于节水措施对不同部门、不同地区的节水效果不同,因此,在考虑节水因素时,分门别类地进行需水量预测是必要的。另外,节水是一项软措施,衡量评价起来比较困难,因此节水效果如何定量还有待进一步的研究。

3. 经济布局与产业结构调整的影响

需水量大小与区域经济布局及产业结构有关。按照可持续发展战略思想,区域社会经济发展必须充分考虑水资源承载力,按照以供定需、协调发展的原则,进行社会经济布局与产业结构调整。如调整一、二、三产业比例,合理调整农林牧结构及作物种植结构,发展高科技低耗水产业,创建节水型工业,提高生态环境用水比重。这些因素应在不同规划水平年需水量预测中予以充分考虑。

水资源需求的增长受到多方面因素的制约:(1)水资源量的制约。一个区域内的水资源量是有限的。在没有外区域水资源调入的情况下,其所能利用的最大水量不能超过其水资源总量。从可持续利用看,能为社会、经济和生态环境所利用的应是当地水资源总量中的一部分,即为其最大水资源的可利用量。也就是说,一个区域在一个时期内的水资源可开发量是有限的,而需水又不可能脱离其可开发量而无限度地增长,由此产生了需水量增长的资源制约。(2)水工程条件的制约。由于受工程技术水平和资金状况的影响,在社会发展的一定阶段,水资源的开发利用是有限度的。从水的供需平衡分析看,该区域内的用水不能超过其可能的供水量。因而,从预测的角度看,虽然预测的需水量可以大于当地水工程的最大供水量,但预测结果不能和供水量相差太大,否则只能说明预测结果缺少现实可行性,是失败的。也就是说,需水增长是受水工程条件制约的。(3)水市场条件的制约。在市场经济条件下,水的需求增长无疑将受到价格的抑制,较高的水价一般有利于减少无谓的损失浪费并促进节水工作的开展,由此体现了市场机制对供需关系的调整。水价调整对通货膨胀、对居民家庭支出结构和对工业制成品成本结构都有影响。特别是,农业灌溉水价的调整影响更为广泛。所以,水价调整还有承受力问题。根据我国宪法,水资源与其他自然资源一样,属于国家所有,所以水资源不能完全由市场来决定其价值。只能在今后的市场经济形态中一方面加强国有资产的控制力,一方面拓宽投资建设渠道,加快发展步伐,进一步增强综合国力,减少资源浪费。(4)水管理条件的制约。水管理政策对水需求的影响也非常大。面向可持续发展的水管理政策,如取水许可制度、水资源管理年报制度、水资源收费制度、累进制水价体系和节水激励体制,这些政策的导向与实施,能够有效地影响需求,即通过需求的管理来促进水资源的合理配置。

2.2　经济社会指标预测

驱动水资源需求增长的一个重要方面为经济社会的持续发展,同时水资源作为一种重要的自然资源和生产要素,也对经济社会发展起到制约作用。寻求两者的协调发展,正是水资源规划的重要内容。对经济社会指标合理预测和分析,是水资源规划和水资源需求预测的基础性工作。反映经济社会发展水平的指标众多,从经济社会可持续发展及其对水资源要求方面选取的主要指标有:

人口类指标:总人口、城镇人口、农村人口、用水人口(城镇与农村)等。

国民经济类指标:GDP 及其产业构成、分经济部门(行业)发展指标(总产值、增加值及产品规模等)、耕地面积、农作物播种面积及其构成、粮食播种面积、有效灌溉面积及其构成、粮食总产量等。

对上述指标进行预测,是经济社会发展指标分析的重要内容。确定经济社会指标是为水资源需求预测和供需分析提出目标要求;而水资源条件和供水能力、水管理水平等对经济社会发展有深刻的影响。因而,经济社会指标预测应充分考虑水资源及其利用的影响。

经济社会指标分析应遵循以下原则:①实施可持续发展战略,实现人口、资源和环境协调发展的原则;②节水优先,发展节水型经济社会体系的原则;③流域与区域、近期与远期相结合的原则;④自上而下、自下而上相结合的原则;⑤模型预测与政府规划指标相结合,多学科、多部门、多方法联合运用、相互印证的原则。

经济社会指标预测应体现各层次间的协调和平衡。经济社会指标涉及行政区划和流域分区两类层次。行政区划层次包括：国家级（全国）、省级区、地市区、县级区等；流域区划层次包括：一级流域、二级流域、三级流域等。

我国缺乏流域口径下的经济社会发展指标的统计数据，因而经济社会发展指标应以行政区划预测为主，再结合相关统计资料、采取相应的方法，将行政区划上的预测指标，通过"协调与平衡"方法分解到流域分区。

经济社会发展指标预测，应采用多种预测方法分别进行预测，主要为模型预测法和指标预测法。各种预测方法必须要充分反映经济社会发展结构的变化情况。各方法预测成果应相互印证，在综合分析和评价基础上，确定最终预测成果，作为需水预测和供需分析的基本依据。

由于经济社会发展存在着不确定性，发展方向和发展模式也存在着多种选择，因而应采取情景分析的思想，对于不同的发展情景提出不同的预测成果。预测成果必须要进行合理性分析，主要结合国家发展战略、产业布局、产业发展政策、区域发展基础条件、区域发展战略导向、区域间横向指标比较等诸多方面分别进行分析，特别是应对经济社会发展的水资源支撑能力进行分析，在分析基础上，提出经济社会发展的预测方案。

经济社会的发展趋势直接影响着区域水资源的开发利用和水利建设的发展，因此，从人口、国内生产总值（GDP）等方面对经济社会指标及发展规模进行规划或预测，可以为需水量的预测提供基础和依据。人口总数、国内生产总值等经济社会指标可以使用多种预测方法进行综合预测，如增长率预测、灰色预测、时间回归预测、BP网络预测等众多方法。

人口增长要考虑两方面的原因：一是自然增长，即人类繁衍的需要，人口数量必然会在原有基础上有一定的自然增长；二是社会增长，即人口由于社会和经济等因素而产生迁徙，导致迁徙目的地的人口增长。国内生产总值是社会总产品价值扣除了中间投入价值后的余额，也就是当期新创造财富（包括有形和无形）的价值总量，可以由第一产业、第二产业、第三产业增加值的总和进行核算。

采用统计趋势预测法，合理确定不同规划水平年人口总数、国内生产总值等的增长率，实现对目标的预测。统计趋势法比较简捷实用，精度取决于基准年人口总数和逐年人口综合增长率。人口增长率公式为：

$$p_n = p_0(1+r)^n \tag{2.2-1}$$

式中：p_n 为规划水平年预测人口总数；p_0 为基准年的人口总数；r 为人口综合

增长率；n 为从起算年至预测终止年的年数。规划水平年的国内生产总值、工业生产总值预测，也可用上式统计趋势法预测。

2.3　区域水资源需水量预测

需水量预测是进行水资源优化配置的必要前提，它是根据用水量的历史资料，考虑不同水平年国民经济发展目标、社会发展要求、水资源条件以及生态环境保护对水资源的总体要求，合理预测规划水平年的需水方案。应该遵守以下原则：①以社会经济发展规划为依据；②以现状年用水水平为基础；③体现节约用水的原则，尽可能考虑由于管理水平的提高、先进灌溉技术的推广等因素的节水效果；④要与供水能力相适应，尽量与区内水资源开发进程相适应；⑤预测需水量要有余地，社会经济发展中有些因素很难准确预测，如人口增长、城镇化进程、节约用水、水资源保护等，对预测结果有一定的影响。

区域需水量预测的用水户分为生活、生产和生态环境三大类。在分别进行需水预测的基础上，进行河道内和河道外、城镇和农村需水预测成果的汇总。用水户分类口径及其层次结构见表 2.3-1。

表 2.3-1　用水户分类口径及其层次结构表

一级	二级	三级	四级	备注
生活	生活	城镇生活	城镇居民生活	城镇居民生活用水（不包括公共用水）
		农村生活	农村居民生活	农村居民生活用水（不包括牲畜用水）
生产	第一产业	种植业	水田	水稻等
			水浇地	小麦、玉米、棉花、蔬菜、油料等
		林牧渔业	灌溉林果地	果树、苗圃、经济林等
			灌溉草场	人工草场、灌溉的天然草场、饲料基地等
			牲畜	大、小牲畜
			鱼塘	鱼塘补水
	第二产业	工业	高用水工业	纺织、造纸、石化、冶金
			一般工业	采掘、食品、木材、建材、机械、电子
			火电工业	循环式、直流式
		建筑业	建筑业	建筑业
	第三产业	商饮业	商饮业	商业、饮食业
		服务业	服务业	货运邮电业、城市消防、公共服务及城市特殊用水

续表

一级	二级	三级	四级	备注
生态环境	河道内	生态环境功能	河道基本功能	基流、冲沙、防凌、稀释净化等
			河口生态环境	冲淤保港、防潮压碱、河口生物等
			通河湖泊与湿地	通河湖泊与湿地等
			其他河道内	根据具体情况设定
	河道外	生态环境	湖泊湿地	湖泊、沼泽、滩涂等
		生态环境建设	美化城市景观	绿化用水、城镇河湖补水、环境卫生用水等
			生态环境建设	地下水回补、防沙固沙、防护林草、水土保持等

影响需水量预测成果的因素很多,不同的经济社会发展情景、不同的产业结构和用水结构、不同的用水定额和节水水平会使水资源的需求量有较大差异,这些差异可通过不同的需水方案来反映。因此,水资源需求预测应采取情景分析方法,进行多情景下的需水方案预测。

在众多的需水情景中,有两个基本方案是必须要进行预测的。其一为"基本需水方案",也称为"一般节水方案";其二为"强化节水方案"。在现状节水水平和相应的节水措施的基础上,基本保持现有的节水投入力度,并考虑20世纪80年代以来用水定额和用水量的变化趋势,所确定的需水方案为"基本需水方案";在"基本需水方案"基础上,继续加大节水投入力度,强化需水管理,抑制需水过快增长,进一步提高用水效率和节水水平等各种措施后,所确定的需水方案为"强化节水方案"。"基本方案"和"强化节水方案"预测的需水成果,应和节水规划方案成果相协调。

需水预测应包括净需水量和毛需水量两套方案成果,并应按照各种统计口径进行统计和合理性分析。净需水量可采用用户终端净定额方法预测,净灌溉定额为农作物田间灌溉定额,工业和生活净用水定额为用户终端定额。在净需水量预测成果基础上,根据供水与节水的规划成果,通过分析各用水户节水措施、用水管理、输配水方式等后确定水利用系数,进行毛需水量预测。毛需水量的计算口径应注意与供水断面相一致。

在生活、生产和生态(环境)三大用水户需水量预测基础上,进行需水汇总,一般包括河道内与河道外、城镇和农村以及城市三类。河道外需水量,一般均要参与水资源的供需平衡分析。应按城镇和农村两大供水系统(口径)进行需水量的汇总。根据河道内生态环境需水和河道内其他生产需水的对比分析,取得最大月外包过程线,在水资源合理配置研究中参与节点水量与水质平衡。

为了保障预测成果具有现实合理性,要求对经济社会发展指标、用水定额、需水量等进行合理性分析。合理性分析内容包括各类指标发展趋势分析（如增长速度、结构和人均量变化等）、和国内外其他地区的指标比较分析，以及经济社会发展指标与水资源条件之间、需水量与供水能力之间的协调性分析等。

2.3.1　生活需水预测

生活需水分为城镇居民生活用水和农村居民生活用水两类，生活需水通常采用人均日用水量方法预测。

生活需水采用城乡用水人口指标预测。在城乡人口指标预测成果基础上，进行城乡用水人口的预测。预测方法可采用人口模型法或规划指标法。城镇用水人口是指由城镇供水系统供给其用水需求的人口；农村用水人口则为农村地区供水系统供给（包括自给方式取水）的用水人口。城镇用水人口包括常住人口（可采用户籍人口）和居住时间超过 6 个月的暂住人口。暂住人口所占比重不大的，可直接采用城镇人口作为城镇用水人口。对于流出人口比较多的农村，也应考虑其流出人口的影响。

城镇用水虽然在水资源利用中所占的比例不大，但项目多、范围广、水质要求高，而且生活用水资料也不够准确，因此给预测带来一定的困难。目前城镇生活需水预测主要采用用水定额法，对资料较全的城镇采用回归分析法。

根据经济社会发展水平、人均收入水平、水价水平、节水器具推广与普及情况，结合生活用水习惯、现状用水水平，参考国内外同类地区或城市生活用水定额水平，参照建设部门制定的居民生活用水定额标准，拟定不同需水方案下的各水平年城镇居民生活用水净定额；根据供水预测及节约用水规划的生活供水系统的水利用系数，结合用水人口预测成果，进行城镇生活净需水量和毛需水量的预测。农村居民生活可不分净需水量和毛需水量，也不分需水方案，可直接采用用水定额计算其需水量。

方法一：用水定额预测法

对城镇居民区生活需水的预测，可以用城镇居民人口和国家规定的不同类型城镇室内用水定额计算。公式为：

$$Q_{mi} = 0.365 \times P_i M_i = 0.365 \times P_0 (1 + \varepsilon)^n M_i \tag{2.3-1}$$

式中：Q_{mi} 为预测水平年 i 的居民需水量，10^4 m^3；P_i 为预测水平年城镇总人口，万人；ε 为城镇人口年增长率；P_0 为现状城镇总人口，万人；M_i 为用水定额，L/(人·d)。

对服务行业及公共设施需水量预测，可根据本行业的特点，分析选用有关用

水定额,并结合服务工作量来预测。例如对宾馆、旅社、医院等用水单位,预测公式为:

$$Q_{fi} = K_{pi} V_c / 1\ 000 \qquad (2.3-2)$$

式中:Q_{fi} 为预测水平年 i 的居民需水量,$10^4\ \mathrm{m^3}$;K_{pi} 为预测水平年接待人口,万人;V_c 为人均床位用水定额,$\mathrm{L/(人 \cdot d)}$。

上述两项之和即为城镇生活总需水量。两式中的用水定额可根据本地区统计测算的数据,并结合未来生活条件的改善等情况制订,也可参考其他国家及地区的用水标准制定。

方法二:回归分析预测法

回归分析预测法是通过回归分析,寻找预测对象与影响因素之间的因果关系,建立回归模型进行预测。在系统发生较大变化时,可以根据相应变化因素修正预测值,同时对预测值的误差也有一个大体的把握,因此该方法适用于长期预测。而对于短期预测,由于用水量数据波动性很大、影响因素复杂,且影响因素未来值的准确预测困难,故不宜采用。该方法是通过自变量(影响因素)来预测响应变量(预测对象)的,所以自变量的选取及自变量预测值的准确性至关重要。按变量间的关系,回归可分为线性回归和非线性回归;按变量的数量划分,回归可分为一元回归和多元回归。此回归分析预测中引入的自变量应适当,过多的自变量不仅会使计算量增加、模型稳定性退化,不可靠的自变量还会使预测值的误差增大。一般地讲,随着时间的推移和人口的增长,城镇生活用水也将增加。因此,利用调查或统计的历年城镇生活需水量,以及人口变化等资料,可以用回归分析的方法建立城镇生活需水预测模型。一元线性回归数学模型为:

$$Q_{si} = a + bx \qquad (2.3-3)$$

式中:Q_{si} 为预测水平年 i 的居民需水量,$10^4\ \mathrm{m^3}$;a、b 为待定系数,可用最小二乘法原则确定;x 为人口或其他影响因素。

通过观察和分析,当城镇生活需水量与影响因素之间的关系为非线性关系时,可根据假定的非线性关系式,通过数学变换,将其转化为线性关系,再利用线性回归的方法确定回归模型。

方法三:综合分析定额预测法

城镇生活需水在一定范围之内,其增长速度是比较有规律的,因而可以用综合分析定额法推求未来需水量。

综合分析定额预测法又称为指标分析法,是通过对用水系统历史数据的综合分析,制定出各种综合用水定额,然后根据综合用水定额和长期服务人口计算出远期的需水量。该方法与回归分析有很多相似之处,在一定意义上它等效于以服务人口为自变量的一元回归分析,用水定额相当于回归系数。不同的是,回归分析具有针对性,而用水定额具有通用性,与回归分析相比,它的工作量要小得多,但是由于用水定额的通用性,在对特殊城市或地区进行需水量预测时会造成很大的误差。

综合分析定额法考虑的因素是用水人口和需水定额。用水人口以计划部门预测数为准,需水定额以现状用水调查数据为基础,分析历年变化情况,考虑不同水平年城镇居民生活水平的改善及提高程度、工业化程度、水资源现状及管理技术等因素,拟定其相应的用水定额。

农村生活需水中农村人口需水预测与城镇生活需水预测相似。农村牲畜需水,在预测过程中,一般按大小牲畜的数量与用水定额进行计算,或折算成标准差后进行计算。

2.3.2 生产需水预测

生产需水包括第一产业(种植业、林牧渔业)、第二产业(工业、建筑业)和第三产业(商饮业、服务业)需水。

1. 第一产业需水预测

第一产业是指提供生产资料的产业,包括种植业、林业、畜牧业、水产养殖业等直接以自然物为对象的生产部门。第一产业需水分为农田灌溉需水和林牧渔业需水,分别按照各自的用水指标来进行需水预测。

(1)农田灌溉需水

农田灌溉需水量通常采用灌溉定额方法预测。农田灌溉定额一般采用亩均灌溉水量(1 亩 ≈ 666.7 m^2)指标计算,包括净灌溉定额和毛灌溉定额两类。农田净灌溉定额一般按照不同的农作物种类而提出,其为某种农作物单位面积灌溉需水量。根据各类农作物净灌溉定额,也可计算灌区农田综合净灌溉定额,综合净灌溉定额可根据各类农作物净灌溉定额及其复种指数综合确定。在综合净灌溉定额基础上,考虑灌溉用水量从水源到农作物利用整个过程中的输水损失后,计算灌区综合毛灌溉定额。

有关部门或研究单位大量的灌溉试验所取得的灌溉试验成果可作为确定农作物净灌溉定额的基本依据。资料比较好的地区确定农作物净灌溉定额时,可采用彭曼公式计算农作物潜在蒸腾蒸发量,扣除有效降雨并考虑田间灌溉损失后计算而得。农作物净灌溉定额计算公式为:

$$AQ_i = f(ET, Pe, Ge, \Delta W) \tag{2.3-4}$$

对于旱田：

$$AQ_i = ET_{ci} - Pe - Ge_i + \Delta W \tag{2.3-5}$$

对于水稻：

$$AQ_i = ET_{ci} + F_d + M_0 - Pe \tag{2.3-6}$$

式中：AQ_i 为第 i 种作物逐月净灌溉需水量，mm；ET_{ci} 为第 i 种作物的逐月需水量，mm；ΔW 为生育期内逐月始末土壤储水量的变化值，mm；Pe 为作物生育期内逐月的有效降雨量，mm；Ge_i 为第 i 种作物生育期内的逐月地下水补给量，mm；F_d 为稻田全生育期渗漏量，mm；M_0 为插秧前的泡田定额，mm。

根据农作物复种指数，按照式(2.3-7)计算综合净灌溉定额和综合毛灌溉定额。

综合净灌溉定额：

$$AQ_n = 0.667 \times \sum_{i=1}^{n} AQ_i \times A_i \tag{2.3-7}$$

综合毛灌溉定额：

$$AQ_c = AQ_n / \eta_g = 0.667 \times \sum_{i=1}^{n} AQ_i \times A_i / \eta_g \tag{2.3-8}$$

式中：AQ_n 和 AQ_c 分别为综合净灌溉定额和综合毛灌溉定额，m^3/亩；AQ_i 为第 i 种作物逐月净灌溉需水量，mm；A_i 为第 i 种作物种植比例，％；η_g 为灌溉水综合利用系数。

灌溉水综合利用系数 η_g，由渠系水的利用系数 η_q 和田间水的利用系数 η_t 两部分构成，其计算公式为：

$$\eta_g = \eta_q \times \eta_t \tag{2.3-9}$$

式中：渠系水利用系数 η_q 分别为渠系系统各级渠道(干渠、支渠、斗渠、农渠和毛渠)水利用系数的乘积，即

$$\eta_q = \eta_干 \times \eta_支 \times \eta_斗 \times \eta_农 \times \eta_毛 \tag{2.3-10}$$

渠系水利用系数与渠道系统状况(衬砌情况、渠道系统形式)及渠道管理方式等因素有关。田间水的利用系数与灌溉的形式、灌溉系统的状况、灌溉技术和习惯、管理状况、地形、土壤特性等因素有关。

资料比较好的地区可采用降雨长系列计算方法计算净灌溉定额，若采用典

型年方法,则一般要求分别提出降雨频率为 50%(代表平水年)、75%(代表中等干旱年)和 95%(代表特枯水年)的净灌溉定额。

上面计算的灌溉定额一般为充分灌溉定额。对于水资源比较丰富的地区,一般可采用充分灌溉定额;而对于水资源比较紧缺的地区,一般可采用非充分灌溉定额。

采用彭曼公式等方法计算的灌溉定额一般为充分灌溉定额。非充分灌溉是随着全球水资源紧缺状况不断加剧而发展起来的一种新的节水灌溉技术。大量的试验结果表明,虽然满足作物生长需要的充分灌溉需求方式可以获得较高的单位面积产量,但消耗的水量也往往很多,总的水资源利用效率并不高。当可利用的水资源总量不能满足大面积充分灌溉需求时,结果必然会有部分作物或是作物生长过程中的某些阶段要受到一定程度的水分胁迫。非充分灌溉技术即是在这样的条件下,根据不同作物以及同一作物不同生育阶段对水分亏缺敏感程度的差异对总水量进行优化分配,尽可能地将水灌在对水分亏缺最敏感的作物或生育时期,而将水分胁迫安排在敏感程度较低的作物或生育时期上。非充分灌溉技术的实施,一方面可以有效地减少水分胁迫的影响,确保受到水分胁迫的作物获得较好的产量结果,另一方面可以有效地减少单位面积的灌溉用水量,扩大灌溉受益面积,从而最大限度地提高有限水资源的总体利用效益。

非充分灌溉定额以尽量满足作物生长关键期用水、使作物产量达到最大为原则制定。各地通过多年的灌溉实践,已基本摸索出了当地农作物非充分灌溉定额的经验值。农田净灌溉需水量和毛灌溉需水量的计算公式为:

农田净灌溉需水量:

$$AW_i^t = \sum_{i=1}^{n} (A_i^t \times AQ_i^t) \tag{2.3-11}$$

农田毛灌溉需水量:

$$GAW_i^t = AW_i^t / \eta_i^t = \sum_{i=1}^{n} (A_i^t \times AQ_i^t) / \eta_i^t \tag{2.3-12}$$

式中:AW_i^t 为第 i 种作物第 t 规划水平年农田净灌溉需水量,mm;GAW_i^t 为第 i 种作物第 t 规划水平年农田毛灌溉需水量,mm;A_i^t 为第 i 种作物第 t 规划水平年种植比例,%;AQ_i^t 为第 i 种作物第 t 规划水平年逐月净灌溉需水量,mm;η_i^t 为灌溉水综合利用系数;i 为农作物序号;t 为规划水平年份。

(2) 林牧渔业需水

林牧渔业需水通常也采用亩均补水定额法进行预测,定额确定类似于农田灌溉定额。林牧渔业需水包括林果地灌溉需水、草场灌溉需水、牲畜用水和鱼塘补水等四类。林牧渔业需水量中的灌溉（补水）需水量部分，受降雨条件影响较大，有条件的或用水量较大的地区应分别提出降雨频率为 50%、75% 和 95% 三类情况下的预测成果，其总量不大或不同年份变化不大时可用平均值代替。

根据当地试验资料或现状典型调查，分别确定林果地和草场灌溉的净灌溉定额（也可采用农田灌溉定额方法确定）；根据灌溉水源及灌溉方式，分别确定渠系水利用系数；结合林果地与草场发展面积预测指标，进行林地和草场净灌溉需水量和毛灌溉需水量预测。鱼塘补水量为维持鱼塘一定水面面积和相应水深所需要补充的水量，采用亩均补水定额方法计算，亩均补水定额可根据鱼塘渗漏量和水面蒸发量与降水量的差值加以确定。

2. 第二产业需水预测

（1）工业需水预测

工业需水预测就是要估算出区域内所有工业企业或某一工业企业在某一年份需要从水源取用的水量。由于影响工业企业用水的因素较多，因此工业需水的预测是一项复杂的工作。工业需水的变化与今后工业发展布局、产业结构调整和生产工艺水平的改进等因素密切相关。虽然正确预测未来工业需水量还有诸多困难，但在研究工业用水的发展过程、分析工业用水现状和未来工业发展的趋势以及需水水平变化之后，可以从中得出某些变化规律。目前，通过对企业用水及其影响因素的研究，许多学者提出不少工业企业需水预测方法。工业需水量预测按一般工业和火电工业两类用户分别进行预测。一般工业需水可采用万元增加值用水量法进行预测；火电工业分循环式、直流式两种冷却用水方式，采用单位装机容量取水量法进行需水预测。

将已制定的工业用水定额标准作为近期工业用水定额预测的基础参考数据，进行综合分析后确定最终的用水定额。远期工业用水定额参考目前经济比较发达、用水水平比较先进的国家或地区现有的工业用水定额水平，结合本地发展条件确定。在进行工业用水定额预测时，要充分考虑各种影响因素对用水定额的影响。这些影响因素主要有：行业生产性质及产品结构、用水水平、节水程度、企业生产规模、生产工艺、生产设备及技术水平、用水管理与水价水平。

方法一：单位产品用水定额法

近年来，许多地区通过对企业用水进行大量的调查、测试和分析，考虑到今后节水工作的开展，制定了各行各业的单位产品用水定额，可以用产品数量和规定的不同产品的用水定额计算预测水平年的工业需水量。公式为：

$$Q_g = \sum_{i=1}^{N} V_i P_i \qquad (2.3\text{-}13)$$

式中：Q_g 为预测水平年的工业需水量，10^4 m³；V_i 为第 i 项产品的用水定额，m³/单位产品；N 为产品种类数；P_i 为预测水平年第 i 项产品的数量，万单位产品。

方法二：发展指标定额法

工业需水预测的发展指标定额法计算公式为：

$$IQ^t = \frac{\sum_i X_i^t IA_i^t}{\gamma^t} \qquad (2.3\text{-}14)$$

式中：IQ^t 为第 t 水平年工业需水量，10^4 m³；X_i^t 为第 t 水平年第 i 工业部门的工业发展指标；IA_i^t 为第 t 水平年第 i 工业部门的取水定额（万元增加值取水量，也可为单位产品，如装机容量取水量）；γ^t 为第 t 水平年工业供水系统水利用系数。

方法三：回归分析预测法

工业用水在一定的时间范围内是有规律的。因此，利用调查或统计的历年工业用水量，通过回归分析，寻找工业用水与工业产值等影响因素之间的函数关系，建立回归模型，进行工业用水预测。通常情况下，工业需水量与工业产值等影响因素之间的关系为非线性关系，可根据假定的非线性关系式，通过数学变化，将其化为线性关系，再利用线性回归的方法确定回归模型。用于回归分析所用的原始值也要做相应的转换。得到线性回归方程后，还应该根据变量或系数的变换关系将其再还原为原函数形式。非线性回归数学模型为：

$$Q_g = a \cdot Z^b \qquad (2.3\text{-}15)$$

式中：Q_g 为预测水平年的工业需水量，10^4 m³；a、b 为回归系数；Z 为年工业总产值或其他影响因素。

在资料已定的情况下，应通过几种相关关系与原资料的分析比较，最后确定相关程度高、预测误差小的预测模型。

方法四：趋势预测法

趋势预测法包括递推法、公式法。递推法即用历年用水增长率推测预测水平年的需水量。公式法即绘制历年用水量随时间变化的曲线，以寻找变化趋势和规律，可以根据具体情况分别采用多项式、指数、乘幂等公式对预测水平年需水量进行预测。

a. 递推法

大量分析资料表明，工业需水量呈逐年增长趋势。这种变化趋势，一般可用工业需水量增长率来反映。因此可用企业多年平均用水增长率或计划增长率作为今后企业需水增长率,用下式计算不同水平年的工业需水量:

$$Q_g = Q_0(1+\varepsilon)^n \qquad (2.3\text{-}16)$$

式中:Q_g 为预测水平年的工业需水量,$10^4\ \mathrm{m}^3$;Q_0 为预测起始年的工业需水量,$10^4\ \mathrm{m}^3$;ε 为工业用水增长率,%;n 为间隔年数。

递推法的关键是正确确定预测时段内年用水增长率。实际上,一个地区或一个企业的年用水增长率与工业结构、用水管理水平、企业产值变化、水的重复利用率等有很大关系。因此,在依据企业过去资料求得年均增长率后,还应该结合企业今后的发展变化情况,如工艺结构调整、重复利用率提高、工业产值增加等做综合分析,确定出一个比较合理的年用水增长率。

b. 公式法

又称时间序列模型,是指用水量与时间的关系模型。公式法是将历年用水量值按时间的先后顺序排列对应,利用回归分析或其他方法建立二者之间的相关关系。

线性模型:假定用水量与时间的变化关系为一元线性关系,即

$$Q_g = a + bt \qquad (2.3\text{-}17)$$

式中:Q_g 为预测水平年的工业需水量,$10^4\ \mathrm{m}^3$;a、b 为待定系数,可用最小二乘原则确定;t 为预测间隔年数。

非线性模型:地区或企业年用水量与时间的变化关系有时并非线性关系,而为非线性关系,如指数函数、幂函数、双曲函数等。从理论分析看,双曲函数较符合企业用水发展的基本规律。因为当工业结构、生产结构、生产规模日趋稳定时,企业年需水量不会无限增长,而是趋于稳定的。

方法五:相关分析法

相关分析法即根据对影响用水量的因子变化规律的分析,采用用水量增长与影响因子之间的相关规律,对预测水平年的需水量进行预测。例如工业用水量与工业产值相关性较强,可以用工业产值增长率和工业用水增长率的相关关系来推导城市工业需水量等。此法又可以分为弹性系数法、重复利用率提高法等具体计算方法。

a. 弹性系数法

如果有两组变量 x 和 y,y 的相对增长量为 Δy,x 的相对增长量为 Δx,则弹性系数 e 的表达式为:

$$e = \left(\frac{\Delta y}{y}\right) \Big/ \left(\frac{\Delta x}{x}\right) \tag{2.3-18}$$

工业用水弹性系数法是指企业年用水增长率与工业产值增长率的比值。应当提出的是,弹性系数也应是一变量。

另外,通过相关分析可建立企业年用水与工业产值的相关方程,表示为

$$Q_g = K \cdot Z^b \tag{2.3-19}$$

式中:Q_g 为预测水平年的工业需水量,$10^4 \ m^3$;K 为常数;Z 为年工业总产值;b 为回归系数,也称为弹性系数,此方法叫相关弹性系数法。

b. 重复利用率提高法

万元产值用水量反映了企业工业总产值与用水量的关系,从其考核指标的计算公式中看到,在已知企业或地区工业总产值后,若能确定出合理的万元产值用水量,就能预测出相应年份的工业需水总量。指标分析表明,一个地区或一个企业,当工业结构已基本趋向稳定时,万元产值用水量基本上取决于重复利用率。

工业用水量逐渐增加,但水源紧缺、供水工程不足导致供水不足,提高水的重复利用率是行之有效的措施。随着科学技术的进步,水的重复利用率将会不断提高,而工业万元产值用水量将会不断下降。重复利用率提高法的计算公式为:

$$Q_g = Z \cdot q_2 \tag{2.3-20}$$

$$q_2 = q_1 (1-\alpha)^n (1-\eta_1)/(1-\eta_2) \tag{2.3-21}$$

式中:Q_g 为预测水平年的工业需水量,$10^4 \ m^3$;Z 为预测水平年工业总产值;q_1、q_2 为预测始末年份的万元产值需水量,$m^3/$万元;η_1、η_2 为预测始末年份的重复利用率,%;α 为工业技术进步系数($0.02 \sim 0.05$);n 为预测年数。

方法六:万元 GDP 指标法

万元 GDP 工业取水量指工业企业在某段时间内,每生产 1 万元 GDP 的产品所使用的生产取水量。根据确定的万元 GDP 需水量和区域工业产业发展规划结果,可以计算出工业用水量:

$$Q = qA \tag{2.3-22}$$

式中:Q 为规划水平年的工业需水量,m^3;q 为规划水平年工业万元 GDP 取水量,$m^3/$万元;A 为规划水平年工业 GDP,万元。

方法七:模型预测

模型预测技术应用比较普遍,其中在工业需水预测中发展较为成熟的单变

量方法主要有灰色预测法、时间序列模型和指数平滑模型。

灰色预测方法是利用灰色系统理论对时间序列进行数据处理,用规律性较强的生成数列建立灰色预测模型,进而用此模型进行预测的方法。此方法适用于资料时间序列短、信息量少的情况,尤其当预测对象的数据序列符合灰色模型的变化规律时,预测精度较高。

指数平滑模型属于时间序列法。根据时间序列资料,利用指数增长曲线进行拟合,并利用平滑系数体现新老数据在预测中所起的作用。如果过去的演变规律可继续下去,此方法简单而有效;如果未来与以往的演变规律差别很大,此方法较难对未来多种变化因素予以考虑。

工业的需水与其所处地区的水资源条件、企业规模、建厂时期、工艺状况、管理水平及水费所占成本的比例等等都有密切关系,也就是说对于不同行业、不同地区、不同规模、不同工艺、不同的经济状况、不同的水资源条件,企业的用水情况也就千差万别。对于不同的工作需要、不同的研究尺度,工业需水预测采用的研究思路和方法也不同。

宏观思路方法:

根据《国民经济行业分类》(GB/T 4754—2017),工业行业分为 41 大类,工业需水难以做到将各个行业的需水预测都计算出来。在实践中一般采用简化的做法,将工业分成高耗水工业和一般工业、火(核)电工业。

①高耗水工业和一般工业需水预测方法

在宏观规划中,对高耗水工业和一般工业的需水预测一般采用万元工业增加值用水量与相应的工业经济发展指标来确定。对于水利部门的研究来说,最关键的是工业万元增加值用水量如何确定。

工业用水定额受技术条件、种类、方法及工艺水平、管理水平等多方面因素的复杂影响,企图寻求一个统一的定额模式方法是不可能的,并且在这方面可供借鉴的系统研究成果不多,所以应根据掌握的资料情况寻求自己解决问题的途径、方法。确定工业用水定额,最重要的是看定额结果的适用性和可靠性,以及对用水管理的指导性,无论什么方法,只要能满足定额的作用和要求,也就达到了定额制定的目的。所以我们在定额制定前,系统地分析了现行的几种定额制定方法,根据用水资料的完整程度、统计资料序列的长短,具体问题具体分析,采用一种方法制定后再用其他方法进行校核。

确定工业用水定额和校核用水定额的方法主要有:

a. 趋势法。主要用于生活用水合理定额指标的预测,因生活用水指标的变化较有规律,且历史资料系列较长,可对其进行模拟,确定其发展规律,进而外延得出各规划水平年的生活用水定额指标。

b. 平均先进法。平均先进法是时间序列法中移动平均法的具体应用。具体做法是对一定量的样品值先求出平均值,再求出比平均值先进的各样品值的平均值,以此作为基准来判定定额。此方法主要应用于工业合理用水定额的制定。

c. 典型样板法。此方法属比较法中的类比法,其具体做法是以一先进的具有代表意义的典型样板为例,将其用水定额指标作为某一时期城市整体用水水平应达到的标准,以此推得规划期的用水定额指标。此方法主要用于确定工业用水指标中的单位产品用水量定额。由于方法较简便,易于操作,只要城市类型相同、基础条件相似,就可应用此方法,也就是以先进的典型城市的指标为样板,让其他城市在一定期限内达到这一水平。

d. 逻辑分析法。此方法属结构分析法,主要根据城市的具体情况,在综合分析影响城市用水各种因素的基础上,选定一个基准定额,而后再根据各规划水平年的城市经济社会发展水平,给出综合调整参数,以得到各规划水平年的用水定额指标。此方法对定额指标基础资料要求不高,但对城市的总体规划、人口规划及工业发展规划等方面的资料要求较高。

e. 专家咨询法。专家咨询法也是用水定额预测中一种有效的实用方法。专家咨询法是请行业内的专家及有关人员,根据自己对城市定额的掌握情况及其丰富的经验,综合给出各规划水平年的用水定额指标,然后对定额值求平均,让参与咨询的人员对各自给定的结果进行修正,反复进行几次,以得到最终的结果。此方法所得结果的精度主要取决于参加咨询专家的水平和人数,虽然操作起来比较困难,但其结果较具有代表性,因此对一些重要指标可采用此方法来确定。

② 火(核)电工业需水预测方法

火核电工业分循环式、直流式两种冷却用水方式,采用单位装机容量(万 kW)取水量法进行需水预测。根据国家电力规划确定火核电的装机容量,单位装机容量(万 kW)取水量一般根据节水规划和国家规范的有关规定确定,见表 2.3-2。

表 2.3-2 单位发电取水量定额指标 单位:$m^3/(MW \cdot h)$

机组冷却形式	单机容量<300 MW	单机容量大于≥300 MW
循环冷却供水系统	≤4.8	≤3.84
直流冷却供水系统	≤1.2	≤0.72

微观工业需水量理论上说一般可以采用单位产品用水量来计算,即每生产一单位产品需用的水量。单位产品用水量能反映随生产工艺技术、设备、规模及管理情况变化而产生的节水效应。其优点是能比较真实地反映工业用水情况,对于同一种产品很容易看出用水水平。缺点是工业产业比较复杂,品种繁多,要求工业生产专业化程度高,分工明确,各种计量精确,生产管理和用水管理都十分精细。从我国目前生产状况来看,很难将这一指标用到每一种工业产品上,另外,也很难收集到比较翔实的资料。

(2)建筑业需水预测

建筑业用水指土木工程项目从开始施工到竣工验收结束期间的用水量,包括施工过程中的材料搅拌、混凝土养护、场区清洁、施工工艺用水及工人日常生活用水等。

建筑业用水比较特殊,基本不存在重复利用的问题。在今后的发展中,应推广建筑业的中水利用措施,通过对污水处理厂处理过的排放水继续深化处理,使其达到国家规定的杂质标准后,回用于建筑业的非生活用水领域。

建筑业需水预测参照工业需水量预测方法。建筑业需水预测可采用单位建筑面积用水量法,也可采用建筑业万元增加值用水量法,应用前者更好一些。最关键的是确定好建筑业的用水定额,影响建筑业用水定额的因素很多,主要有:不同的自然地理条件、水资源条件;水价调整;不同施工工艺和施工水平;建筑物的材料、结构及用途;预期的工程质量及环保卫生目标;施工管理水平及生产者的素质。

抓住影响建筑业用水定额的主要因素,采取适当的措施,对减少建筑业用水消耗有很大作用。确定建筑业需水定额的方法和步骤主要为:①首先进行典型调查。在全区以及全国范围内选取若干有代表性的省、市,如河南、安徽、黑龙江、贵州以及北京、青岛、南京、济南、徐州、泰安等,调查统计其建筑用水定额。②使用平均先进法进行判定。平均先进法是时间序列法中移动平均法的具体应用,具体做法是对一定量的样品值先求出平均值,再求出比平均值先进的各样品值的平均值,以此作为基准来判定用水定额。③由于现在建筑承包商跨国、跨省、跨地域承包施工较为普遍,促进了施工水平、管理水平的交流,同时由于各地节水意识的提高,各地区的用水定额具有趋同的趋势,因此以收集到的数值为基础,用平均先进法得出目前全区以及全国范围内的建筑用水定额的平均先进水平。④综合考虑全国各分区建筑业的实际情况,借鉴全区平均先进水平的建筑业用水定额,确定各分区的需水定额。

3. 第三产业需水预测

第三产业用水是指除第一、二产业以外的其他行业,包括交通运输、仓储和邮政业,信息传输、计算机服务和软件业,批发和零售业,住宿和餐饮业,金融业,房地产业,租赁和商务服务业,科学研究、技术服务和地质勘查业,水利、环境和公共设施管理业,居民服务和其他服务业,教育、卫生、社会保障和社会福利业,文化、体育和娱乐业,公共管理和社会组织、国际组织等的生产和生活用水。第三产业需水可采用万元增加值用水量法进行预测,也可参考城市建设部门分类口径及其预测方法进行复核。根据这些产业发展规划成果,结合用水现状分析,预测各规划水平年的净需水定额和水利用系数,进行净需水量和毛需水量的预测。

2.3.3　生态环境需水预测

广义的生态环境需水是指维持全球或区域生态系统和谐稳定与修复脆弱生态系统使其形成良性循环,并能最大限度发挥其有益功能,使其提供最大生态服务,达到诸如水热平衡、源汇动态平衡、生态平衡、水土平衡、水沙平衡、水盐平衡等生物、物理、化学平衡的用水。狭义的生态环境用水是指为维护生态环境、使其不再恶化并逐渐改善所需要消耗的水资源总量。

虽然在许多研究报告和文献中都广泛地使用了生态环境需水量这一术语,但其内涵或外延是不尽一致的。但基本共识为,生态环境需水量一般均指为改善生态环境质量或维护生态环境质量不至于进一步下降所需要的最小水量。

众所周知,生态和环境的概念是不同的,但两者又密不可分。维持、改善或扩大生态系统的生命功能所需要的水量,为生态需水。环境的概念过于广泛,环境主体既可以指社会环境、经济环境,又可以指自然环境等,因而其需水构成所覆盖的面比较广。而从水资源规划角度,一般仅局限于与人类生存和发展有关的城市环境、河湖水体质量等方面,也就是说,生态环境需水概念,重点考虑生态需水,兼顾与水有关的环境需水。

改善生态环境质量和维持生态环境质量不至于进一步下降是两种不同的指导思想,其各自所指导下的生态环境需水量有着明显的不同。由于生态环境系统的多样性及生态环境系统质量的差异性,不同的生态环境要素的需水量内涵和计算方法差异较大。对于干旱区或半干旱区,维持生态环境系统的质量不至于进一步下降的需水量,是一种胁迫下的、非充分满足的需水量,故生态环境需水量重点强调了"最小需水量"的概念。

按河道内和河道外两类口径分别进行生态环境需水预测。河道内生态环境用水一般分为维持河道基本功能用水和河口生态环境用水。河道外生态环境用水分为湖泊湿地用水、生态环境保护与建设用水、城市景观用水等。

不同的生态环境需水项计算方法不同。城镇绿化用水、防护林草用水等以植被需水为主体的生态环境需水量,可采用灌溉定额的预测方法;湖泊、湿地、城镇河湖补水等,以规划水面面积的水面蒸发量与降水量之差为其生态环境需水量。对以植被为主的生态需水量,要求对地下水水位提出控制要求。其他生态环境需水,可结合各分区、各河流的实际情况采用相应的计算方法计算。

1. 河道内生态环境需水预测方法

河道内生态环境需水的研究方法主要有分项合成法和整体耦合法两种。分项合成法分别计算河道子系统和河岸子系统的各项生态需水,然后进行合成,从而得到河道内总的生态需水量。整体耦合法是把河道内和河岸带作为一个整体,进行耦合研究。

方法一:分项合成法

分项合成法包括蒸散发法或生物量法。对河道内生态需水的估算,国内外主要有水文学法、水力评价法、生境模拟法等。

水文学法目前有四种模型:

①蒙大拿法(Tennant)

$$Q = P \times QMAF \qquad (2.3-23)$$

式中: P 为比例,和一定的生态数据相关; $QMAF$ 为多年平均径流量。此方法需要多年平均径流量资料,方法简单、方便,适用于未受控制的河流,或作为其他方法的一种检验,但和生物参数不直接相关。

②径流时段曲线分析法(Flow Duration Curve Analysis)

径流时段曲线分析法以水文分析为基础,采用逐月最小径流量的特殊百分比作为河流生态环境用水量。此方法考虑了流量的可变性,预测更准确,但资料要求相对较高。

③7Q10 法

7Q10 法基于水文学参数,考虑水质因素,采用 90% 保证率最枯连续 7 天的平均水量作为河流最小流量设计值。此方法常常低估河流流量需求,造成河流生态功能要求得不到满足。

④10 年或 90% 保证率最枯月平均流量法

对于我国而言,7Q10 法的标准要求比较高。根据我国实际情况,南北方水资源差别较大,我国《制订地方水污染物排放标准的技术原则与方法》(GB 3839—83)规定:一般河流采用近 10 年最枯月平均流量或 90% 保证率最枯月平均流量,一般湖泊采用近 10 年最低平均水位或 90% 保证率最低月平均水位相应的蓄水量作为水源保护区的设计水量。

水力评价法目前有两种模型：

①湿周法(Wetted Perimeter Method)

湿周和流量关系图的转折点是最佳的流量，该方法需要现场观测河道的几何尺寸和流量数据，适合宽浅矩形渠道和抛物线型河道，且河床形状要求相对稳定。

②R2CROSS法

此方法基于曼宁公式，假设保护浅滩即可维持河流的其他生境。根据河流断面实测资料，确定相关参数，并以其代表整条河流。需要河流平均深度、平均流速和湿周长度，相对较复杂，适用于确定夏季维持浅滩的最小流量。

生境模拟法(Habitat Simulation Method)：此方法通过物种的生境偏爱曲线来确定流量，过程复杂，需要河流流速、地质、水温、溶解氧、浊度、透光度等生物学信息。主要用于河流生物物种的保护，常用来评价水资源开发建设项目对下游水生栖息地的影响。

方法二：整体耦合法

鉴于分项合成法计算河流廊道生态需水的缺点，基于对河流生态系统完整性的考虑，国外学者提出了 BBM(Building Block Methodology)法和完整性方法。此方法强调河流的完整性、天然性和变化性，对于维持河道系统功能的完整性有重要研究价值。

2. 河道外生态环境需水预测方法

河道外生态环境用水主要指保护和恢复河流下游的天然植被及生态环境、水土保持及水保范围之外的林草植被建设所用水量。河道外生态系统消耗水量主要有两种形式，一是通过蒸散发消耗于大气中，一是参与生物体有机质的形成。从这两个角度出发，目前估算河道外生态需水主要有两种方法，一种是基于蒸散发的方法，另一种是基于生物量的方法。

方法一：基于蒸散发的生态需水

植物是生态系统的重要组成成分，植物需水量的97%～99%通过叶面蒸腾返回大气中，参与水分的再循环。因此，生态系统的蒸散发可近似为生态需水。在利用蒸散发方法估算生态需水时，首先要根据地理区域原则、生态类型相似性原则，对研究区域进行生态分区。其次，计算潜在蒸散发能力，然后在考虑植被系数的基础上，计算实际的蒸散发量。计算植被蒸散发量的方法有彭曼公式、实测蒸腾量法、阿维里扬诺夫公式等。对河道外生态需水的估算，此方法是比较可行的，但由于生态需水还受其他多种因素影响，需要从水循环的角度，考虑综合多种因子的影响,通过生态水文模拟计算生态需水。

方法二:基于生物量的生态需水

此方法是利用生物生产量和生态系统的水分利用效率来确定生态需水量,生物量的估算是关键。随着遥感技术在生物量估算中的应用,这一方法应用前景广阔。

①城镇绿地生态需水量

采用定额法,即按下式计算:

$$W_G = S_G \times q_G \tag{2.3-24}$$

式中:W_G 为绿地生态需水量,m^3;S_G 为绿地面积,hm^2;q_G 为绿地灌溉定额,m^3/hm^2。

②城镇河湖补水量

按照水量平衡法或定额法计算城镇河湖生态环境补水量。根据水量平衡原理,城镇河湖补水量计算公式如下:

$$W_{cl} = F + f \times V - S \times (P - E)/1\,000 \tag{2.3-25}$$

式中:W_{cl} 为河湖年补水量,m^3;F 为水体渗漏量,m^3;V 为城镇河湖水体体积,m^3;f 为换水周期,次/年;S 为水面面积,m^2;P、E 分别为降水和水面蒸发量,mm。

③城镇环境卫生需水量

按照定额法计算:

$$W_{ch} = S_c \times q_c \tag{2.3-26}$$

式中:W_{ch} 为环境卫生需水量,m^3;S_c 为城市市区面积,m^2;q_c 为单位面积的环境卫生需水定额(采用历史资料和现状调查法确定),m^3/m^2。

④林草植被建设需水量

林草植被建设需水指为建设、修复和保护生态系统,对林草植被进行灌溉所需要的水量,林草植被主要包括防风固沙林草等。林草植被生态需水量采用面积定额法计算:

$$W_p = \sum_{i=1}^{n} S_{pi} q_{pi} \tag{2.3-27}$$

式中:W_p 为植被生态需水量,m^3;S_{pi} 为第 i 种植被面积,hm^2;q_{pi} 为第 i 种植被灌水定额,m^3/hm^2,可参照农作物灌水定额的计算方法计算,无资料地区可参考条件相似地区确定。

⑤湖泊生态环境补水量

湖泊生态环境补水量可根据湖泊水面蒸发量、渗漏量、入湖径流量等按水量平衡法估算,计算公式如下:

$$W_L = 10 \times S \times (E - P) + F - R_L \qquad (2.3-28)$$

式中:W_L 为湖泊生态环境补水量,m^3;S 为需要保持的湖泊水面面积,hm^2;P 为降水量,mm;E 为水面蒸发量,mm;F 为渗漏量,m^3,参考达西公式计算,一般情况下可忽略不计;R_L 为入湖径流量,m^3。

此外,我国部分湖泊污染严重,还要考虑换水以改善水质,这部分水量要求可另行计算。

⑥沼泽湿地生态环境补水量

沼泽湿地生态环境补水量可用水量平衡法进行估算,其公式为:

$$W_W = 10 \times S \times (E_W - P) + F - R_W \qquad (2.3-29)$$

式中:W_W 为沼泽湿地生态环境需水量,m^3;S 为需要恢复或保持的沼泽湿地面积,hm^2;P 为降水量,mm;E_W 为沼泽湿地蒸发量,mm;F 为渗漏量,m^3,对于底层为冰冻或者泥炭层的沼泽湿地,可近似认为渗漏量为 0;R_W 为进入沼泽湿地的径流量,m^3。

⑦干旱区过渡带天然绿洲生态需水量

天然绿洲生态需水包括植被蒸腾量和裸地蒸发量。主要采用阿维里扬诺夫公式计算:

$$E = a(1 - H/H_{max})^b E_0 \qquad (2.3-30)$$

式中:E 为潜水蒸发量,mm;H 为地下水埋深,m;H_{max} 为极限地下水埋深,m;E_0 为水面蒸发量,mm;a、b 为与植物有关的待定系数。

通过蒸发蒸腾模型的计算得到不同地下水埋深的潜水蒸发量,用某一地下水埋深下的植被生态系统的面积与该地下水埋深的潜水蒸发量相乘得到的乘积就是所求植被生态的生态需水量。即

$$W = E \times A \times 10^{-3} \qquad (2.3-31)$$

式中:W 为植被生态需水量,m^3;A 为绿洲(包括植被蒸腾、裸地蒸发)的计算面积,m^2;E 的意义同前。

2.4　基于水资源刚性约束的需水量预测

水资源刚性约束是"四水四定"的核心,即将水资源利用限制在一定约束的

范围内。根据马斯洛需求层次理论,人的需求可划分为 5 个等级,即以满足生存所需为最低等级,直至自我实现的最高等级。

按照"以水资源作为最大刚性约束"的总体思路,将用水分为刚性、刚弹性及弹性需求三个层次。刚性需求指满足生理和安全需求的生活需求,符合国家产业政策、布局结构合理的生产需求,保障宜居水环境、健康水生态的生态用水需求等;刚弹性需求指改善区域生存条件、满足人民对美好生活向往对应的用水需求;弹性需求指在刚弹性用水需求外,奢侈需求下产生的相应用水需求。在确定各层次需求后,采用相应方法确定现状年或规划水平年配置单元的不同层次需水量。

2.4.1 不同水源类型的可用水量预测

结合可用水量的定义,根据水源类型的不同,采用以下公式进行计算。

$$W_a = W_{ga} + W_{ua} + W_{da} + W_{ca} \qquad (2.4\text{-}1)$$

式中:W_a 为总可用水量;W_{ga} 为地表水可用水量;W_{ua} 为地下水可用水量;W_{da} 为调水和过境水可用水量;W_{ca} 为非常规水可用水量。式中量的单位均为亿 m^3。

1. 地表水可用水量

地表水可用水量由本地水和过境水两部分组成:

$$W_{ga} = W_{gal} + W_{gat} \qquad (2.4\text{-}2)$$

式中:W_{gal} 为本地地表水可用水量,是由降雨形成的地表径流并可由工程供给的水量;W_{gat} 为过境水可用水量,由取水能力和分配水量较小值确定。式中量的单位均为亿 m^3。

2. 地下水可用水量

应根据《全国地下水利用与保护规划(2016—2030 年)》确定的可开采量与相关管控指标分配的地下水可取用量,取二者之中较小值作为区域地下水可用水量。即

$$W_{ua} = \min\{W_{uaa}, W_{uad}\} \qquad (2.4\text{-}3)$$

式中:W_{uaa} 为地下水可开采量;W_{uad} 为区域地下水管控指标。式中量的单位均为亿 m^3。

3. 外调水可用水量

应根据分配水量和取水工程取水能力,取二者之中较小值作为外调水可用水量。即

$$W_{da} = \min\{W_{dad}, W_{dac}\} \tag{2.4-4}$$

式中：W_{dad} 为分配水量；W_{dac} 为取水工程取水能力。式中量的单位均为亿 m^3。

4. 非常规水可用水量

根据《水利部办公厅关于进一步加强和规范非常规水源统计工作的通知》（办节约〔2019〕241 号），非常规水可分为再生水、微咸水、集蓄雨水、淡化海水及矿井疏干水 5 类。即

$$W_{ca} = W_{car} + W_{cab} + W_{cac} + W_{cas} + W_{cam} \tag{2.4-5}$$

式中：W_{car} 为再生水可利用量，根据区域再生水利用率及废污水集中收集处理量计算；W_{cab} 为微咸水可利用量；W_{cac} 为集蓄雨水可利用量；W_{cas} 为淡化海水可利用量；W_{cam} 为矿井疏干水可利用量，可根据统计法进行计算。式中量的单位均为亿 m^3。

2.4.2　水资源刚性约束的需水量预测

根据最新统计口径，按不同利用类型可将需水分为农业需水、工业需水、生活需水和生态需水。

1. 农业需水量

为实现水资源刚性约束，将农业需水分为刚性、刚弹性及弹性需水。其中：刚性区间由保障基本口粮区、粮食主产区、商品粮基地及永久基本农田相应灌溉面积对应的需水量进行确定；刚弹性区间由耕地保护面积相应灌溉面积对应的需水量进行确定；弹性区间由耕地保护面积以外相应农田灌溉面积对应的需水量进行确定。

对于某一区域而言，粮食需求总量取决于人口数量、人均粮食消费水平、粮食自给程度以及国家要求的粮食外销量，而粮食总产量与农田有效灌溉面积、复种指数、粮经比（粮食作物与经济作物之比，包括面积比和产值比，一般多用面积比表示）、单位面积产量等因素关系密切。从粮食安全的角度分析，在确保区域粮食总产量前提下，根据农田有效灌溉面积及单位面积产量，确定保有灌溉面积，根据灌溉用水定额确定保有灌溉需水量。具体计算方法如下：

（1）区域粮食需求总量

根据人口数量、人均粮食需求量、粮食自给率及最低粮食外销量确定区域粮食需求总量，即

$$R = N \times A \times \varphi + \gamma \tag{2.4-6}$$

式中: R 为区域粮食需求总量, kg; N 为人口数量, 人; A 为区域人均粮食需求量, kg/人; φ 为区域粮食自给率, %; γ 为最低粮食外销量, kg。

（2）保有播种面积

根据耕地单位面积粮食产量, 结合本区域粮食需求总量, 计算保有播种面积, 即

$$A_{smin} = R/C \tag{2.4-7}$$

式中: A_{smin} 为保有播种面积, hm²; C 为单位面积耕地粮食产量, kg/hm²。

（3）保有灌溉面积

结合区域粮径比、复种指数等指标计算保有灌溉面积, 即

$$A_{imin} = A_{smin}/(\theta \cdot \omega) \tag{2.4-8}$$

式中: A_{imin} 为保有灌溉面积, hm²; θ 为粮食作物种植比例, ω 为灌溉地复种指数。

（4）保有灌溉需水量

根据不同来水条件下的毛灌溉用水定额计算保有灌溉需水量, 即

$$W_{imin} = A_{imin} \times Q_i \tag{2.4-9}$$

式中: W_{imin} 为保有灌溉需水量, m³; Q_i 为毛灌溉需水定额, m³/hm²。

2. 工业需水量

为保障区域经济发展和工业生产, 将工业需水量分为刚性、刚弹性和弹性需水量。其中: 刚性工业需水量为纳入所在地区市场准入正面清单的相关产业（不包括高耗水行业需水）的一般工业及能源供给保障等基础性生产用水。高耗水行业属刚弹性用水需求。弹性工业需水量应涵盖不满足区域现状准入要求的企业及水效等级较低（超定额）, 同时超用水计划和取水许可量的、需要及时进行用水管控的相关企业。各地区的高耗水工业生产用水, 须按用水经济效益及可持续的原则进行配水。结合相关规划及定额通过趋势预测的方法综合确定需水量。工业需水量按下式计算, 即

$$W_r = P_i \times D_i \times (1 - R_{di})^{t_g - t_x} \tag{2.4-10}$$

式中: W_r 为工业需水量, m³; P_i 为产品产量; D_i 为相关行业用水定额（或者水效）, m³; R_{di} 为现状年 t_x 至规划年 t_g 用水定额的年均下降率, %。

3. 生活需水量

生活需水包括了农村生活需水、城镇生活需水及城镇公共需水（含服务业、

建筑业、公共事业和城市环境用水等)。须按区域人口结合人均生活用水定额进行计算,并通过定额控制来计算生活刚性、刚弹性和弹性需水量。其中:刚性生活需水量为居民基本生存用水量,即满足合理定额范围内要求的生活用水,该层次下的生活需水量须全面保障;刚弹性生活需水量为居民生活条件改善对应的用水量,该层次下的生活需水量须尽力保障;弹性生活需水量为居民奢侈生活需求对应的需水量,该层次下的生活需水量须结合各类用户用水经济效益和可持续原则进行统筹分配。生活需水量计算方法如下:

$$W_l = N \times W_d \times 0.365 \tag{2.4-11}$$

式中:W_l 为生活需水量,m^3;W_d 为生活用水定额,$L/(人 \cdot d)$。

4. 生态需水量

由于河道内生态需水不纳入配置,故不予考虑。因此,本书的生态需水量为河道外生态需水量,主要指生态防护林灌溉和湖泊湿地人工补水等。按分层需水的基本原则,生态需水量也可分为三个层次,其中:刚性生态需水量指维持生态环境免受破坏所需补充的对应水量;刚弹性生态需水量指区域生态环境充分改善所需补充的对应需水量;弹性生态需水量指缺水地区的人造景观设施等对应需水量。

生态需水量计算方法如下:

(1)生态防护林灌溉需水量

采用定额法计算,即

$$W_c = A_c \times Q_c \tag{2.4-12}$$

式中:W_c 为生态防护林灌溉需水量,m^3;A_c 为生态防护林面积,hm^2;Q_c 为生态防护林灌溉定额,m^3/hm^2。

(2)湖泊湿地人工补水量

湖泊湿地人工补水量指为维持湖泊湿地水面面积和生态服务功能需要而人工补充的水量,可根据湖泊湿地蒸发量、渗漏量、入湖径流量等,采用水量平衡法计算补水量。

$$W_a = A_w \times (E - P)/10 + S - Q_i \tag{2.4-13}$$

式中:W_a 为湖泊湿地人工补水量,m^3;A_w 为补充水量对应面积,hm^2;E 为水面蒸发量,mm;P 为降水量 mm;S 为渗漏量,m^3;Q_i 为入湖径流量,m^3。

第三章 | 水资源优化配置理论

3.1 水资源优化配置理论

水资源优化配置是均衡水与发展的关键措施。统筹水与经济社会发展、生态文明建设的关系，以"节水优先、空间均衡、系统治理、两手发力"的治水思路为指引，研究适应区域特征和国家战略需求的水资源配置理论方法，对我国具有格外重要的意义，也是引领近十年水利改革发展、创新突破并取得实际成效的主线。

3.1.1 水资源优化配置的内涵

水资源优化配置是指在某一特定的流域或者是某一特定区域范围之内，以有效、公平以及可持续作为原则，采用各种工程与非工程措施，并且按照市场经济发展的规律与资源合理配置的准则，以合理控制需求、保证有效供给、保护和改善生态环境质量等一系列手段作为基础，在各个区域之间和各个用水用户之间对多种可开发利用、有限的水资源进行空间、时间上的科学调配，以实现水资源的可持续发展利用，来保证社会、经济、资源和生态环境的健康、协调发展。

1. "以需定供"的水资源配置

"以需定供"的水资源配置以经济效益最优为唯一目标，认为水资源是"取之不尽，用之不竭"的。它以过去或目前的国民经济结构和发展速度资料预测未来的经济规模，通过该经济规模预测相应的需水量，并以得到的需水量进行供水工程规划。一方面，这种思想将不同规划水平年的需水量及过程均作定值处理而忽视了影响需水的诸多因素间的动态制约关系，着重考虑了供水方面的各种变化因素，强调需水要求。通过修建水利水电工程，从大自然无节制或者说掠夺式地索取水资源,其结果必然带来不利影响,诸如河道断流、土地荒漠化甚至沙漠化、地面沉降、海水倒灌、土地盐碱化,等等。另一方面,以需定供没有体现出水资源的价值,毫无节水意识,也不利于节水高效技术的应用和推广,必然造成社会性的水资源浪费。因此,这种牺牲资源、破坏环境的经济发展,需要付出沉重的代价,只能使水资源的供需矛盾更加突出。

该模式基本上贯穿于我国水资源开发利用第一阶段至第二阶段的末期,为集权经济或计划经济的产物。其基本特征为:水资源开发利用以需求为导向,利用粗放且以供水工程建设为主体,"工程水利"特色十分明显。其资源背景为水资源丰富,且开发难度相对较小,多以引水为主,同时结合防洪和发电,修建了一批蓄水工程。该模式下,供水工程建设为国家投资或农民投劳,市场意识极其淡薄,用水不计成本,尽管水利建设取得了巨大成绩,但也造成了水资源的大量浪费和许多工程效益没有充分发挥,甚至出现了工程建设的重大失误。在水资源利用的初期阶段,特别是对经济社会用水需求变化趋势没有清晰和科学认知的情况下,"以需定供"模式的出现符合历史发展规律。

2. "以供定需"的水资源配置

"以供定需"的水资源配置,是以水资源的供给可能性进行生产力布局,强调资源的合理开发利用,以资源背景布置产业结构,它是"以需定供"的进步,有利于保护水资源。但是,水资源的开发利用水平与区域经济发展阶段和发展模式密切相关,比如,经济的发展有利于水资源开发投资的增加和先进技术的应用推广,必然影响水资源开发利用水平。因此,水资源可供水量是与经济发展相依托的一个动态变化量,"以供定需"在可供水量分析时与地区经济发展相分离,没有实现资源开发与经济发展的动态协调,可供水量的确定显得依据不足,并可能由于过低估计区域发展的规模,使区域经济不能得到充分发展。这种配置理论也不适应经济发展的需要。

该模式基本上和我国水资源利用的第三阶段同步。由于水资源开发利用的难度越加艰巨,开发水资源投资巨大,且许多地方的水资源已没有开发利用的潜力,"以需定供"模式难以为继;同时,由于管理体制和投资体制的改革,计划经济向市场经济的逐步转变,外延式的需水增长已受到了众多因素的制约,需水增长明显趋缓。在华北等水资源紧缺地区,水资源规划开始出现了"以供定需"模式,其基本特征为:需水由简单外延式增长逐步转变为内涵式增长,需水预测已强调节水作用,经济社会规划指标已考虑到水资源的制约,产业结构和产业布局向节水减污型方向调整,"节水优先、治污为本、多渠道开源"是这一阶段水资源开发利用的基本方针。由于改革开放政策的积极推动,这一阶段我国经济社会发展的步伐明显加快,虽然强调节水型国民经济体系建设、大力开展节水工作,但水资源需求仍呈快速增长态势。为了满足日益增长的水资源需求,在这一时期建设了一大批以城市和工业供水为主要目的的水利工程,在大力开展节水的情况下,许多地区仍存在着严重缺水现象。于是,许多地区出现了城市挤占农村用水、经济发展挤占生态环境用水的现象,引发了许多水事纠纷,导致生态环境破坏。虽然建设了一批大型调水工程,因水价和其他原因,部分工程的效益发挥受到影响,同时也给诸如南水北调工程的建设增加了众多争议。总体上看,"以供定需"模式的出现,对水资源的科学规划、高效利用起到了积极作用,但对生态环境用水考虑不够,对水市场的作用重视不够,是一种胁迫的被动的方式。

3. 基于宏观经济的水资源配置

以上两种水资源配置方式,要么强调需求,要么强调供给,都是将水资源的需求和供给分离开来考虑的,它们忽视了与区域经济发展的动态协调。于是,结合区域经济发展水平并同时考虑供需动态平衡的基于宏观经济的水资源优化配置理论应运而生。

基于宏观经济的水资源优化配置,通过投入产出分析,从区域经济结构和发展规模分析入手,将水资源优化配置纳入宏观经济系统,以实现区域经济和资源利用的协调发展。水资源系统和宏观经济系统之间具有内在的、相互依存和相互制约的关系。当区域经济发展对需水量要求增大时,必然要求供水量快速增长,这势必要求增大相应的水投资而减少其他方面的投入,从而使经济发展的速度、结构、节水水平以及污水处理回用水平等发生变化以适应水资源开发利用的程度和难度,从而实现基于宏观经济的水资源优化配置。

另一方面,作为宏观经济核算重要工具的投入产出表只是反映了传统经济运行和均衡状况,投入产出表中所选择的各种变量最终达到一种平衡,这种平衡只是传统经济学范畴的市场交易平衡,忽视了资源自身价值和生态环境的保护。因此,传统的基于宏观经济的水资源优化配置与环境产业的内涵及可持续发展观念不相吻合,环保并未作为一种产业考虑进投入产出的流通平衡中,水环境的改善和治理投资也未进入投入产出表中进行分析,必然会造成环境污染或生态遭受潜在的破坏。

4. 可持续发展的水资源配置

水资源优化配置的主要目标就是协调资源、经济和生态环境的动态关系,追求可持续发展的水资源配置。可持续发展的水资源优化配置是基于宏观经济的水资源配置的进一步升华,遵循人口、资源、环境和经济协调发展的原则,在保护生态环境(包括水环境)的同时,促进经济增长和社会繁荣。目前我国关于可持续发展的研究还没有摆脱理论探讨多、实践应用少的局面,并且理论探讨多集中在可持续发展指标体系的构筑、区域可持续发展的判别方法和应用等方面。关于水资源的研究,也主要集中在区域水资源可持续发展的指标体系构筑和依据已有统计资料对水资源开发利用的可持续性判别上。对于水资源可持续利用,主要侧重于"时间序列"(如当代与后代、人类未来等)上的认识,对于"空间分布"上的认识(如区域资源的随机分布、环境格局的不平衡、发达地区和落后地区社会经济状况的差异等)基本上没有涉及,这也是目前对于可持续发展理解的一个误区。因此,可持续发展理论作为水资源优化配置的一种理想模式,在模型结构及模型建立上与实际应用都还有一定的差距,但它必然是水资源优化配置研究的发展方向。

在对"以需定供"模式和"以供定需"模式反思的基础上,特别是可持续发展观念日益深入人心、生态环境保护与建设日益受到重视、市场经济日益完善的情况下,水资源开发利用方式出现了重大变化,由工程水利向资源水利转变、由传统水利向可持续发展水利转变。水资源规划和需水预测开始出现了"面向可持续发展"的模式,其基本特征为:强调市场对水资源开发利用的作用,重视国民经济发展用水与生态环境用水的统一,寻求水资源和经济社会环境的协调发展。该模式的基本要求是维持流域水循环的稳定与保障生态环境的安全;其基本前提为高效利用和有效保护水资源;其最终目标为促进和保障经济社会的可持续发展。面向可持续发展的预测模式,已逐步在全国推广应用,如全国水资源综合规划基本上就体现了这样的思想。

3.1.2　水资源优化配置类型

水资源优化配置是在流域或区域范围内,遵循公平、高效和可持续利用的原则,以水资源的可持续利用和经济社会的可持续发展为目标,各种工程与非工程措施并举,充分考虑市场经济规律和水资源配置准则,通过合理抑制需求、有效增加供水、积极保护生态环境等手段和措施,对多种可利用水资源在区域间和各用水部门间进行科学合理的分配,实现有限水资源的经济、社会和生态环境协调持续发展。水资源优化配置的实质就是提高水资源的配置效率,一方面是提高水的分配效率,合理解决各部门和各行业(包括环境和生态用水)之间的竞争用水问题;另一方面则是提高水的利用效率,促使各部门或各行业内部高效用水。

从宏观上讲,水资源优化配置是在水资源开发利用过程中,对洪涝灾害、干旱缺水、水环境恶化等问题的解决实行统筹规划,综合治理,实现除害兴利结合,防洪抗旱并举,开源节流并重;协调上下游、左右岸、干支流、城市与乡村、流域与区域、开发与保护、建设与管理、近期与远期等各方面的关系。从微观上讲,水资源优化配置包括取水方面、用水方面以及取水用水综合系统的水资源优化配置。取水方面是指地表水、地下水及污水等多水源的优化配置。用水方面是指生活用水、生产用水和生态用水间的优化配置。各种水源、水源点和各地各类用水部门形成了庞大复杂的取用水系统,再考虑时间、空间的变化,进行水资源优化配置。

水资源优化配置包括需水管理和供水管理两方面的内容。在需水方面,通过调整产业结构与生产力布局,积极发展高效节水产业抑制需水增长势头,以适应较为不利的水资源条件。在供水方面则是协调各用水部门竞争性用水,加强管理,并通过工程措施改变水资源天然时空分布与生产力布局不相适应的被动局面。

根据我国实施可持续发展战略的要求和我国水资源本身的特点,考虑计划配置和市场配置各自的优缺点,我国水资源配置的最适宜方式,应该是政府宏观配置和市场微观配置相结合的协调型配置方式。所谓宏观与微观相结合是指凡是地区与跨地区影响环境与发展的重大的水资源配置问题,应由国家宏观调控,统筹规划和实施。在此基础上,水资源利用效率的进一步发挥,应按市场配置要求进行。这里所说的协调,不仅包括宏观与微观的协调,更包括可持续发展要求的资源、环境、经济、社会发展的协调。它们的整体内容便是宏观配置与市场配置相结合的协调方式的基本内涵。这种宏观调控与市场配置相结合的方式是可持续发展战略下自然资源的最佳配置方式,它具有以下优点:

(1) 吸收和摈弃了计划配置与市场配置各自的优、缺点。计划配置的主要优点是可使资源配置与国家经济建设和社会发展的目标相一致,其缺点则是它的强制性与僵化性。市场配置能客观调整各产权主体间的利益关系、促进公平竞争和发挥价格机制作用,提高资源配置效率,其缺点是产权主体单纯追求自身利益,有悖于公平原则且无法约束人们对公共资源利用的不合理行为等。

(2) 在水资源宏观调控下发挥市场机制的积极作用,有利于改变水资源利用的传统观念和方式。水资源宏观配置可调节我国水资源南多北少、东多西少的局面,保障人民生活优先用水和某些优势产业的用水需要;而水资源的市场配置不仅可增强人们的水价值观念,更能促进节约用水、减少浪费、建设节水型社会。

(3) 采取宏观配置与市场配置相结合的协调方式,是保证资源、环境与经济、社会协调、持续发展的重要手段之一,有利于当代人与后代人健康、持续的发展。宏观配置资源的功能之一是能保证人口、资源、环境与经济的协调、持续发展；而市场配置的作用是提高资源利用效率和活跃市场经济，加速经济、社会发展。对实施可持续发展战略而言，两者缺一不可。

水资源的开发、利用、治理、节约、配置、保护的过程正是资源组合和配置的过程，也是实现水资源可持续利用的必然途径。其中，做好水资源优化配置是关键，而节约、保护、治理是科学配置的重要手段，开发和利用则是配置的目的。水资源优化配置过程是人类对水资源进行重新分配和布局的过程，水资源配置的好坏，关系到水资源对可持续发展战略支撑能力的强弱，必须加强研究和实践，促进社会、经济及生态环境的协调发展。

水资源优化配置工作要在采取合理抑制需求、有效增加供给和积极保护生态环境等综合措施的基础上，运用市场机制理论和水价格杠杆，通过经济、社会、技术和生态环境保护等方面的分析论证与科学比选，使水资源的利用效率最高，使社会、经济、生态、环境、人口和谐持续地发展，确定水资源优化配置方案。另外，水资源配置不仅仅是对现状下的水资源进行配置，更重要的是在现状基础之上，对未来水资源的需求变化情况进行分析、预测、评估。对未来水资源需水预测和水资源供给条件分析，就要通过对历史和现状资料的调查、分析和评价建立"天然水资源台账、资源利用台账和生态环境台账"。

考虑到水资源的有限性，必须优化配置区域的水资源，通过科学的手段使经济效益、社会效益和环境效益最大化，从而保障区域的可持续性发展。区域水资源优化配置主要考虑以下几个方面：①确定水资源配置模型的优化目标、约束条件以及子区、用户及用水部门组成。根据研究对象及研究需求的具体情况，优化目标可以为单个也可以为多个。②建立水资源优化配置模型，即用数学模型来表示水资源优化配置过程中的目标函数、约束条件等。③对水资源优化配置模型进行求解，根据模型的自身特点，选择适宜的优化算法进行优化求解，得出可行方案。④对方案进行优选，得出的多个可行方案中，要对其进行详细分析，最终得出最优的方案。

水资源优化配置的基本任务是在研究现状需水用户用水结构及用水效率的基础上，对未来需水用户的供需水进行预测和分析，配置内容包含生态环境保护、水利工程规划规模及建设次序、供水技术的改善与供水效益的提升等措施，通过科学的思想技术建立配置模型，并用合适的计算方法对模型求解，最后通过评价确定优化配置方案，从而解决在经济发展过程中所产生的用水矛盾。

水资源优化配置的主要目标就是协调水资源、社会经济和生态环境的动态关系，追求可持续发展的水资源配置，保障有效供给、维护或改善生态环境，使有限的水资源产生的社会、经济和生态环境效益最大，促进社会经济的健康发展。

资源优化配置的目标有两种表达方式,一种是使有限的资源产生最大的效益,一种是为取得预定的效益尽可能少地消耗资源。第一种方式要求在一定的资源条件下,通过对各种资源的合理安排、组合,以追求产出的效益最大化;第二种方式要求在既定的目标下,合理地组织、安排资源的使用,使总的资源成本最小。

水资源的优化配置既要满足人口、资源、环境与经济协调发展对水资源在时间、空间、数量和质量上的要求,又要使有限的各种水资源在保障提高人民生活标准和生活质量上能够获得最大的社会效益,在促进生产经营上能够获得最大的经济效益,在维持生态环境状况上能够获得最大的生态环境效益,同时保障水资源能够在地区间以及代际间获得公平的分配,促进水资源的可持续利用。

通过水资源的优化配置,最终要满足以下五个方面的要求:①优先满足城乡人民生活用水要求,为城乡居民提供安全、清洁的饮用水,改善公共设施和生活环境,逐步提高人民生活质量。②基本保障经济发展和社会安全对防洪的要求,基本保障人民生命和财产的防洪安全。③基本满足粮食生产对水的要求,改善农业生产条件,为我国粮食安全提供水利保障。④基本满足国民经济建设用水要求,保障经济快速、持续、健康发展。⑤努力改善生态环境的用水要求,建设人与自然和谐共生的优美人居环境。

参照《全国水资源综合规划技术大纲》以及有关文献,将水资源优化配置界定为在流域或特定区域范围内,以水资源安全和可持续利用为目标,遵循公平、高效和环境完整性原则,通过各种工程与非工程措施,对多种可利用水资源在各区域和用水部门之间进行合理分配。其要素包含以下几个方面的内容:

1. 水资源优化配置的范围

水资源优化配置按照范围可分为流域水资源优化配置、区域水资源优化配置以及跨流域水资源优化配置。以流域为基本单元的水资源优化配置,是从自然角度对流域水资源演变不利效应的综合调控。区域水资源优化配置通常在省、市等特定行政区域内进行,配置工作在某种程度上更具有现实意义和可操作性。跨流域水资源优化配置进行更大尺度和范畴的水资源优化配置,实现国家层面的水资源优化配置和区域协调发展。

2. 水资源优化配置的目标

水资源利用具有供水、发电、航运、养殖、生态环境保护、观光旅游等多种目标,这些目标之间存在着相互关联、相互制约以及相互竞争的关系。在用水竞争条件下,各目标之间是矛盾的。水资源优化配置是一个多目标决策问题,要求对水资源在时间、空间、数量、质量以及用途上进行合理分配,使有限的水资源获得较好的综合效益,达到可持续利用的目标。

3. 水资源优化配置的原则

配置水资源的基本原则包括系统原则、公平原则、协调原则等,要从系统观出发解决好生活、生产与生态用水之间的协调,近期和远期用水之间的协调,流域或区域之间水资源利用的协调,以及各种水源开发利用程度的协调。

4. 水资源优化配置的措施

水资源优化配置的措施主要指工程措施和水资源多维临界调控、水资源需求管理、鲁棒性水权制度、水政策法规、民主协商机制等非工程措施的综合运用。

5. 水资源优化配置的阶段性

规划阶段的水资源优化配置,通常根据流域水资源条件以及经济社会发展对水资源的需求,提出水资源开发利用的规划方案。管理阶段的水资源优化配置,是在水权明晰的情况下,按照用水户当年的用水要求和实际来水情况,进行水资源供给的优化调度和合理配置,协调用水矛盾,保障用水户权益。

6. 水资源优化配置的效应

水资源优化配置是指能带来高效率、高效益的水资源利用,其着眼点在于"优化",而合理配置是指符合生产、生活和生态需要的有效的水资源利用,其着眼点在于"有效"。两者的实现途径有所不同,水资源优化配置是一种自由的、理想的配置模式,而合理配置则属于一种适应特定条件和环境的、被公众普遍接受的模式。有些配置方案未必是最优的,但从某种程度上来说是合理的,优化配置是合理配置的最终目标。通过对水资源优化配置行为和结果的有效性评价,可适时调整水资源优化配置方案,进一步保障配置的公平性和高效性。

总之,水资源优化配置是指在一个特定区域内,以可持续发展为总原则,依据法律、行政、经济以及技术等手段,对各种形式的水源,通过工程措施与非工程措施在各用水部门之间进行科学分配,协调、处理水资源天然分布与生产力布局的相互关系,实现水资源永续利用和社会、经济、生态环境的可持续发展。其中的"优化"是通过分配协调一系列复杂关系,如各类用水竞争、当代社会与未来社会用水、各种水源相互转化等。水资源优化配置包括在开发上实现水资源的优化配置和在使用上实现水资源的优化配置。区域水资源优化配置必须从我国国情出发,并与区域社会、经济发展状况和自然条件相适应,因地制宜,按地区发展计划,有条件地分阶段进行,以利社会、经济、生态环境的持续协调发展。

3.1.3　水资源优化配置系统

"系统"一词最早出现在古中国和古希腊时代的农业生产中,它是随着人类社会生产实践逐步形成和发展起来的。我国的不少古籍记载了当时农作与种子、地形、土壤、气候等诸因素之间的关系,但它当时并未被赋予"系统"概念。1937年,理论生物学家冯·贝塔朗菲第一次提出了"一般系统论"的概念,并选取了下面一组联立的微分方程组来对系统进行描述。

$$\begin{cases} \dfrac{dQ_1}{dt} = f_1(Q_1, Q_2, \cdots, Q_n) \\[2mm] \dfrac{dQ_2}{dt} = f_2(Q_1, Q_2, \cdots, Q_n) \\[2mm] \dfrac{dQ_3}{dt} = f_3(Q_1, Q_2, \cdots, Q_n) \end{cases} \qquad (3.1\text{-}1)$$

该方程组可以用一个通式来表示:

$$\frac{dQ_i}{dt} = f_i(Q_1, Q_2, \cdots, Q_n) \qquad (3.1\text{-}2)$$

式中:i 表示系统中的要素编号;Q_i 表示第 i 个要素对应的系统的某一特性,上面的方程组表示该系统有 n 个要素,$i=1,2,\cdots,n$;f_i 表示系统内部各要素的相互关系和相互作用。每个系统要素 i 与系统之间都有一定的函数关系。

将上面的式子展开成多项式,形式如下:

$$\frac{dQ_i}{dt} = \alpha_{i,1}Q_1 + \alpha_{i,2}Q_2 + \cdots + \alpha_{i,n}Q_n + \alpha_{i,11}Q_1^2 + \alpha_{i,12}Q_1Q_2 + \alpha_{i,22}Q_2^2 + \cdots$$

$$(3.1\text{-}3)$$

以上这些式子可以体现出系统的整体性、独立性等一系列特性。系统的整体性主要体现在:由方程组的通式可以看出任一要素 Q_i 是其他要素的函数,系统中任一要素的变化都会造成其他要素乃至整个系统的变化。系统的各个要素之间相互依赖,不同要素具有不同的功能,并且系统并不仅仅是各个要素的简单组合,系统的功能要大于各要素的功能之和。由式(3.1-3)可以看出系统的独立性,若令式(3.1-3)中等号右边含有 Q_n 且 $n \neq i$ 的各项的系数为 0,则每个要素仅与自身有关,与其他要素无关,因此从这一角度来说系统又具有独立性。

水资源系统是一个复杂的大系统,水资源配置的问题是涉及社会、经济、环境、生态、管理等多学科的系统工程。在研究水资源优化配置时引入系统论的方法是非常必要的。从系统论的原理出发可以归纳出水资源配置系统的以下几个特点:

(1)水资源配置系统的多目标性

水资源优化配置系统作为整体有一个总目标,各个子系统也有其各自的层次性目标。比如按照用户来分,包括工业用水目标、生活用水目标、农业用水目标、生态用水目标等;按照时间阶段来分,包括当前时段的目标和连续时间段的目标等。这些目标组成了系统的各个要素,它们之间相互作用、相互影响。

(2)水资源配置系统的动态性

系统具有开放性,其内部的物流、能流、信息流在不断地与外界环境进行交换,系统的各个目标、各个要素也在随时间不断地运动着,这种发展演变过程构成了水资源配置系统的动态性。

(3)水资源配置系统的独立性

水资源配置系统是多目标的,但是各个目标并非同等重要,要抓住关键性目标,以此来提高系统的功能,达到水资源在时间、空间上各目标的整体最优。

水资源优化配置系统分析步骤为:

(1)研究范围界定,水资源优化配置分析的第一步是确定研究范围,以及是否有必要分段分区研究。

(2)系统任务分析,主要包括确定研究区域水资源配置原则、方案等。要充分利用现代水文信息收集、水情预报技术进行来水量的预测,针对研究区域特点,进一步优化水资源配置方案,挖掘水利工程除害兴利的潜力,提出合理配置建议。

(3)系统要素的识别与概化,水资源配置系统的要素主要有:①水源,包括上游河道来水及支流汇入、水库蓄水、周边湖泊洼地的蓄水、地下水、外调水源等;②用户,主要有生活、重要工业、农业、一般工业、航运、生态等;③输供水工程系统,包括研究区域的工业取水工程、农业泵站、渠道等。

(4)系统目标确定,系统的总体目标是系统整体的满意度最高,各个部门、用户都有各自的具体目标,需具体分析确定,再综合集成为子系统的目标,再通过协调,使系统在时间和空间上整体满意度最高。

(5)系统约束确定,约束即为实现系统目标所受的各种限制条件,比如水量、水位约束等。

(6)系统模型建立,在系统概化、目标分析、约束分析的基础上,形成优化协调配置模型。

(7)系统模型的求解,系统模型建立起来以后,需要寻找合适的算法,进而编制程序和界面系统。

(8)系统方案的生成,运用软件系统进行优化协调,得到系统最终的水资源优化配置方案。

系统论原理对区域水资源优化配置有重要的指导意义:

（1）区域水资源优化配置是一个复杂的系统问题，包括水资源、社会、经济、生态环境等子系统，各子系统之间相互影响、相互作用。任何子系统出现问题都会影响甚至削弱复合系统的整体性功能。因此，水资源优化配置应该能够增加系统整体性功能，全面考虑各方面的因素，处理好多种目标的关系。

（2）系统各要素并非同等重要，抓住关键要素，将有利于系统功能的提高。目前，水资源正在逐渐成为一种限制区域发展的"瓶颈"资源，成为一个区域经济社会发展的主导要素，而水资源优化配置就成为区域发展的一个重要手段。优化的水资源配置将会实现水资源复合系统整体优化，进而实现水资源的可持续利用和区域的可持续发展。

（3）区域水资源优化配置要在水资源承载力之内。水资源优化配置与承载力分析是可持续发展理论在水资源开发利用中的具体体现和应用，其中水资源优化配置是可持续发展理论的技术手段，承载能力是可持续发展理论的结论。水资源优化配置的目标，是使有限的水资源产生最大的效益，或为取得预定的效益尽可能少地消耗水资源。可见，效益是水资源优化配置所追求的目的。这里的效益应是指综合效益，即经济效益、社会效益和生态效益的最佳统一。只有按综合效益的原则，实行水资源的分配的价值取向，水资源才可能达到优化配置。

（4）区域水资源优化配置要坚持系统优化原则。系统优化原则就是要根据既定目标，在整体优化的前提下，同时兼顾局部利益。水资源开发利用策略只有是在进行优化配置和承载力研究之后制定的，才是可持续的。反之，要想使水资源开发利用达到可持续的目标，必须进行优化配置和承载力分析。水资源的可持续利用是建立在承载力分析和水资源优化配置基础上，以经济增长为中心的社会全面发展，是人与自然，经济、社会与环境的和谐，不是征服自然、过分强调水对人类造成的危害，而更应重视减少人对水资源的伤害。水资源优化配置是水资源持续开发利用的重要研究内容。

以水资源为主体的生态经济系统，像其他大系统一样，也具有质和量的规定性，是具有一定质和量的系统，只有在其运动的时间和空间中才能观察、测量和控制；同时，时间和空间的概念也是在物质运动中形成的。因此，水资源复合系统要素间的配置表现为质、量、空间和时间四种基本形式。

1. 质的配置形式

它是系统属性间的组合，即指水资源持续利用中生态经济诸要素在属性方面相互联系的关系，它包括水资源及其周围环境在内的生态子系统、经济子系统和水资源利用技术子系统，三者的有机联系便构成了特定的水资源复合系统。其中，生态联系是最基本的，联系是指组成系统的资源、环境之间物质、能量交换的源;经济联系是复合系统中各配置要素由生产到消费若干环节中的价值增殖的过程;技术联系是生态与经济间的中介联系,是劳动者通过智力和工程技术将天然水转变为商品水的重要桥梁。

水质作为水资源的一项功能,与水量的供水功能有相互依存的关系,没有水量,水质无所依托,无法发挥其作用,不具有各类用水所必需的水质要求,水量的供水功能也就降低或消失。这就要求水资源优化配置应该根据不同用水部门的水质要求,按照优水优用、促进污水资源化的原则,结合水量进行分质供水。

2. 量的配置形式

量的配置形式是指复合系统中各要素之间的数量配比或搭配。在水资源复合系统各要素的数量配置间要有合适的比例关系,对水的开发利用与水患的防治要有个数量限度和适度的范围。对水资源的开发利用要有个阈限,即水的承载能力;对水患的防治标准也要有个合适的限度,不能超过技术经济能力;对水和环境的保护、防治污染的力度,应与经济社会发展相协调。

各用水部门对水资源不仅有水质要求,而且有水量要求。即使具有同样水质要求的用水部门也存在不同的水量要求。因此,水量配置就是在复合系统内进行各要素的水量组合,即各要素之间水资源的数量配比或搭配。

3. 空间配置形式

空间配置形式是水资源复合系统中诸要素在空间上的布局和联系。我国水资源的空间分布很不均匀,南多北少,东多西少,且与人口、土地分布和经济、技术条件不相适应,这就决定了水资源在区域内和区域间进行不同程度配置的必要性和重要性。从全国、全社会的持续发展出发,配置区域内(流域)和区域间的水资源和水能资源时,应摸清水资源数量,按自然资源分布规律、资源特点,并根据区域经济、技术、综合生产力进行配置。同时要保护好生态环境,防止生态环境的破坏与污染。

4. 时间配置形式

它是指水资源复合系统各要素在时序变化上的相互依存、相互制约的关系。资源都是在一定时间和空间中形成和发展的,有自己的运动规律。若水资源能适时、适量与其他资源配置得当,将会发挥巨大效果;否则效果就会大相径庭。

由于天然来水与生产用水在时程上存在矛盾,因而必须将水资源开发与水患防治相结合,拦蓄、储存和调节控制水的措施必不可少,保护资源、环境和防治污染也必须同步实施。通过工程技术和科学管理的优化调度实现水资源在时间上的合理配置,支持经济、社会的协调、持续发展。

水资源优化配置的实质是对水资源在时间、空间、数量、质量以及用途上进行合理分配，因此它具有多水源、多要素、多用户、多目标属性，并具有一定的层次性和关联性。统筹考虑水资源类型、要素、用户、目标的属性，确立各属性的重要程度和优先序，是实现水资源优化配置的关键。

1. 多水源

水资源通常包括当地地表水、地下水、外流域调水、再生水以及其他非常规水源。国际上一般优先配置当地地表水资源，其次是地下水、再生水，然后是非常规水源以及跨流域调水等。然而各种水资源利用的优先序并不是一成不变的，它与当地水资源条件、经济发展水平、工程技术水平、社会习俗等因素密切相关，需通过科学论证选择合适的配置原则和顺序。

2. 多要素

水资源具有水量、水质、水温、水能等要素，而水资源的供水、发电、养殖、航运等目标正是由这些要素和属性所决定的。水资源具有量质统一性，因为水质不达标就无法满足特定的功能，水量过少或过多都会影响水能资源的利用，水库在蓄存水量的同时形成的温度场对灌溉和养殖也会产生一定的不利影响，因此，水资源优化配置须统筹考虑水资源的水量、水质、水温、水能等要素。

3. 多用户

水资源优化配置的实质是通过各种措施和手段将水资源分配到各用水户，因此，掌握各用水户的用水特性、水要素需求、用水发展趋势等，对制定用水计划和拟定配置方案都具有重要的作用。在需水预测和供需分析中，常将用水划分为生活、生产和生态三大类，还可对每一类进行更细致的划分。根据《中华人民共和国水法》（以下简称《水法》）的规定以及以公平、高效为原则，首先满足城乡居民生活用水，并兼顾农业、工业、生态环境以及航运等用水需求。

4. 多目标

水资源具有综合利用的多目标性，通常分为供水、发电、航运、养殖、生态保护等；从水资源利用效益角度，将其划分为社会目标、经济目标和生态目标；从安全角度，将其目标分为针对国民经济发展用水的供水安全、针对生态环境用水的生态安全，以及与水量调配密切相关的防洪安全。水资源开发利用的各目标之间往往是矛盾的，而且是不可公度的。传统的水资源优化配置多采用多目标规划技术，追求可供水量或经济效益最大化，而可持续发展框架下的水资源优化配置在追求经济效益的同时，还强调了用水公平和环境完整性，是更加复杂的多目标决策问题，宜采取定性与定量相结合的综合集成方法进行。

3.2　水资源优化配置的基本原则

水资源配置不仅涉及短期和长期多个决策时段，而且还涉及社会经济和生态多个决策目标，同时还要考虑生活、生产、生态等多类用水户的用水竞争矛盾，因此在配置过程中需遵循一定的原则。水资源的优化配置必须以水资源的权属分离、社会公平、可持续利用、和谐发展、有效高效等原则为指导，从而实现社会、经济和生态环境的和谐发展。水资源配置不仅要满足国民经济和人类生存的需求，还要给人类生存生态环境提供支撑与保障，实现水资源的社会、经济和生态综合效益最大。

1. 所有权和使用权分离原则

《水法》明确规定，水资源归国家所有，即中华人民共和国领土范围内的一切水资源都归国家所有，由国务院代表国家实施水资源权属管理。《水法》还明确了中央、流域机构及各级政府对流域综合规划、水资源规划和管理的权限。国家或相应级别的政府有权根据水资源丰缺状况，在管辖的范围区域之间合理调配水资源。

2. 社会公平原则

公平原则是人们对经济以外不可度量的分配形式采取理智行为，以驱动水量和水环境容量在流域与地区之间、近期和远期之间、用水目标之间、水量与水质目标之间、用水阶层之间的公平分配。水资源必须考虑首先满足城乡居民生活用水，充分考虑生态系统的基本用水，然后再考虑水资源转让，并且根据初始水权补偿转出部门的水资源价值，防止为片面追求经济利益，而使一部分部门的用水权利受到威胁。水资源配置应当遵循公平和公正的原则，充分研究区域的水资源条件、供用水历史和现状、供水能力和用水需求等，妥善处理上下游、左右岸的用水关系，协调地表水与地下水、河道内与河道外用水，统筹安排生活、工业、农业和生态环境等用户的用水。水资源分配中应充分考虑自然条件、经济社会发展水平和结构等方面的因素，力求做到公平合理。

3. 可持续利用原则

可持续性原则可以理解为代际间的资源分配公平性原则，它要求的是一定时期内全社会消耗的资源总量与后代能获得的资源量相比的合理性。

该原则要求在不同水平年的水资源开发利用中，合理地给各部门分配水量，促进经济、社会和生态之间和谐发展，实现水资源长久利用。要以水资源可持续性为依据，加强人们对水资源有限性的关注，避免人们以掠夺的方式开发利用水资源,从而实现水资源长期的协调发展。水资源可持续利用的出发点和根本目的就是要保证水资源的永续、合理和健康的使用。可持续性原则还包括合理配置有限的资源,使用替代或可更新的资源两方面的内容。随着再生水、海水淡化、污水处理成本越来越低,而外调水成本越来越高,非常规水源将成为重要的水资源。要因地制宜地优先配置非常规水源;根据不同用户对水质的不同需求,实行水资源梯级利用和分质供水;实现地表水、地下水、再生水、海水、污水再生水等多元水体的综合优化配置,在节约用水、提高水资源利用率的前提下,实现多种水资源的综合利用。对新鲜水资源的开发利用要有一定的限度,必须保持在环境的可承载能力的范围之内,以维持生态系统的自我更新能力,实现水资源的可持续利用。

4. 和谐发展原则

该原则是指水资源配置时,权衡各要素、各子系统之间的关系,从定性和定量两个角度,在自然供水和社会需水之间,在经济效益、社会效益和生态效益之间,在当前效益和长远效益之间寻找相对平衡点,使经济、社会与生态和谐发展的综合利用效益最高。水资源配置的和谐性体现为生态环境、社会和经济的协调发展,人是这一发展的主体,人类的和谐发展离不开对自然资源的可持续性利用。因此,如何使由人口、资源、环境、经济、社会等要素组成的系统在整体功能上最优,必须协调系统要素之间的关系,使人类与自然环境和谐相处,协调发展。维持生态、经济系统的均衡,从水资源系统的质、量、空间与时间上,从宏观到微观层次上,从水资源开发利用及保护生态环境角度上,综合配置水资源及其相关资源,从而保证社会、经济、环境的综合大系统协调有序的发展。

5. 综合效益最大化(有效高效性)原则

这是基于水资源作为社会经济行为中的商品属性确定的。以纯经济学观点而言,水是有限的资源或资本,经济部门对其使用并产生回报。经济上有效的资源分配,是资源利用的边际效益在用水各部门中都相等,以获取最大的社会效益。换句话说,在某一部门增加一个单位的资源利用所产生的效益,在任何其他部门也应是相同的。如果不同,社会将分配这部分水给可以产生更大效益或回报的部门。

值得注意的是,这里所说的"有效性",不是单纯追求经济意义上的有效性,而是同时追求对环境的负面影响小的环境效益,以及能够提高社会人均收益的社会效益,是能够保证经济、环境和社会协调发展的综合利用效益。这需要在水资源优化配置问题中设置相应的经济目标、环境目标和社会发展目标,并考察目标之间的竞争性和协调发展程度,满足真正意义上的有效性原则。

该原则是既要保证水资源的利用效率,又要追求水资源优化配置后经济、社会和生态环境综合效益的最大化。经济效益最大化,指有限的水资源满足边际效益相等,使用水部门获得最大的经济回报。社会效益最大化,指水资源配置产生的效益能够使区域内各行业稳定发展,各用水户用水矛盾缓和,人民生活水平提高,人均收入增长,同时用水安全得到保障。环境效益最大化,指在经济社会发展和水资源开发利用的过程中,应将生态环境受到的负面影响降到最小,或者不影响生态环境,在此基础上,促进生态环境向好的方面演化,取得经济、社会、环境三者的系统平衡状态。提高水资源利用效率是水资源优化配置的目的,遵循市场规律和经济法则,以边际成本为原则安排水资源开发利用模式、节水与治污方案,力求使节流、开源与保护措施间的边际成本大体接近。在保证社会公平原则和尊重现状基础上,对用水效率高的地区、行业(或用户)要适当多配置水权,且优先用水;对于用水效率低、浪费严重的用户可适当减少其用水量。

6. 尊重现状原则

尊重现状原则是指在进行水资源配置时要充分考虑现状水平年的实际情况,既不是不切实际地严格按照某种标准,也不是严格地服从现状用水情况。而是要立足现状,以近几年的各项用水指标及水资源综合规划为参考,也要参考制定的水资源优化配置方案和近期节水目标,同时也要与全国先进水平、相似地区的水平做比较,进行现状用水方式、用水水平的合理性分析。

7. 优先保障生活用水、电力用水的原则

《水法》第二十一条明确规定:开发、利用水资源,应当首先满足城乡居民生活用水,并兼顾农业、工业、生态环境用水以及航运等需要。同时,电力资源也是居民生活所离不开且无法替代的必需品,因此必须最大限度地保证其需求。

8. 合理满足基本生态需水原则

保护和改善生态环境,是实现经济社会可持续发展的基本前提,所以在配置中应优先保障最基本的生态环境水权。然而,在干旱年或干旱季节,如果要充分满足生态环境的需水量,则剩下的给社会经济所用的水量可能很少,有些甚至全部给生态都不够。对于这样的情况,要根据当地的实际情况,综合考虑各部门的用水效益,合理确定生态环境保护对象和保护标准,满足生态最基本的需水量。

9. 供水设施建设便利原则

即按需水区域地理位置和用水特点加以配置,城区、功能区以及靠近上述地区的中心镇和一般镇的用水主要由外调水提供;远离上述地区、用水量较小的中心镇和一般镇的用水主要由地下水提供。

10. 水源水质与需水水质相近原则

外调水优先保证城镇居民生活、工业及第三产业用水；地下水主要用于农村生活，同时为部分镇区提供生活、生产用水；地表水主要用于农业及城镇以外河湖生态；污水再生回用一部分直接回用于农业和城镇以外河湖生态，一部分经再生水厂处理后回用于城镇生活杂用、工业及城镇生态用水；海水主要供沿海工业区以及石油化工、电厂等企业利用，少量高品质淡化水可作为居民生活用水。

11. 用水价格与当地人均可支配收入相近原则

在满足水质要求的前提下，要求外调水、当地地表水、地下水、再生水、海水、污水的成本价格与用水区域的人均可支配收入差异最小化，体现以人为本。

12. 开源与节流并重原则

节约用水、建立节水型社会是实现水资源可持续利用的长久之策，也是社会发展的必然。只有开发与节水并重，才能不断增加可持续发展的支撑能力，保障当代人和后代人的用水需要。

13. 适时调整原则

由于水资源配置涉及各种错综复杂的问题，目前解决水资源分配的理论、方法和技术都很不成熟，必须要经过一个逐步完善的过程。另一方面，供水形式、可利用水量以及各用户的需水都在不断变化，因此水资源配置方案也需要及时调整和完善。

3.3 水资源优化配置手段

水资源优化配置有行政手段、工程手段、经济手段、科技手段等多种手段。行政手段是通过国家或政府的宏观调控所制定出来的有利于当地社会和谐稳定的一些安民、利民、惠民政策。行政手段是现行城市水务管理的主要手段。工程手段一般是在行政手段的前提下，修建一些蓄水和引水工程，如水库、蓄水池、蓄水大坝等，以加强水资源的管理和分配。我国著名的南水北调工程既是一种行政手段，也是一种工程手段。经济手段，就是关于产权、水权、水权交易等的相关政策，即通过建立合理的水价机制，把水价作为水资源优化配置的一种手段。一方面，在居民生活用水中，按照用水量不同，分段计价，以促进居民节约用水；另一方面，调整地区经济结构，鼓励和促进节水型或需水量较少的产业发展。但从长远来看，应该秉持可持续发展的理念，实现科学治水、科学管水。对于水资源的合理管理，需要在加强工程手段、行政手段、经济手段、科技手段的同时，注重体制问题、机制问题，要依法管水、依法治水。

1. 工程手段

通过采取工程措施对水资源进行调蓄、输送和分配,达到和优化配置的目的。通过修建水库、塘坝、地下水等蓄水工程来调节水资源在时间上的分布;通过修筑河道、渠道、运河、管道、泵站等工程来改变水资源的地域分布;通过建设自来水厂、污水处理站、海水淡化工程来改善水资源的质量,使一些原来不能直接利用的水资源经过处理可以利用。

2. 行政手段

通过利用水资源管理行政部门的管理职能,并结合水资源管理方面的相关法律的约束机制,采用措施对区域水资源优化配置。通过对生活、生产和生态环境方面用水的调度和分配,对各用水部门之间的关系进行协调,以达到区域水资源优化配置的目的。

3. 经济手段

以市场经济的客观规律为基础,通过建立合理的水权分配制度、建立合理的水价形成机制,利用市场加以培植,使水资源的利用方向从低效率的领域转向高效率的领域,水的利用模式从粗放型向节约型转变。

4. 科技手段

建立水资源监测体系,动态掌握并及时更新各水源和各用水户的信息,包括水资源总量、实际用水量等,科学分析用水需求。建立覆盖全区域的水资源管理与调配系统,推进水资源管理与调配的数字化、智能化、精细化,实现科学管水。

5. 多种手段并举

由于我国的水资源时空分布和经济产业结构布局严重失调,必要的跨流域调水工程是解决水资源区域分布不均的重要手段。与此同时,还必须认识到我国的水资源短缺问题仅靠工程措施来解决是不现实的,必须强化非工程措施,加大推广节水技术,加强水资源开发利用的统一管理,多手段并举,从而解决或缓解日益严峻的水资源供需矛盾。

3.4　水资源优化配置模型

水资源系统可以分为水资源配置系统和水资源循环系统。水资源配置系统,是以人类水事活动为主体,是自然、社会诸多过程交织在一起的统一体,它沟通了自然的水资源系统与社会经济系统之间的联系,是水资源配置研究的关键环节。它一般由四部分组成:①水源系统,或称供水系统,包括蓄水、引水、提水等地表水系统,以及深层与浅层地下水、外流域调水、污水回用、洪水资源化等其他供水水源。②输水系统,包括输水河道、输水管道、输水渠道等。③用水系统,包括工业用水、农业用水、生活用水、牲畜用水、生态用水等。④排水系统,包括工业废水排放、农业灌溉退水、生活污水及其他排水等。水资源循环系统,以生态系统为主体,包括水资源的形成、转化等过程。这是水资源系统能够为人类提供持续不断的水资源的客观原因。

区域水资源的配置过程可以描述为:水资源配置系统根据系统输入的信息,从水源系统经过输水系统将水分配到各个用水部门,然后由用水系统和排水系统反馈信息给水资源配置系统,水资源配置系统根据其特性和反馈信息,调整水量在各部门间的分配。如此反复,直至得到最优配置结果。

水资源优化配置是涉及社会经济、生态环境以及水资源本身等诸多方面的复杂系统工程,水资源优化配置的目的就是要综合考虑各方面的因素,既要各方面协调发展,又要使得各因素都得到充分发展,保证区域可持续发展。水资源优化配置的最终实现是通过构建和求解水资源优化配置模型。

3.4.1 水资源优化配置模型构建的主要方法

随着可持续发展战略的开展以及水资源的严重短缺,水资源优化配置的研究得到了很大发展,到目前为止,用于水资源优化配置模型构建的主要方法有系统动力学方法、大系统分解协调理论、多目标规划与决策分析等。

1. 系统动力学法

系统动力学方法是把研究的对象看作具有复杂结构的、随时间变化的动态系统。水资源系统涉及的元素很多,各元素之间关系复杂,其动态过程有高度的复杂性和不确定性。系统动力学恰恰具备了处理非线性、多变量、信息反馈、时变动态性的能力,基于系统动力学建立的水资源优化配置模型,可以明确地体现水资源系统内部变量间的相互关系。

2. 大系统分解协调理论

大系统理论的分解协调法是解决工程大系统全局优化问题的基本方法。分解是将大系统划分为相对独立的若干子系统,形成递阶结构,应用现有的优化方法实现各子系统的局部优化。协调是根据大系统的总目标,通过各级间协调关系寻求整个大系统的最优化。该理论在水资源优化配置中得到了广泛应用。沈佩君等以枣庄市水资源系统为实例,建立了大系统分解协调模型,成功研究了地表水、地下水及客水等多种水资源的联合优化调度问题。贺北方在河南豫西建立了区域可供水资源年优化分配的大系统逐层优化模型,可使区域水资源得到充分合理运用。杨志峰等针对水量短缺和水质污染引起的跨边界区域水资源冲突,运用大系统分解协调原理和博弈理论构建了跨边界区域水资源冲突与协调模型体系。

3. 多目标规划与决策分析

水资源优化配置涉及社会经济、人口、资源、生态环境等多个方面,是典型的多目标优化决策问题。多目标优化包括两方面的内容,一是目标间的协调处理,二是多目标优化算法和设计。由于水资源优化配置受复杂的社会、经济、环境及技术因素的影响,在水资源配置中就必然会反映决策者个人的价值观和主观愿望。水资源配置多目标决策问题一般不存在绝对最优解,其结果与决策者的主观愿望紧密相关。

（1）线性规划

线性规划属于运筹学最基础的分支,其运用也是最为广泛的。线性规划是研究在现有人力、物力等资源的条件下,合理调配和有效使用资源,以达到最优目标的一种数学方法。线性规划模型一般由三个要素组成,即变量、目标函数、约束条件。变量（又称为决策变量）是问题中要确定的未知量,用来表示规划中用数量表示的方案和措施,受决策者影响;目标函数是决策变量的函数,根据优化的目标,分别求函数的最大值或最小值;约束条件是指变量在取值时受到的各种限制条件,通常以包含变量的不等式或等式来表达。线性规划模型建模简单,因此在水资源优化配置过程中也常用到。首先是明确模型的目标函数和约束方程,然后根据线性规划求出最优解。但是在实际运用中,常与其方法联合起来使用,如非线性规划法、动态规划法、人工神经网络等。

（2）非线性规划

非线性规划法是用来解决约束条件和目标函数中部分或全部存在非线性函数的有关问题。现实世界中,许多实际问题,包括水资源规划、管理的决策问题,多属于非线性规划问题。非线性规划问题没有一个通用的解法,只能针对不同的非线性规划问题,采用不同的优化技术,以求节省存储量及计算时间。

（3）动态规划

许多随时间或空间变化的问题都属于动态系统,动态规划也属于运筹学的一个分支。动态规划模型用于处理多阶段决策的问题,将问题按照其空间或时间特性划分为不同阶段,并在每个阶段做出连续不断的决策,这种决策通常叫作策略。动态规划善于将一个多维的决策问题转换为多个一维的最优化问题,进而将问题简化。在运用动态规划的原理和方法的同时必须具体问题具体分析,建立相应的模型,再求解。

动态规划是解决多阶段决策过程最优化的一种方法,其基本思路是将多阶段决策过程转化为一系列相互关联的单阶段问题,并依次求解。动态规划同样没有标准的模型和解法,必须根据具体的问题来确定其求解方法。因问题的复杂程度不同,有常规动态规划(DP)、状态增量动态规划(IDP)、微分动态规划(DDP)、离散微分动态规划(DDDP)以及渐进优化算法(PAO)等。

当一个系统中含有与时间有关的变量,且其目前状态与过去和未来的状态有关系时,这个系统就是一个动态系统。此系统的优化问题与"时间过程"有关。在寻求动态系统的状态与最优决策时,不能仅考虑某一时刻,而是依次采取一系列最优决策,来求得整个动态过程的最优解。这种动态过程寻优的一种数学方法,被称为动态规划法。

动态规划的数学原理为:对于初始状态 $x_1 \in X_1$,策略 $p_1^* = \{u_1^*, \cdots, u_n^*\}$ 是最优策略的必要条件为对于任意 k,$1 < k \leqslant n$,有

$$V_{1n}(x_1, p_{1n}^*) = \varphi \left\{ \mathop{opt}_{p_{1,k-1} \in p_{1,k-1}(x_1)} \left[V_{1,k-1}(x_1, p_{1,k-1}) \right], \mathop{opt}_{p_{kn} \in p_{kn}(x_k)} \left[V_{kn}(x_k, p_{kn}) \right] \right\}$$

$$(3.4-1)$$

若 $p_{1n}^* \in P_{1n}(x_1)$ 是最优策略,则对于任意的 k,$1 < k \leqslant n$,它的子策略 p_{kn}^* 对于由 x_1 和 $p_{1,k-1}^*$ 确定的以 x_k^* 为起点的 k 到 n 的子过程,也是最优策略。

以上即为最优化原理,可简述为:不论过去的状态和决策如何,对于前面的决策形成的当前状态而言,余下的决策必定构成最优策略。根据这一原理可以得到动态规划的基本方程如下:

$$\begin{cases} f_k(x_k) = opt \{ \varphi [v_k(x_k, u_k), f_{k+1}(x_{k+1})] \}, x_{k+1} = T_k(x_k, u_k), k = 1, 2, \cdots, n \\ f_{n+1}(x_{n+1}) = \delta(x_{n+1}) \end{cases}$$

$$(3.4-2)$$

式中:$f_{n+1}(x_{n+1}) = \delta(x_{n+1})$ 是决策过程的终端条件;δ 为一个已知函数。最终要求的最优指标函数满足下式:

$$opt \{V_{1n}\} = opt_{x_1 \in X_1} \{f(x_1)\} \tag{3.4-3}$$

上式是一个递归公式,如果目标状态确定,可以直接利用该公式递归求出最优值,在实际应用中通常将该递归公式改为递推公式来提高求解效率。

动态规划的基本方法是把一个复杂的系统问题分解成一个多阶段的决策过程,并按一定顺序逐次求出每段的最优决策,并经历各阶段到达终点,从而求得整个系统的最优决策。例如应用动态规划的思想求解水资源优化配置问题时,按时间过程把水资源配置过程分为若干时段,在每个时段都根据时段初的水库

蓄水量、该时段的入库径流量、各用户的需水量、输水损失系数等已知条件，做出本阶段水资源优化配置的决策。根据水量平衡原理得到本时段末即下一时段初的可配置水量，并以此作为下一时段的初始水量，对下一阶段做出决策。依此类推得出各时段的决策系列。在选择各个时段的最优配置方案时，不能只考虑本阶段所取得效益的大小，而要争取相邻时间段的效益变动幅度在控制范围之内，使系统多个时段的整体效益达到最优。

（4）大系统优化理论

在比较复杂的研究中，常规的方法难以得到合理且满意的解决方案，这促使了大系统理论的诞生。大系统具有结构复杂、目标多样和随机性等特性。20世纪70年代起，大系统理论及应用的相关研究与现代控制理论、图论、数学规划和决策论等方面的研究开始交叉，不再局限于复杂的工业技术系统，而是不断扩展到社会、经济和生态系统中。大系统优化方法一般采用分解协调法。它既是一种降维技术，即把一个具有多变量、多维的大系统分解为多个变量较少、维数较少的子系统；又是一种迭代技术，即各子系统通过各自优化得到的结果，通过反复迭代计算进行协调修改，直到满足整个系统全局最优为止。

（5）多目标规划法

多目标规划主要用于研究目标函数不止一个的情况，在特定区域上实现目标的最优化，又称为多目标最优化，常记为 MOP（Multi-objective Optimization）。常见的多目标规划法主要有两种：一种是化多为少的方法，利用主要目标法、线性加权法、理想点法等方法将多目标划分为较为简单的单目标或双目标；另一种方法叫作分层序列法，根据目标的重要性，将目标进行排序，在前一目标最优解集内求取下一目标的最优解，直至获得最终的最优解。另外，多目标线性规划法还有适当修正法和层次分析法等，其中，层次分析法是由美国运筹学家 T. L. Satty 在20世纪70年代提出的，这种方法包含定性和定量两部分，适用于复杂且数据缺乏的情景。

水资源配置在空间上需要协调不同用水户之间的矛盾，在时间上需要考虑本时段与历史时段和未来时段配置水量的冲突。水资源配置纵贯社会、经济、环境等诸多方面，是一个涉及众多用户、半结构化的多目标、多层次问题。对于如此复杂的水资源配置问题，可以采用多目标优化配置方法进行研究。多目标优化问题是向量优化问题，其解为非劣解集。解决多目标优化问题的基本思想是将多目标问题转化为单目标问题，进而采用较为成熟的单目标优化技术进行求解。多目标问题转化为单目标问题有多种方法，可归纳为以下3类途径。

一是评价函数法，根据问题的特点和决策者的意图，构造将多个目标 vp 转

化为单个目标 sp 的评价函数,化为单目标优化问题。该方法的基本思想是,考虑如下标准形式的多目标规划:

$$(vp): \min_{x \in \mathbf{R}} \boldsymbol{F}(x) = [f_1(x), f_2(x), \cdots, f_p(x)]^{\mathrm{T}} \tag{3.4-4}$$

针对 vp 构造评价函数 $U(x) = u[\boldsymbol{F}(x)]$,然后以它作为目标函数,建立如下单目标规划:

$$(sp): \min_{x \in \mathbf{R}} U(x) = u[\boldsymbol{F}(x)] \tag{3.4-5}$$

并把 sp 的最优解作为 vp 的有效解或弱有效解,这种方法称为评价函数法,这类方法有线性加权和法、极大极小法、理想点法等。

二是交互规划法,不直接使用评价函数的表达式,而是以分析者和决策者始终交换信息的人机对话方式求解多目标优化问题,通过分析者与决策者的不断对话,后者做出满意的决策。这类方法无须事先知道决策者的偏好结构,可处理的优化问题较为广泛,但缺点是决策者有时难以做出合理的决策。主要有逐步宽容法、权衡比较替代法、逐次线性加权和法等。

三是混合优选法,对于同时含有极大化和极小化目标的问题,可以将极小化目标化为极大化目标再求解。也可以不转换,采用分目标乘除法、功效函数法和选择法等直接求解。

当多目标优化问题的目标函数和约束条件是非线性、不可微或不连续时,传统的方法往往效率较低,由此提出了进化算法。20 世纪 90 年代主要为第一代进化多目标优化算法,例如多目标遗传算法(MOGA)、非支配排序遗传算法(NSGA),其特点是采用基于 Pareto 等级的个体选择方法和基于适应度共享机制的种群多样性保持策略。在 1999 年到 2002 年之间,提出了第二代进化多目标优化算法,主要有 Pareto 存档进化策略算法(PAES)、微遗传算法(Micro-GA)等。2003 年至今,提出了具有新特点的进化多目标优化算法来有效解决高维多目标优化问题,其代表主要为一些学者提出的部分占优、自适应 ε 占优等概念。

(6)遗传算法

在水资源优化配置研究中,由于优化问题所涉及的影响因素很多,解空间也较大,而且,解空间中参变量与目标值之间的关系又非常复杂,所以,在复杂系统中寻求最优解一直是学者们努力解决的重要问题之一。而对于这类问题,遗传算法是一种较为有效的优化技术。遗传算法(Genetic Algorithms)是模拟生物界的遗传和进化过程而建立的一种搜索算法,体现着"生存竞争、优胜劣汰、适者生存"的竞争机制。生物遗传物质的主要载体是染色体,染色体通常是一串数据

（或数组），用来作为优化问题解的代码，其本身不一定是解。遗传算法的基本思想是：首先，随机产生一定数目的初始"染色体"，这些随机产生的染色体组成一个"种群"，种群中染色体的数目称为种群的大小或种群规模。其次，用评价函数来评价每一个染色体的优劣，也就是计算染色体的"适应度"，以此来作为以后进行遗传操作的依据。然后，执行选择过程，其目的是从当前种群中选出优良的染色体，使它们成为新一代的种群。评价染色体的好坏的准则就是看各自的适应度，适应度大的染色体被选择的概率高，相反，适应度小的染色体被选择的可能性小，被选择的染色体进入下一代。通过选择过程，产生一个新的种群，再对这个新的种群进行交叉操作，它模拟基因重组原理，个体之间通过基因和部分结构的随机交换和重组方式，生成新的种群，是遗传算法中主要的遗传操作之一。接着进行变异操作，它使种群的个体位串中的基因代码反转，目的是防止重要基因的丢失，并产生新的基因，维持种群基因类型的多样性，克服有可能限于局部最优解的弊病。经过上述运算产生的新的种群称为"后代"。然后，对新的种群重复进行选择、交叉和变异操作，经过若干代之后，算法收敛于最好的染色体，该染色体就是问题的最优解或近似最优解。

3.4.2 水资源优化配置模型分类

水资源配置模型在实用层面上可分为两种，即模拟模型和优化模型，它们在水资源配置中广泛应用。

1. 模拟模型

模拟模型，就是利用计算机技术模拟水文循环和水资源分配等水资源系统的真实情况而建立的模型，该模型可为决策提供依据。其机制是对所假设的方案进行模拟得到方案的评价指标值，从而对方案进行评价和选择。它能模拟和再现流域内外、上下游及左右岸的供水和用水情况，适用于解决流域大规模水资源配置问题。该模型虽然有直观易懂、仿真性强、应用广泛和技术成熟等优点，但也存在不足之处，即所建模型不能自动寻优，且模拟模型仅适用于某一地区，如果更换地区，则需要重新建模，不具有通用性。

2. 优化模型

优化模型是在水资源系统的综合约束下，通过建立期望目标，使用优化方法实现水资源的优化配置，它包括决策变量、目标函数和约束条件。它通常是采用数学方法求解计算目标函数和约束条件，以此获得满足条件的最优解。优化模型的优点是可直接解决水资源配置中最优方案问题，并寻找实现期望目标的最有效途径。在解决水资源约束条件下的配置问题中，该模型能够发挥水资源最大效益,不需要人为控制寻优过程,且具有一定的通用性。实践证明,在目标函数和约束条件都明确且规模不大时,采用优化模型可获得较满意的结果。

模型Ⅰ:

(1) 子区划分。通过结合研究区的行政区划、地形地貌和水资源情况,将研究区划分为多个子区。划分时需遵循一些原则,一是为方便收集整理水资源优化配置模型所需的资料,以及提高项目的可行性,在划分子区时,尽可能按照行政区划进行划分;二是为了方便统计供水水源的可供水量,在划分子区时,尽可能按照研究区的地形地貌进行划分;三是为方便采用研究区的水资源调查成果,在划分子区时,尽可能按照研究区水资源调查评价的分区进行划分。

(2) 供水水源。一个区域的供水工程并不是单一的,它存在有多个供水水源,包括地表水、地下水和再生水等。各水源按照不同用户对水质的要求等因素确定供水顺序,一般优先利用地表水,其次利用地下水。

(3) 用水部门。水资源配置的用水部门通常包括生活、生产和生态用水。各用水部门对水质要求不同,其中生活用水是人民生存的基本需要,在配置时,生活用水水质要求最高,且把保障生活用水放在首位。

对水资源进行优化配置可实现区域可持续发展,配置过程涉及 3 个目标函数,即经济、社会和生态环境。在一般情况下,这三个目标是相互约束的,不能只注重经济效益,而忽略社会效益和生态环境效益。总体来说,水资源配置是多目标相互协调的问题。水资源优化配置数学模型如下:

1. 目标函数

水资源优化配置模型以经济、社会和生态环境为总体效益目标。其函数表达如下:

$$F(x) = opt[f_1(x), f_2(x), f_3(x)] \tag{3.4-6}$$

式中:$F(x)$ 为水资源优化配置模型的总体目标函数表达式;x 为决策变量;$f_1(x)$ 为经济效益目标函数表达式;$f_2(x)$ 为社会效益目标函数表达式;$f_3(x)$ 为生态环境效益目标函数表达式。

(1) 经济效益目标

通常把供水带来的效益作为该区域的经济效益,以区域供水的最大经济效益来表示经济效益目标。其函数表达如下:

$$f_1(x) = \max\left[\sum_{k=1}^{K} \sum_{j=1}^{J} \sum_{i=1}^{I} (b_{ij}^k - c_{ij}^k) x_{ij}^k q_i^k \varphi_j^k \omega_k\right] \tag{3.4-7}$$

式中:b_{ij}^k 为 i 水源向 k 子区 j 用户单位供水量效益系数,元/m³;c_{ij}^k 为 i 水源向

k 子区 j 用户单位供水量费用系数,元/m³;x_{ij}^k 为 i 水源向 k 子区 j 用户供水的供水量,万 m³;q_i^k 为 k 子区 i 水源的供水次序系数;φ_j^k 为 k 子区 j 用户的用水公平系数;ω_k 为 k 子区的权重系数。

（2）社会效益目标

社会效益一般很难用量化的方式衡量,但在一定程度上,区域总缺水量可体现社会效益,所以社会效益目标以区域的总缺水量最小来表示。其函数表达如下:

$$f_2(x) = \min\Big[\sum_{k=1}^{K}\sum_{j=1}^{J}\big(D_j^k - \sum_{i=1}^{I}x_{ij}^k\big)\Big] \tag{3.4-8}$$

式中:D_j^k 为 k 子区 j 用户的需水量,万 m³。

（3）生态环境效益目标

通过评价区域排放废水中的重要污染物浓度来反映水质的污染程度。其函数表达如下:

$$f_3(x) = \min\big(\sum_{k=1}^{K}\sum_{j=1}^{J}0.01d_j^k p_j^k \sum_{i=1}^{I}x_{ij}^k\big) \tag{3.4-9}$$

式中:d_j^k 为 k 子区 j 用户排放的废水中重要污染物的浓度,mg/L;p_j^k 为 k 子区 j 用户的污水排放系数。

2. 约束条件

（1）供水能力约束

供水水源 i 向各用水部门的总供水量应不大于其可供水量:

$$\sum_{j=1}^{J}x_{ij}^k \leqslant W_i^k \tag{3.4-10}$$

式中:W_i^k 为 k 子区 i 水源的可供水量,万 m³。

（2）需水能力约束

对于各用水部门来说,供水水源向各用水部门提供的供水量应设定最低供水保证（下限）,但同时供水量不得超过各用水部门的最大需水量（上限）:

$$L(k,j) \leqslant \sum_{i=1}^{I}x_{ij}^k \leqslant H(k,j) \tag{3.4-11}$$

式中:$L(k,j)$ 为 k 子区 j 用户的需水量下限,万 m³;$H(k,j)$ 为 k 子区 j 用户的需水量上限,万 m³。

（3）废水污染物质量浓度约束

子区 k 用户 j 排放废水中的重要污染物浓度应该在国家允许排放指标范围

内,且排放的重要污染物总量不超过该区域最大允许排放量:

$$d_j^k \leqslant d_0 \tag{3.4-12}$$

$$\sum_{k=1}^{K} \sum_{j=1}^{J} 0.01 d_j^k p_j^k \sum_{i=1}^{I} x_{ij}^k \leqslant D \tag{3.4-13}$$

式中:d_0 为在各行业中国家标准规定最大允许排放的重要污染物质量浓度,mg/L;D 为区域内最大允许排放重要污染物的总量,t。

(4) 变量非负约束

$$x_{ij}^k \geqslant 0 \tag{3.4-14}$$

3. 总体模型

将上述目标函数与约束条件进行整理,即可得到水资源优化配置的总体模型。总体模型如下:

$$F(x) = opt[f_1(x), f_2(x), f_3(x)] \tag{3.4-15}$$

$$\begin{cases} f_1(x) = \max\left[\sum_{k=1}^{K} \sum_{j=1}^{J} \sum_{i=1}^{I} (b_{ij}^k - c_{ij}^k) x_{ij}^k q_i^k \varphi_j^k \omega_k\right] \\ f_2(x) = \min\left[\sum_{k=1}^{K} \sum_{j=1}^{J} (D_j^k - \sum_{i=1}^{I} x_{ij}^k)\right] \\ f_3(x) = \min\left(\sum_{k=1}^{K} \sum_{j=1}^{J} 0.01 d_j^k p_j^k \sum_{i=1}^{I} x_{ij}^k\right) \end{cases} \tag{3.4-16}$$

$$s.t. \begin{cases} \sum_{j=1}^{J} x_{ij}^k \leqslant W_i^k \\ L(k,j) \leqslant \sum_{i=1}^{I} x_{ij}^k \leqslant H(k,j) \\ d_j^k \leqslant d_0 \\ \sum_{k=1}^{K} \sum_{j=1}^{J} 0.01 d_j^k p_j^k \sum_{i=1}^{I} x_{ij}^k \leqslant D \\ x_{ij}^k \geqslant 0 \end{cases} \tag{3.4-17}$$

模型 Ⅱ:

区域内的水源,根据其供水范围可以划分成两类:公共水源和独立水源。所谓公共水源是指能同时向两个或两个以上的子区供水的水源(如干流过境水,上下游都要用)。独立水源是指只能给水源所在的一个子区供水的水源(如当地径流和地下水,只能为本区利用)。

为不失一般性,先假设区域水资源配置系统有 M 个公共水源、K 个子区,k 子区内有 $I(k)$ 个独立水源。以 i 水源分配到 j 用户的水量 x_{ij} 作为决策变量,则第 k 子区的决策变量为:

$$\boldsymbol{X}^{(k)} = \begin{bmatrix} x_{11}^{(k)} & x_{12}^{(k)} & & & x_{1,ob-1}^{(k)} & x_{1,ob}^{(k)} \\ x_{21}^{(k)} & x_{22}^{(k)} & \cdots & & x_{2,ob-1}^{(k)} & x_{2,ob}^{(k)} \\ \vdots & \vdots & & \ddots & \vdots & \vdots \\ x_{nk,1}^{(k)} & x_{nk,2}^{(k)} & & & x_{nk,ob-1}^{(k)} & x_{nk,ob}^{(k)} \\ & & \cdots & & & \\ x_{I(k)+M,1}^{(k)} & x_{I(k)+M,2}^{(k)} & & & x_{I(k)+M,J(k)-1}^{(k)} & x_{I(k)+M,J(k)}^{(k)} \end{bmatrix}$$

$$(3.4\text{-}18)$$

式中:$I(k)$ 为 k 子区独立水源个数;M 为区域水资源配置系统公共水源个数;$J(k)$ 为 k 子区用水部门个数(包括生活、工业、农田灌溉、林牧渔等)。由此可得,整个区域水资源配置系统的决策变量为

$$\boldsymbol{X} = \begin{bmatrix} X^{(1)} & \cdots & 0 \\ \vdots & \ddots & \vdots \\ 0 & \cdots & X^{(K)} \end{bmatrix} \tag{3.4-19}$$

水资源优化配置模型同一般模型一样,应由目标函数和约束条件组成。一般形式如下:

$$Z = \max[F(\boldsymbol{X})] \tag{3.4-20}$$

$$G(\boldsymbol{X}) \leqslant 0 \tag{3.4-21}$$

$$\boldsymbol{X} \geqslant 0 \tag{3.4-22}$$

式中:$\boldsymbol{X}$ 为决策向量;$F(\boldsymbol{X})$ 为综合效益函数;$G(\boldsymbol{X})$ 为约束条件集。建立上述模型的关键是要确定综合效益函数和约束条件。

1. 目标函数

实施水资源优化配置的最终目标是促进区域的持续发展和社会进步。该目标的主要衡量指标有:①区域内经济、环境和社会的协调发展;②近期与远期的协调发展;③不同区域之间的协调发展;④发展效益与资源利用效益在社会各阶层中的公平分配。这是一个多目标决策问题。所以本模型将以区域可持续发展思想为指导,以区域水资源综合利用效益极大化作为总系统的目标函数。其数

学表达式如下:

目标1(经济效益):以区域供水带来的直接经济效益最大来表示。

$$\max f_1(x) = \max\left\{\sum_{k=1}^{K}\sum_{j=1}^{J(k)}\left[\sum_{i=1}^{I(k)}(b_{ij}^k - c_{ij}^k)x_{ij}^k\alpha_i^k + \sum_{c=1}^{M}(b_{cj}^k - c_{cj}^k)x_{cj}^k\alpha_c^k\right]\lambda_j^k\beta_k\right\}$$

(3.4-23)

式中:x_{ij}^k、x_{cj}^k分别为独立水源i、公共水源c向k子区j用户供水的供水量,万 m³;b_{ij}^k、b_{cj}^k分别为独立水源i、公共水源c向k子区j用户供水的单位供水量的效益系数,元/ m³;c_{ij}^k、c_{cj}^k分别为独立水源i、公共水源c向k子区j用户供水的费用系数,元/ m³;α_i^k、α_c^k分别为k子区独立水源i、公共水源c的供水次序系数;λ_j^k为k子区j用户的用户公平系数;β_k为第k子区的权重系数。

供水次序系数,是由于各种水源的蓄水性能不同而确定的供水的先后顺序系数;用户公平系数则是由于用水部门的用水特性不同而确定的用水的先后顺序系数;子区权重系数,是由于子区的影响程度不同而确定的重要性系数。

目标2(社会效益):由于社会效益不容易度量,而区域缺水量的大小或缺水程度影响到社会的发展和安定,故采用区域总缺水量最小来间接反映社会效益。

$$\max f_2(x) = -\min\left\{\sum_{k=1}^{K}\sum_{j=1}^{J(k)}\left[D_j^k - \left(\sum_{i=1}^{I(k)}x_{ij}^k + \sum_{c=1}^{M}x_{cj}^k\right)\right]\right\}$$ (3.4-24)

式中:D_j^k为k子区j用户的需水量,万 m³;x_{ij}^k、x_{cj}^k分别为独立水源i、公共水源c向k子区j用户供水的供水量,万 m³。

目标3(环境效益):与水资源利用直接有关的环境问题,可以用废污水排放量来衡量,这里选用重要污染物的排放量最小表示环境效益。

$$\max f_3(x) = -\min\left\{\sum_{k=1}^{K}\sum_{j=1}^{J(k)}0.01d_j^kp_j^k\left(\sum_{i=1}^{I(k)}x_{ij}^k + \sum_{c=1}^{M}x_{cj}^k\right)\right\}$$ (3.4-25)

式中:d_j^k为k子区j用户单位废水排放量中重要污染因子的含量,mg/L,一般可用生化需氧量 BOD、化学需氧量 COD 等水质指标来表示;p_j^k为k子区j用户污水排放系数。

2. 约束条件

模型的约束条件,一方面,可以从水资源配置系统的各个环节分别进行分析;另一方面,可以从社会、经济、水资源、生态环境的协调方面进行分析。

(1) 供水系统的供水能力(水源的可供水量)约束

公共水源：
$$\begin{cases} \sum_{j=1}^{J(k)} x_{cj}^k \leqslant W_c^k \\ \sum_{k=1}^{K} W_c^k \leqslant W_c \end{cases}$$
(3.4-26)

独立水源：
$$\sum_{j=1}^{J(k)} x_{ij}^k \leqslant W_i^k$$
(3.4-27)

式中：x_{ij}^k、x_{cj}^k 分别为独立水源 i、公共水源 c 向 k 子区 j 用户供水的供水量，万 m³；W_c^k 为公共水源 c 分配给 k 子区的水量，万 m³；W_c、W_i^k 分别为公共水源 c 及 k 子区独立水源 i 的可供水量，万 m³。

(2) 输水系统的输水能力约束

公共水源：
$$W_c^k \leqslant Q_c^k$$
(3.4-28)

独立水源：
$$x_{ij}^k \leqslant Q_i^k$$
(3.4-29)

式中：Q_c^k、Q_i^k 分别为 k 子区公共水源 c、独立水源 i 的最大输水能力。

(3) 用水系统的供需变化(用户的需水能力)约束

$$D_{j\min}^k \leqslant \sum_{i=1}^{I(k)} x_{ij}^k + \sum_{c=1}^{M} x_{cj}^k \leqslant D_{j\max}^k$$
(3.4-30)

式中：$D_{j\min}^k$、$D_{j\max}^k$ 分别为 k 子区 j 用户需水量变化的下限和上限。

(4) 排水系统的水质约束

达标排放：
$$c_{kj}^r \leqslant c_0^r$$
(3.4-31)

式中：c_{kj}^r 为 k 子区 j 用户排放污染物 r 的浓度；c_0^r 为污染物 r 达标排放规定的浓度。

(5) 区域协调发展约束

根据可持续发展原则,区域内的社会、经济、资源、环境应协调、持续发展,区域水资源优化配置应该是协调型配置。故区域的社会经济发展应该在资源和环境所允许的限度之内,其发展速度和规模应与水资源、环境的承载能力相适应。本模型中使用"区域协调发展指数"来度量资源与经济、经济与环境的协调程度。同时,认为区域协调发展程度应有最低要求,即

$$\mu = \sqrt{\mu_{B1}(\sigma_1) \cdot \mu_{B2}(\sigma_2)} \geqslant \mu^*$$
(3.4-32)

式中：μ、μ^* 分别为区域协调发展指数及其最低值；$\mu_{B1}(\sigma_1)$、$\mu_{B2}(\sigma_2)$ 分别为

水资源利用与区域经济发展的协调度、经济发展与水环境质量改善的协调度。

（6）变量非负约束

$$x_{ij}^k \geqslant 0, x_{cj}^k \geqslant 0 \qquad (3.4\text{-}33)$$

（7）其他约束条件

针对具体情况，可能还需要增加其他一些约束条件。例如，投资约束、风险约束、湖泊最低水位约束、地下水最低水位约束等。由目标函数和约束条件组合在一起就构成了水资源优化配置模型。该模型是一个十分复杂的多目标多水源多用户的优化模型。

$$obj. \ F(x) = opt\big[f_1(x), f_2(x), f_3(x)\big] \qquad (3.4\text{-}34)$$

$$f_1(x) = \max\Big\{ \sum_{k=1}^{K} \sum_{j=1}^{J(k)} \Big[\sum_{i=1}^{I(k)} (b_{ij}^k - c_{ij}^k) x_{ij}^k \alpha_i^k + \sum_{c=1}^{M} (b_{cj}^k - c_{cj}^k) x_{cj}^k \alpha_c^k \Big] \lambda_j^k \beta_k \Big\}$$

$$f_2(x) = \max - \Big\{ \sum_{k=1}^{K} \sum_{j=1}^{J(k)} \Big[D_j^k - \Big(\sum_{i=1}^{I(k)} x_{ij}^k + \sum_{c=1}^{M} x_{cj}^k \Big) \Big] \Big\}$$

$$f_3(x) = \max - \Big\{ \sum_{k=1}^{K} \sum_{j=1}^{J(k)} 0.01 d_j^k p_j^k \Big(\sum_{i=1}^{I(k)} x_{ij}^k + \sum_{c=1}^{M} x_{cj}^k \Big) \Big\}$$

$$(3.4\text{-}35)$$

$$s.t. \begin{cases} \sum_{j=1}^{J(k)} x_{cj}^k \leqslant W_c^k \\ \sum_{k=1}^{K} W_c^k \leqslant W_c \\ \sum_{j=1}^{J(k)} x_{ij}^k \leqslant W_i^k \\ W_c^k \leqslant Q_c^k \\ x_{ij}^k \leqslant Q_i^k \\ D_{j\min}^k \leqslant \sum_{i=1}^{I(k)} x_{ij}^k + \sum_{c=1}^{M} x_{cj}^k \leqslant D_{j\max}^k \\ c_{kj}' \leqslant c_0' \\ \mu = \sqrt{\mu_{B1}(\sigma_1)\mu_{B2}(\sigma_2)} \geqslant \mu^* \\ x_{ij}^k, x_{cj}^k \geqslant 0 \end{cases} \qquad (3.4\text{-}36)$$

可见，该水资源优化配置模型是一个规模庞大、结构复杂、影响因素众多的大系统。具有以下特点：①多目标。模型中设置了社会、经济、环境三方面综合效益最大的三个目标,经济目标是求极大值,环境和社会目标是求极小值。各目标之间的权益是相互矛盾、相互竞争的。②大系统多关联。模型中存在多子区、多水源、多用户、多维决策变量,不仅模型规模比较大,而且多关联、多约束。③非线性。如模型中的协调发展约束为非线性。

该模型具有以下功能:①在既定水资源分配系统和社会经济系统的条件下,能实现区域的社会、经济、环境综合效益最大,并可得到相应的水资源分配方案。②可以得到区域规划水平年的重要污染物排放量,从而可与环境保护规划中提出的污染物排放控制目标进行对比分析,为环境保护提供决策依据。③可以得到整个区域、各个子区及各用户的缺水程度,通过供需水平衡分析,结合区域的具体情况,提出解决区域供需水矛盾的途径与措施。

在上述模型目标和约束条件的表达式中涉及一些参数,下面讨论部分参数的确定方法。

1. 水源供水次序系数 α_i^k、用户公平系数 λ_j^k

供水次序系数 α_i^k 反映 k 子区 i 水源相对于其他水源供水的优先程度。例如多水源联合供水,假设对 k 子区供水的各水源的供水次序为:①当地地表水源;②过境地表水源;③地下水。现将各水源的优先程度转化成[0,1]区间上的系数,即供水次序系数。以 n_i^k 表示 k 子区 i 水源供水次序的序号, $n_{\max}^k$ 为 k 子区水源供水序号的最大值, α_i^k 可参考下式确定:

$$\alpha_i^k = \frac{1 + n_{\max}^k - n_i^k}{\sum_{i=1}^{I(k)} (1 + n_{\max}^k - n_i^k)} \qquad (3.4\text{-}37)$$

例如用上式确定第一个供水水源——当地地表径流的供水次序系数 $\alpha_i^k = 0.5$。

用户公平系数 λ_j^k 表示 k 子区内的 j 用户相对于其他用户得到供水的优先程度。λ_j^k 与 α_i^k 很相似,与用户优先得到供水的次序有关。首先根据用户的性质和重要性,确定用户得到供水的次序,然后可参照 α_i^k 的计算公式确定用户公平系数 λ_j^k。

2. 效益系数、费用系数

效益系数:

(1)工业用水的效益系数采用工业总产值分摊方法计算,计算公式如下:

$$b = \beta \times \frac{1}{W} \qquad (3.4\text{-}38)$$

式中:b 指工业用水效益系数;β 指工业用水效益分摊系数,不同的取水水源,其分摊系数不同；W 指工业万元产值取水量，$m^3/$万元。

（2）农业灌溉用水效益系数按灌溉后的农业增产效益乘以水利分摊系数确定。

（3）居民生活、环境及公共设施用水的效益是间接而复杂的，不仅有经济方面的因素，而且有社会效益存在，因而其效益系数比较难以确定。根据居民生活、环境用水优先满足的配置原则，在计算中赋以较大的权值，用以表示其效益系数。

费用系数：不同水源供水于不同用户的费用系数，可参考其水费征收标准确定。对于有资料的水源工程，根据资料计算确定；缺乏资料时，可参考邻近地区同类水源工程选取。

3. 区域协调发展指数

在上述约束条件之一——区域协调发展约束中，使用了"区域协调发展指数"这一概念来度量区域内社会、经济、资源、环境的协调发展程度。它包括水资源利用与区域经济发展的协调、经济发展与水环境质量改善的协调两方面。协调程度是一个模糊概念，故这里用模糊数学中的隶属函数表示这两方面的协调度。

以 B_1 为水资源利用与区域经济发展相协调的模糊子集，隶属函数 $\mu_{B1}(\sigma_1)$ 为水资源与区域经济发展的"协调度"。由于各部门的需水量在一定程度上间接反映了经济的发展程度，所以，水资源利用与经济发展的比值 σ_1 在此处可看作是所有用水部门的供水量之和与需水量之和的比。区域水资源利用与经济发展的比值 σ_1 取为各子区比值的加权和。

子区：
$$\sigma_1^k = \frac{\sum_{j=1}^{J(k)}\left(\sum_{i=1}^{I(k)} x_{ij}^k + \sum_{c=1}^{M} x_{cj}^k\right)}{\sum_{j=1}^{J(k)} D_j^k} \qquad (3.4\text{-}39)$$

全区：
$$\sigma_1 = \sum_{k=1}^{K} \beta_k \sigma_1^k \qquad (3.4\text{-}40)$$

取隶属度函数：
$$\mu_{B1}(\sigma_1) = \begin{cases} 1.0, & \sigma_1 \geqslant \sigma_1^* \\ \exp[-4(\sigma_1 - \sigma_1^*)^2], & \sigma_1 < \sigma_1^* \end{cases} \qquad (3.4\text{-}41)$$

式中：σ_1^k、σ_1 分别为 k 子区以及整个区域的水资源利用与经济发展的比值（供需水量比值）；σ_1^* 为区域水资源利用与经济发展的最佳比值，视具体情况确定。

同理，以 B_2 为水资源利用与区域经济发展相协调的模糊子集，隶属函数

$\mu_{B2}(\sigma_2)$ 为水资源与区域经济发展的"协调度"。

$$\text{子区：} \qquad \sigma_2^k = \frac{\dfrac{E^k}{E_0^k}}{\dfrac{f^k}{f_0^k}} \tag{3.4-42}$$

$$\text{全区：} \qquad \sigma_2 = \sum_{k=1}^{K} \beta_k \sigma_2^k \tag{3.4-43}$$

$$\text{隶属度函数：} \qquad \mu_{B2}(\sigma_2) = \exp[-4(\sigma_2 - \sigma_2^{\,*})^2] \tag{3.4-44}$$

式中：$\sigma_2^{\,*}$ 为区域经济发展与环境改善程度的最佳比值，视具体情况确定；E_0^k、E^k 分别为基准年和规划水平年 k 子区的经济学指标（人均 GDP、人均纯收入等）；f_0^k、f^k 分别为基准年和规划水平年 k 子区的重要污染物排放量（即模型目标 3）。

表示"协调度"的隶属函数 $\mu_{B1}(\sigma_1)$ 和 $\mu_{B2}(\sigma_2)$，采用的是指数函数；协调程度是个模糊的概念，不同的人对同一模糊概念的理解不同，会给出不同的隶属函数，故也可以根据情况选用模糊统计法、德尔菲法、极值统计法等计算。

最后，将上述水资源利用与区域经济发展、经济发展与水环境质量改善这两方面的协调度聚合在一起，构成所说的"区域协调发展指数" μ：

$$\mu = \mu_{B1}(\sigma_1)^{\gamma 1} \cdot \mu_{B2}(\sigma_2)^{\gamma 2} \tag{3.4-45}$$

式中：$\gamma 1$、$\gamma 2$ 分别是给定 $\mu_{B1}(\sigma_1)$ 和 $\mu_{B2}(\sigma_2)$ 的一个指数权重。根据其重要程度，给 $\gamma 1$、$\gamma 2$ 赋值，通常可取为 $\gamma 1 = \gamma 2 = 0.5$。即

$$\mu = \sqrt{\mu_{B1}(\sigma_1) \cdot \mu_{B2}(\sigma_2)} \tag{3.4-46}$$

4. 权重系数

子区权重系数 w_k 表示 k 子区对整个区域而言的重要性程度。目标权重系数 λ_p 表示第 p 个目标对其他目标而言的重要性程度。w_k、λ_p 可用层次分析法（AHP）或德尔菲法等方法确定。

模型Ⅲ：

基于协同论的水资源配置模型主要包括数据前处理模块、水资源供需分析模块、水资源协同配置模块与协调度分析模块。其中，前处理模块主要包括水库节点参数设定、渠道河段参数设定以及配置网络的调度运行规则等；水资源供需分析模块主要包括水资源需求分析和供水方案分析两部分，其中，水资源需求分析包括社会经济需水、生态环境需水以及需水预测结果与社会经济发展的匹配

度分析三部分,供水方案分析包括地表水可供水量、地下水可供水量、外调水可供水量及再生水可供水量分析四部分;水资源协同配置模块主要包括目标函数构建、平衡方程及其他约束条件等;协调度分析模块主要对生成的配置方案进行协调度计算分析,主要包括序参量阈值的确定、子系统有序度计算和配置方案的协调度计算。通过四大模块的综合运行,为流域水资源配置推选出协同性最高的水资源配置方案。

数据前处理模块,是模型数据库生成和配置网络拓扑关系构建的载体,主要包括四部分内容:

第一步,对研究区计算单元进行划分,包括水资源区划分和行政区划分,最终以水资源分区套行政分区的区划结果作为基本计算单元。

第二步,设置配置网络调度运行规则,即搭建具有物理意义的水力传输关系及水循环转换关系,成为整个模型的合理运行的基础保障。

第三步,输入研究区河道(包括供水渠道、排水渠道、提水渠道和外调水渠道等)、水利工程(包括水库、重要工程节点等)参数,包括渠道过流能力、水库库容及蒸发渗漏参数等。

第四步,输入计算单元和水利工程基本信息。计算单元基本信息包括本地径流系列、污水处理参数及地下水供水参数等;水利工程基本信息包括水库、工程节点的来水系列和节点分水比例等。

水资源需求分析:主要遵循发展三重性原理。以主体功能区规划、城市总规、国民经济和社会发展规划为依据,并结合所处的流域位置、发展现状及发展战略等,在充分考虑水资源禀赋条件、产业结构调整、节水和治污、生态环境保护等诸方面前提下,基于水资源、水环境承载能力和"以水定城、以水定地、以水定人、以水定产"的原则,对社会经济指标、产业结构和用水效率指标进行合理预测,生成基于协同论的需水方案。设置需水方案参数,输入计算单元长系列需水过程。

供水方案分析:主要遵循系统综合效应原理。根据区域水源条件及需水结构,对现有及规划实施的供水工程及供水水源进行优化组合,分析不同供水情景下地表水、地下水、外调水及再生水可供水量,为优化配置模块的可供水量约束提供依据。

水资源协同配置模块:主要遵循效益层级服从原理,构建水资源配置的综合效益目标函数和约束条件,生成水资源协同配置方案。具体如下:

1. 目标函数

基于协同论的水资源配置总体目标是要在保证生态、经济和社会子系统协同发展的前提下,使水资源配置的综合效益达到最优。根据系统综合效应原理,

若要使水资源配置的综合效益最大化,就应保证各子系统的分项效益达成最优组合。各个子系统的效益目标函数如下:

(1)社会效益目标

社会效益主要体现在对供水区域社会人口、经济发展需求的满足程度和供水安全保障程度,对于不同配置单元,根据其水源条件、产业结构,采用多水源分行业协同供水,根据其水源条件和不同产业对水源的要求,赋予合理的供水权重系数,使供水安全保障程度达到最优。以 F_1 作为供水总量目标函数,f_C、f_I、f_A、f_E、f_R 分别作为城镇生活、工业、农业、生态和农村生活供水量目标函数。

$$F_1 = \max(f_C + f_I + f_A + f_E + f_R) \tag{3.4-47}$$

其中,

$$f_C = \sum_{i=1}^m \alpha_i^C \times \sum_{j=1}^n (\alpha_j^{\text{sur}-C} \times XZSC_{ij} + \alpha_j^{\text{gra}-C} \times XZGC_{ij} + \alpha_j^{\text{sfl}-C} \times XZSFC_{ij} + \alpha_j^{\text{div}-C}$$
$$\times XZDC_{ij}) \tag{3.4-48}$$

$$f_I = \sum_{i=1}^m \alpha_i^I \times \sum_{j=1}^n (\alpha_j^{\text{sur}-I} \times XZSI_{ij} + \alpha_j^{\text{gra}-I} \times XZGI_{ij} + \alpha_j^{\text{sfl}-I} \times XZSFI_{ij} + \alpha_j^{\text{div}-I}$$
$$\times XZDI_{ij} + \alpha_j^{\text{rec}-I} \times XZTI_{ij}) \tag{3.4-49}$$

$$f_A = \sum_{i=1}^m \alpha_i^A \times \sum_{j=1}^n (\alpha_j^{\text{sur}-A} \times XZSA_{ij} + \alpha_j^{\text{gra}-A} \times XZGA_{ij} + \alpha_j^{\text{sfl}-A} \times XZSFA_{ij}$$
$$+ \alpha_j^{\text{div}-A} \times XZDA_{ij} + \alpha_j^{\text{rec}-A} \times XZTA_{ij}) \tag{3.4-50}$$

$$f_E = \sum_{i=1}^m \alpha_i^E \times \sum_{j=1}^n (\alpha_j^{\text{sur}-E} \times XZSE_{ij} + \alpha_j^{\text{gra}-E} \times XZGE_{ij} + \alpha_j^{\text{sfl}-E} \times XZSFE_{ij}$$
$$+ \alpha_j^{\text{div}-E} \times XZDE_{ij} + \alpha_j^{\text{rec}-E} \times XZTE_{ij}) \tag{3.4-51}$$

$$f_R = \sum_{i=1}^m \alpha_i^R \times \sum_{j=1}^n (\alpha_j^{\text{sur}-R} \times XZSR_{ij} + \alpha_j^{\text{gra}-R} \times XZGR_{ij} + \alpha_j^{\text{sfl}-R} \times XZSFR_{ij}$$
$$+ \alpha_j^{\text{div}-R} \times XZDR_{ij}) \tag{3.4-52}$$

式中:α_i^C、α_i^I、α_i^A、α_i^E、α_i^R 分别为第 i 个水源地区域给城镇生活、工业、农业、生态及农村生活的供水权重;$\alpha_j^{\text{sur}-C(I,A,E,R)}$、$\alpha_j^{\text{gra}-C(I,A,E,R)}$、$\alpha_j^{\text{sfl}-C(I,A,E,R)}$、$\alpha_j^{\text{div}-C(I,A,E,R)}$ 分别为河流地表水、地下水、概化到计算单元的地表水和外调水为第 j 个计算单元的城镇生活(工业、农业、生态、农村生活)供水的权重系数;$\alpha_j^{\text{rec}-I(A,E)}$ 为回用水为第 j 个计算单元的工业(农业、生态)供水的权重系数;$XZSC$ 为河流地表水供城镇生活水量;$XZGC$ 为地下水供城镇生活水量;$XZSFC$ 为当地可利用水供城镇生活水量;$XZDC$ 为外调水供城镇生活水量;

$XZSI$ 为河流地表水供工业水量；$XZGI$ 为地下水供工业水量；$XZSFI$ 为当地可利用水供工业水量；$XZDI$ 为外调水供工业水量；$XZTI$ 为再生回用水供工业水量；$XZSA$ 为河流地表水供农业水量；$XZGA$ 为地下水供农业水量；$XZSFA$ 为当地可利用水供农业水量；$XZDA$ 为外调水供农业水量；$XZTA$ 为再生回用水供农业水量；$XZSE$ 为河流地表水供生态水量；$XZGE$ 为地下水供生态水量；$XZSFE$ 为当地可利用水供生态水量；$XZDE$ 为外调水供生态水量；$XZTE$ 为再生回用水供生态水量；$XZSR$ 为河流地表水供农村生活水量；$XZGR$ 为地下水供农村生活水量；$XZSFR$ 为当地可利用水供农村生活水量；$XZDR$ 为外调水供农村生活水量；i 为水源地区域序号；j 为计算单元序号。

（2）经济效益目标

经济效益采用缺水量指标来体现，对于不同行业来说，其供水缺口越小，就说明供水的经济效益越好。根据不同配置单元的产业结构及行业用水需求，对不同行业缺水量赋予相应的权重系数，使区域缺水量达到最小，经济效益达到最优，从而使各个配置单元在满足各自特色产业发展需求的同时，实现整个区域经济的协同发展。以 F_2 作为缺水总量目标函数，表达式如下：

$$F_2 = \min \sum_{j=1}^{n} (\beta_j^{C} \times XZMC_j + \beta_j^{I} \times XZMI_j + \beta_j^{A} \times XZMA_j + \beta_j^{E} \times XZME_j + \beta_j^{R} \times XZMR_j) \tag{3.4-53}$$

式中：β_j^{C}、β_j^{I}、β_j^{A}、β_j^{E}、β_j^{R} 分别为第 j 个计算单元的城镇生活缺水量、工业缺水量、农业缺水量、生态缺水量和农村生活缺水量的权重系数；$XZMC$ 为城镇生活缺水量；$XZMI$ 为工业缺水量；$XZMA$ 为农业缺水量；$XZME$ 为城镇生态缺水量；$XZMR$ 为农村生活缺水量；j 为计算单元序号。

（3）生态环境效益目标

生态环境效益主要从河道外生态环境和河道内生态供需水量两个方面来考虑。主要从回用水供水量最大化和城镇生态环境缺水量最小化两个方面综合考虑，使河道外生态环境效益达到最大；以时段内河道供水量和河道生态需水量的比值最大为目标，使河道内生态环境效益达到最大。以 F_3 作为生态效益目标函数，f_1、f_2 分别作为河道外生态效益和河道内生态效益目标函数。

$$F_3 = \max(f_1 + f_2) \tag{3.4-54}$$

其中，

$$f_1 = \max \sum_{j=1}^{n} (\gamma_j^{rec} \times XZTR_j - \gamma_j^{E} \times XZME_j) \tag{3.4-55}$$

$$f_2 = \max \sum_{x=1}^{k} \left[\frac{S_x(t)}{D_x(t)} \right] \tag{3.4-56}$$

式中：γ_j^{rec}、γ_j^E 分别为第 j 个计算单元的回用水供水量权重系数和生态环境缺水量权重系数；$S_x(t)$ 为第 x 个河段在 t 时段的河道供水量；$D_x(t)$ 为第 x 个河段在 t 时段的河道生态需水量；$XZTR$ 为污水处理回用水量；$XZME$ 为城镇生态缺水量；j 为计算单元序号；x 为河段序号；t 为时段序号。

（4）总体效益目标

根据供水效益层级服从原理，对于不同配置单元，全面考虑其水资源及生态环境承载能力，对不同子系统的供水效益目标赋予合理的权重系数，使其水资源配置的综合效益目标达到最优。

$$F = \mu_1 F_1 + \mu_2 F_2 + \mu_3 F_3 \tag{3.4-57}$$

式中：μ_1、μ_2、μ_3 分别为社会目标、经济目标和生态环境目标的权重参数。

2. 约束条件

约束条件主要从可供水量约束、经济效益约束和生态效益约束等方面构建。其中，可供水量约束主要包括计算单元当地可利用供水约束、计算单元地下水供水约束、计算单元外调水供水约束和计算单元再生水供水约束；经济效益约束主要包括工业单方水效益约束和 GDP 单方水效益约束；生态效益约束主要包括计算单元污水回用约束和河道生态约束等；此外，还有水库库容约束、河道渠道过流能力约束和计算单元河网槽蓄约束等。具体约束条件表达式如下。

（1）可供水量约束

计算单元当地可利用水供水约束方程：

$$XZSFC_{tm}^j + XZSFI_{tm}^j + XZSFA_{tm}^j + XZSFE_{tm}^j + XZSFR_{tm}^j \leqslant$$
$$PWSFC_{tm}^j \cdot PWSF_{tm}^j \tag{3.4-58}$$

计算单元地下水供水约束方程：

$$XZGC_{tm}^j + XZSFI_{tm}^j + XZSFA_{tm}^j + XZSFE_{tm}^j + XZSFR_{tm}^j \leqslant$$
$$PWSFC_{tm}^j \cdot PWSF_{tm}^j \tag{3.4-59}$$

计算单元外调水供水约束方程：

$$XCDRC_{tm}^j + XCDRI_{tm}^j + XCDRA_{tm}^j + XCDRE_{tm}^j + XCDRR_{tm}^j \leqslant PQD_{tm}^j \tag{3.4-60}$$

计算单元再生水供水约束方程：

$$XZTI_{tm}^j + XZTA_{tm}^j + XZTE_{tm}^j \leqslant PQT_{tm}^j \tag{3.4-61}$$

式中：$XZSFC$ 为当地可利用水供城镇生活水量；$XZSFI$ 为当地可利用水供工业水量；$XZSFA$ 为当地可利用水供农业水量；$XZSFE$ 为当地可利用水供生态水量；$XZSFR$ 为当地可利用水供农村生活水量；$PWSFC$ 为计算单元未控径流系数；$PWSF$ 为计算单元未控径流；$XZGC$ 为地下水供城镇生活水量；$XCDRC$ 为外调水渠道供城镇生活水量；$XCDRI$ 为外调水渠道供工业水量；$XCDRA$ 为外调水渠道供农业水量；$XCDRE$ 为外调水渠道供生态水量；$XCDRR$ 为外调水渠道供农村生活水量；PQD 为外调水可供水量；$XZTI$ 为再生回用水供工业水量；$XZTA$ 为再生回用水供农业水量；$XZTE$ 为再生回用水供生态水量；PQT 为再生水可供水量；j 为计算单元序号；tm 为计算时段、月份序号。

（2）经济效益约束

$$\begin{cases} \sum\limits_{j=1}^{n} I^j \geqslant I_s \\ \sum\limits_{j=1}^{n} G^j \geqslant G_s \end{cases} \tag{3.4-62}$$

式中：I^j 和 G^j 分别为第 j 个计算单元的工业和 GDP 的单方水效益值；I_s 和 G_s 分别为规划实现的工业和 GDP 的单方水效益目标。

（3）生态效益约束

计算单元污水回用约束方程：

$$\sum_{j=1}^{n} XZTR_{tm}^{j} \leqslant \lambda^j \cdot XQTS_{tm}^{j} \tag{3.4-63}$$

式中：$XQTS_{tm}^{j}$ 为第 j 个计算单元的污水处理量；λ^j 为第 j 个计算单元的规划再生水回用率，且

$$XZTR_{tm}^{j} = (PZWC_{tm}^{j} + XZMC_{tm}^{j}) \cdot PCSCC_{tm}^{j} \cdot PZTCD_{tm}^{j} \cdot PZTCT_{tm}^{j} \cdot PZTCR_{tm}^{j} + (PZWI_{tm}^{j} - XZMI_{tm}^{j}) \cdot PCSCI_{tm}^{j} \cdot PZTID_{tm}^{j} \cdot PZTIT_{tm}^{j} \cdot PZTIR_{tm}^{j} \tag{3.4-64}$$

河道生态约束方程：

$$XRQ_{\max}^{l} + XRQ^{l} \geqslant XRQ_{\min}^{l} \tag{3.4-65}$$

式中：$XRQ_{\max}^{l}$ 为第 l 条河流的河道最大过流能力；XRQ^{l} 为第 l 条河流的实际过流量；$XRQ_{\min}^{l}$ 为第 l 条河流的最小生态需水流量；$XZTR$ 为污水处理回用水量；$XQTS$ 为污水处理量；$PZWC$ 为城镇生活毛需水量；$XZMC$ 为城镇生活缺

水量；$PCSCC$ 为城镇生活供水有效利用系数；$PZTCD$ 为城镇生活污水排放率；$PZTCT$ 为城镇生活污水处理率；$PZTCR$ 为城镇生活污水回用率；$PZWI$ 为工业毛需水量；$XZMI$ 为工业缺水量；$PCSCI$ 为工业供水有效利用系数；$PZTID$ 为工业污水排放率；$PZTIT$ 为工业污水处理率；$PZTIR$ 为工业污水回用率；j 为计算单元序号；tm 为计算时段、月份序号。

协调度分析模块：主要对基于配置方案的社会、经济和生态子系统有序地进行分析评价，为决策者推荐协调度最优的水资源配置方案，具体方法如下。

1. 序参量的确定

（1）社会子系统序参量

社会效益主要反映为水资源供给对社会人口、经济发展需求的满足程度和供水安全保障程度，因此，以人均供水量和供水综合基尼系数作为反映社会效益的序参量。

基尼系数是一个比例值，其取值范围在 $0 \sim 1$ 之间，采用人口、GDP 和水资源量分别与用水量求得各分项的基尼系数，再计算供水综合基尼系数，来反映水资源分配与社会人口、经济发展及水资源禀赋条件的匹配程度。其计算方法如下：

$$Gini_j = 1 - \sum_{t=1}^{n}(X_i - X_{i=1})(Y_i + Y_{i=1})$$

$$Gini = \lambda_1 Gini_1 + \lambda_2 Gini_2 + \lambda_3 Gini_3$$

(3.4-66)

式中：$Gini_j$ 为各分项的基尼系数（其中 $j = 1,2,3$）；X_i 分别代表第 i 个行政区的人口、GDP 和水资源量的累计百分比；Y_i 代表第 i 个行政区的用水量累计百分比，$(X_0, Y_0) = (0,0)$；λ_1、λ_2、λ_3 分别代表各分项基尼系数对用水量分配公平性影响的权重系数，且 $\lambda_1 + \lambda_2 + \lambda_3 = 1$；根据协同论子系统同等重要律，体现三个分项条件同等重要的原则，取 $\lambda_1 = \lambda_2 = \lambda_3 = \frac{1}{3}$。

（2）经济子系统序参量

经济效益主要考虑从满足各行业发展的水资源供缺关系来体现，分别选取各行业的供水量作为经济效益的正序参量，制约区域社会经济发展的总体缺水量作为经济效益的逆序参量。

（3）生态子系统序参量

生态系统的有序度主要受污染引起的水环境问题和生态环境保护措施的影响。因此，生态效益主要考虑从削减污水入河排放量和增加生态环境供水量两个方面来体现。选用再生水利用率指标作为生态效益的一个序参量，从削减污水入河排放量的角度来体现生态效益。同时,选取生态环境供水量作为生态效益的另一序参量。

表 3.4-1 为基于水资源配置的三大子系统序参量选取。

表 3.4-1　基于水资源配置的三大子系统序参量选取

子系统名称	序参量
社会子系统	人均供水量
	供水综合基尼系数
经济子系统	供水量
	缺水量
生态子系统	再生水利用率
	生态环境供水量

2. 序参量阈值确定

序参量的阈值主要确定为各个序参量在最理想状态和最不理想状态下的临界值。对水资源子系统中的每个子系统分别选取两个序参量,根据每个序参量取值的约束条件,确定其临界阈值。

社会子系统:对于人均供水量,分别选取某省人均供水量作为其下限阈值,人均可供水量作为其上限阈值;对于供水综合基尼系数,根据基尼系数取值标准(表 3.4-2),为保证水资源配置与社会经济发展至少达到相对匹配水平,选取 0~0.4 作为其临界阈值。

表 3.4-2　基尼系数阈值取值标准

取值范围	等级划分
低于 0.2	绝对匹配
0.2—0.3	比较匹配
0.3—0.4	相对匹配
0.4—0.5	差距较大
0.5 以上	差距悬殊

3. 基于水资源配置的子系统有序度计算

子系统的有序度体现了子系统中各序参量相互作用的有序程度。子系统中的序参量分为正序参量和逆序参量。其中,正序参量是指序参量的值越大,系统有序度越高,如供水保证率、供水量、再生水利用率和生态供水量,则第 j 个子系统的第 i 个序参量 e_{ji} 的有序度 $F_j(e_{ji})$ 采用式(3.4-67a)计算;逆序参量是指序参量的值越小,系统有序度越高,如供水综合基尼系数和缺水量,则第 j 个子系

统的第 i 个序参量 e_{ji} 的有序度 $F_j(e_{ji})$ 采用式(3.4-67b)计算。

$$F_j(e_{ji}) = \frac{e_{ji} - \beta_{ji}}{\alpha_{ji} - \beta_{ji}} \qquad (3.4\text{-}67a)$$

$$F_j(e_{ji}) = \frac{\alpha_{ji} - e_{ji}}{\alpha_{ji} - \beta_{ji}} \qquad (3.4\text{-}67b)$$

式中：$\beta_{ji} \leqslant e_{ji} \leqslant \alpha_{ji}$，$\alpha_{ji}$ 和 β_{ji} 分别为第 j 个子系统第 i 个序参量的临界阈值。由式(3.4-67)可知,各序参量的取值在 $0\sim1$ 之间,且 $F_j(e_{ji})$ 的取值越大,其对第 j 个子系统有序度的贡献越大。第 j 个子系统的有序度 $F_j(e_j)$ 采用式(3.4-68)计算：

$$\begin{cases} F_j(e_{ji}) = \sum_{i=1}^{n} \lambda_i F_j(e_{ji}) \\ \lambda_i > 0 \\ \sum_{i=1}^{n} \lambda_i = 1 \end{cases} \qquad (3.4\text{-}68)$$

式中：λ_i 为第 j 个子系统的第 i 个序参量有序度对子系统有序度影响的权重系数。对于每个子系统而言,假定所选取的两个序参量同等重要,因此,λ_i 均取相同值,即对于每个子系统选取的两个序参量,其 $\lambda_1 = \lambda_2 = \dfrac{1}{2}$。

4. 水资源配置方案协调度计算

水资源子系统的协调度受社会、经济和生态三大子系统有序度的影响,其协调度的计算采用式(3.4-69)计算：

$$\begin{cases} D = \sum_{i=1}^{k} \gamma_i F_j(e_{ji}) \\ \gamma_i > 0 \\ \sum_{i=1}^{k} \gamma_i = 1 \end{cases} \qquad (3.4\text{-}69)$$

式中：γ_i 为第 j 个子系统有序度对水资源子系统协调度影响的权重系数。根据子系统同等重要原则,γ_i 均取相同值,即对于社会、经济和生态三个子系统的有序度,其权重系数 $\gamma_1 = \gamma_2 = \gamma_3 = \dfrac{1}{3}$。

第四章 | 基于水资源刚性约束的水资源优化配置

4.1 水资源刚性约束的基本概念

党的十八大以来,习近平总书记多次强调水资源刚性约束,要求坚持以水定城、以水定地、以水定人、以水定产;在黄河流域生态保护和高质量发展座谈会上,进一步指出要把水资源作为最大的刚性约束。党的十九届五中全会明确提出实施国家节水行动,建立水资源刚性约束制度。这是党中央自 2011 年提出实行最严格水资源管理制度之后,针对水资源、水生态、水环境存在的突出矛盾,结合我国水资源的新形势、新变化、新情况,再次提出的新要求。李国英部长明确提出推动新阶段水利高质量发展的实施路径,突出强调建立水资源刚性约束制度的重要性,为解决水资源刚性约束有关问题找到了切入点,为水资源刚性约束制度顶层设计提供了基本遵循。

水资源刚性约束是一个重要概念,指对水资源进行严格限制,确保人类活动在水资源的承载能力之内,以实现水资源的可持续利用。这种约束具有强制性,要求人们在经济社会发展中,必须遵循水资源的自然规律和承载能力,不得突破水资源的限制。在现代市场经济中,供需关系是决定市场运行状况的核心因素。基于水资源刚性约束的水资源优化配置是指在特定的流域或区域内,遵循公平、高效和可持续利用的原则,通过工程与非工程措施并举,对有限的不同形式的水资源进行科学合理的分配,其最终目的是实现水资源的可持续利用,保证社会经济、资源、生态环境的协调发展。

基于水资源刚性约束的水资源优化配置包括需水管理和供水管理两方面的内容。在需水方面,通过调整产业结构与生产力布局,积极发展高效节水产业,抑制需水增长势头,以适应较为不利的水资源条件。在供水方面,则注重合理开发和利用各种水资源,包括地表水、地下水、雨水、海水等,提高水资源的供给能力。基于水资源刚性约束的水资源优化配置的目标是实现水资源的可持续利用,保障经济社会的可持续发展。

4.1.1　刚性约束

4.1.1.1　提出历程

2014 年 3 月,习近平总书记在中央财经领导小组第五次会议上就保障国家水安全发表重要讲话:要加强需求管理,把水资源、水生态、水环境承载能力作为刚性约束,贯彻落实到改革发展稳定各项工作中。这是国家领导人首次提出水资源作为刚性约束的思路。

2019 年 4 月,国家发展改革委、水利部联合印发《国家节水行动方案》,提出要强化水资源指标刚性约束,并将其作为国家节水行动的总体要求之一。

2019 年 9 月,习近平总书记在黄河流域生态保护和高质量发展座谈会上提出:要坚持以水定城、以水定地、以水定人、以水定产,把水资源作为最大的刚性约束。这意味着将水资源作为确定地区发展规模的首要考虑因素,进一步明确了水资源刚性约束的要求。

2020 年 10 月,中国共产党第十九届中央委员会第五次全体会议在北京召开,全会审议通过的《中共中央关于制定国民经济和社会发展第十四个五年规划和二〇三五年远景目标的建议》中明确提出要建立水资源刚性约束制度。这意味着要求将水资源刚性约束固化为管理制度。

2021 年 3 月,《中华人民共和国国民经济和社会发展第十四个五年规划和2035 年远景目标纲要》明确提出建立水资源刚性约束制度。由此,建立水资源刚性约束制度成为当前中国水资源管理工作的主线与核心内容。

2021 年 5 月,在推进南水北调后续工程高质量发展座谈会上,习近平总书记强调:继续科学推进实施调水工程,要在全面加强节水、强化水资源刚性约束的前提下,统筹加强需求和供给管理。要建立水资源刚性约束制度,严格用水总量控制,统筹生产、生活、生态用水,大力推进农业、工业、城镇等领域节水。

2022 年 10 月,《中华人民共和国黄河保护法》颁布,其第八条明确规定"在黄河流域实行水资源刚性约束制度",首次以法律形式确立了水资源刚性约束制度。

2023 年 5 月,中共中央、国务院印发了《国家水网建设规划纲要》,明确提出强化水资源承载能力刚性约束。这是作为推动国家水网高质量发展的要求之一。

由上述内容可知,建立并实行水资源刚性约束制度不仅是推动流域治理、国家水网建设等国家战略实施的需要,也是实现人水和谐共生,推动美丽中国建设的必然要求,水资源刚性约束制度将成为未来中国水资源管理的基本制度。

4.1.1.2 刚性约束的内涵

刚性约束的内涵在于其"刚性"和"约束"两个方面。

"刚性"指的是这种约束具有不可改变或通融的特性,是一种硬性的、强制性的、无条件的限制。这种限制要求必须按照规定的方式行事,不能有所偏离或变通。在水资源领域,刚性约束意味着水资源的使用和管理必须严格遵循水资源的自然规律和承载能力,不能超越其限制。

"约束"则是指对某种行为或活动的限制,使其不超出特定的范围或界限。在水资源领域,约束表现为对水资源开发利用的限制,以确保水资源的可持续利用。这种约束通常通过制定和执行一系列的政策、法规和技术标准来实现。

综合起来,刚性约束的内涵就是强制性地限制某种行为或活动,使其严格遵循某种规定或标准,以确保资源的可持续利用和社会的可持续发展。在水资源领域,刚性约束是实现水资源保护和可持续利用的重要手段。

刚性约束制度的实施可以减少水资源的浪费,提高水资源的利用效率,并有效控制水污染,降低水资源污染程度。这有助于保障水资源的可持续利用,为全球水资源危机提供解决方案,进而促进各地的经济和社会发展。同时,刚性约束还是水资源节约集约利用的必然选择。通过建立健全初始水权分配和交易制度,强化用水总量和强度双控,可以明确各地的可用水量,明晰初始水权,并鼓励通过用水权回购、收储等方式促进用水权交易。这些措施都有助于提升水资源的节约集约利用能力。

4.1.2　水资源刚性约束的含义

4.1.2.1　水资源刚性约束的概念及约束对象

水资源的刚性约束主要体现为"以水定城、以水定地、以水定人、以水定产",以水资源承载力作为边界条件,任何用水活动都要限定在水资源承载能力范围内,约束经济社会发展布局、规模与结构。因此,建立水资源刚性约束制度的目标是约束水资源开发利用、约束水资源需求、约束用水行为,通过划定水资源承载力约束边界,扭转水资源不合理开发利用方式,提高水资源利用效率,促进水资源可持续利用,实现人口、经济与资源环境相协调。

1. 约束水资源开发利用

约束对象主要是企业、个人、地方政府等开发利用活动的主体,强调源头管控,在规划人口、城市和产业发展时要以水而定、量水而行,"有多少汤泡多少馍",以水资源的承载力核定地区经济社会发展的结构、规模。

2. 约束水资源需求

约束对象主要是行业部门等用水主体,依据可用水量确定经济社会发展的布局、结构和规模,量水而行,划定区域农业、工业、生活、河道外生态环境等水资源利用界限,纠正水资源不合理需求,引导各行业合理控制用水量。

3. 约束用水行为

约束对象是用水户和用水过程,各项取用水活动必须符合取水许可等法律法规要求,约束不规范的取用水行为。同时,强调水资源的节约集约利用,用水要符合节水标准,约束粗放用水、浪费用水的方式和行为,提高水资源利用效率。

4.1.2.2 水资源刚性约束的内涵

水资源刚性约束是指对水资源进行严格限制,确保人类活动在水资源的承载能力之内,以实现水资源的可持续利用。这个概念主要涉及水资源的需求和供给两个方面,以及如何通过科学的管理手段实现二者的协调。简单来说,就是如何在水资源的供应和需求之间找到一个平衡点,使得水资源既能够满足人类生活和经济发展的需求,又能够维护生态平衡和环境质量。

水资源刚性约束包括水量、水质以及供水、用水需求的平衡。在实践中,要充分考虑水资源的时间、空间分布以及社会、经济和生态需求,通过科学的规划和管理,实现水资源的合理配置和高效利用。为了实现水资源刚性约束,需要采取多种手段,包括加强水资源监测和评估、优化水资源配置、推广节水技术和措施、加强水资源管理和监管等。同时,还需要建立健全水资源刚性约束管理体制和机制,加强法律法规和制度建设,提高水资源管理的科学化和规范化水平。

综上,从水资源系统的观点来看,本节界定的水资源刚性约束指水资源供水系统的地表水、地下水、跨流域(区域)调水等水源或组合水源的供水序列与需水系统中不同用水部门需水序列间相互接近、相互配合的合理发展态势。

4.2 水资源刚性约束分析

水资源刚性约束分析是指对某一地区或流域的水资源供给和需求进行平衡分析,旨在实现水资源的可持续利用和社会的可持续发展。这一过程中,需要对水资源的量、质、时间和空间分布等方面进行全面评估,同时考虑人类的经济社会发展需求和生态环境保护需求。水资源刚性约束分析目的是揭示水资源供给和需求之间的平衡状况,预测未来的供需趋势,并为制定相应的管理策略提供科学依据。

4.2.1 水资源刚性约束分析的理论基础

4.2.1.1 水资源系统理论

水资源系统理论是水资源刚性约束分析的重要理论基础之一。它强调水资源的整体性、系统性和动态性,将水资源视为一个复杂的系统,由水源、输水、用水和排水等子系统组成。在水资源刚性约束分析中,需要运用系统理论的方法,对水资源的各个子系统进行全面分析和综合评价,以实现水资源的整体优化配置和可持续利用。

4.2.1.2 可持续发展理论

可持续发展理论是水资源刚性约束分析的另一个重要理论基础。它强调在满足当代人类需求的同时,不损害未来世代的需求,实现经济、社会和环境的协调发展。在水资源刚性约束分析中,需要遵循可持续发展的原则,平衡水资源的社会、经济和生态效益,确保水资源的可持续利用和社会经济的可持续发展。

4.2.1.3 生态经济学理论

生态经济学理论是水资源刚性约束分析的重要理论基础之一。它强调经济发展和生态环境保护的相互依存关系,注重经济活动对生态环境的负面影响和生态环境的经济价值。在水资源刚性约束分析中,需要运用生态经济学理论的方法,综合考虑水资源的经济价值和生态价值,寻求经济发展和生态环境保护的平衡点。

4.2.2 水资源刚性约束分析的方法

水资源刚性约束分析的方法主要包括定性分析和定量分析两种。定性分析主要依靠经验和专业知识对水资源状况进行评估和分析,而定量分析则通过数学模型和统计分析等技术手段对数据进行处理和分析,以揭示水资源供需的内在规律和趋势。水资源刚性约束分析的方法主要包括数学模型、系统分析和地理信息系统等技术手段。这些方法可以单独使用,也可以结合使用,具体使用哪种方法取决于分析的目的和数据可获得性。

4.2.2.1 定性分析方法

定性分析方法是一种主观的分析方法,主要依靠预测人员的丰富实践经验以及主观的判断和分析能力,推断出事物的性质和发展趋势。这种方法可充分发挥管理人员的经验优势和判断能力,但预测结果准确性较差。它一般是在缺乏完备、准确的历史资料的情况下,首先邀请熟悉该领域的经济业务和市场情况的专家,根据他们过去所积累的经验进行分析判断,提出初步意见,然后再通过召开调查会座谈会方式,对上述初步意见进行修正、补充,并作为预测分析的最终依据。定性分析方法主要包括以下几种方法:

1. 专家评估法

专家评估法是一种依靠专家知识和经验进行评估的方法。在水资源刚性约束分析中,专家评估法可以用于评估水资源的数量、质量、时空分布以及供需状况,识别供需矛盾和问题,提出相应的解决措施和建议。专家评估法具有灵活性和针对性强的优点,但同时也存在主观性和局限性的问题。为了提高评估的准确性和可靠性,需要选择具有丰富经验和专业知识的专家进行评估,并在评估过程中加强数据分析和信息交流。

2. 比较分析法

比较分析法是一种通过对历史和现状数据进行比较和分析的方法。在水资源刚性约束分析中,比较分析法可以用于比较历史和现状的水资源供需数据,找出供需差距和变化趋势,预测未来水资源供需状况,为制定合理的水资源管理策略提供依据。比较分析法具有简单易行、可操作性强等优点,但同时也存在数据不准确、信息不全面等问题。为了提高预测的准确性和可靠性,需要加强数据收集和整理工作,完善数据监测和统计体系。

3. 系统分析法

系统分析法是一种将研究对象作为一个整体进行分析的方法。在水资源刚性约束分析中,系统分析法可以用于研究水资源的开发、利用、保护和管理整个过程,考虑各种因素之间的相互关系和影响,建立相应的模型和指标体系,对系统的结构和功能进行评估和优化。系统分析法具有全局性、综合性、长期性等优点,但同时也存在模型复杂、计算量大等问题。为了提高评估的准确性和可靠性,需要加强模型简化、参数选择和计算精度等方面的研究工作。

4. 情景分析法

情景分析法是一种根据未来不同的发展情景进行分析的方法。在水资源刚性约束分析中,情景分析法可以根据未来不同的发展情景(如经济发展、技术进步、政策调整等),对水资源供需状况进行预测和分析,比较不同情景下的供需差距和风险,制定相应的应对措施和战略。情景分析法具有灵活性、可操作性强的优点,但同时也存在不确定性、风险性等问题。为了提高预测的准确性和可靠性,需要加强情景设定、参数选择和风险评估等方面的研究工作。

5. 空间分析法

空间分析法是一种利用地理信息系统(GIS)等技术进行空间分析和可视化表达的方法。在水资源刚性约束分析中,空间分析法可以利用GIS技术对水资源进行空间分析和可视化表达,揭示水资源空间分布和流动规律,为制定区域性水资源管理策略提供依据。空间分析法具有直观性、可操作性强的优点,但同时也存在数据处理量大、技术要求高等问题。为了提高评估的准确性和可靠性,需要加强数据处理、算法优化和技术创新等方面的工作。

4.2.2.2　定量分析方法

水资源刚性约束定量分析的方法主要包括回归分析、时间序列分析、灰色预测模型、神经网络模型、系统动力学模型等。这些方法可以对供需数据进行处理、分析和预测,以揭示其内在规律和趋势,为决策者提供科学依据。

常见的水资源刚性约束分析方法见表4.2-1。

表 4.2-1　常见的水资源刚性约束分析方法

定性分析方法	专家评估法	通过邀请专家对水资源状况进行评估和分析,综合考虑各种因素,如气候、地形、人口、经济等,对水资源的供需状况进行预测和评估
	比较分析法	通过对历史和现状数据的比较和分析,了解水资源供需状况的变化趋势和规律,预测未来的发展趋势
	系统分析法	系统分析方法来源于系统科学,其基本步骤包括:限定问题、确定目标、调查研究收集数据、提出备选方案和评价标准、备选方案评估和提出最可行方案
	情景分析法	情景分析法是一种基于情景预测的策略分析方法,通过对未来可能发生的各种情景进行评估和预测,为企业制定相应的战略和应对措施
	空间分析法	通过研究地理空间数据及其相应分析理论、方法和技术,探索、证明地理要素之间的关系,揭示地理特征和过程的内在规律和机理,实现对地理空间信息的认知、解释、预测和调控
定量分析方法	回归分析	通过对自变量和因变量之间的关系进行建模,预测因变量的未来值
	时间序列分析	对时间序列数据进行分析,以揭示其内在规律和趋势,可以对未来一段时间内的数据进行预测
	灰色预测模型	适用于小样本数据,通过灰色生成序列和灰色微分方程来预测未来的数据
	神经网络模型	一种模拟人脑神经元结构的计算模型,通过对大量数据进行学习,可以自适应地预测未来值
	系统动力学模型	通过建立系统的动态方程来描述系统的反馈结构和行为,适用于分析复杂系统的动态行为和长期趋势

4.2.3　水资源刚性约束度分析

约束度是一个用于描述系统或元素之间一致性和协同性的指标,在水资源刚性约束度分析中,约束度被用来评估供给和需求之间的平衡状态,以及这种平衡对水资源可持续利用和社会经济发展的影响。约束度的高低反映了供给和需求之间的匹配程度,即供需之间的平衡状态。如果约束度高,说明供给和需求之间的匹配良好,水资源得到了合理配置和有效利用,有利于实现水资源的可持续利用和社会经济的可持续发展;如果约束度低,说明供给和需求之间匹配程度较差,可能导致水资源短缺或浪费,不利于水资源的可持续利用和社会经济的可持续发展。

4.2.3.1　水资源刚性约束度的意义

水资源刚性约束度的意义重大且深远,它不仅关乎人类生存和经济社会的发展,也影响到生态环境保护和全球的可持续发展。水资源刚性约束度的提高有助于保障国家的水资源安全。水资源的可持续利用是国家和民族生存和发展的基础,而水资源安全是国家安全的重要组成部分。通过提高水资源刚性约束度,可以确保水资源的可持续供应,从而保障国家的经济安全和战略安全。水资源刚性约束度的提高,意味着能够在满足人类需求的同时,更好地保护生态环境。合理的水资源管理措施可以防止过度开采、污染等问题,保护水生生物的生存和水资源的可持续利用,维护生态系统的健康。水资源刚性约束度的提高,要求我们更加关注气候变化对水资源的影响,采取适应性的措施,如加强水资源管理、提高水旱灾害应对能力等,以应对气候变化带来的挑战。水资源刚性约束协调不仅涉及资源的合理配置,也与社会的公平正义密切相关。在某些地区,由于地理、经济和社会等因素的影响,水资源短缺问题可能更加突出,导致贫富差距的扩大。因此,提高水资源刚性约束度需要关注公平问题,采取措施保障所有人都能够获得基本的水资源需求。

4.2.3.2　水资源刚性约束度的评价方法

水资源刚性约束度的评价方法有多种,以下是其中一些常用的方法:

(1)指标体系法:通过构建一个包含各类指标的体系来评估水资源刚性约束度。这些指标可以包括水资源量、水质、供水保证率、需水量等。通过对这些指标进行量化和标准化处理,然后进行综合评价,得出水资源刚性约束度。

(2)综合评价法:利用多种方法对水资源刚性约束度进行综合评估。例如,可以结合水资源承载力分析、水资源管理绩效评估和水生态系统健康评估等方法，对水资源供需状况进行全面评价。

（3）层次分析法：将水资源刚性约束度的问题分解为不同的组成因素，并根据因素间的相互关联影响以及隶属关系将因素按不同层次聚集组合，形成一个多层次的分析结构模型。然后利用专家打分等方式对各层次因素进行权重赋值，最后对每个因素的权重进行归一化处理，得出水资源刚性约束度。

（4）灰色关联度分析法：通过分析水资源供需系统中各因素之间的关联程度，来评估水资源刚性约束度。这种方法可以综合考虑各种因素的影响，并且可以通过比较不同方案下的关联度，得出最优的方案。

（5）数据挖掘技术：利用数据挖掘技术对大量的历史数据进行处理和分析，挖掘出隐藏在水资源数据中的模式和规律，从而评估水资源刚性约束度。例如，可以利用聚类分析、关联规则挖掘等方法对数据进行处理和分析。

（6）数学模型法：利用数学模型对水资源数据进行模拟和分析，预测未来水资源供需趋势，评估水资源刚性约束度。常用的数学模型包括系统动力学模型、灰色预测模型等。

在实际应用中，可以根据具体情况选择适合的评价方法，也可以结合多种方法进行综合评估。

4.3　基于水资源刚性约束的区域水资源优化配置模型

4.3.1　基于水资源刚性约束的水资源优化配置概念

基于水资源刚性约束的水资源优化配置是指在流域或特定的区域范围内，遵循公平、高效、可持续利用和以人为本的原则，以水资源的可持续利用和经济社会可持续发展为目标，通过各种工程与非工程措施，以及合理抑制需求、有效增加供水、积极保护生态环境等手段和措施，对多种可利用水资源在区域间和各用水部门间进行合理调配，协调、处理水资源天然分布与生产力布局的关系，使有限的水资源实现经济、社会和生态环境综合效益最大。

基于水资源刚性约束的水资源优化配置是一个复杂的过程，涉及多个因素和多个目标。简单来说，基于水资源刚性约束的水资源优化配置就是根据各地区的水资源条件、需求和经济发展情况，通过合理的水资源配置，满足各地区的用水需求，同时实现水资源的可持续利用和区域经济的可持续发展。这个过程需要综合考虑各地区的用水需求、水资源的量与质、经济社会发展水平等因素，制定科学合理的水资源配置方案,以满足各地区的用水需求,同时促进水资源的可持续利用和区域经济的可持续发展。

4.3.2　基于水资源刚性约束的优化配置模型的基础理论

基于水资源刚性约束的水资源优化配置模型是一种通过数学建模方法,对区域内的水资源进行优化配置的工具,该模型的目标是实现水资源的合理利用和有效管理,满足各地区的用水需求,同时实现水资源的可持续利用和区域经济的可持续发展。

在水资源刚性约束的水资源优化配置模型中,需要全面调查和评价区域内的水资源状况,包括水资源的量、质、时空分布等信息,结合区域内社会经济和生态环境等方面的需求,利用系统工程的理论和方法,建立数学模型。在模型中,决策变量通常包括各地区、各行业的用水量、水资源开发利用程度等,目标函数则由经济效益目标、环境效益目标和社会效益目标等多个目标组成。同时,需要考虑水源可供水量、输水能力、用户需水量、区域协调发展等约束条件。

4.3.2.1　基于水资源刚性约束的水资源优化配置的原则

基于水资源刚性约束的水资源优化配置的目标是实现水资源的合理利用和有效管理,提高水资源的利用效率,减少水资源的浪费,保障区域内的供水安全和生态环境的改善。为实现这些目标,需要采取一系列的措施,包括加强水资源管理、推进节水型社会建设、优化水资源配置、加强水利工程建设和推进水资源循环利用等方面的工作。基于水资源刚性约束的水资源优化配置的原则主要包括:

1. 约束性

水资源刚性约束制度明确了水资源在保障经济社会发展中的支配性地位,有必要在"四水四定"水资源管控制度中体现水资源的刚性约束作用,从管控方案上体现"四水四定"对经济社会发展规模的调整和限制作用,从而不断细化当前水资源管理制度的覆盖范围和约束对象。

2. 可持续性

"四水四定"是为了解决水资源与经济社会发展之间失衡的矛盾而提出的,即解决的是可持续发展的问题。"城、地、人、产"作为"四水四定"研究的客体,既相互关联,又存在竞争关系。这就强调要在保障经济社会刚性用水需求的基础上,对不符合区域水资源实际情况及落后产业结构的用水环节进行限制,从而在统筹考虑公平、效率等方面实现水资源和经济社会发展之间的平衡。

3. 可操作性

由于我国各地区在水资源条件、自然地理条件及社会经济结构等方面存在较强的差异性,故"四水四定"方案的制定应当符合区域的现状条件。在缺水地区应注重对用水结构的优化调整,而在丰水地区则应更注重用水效率的提升,从而保障区域"四水四定"方案的可操作性。

4. 核心性

"四水四定"管控作为支撑区域水资源精细化的重要构成部分,要牢牢把握核心环节,即评价指标体系的构建和管控方案的制定要系统全面,层次明确,同时要反映用水环节的量化特征,考虑管理层面的实现方法,从落实考核和横向对比等方面保障"四水四定"管控的准确性。

除此之外水资源优化配置的原则还包括可持续利用原则、公平性原则、效率性原则、统一管理原则和市场调节原则。可持续利用原则要求水资源优化配置要遵循可持续发展的原则,确保水资源的数量和质量能够满足当前和未来世代的需求;公平性原则要求水资源优化配置要保障各地区、各行业和各群体的基本用水需求;效率性原则要求水资源优化配置要实现水资源的合理利用和有效管理,提高水资源的利用效率和经济效益;统一管理原则要求水资源优化配置要建立完善的水资源管理制度和体制机制,实现水资源的统一规划、统一调度、统一监管;市场调节原则要求水资源优化配置要发挥市场机制的作用,通过建立科学合理的水权和水价制度,引导市场主体合理利用和保护水资源。

4.3.2.2　基于水资源刚性约束的水资源优化配置模型的影响要素

在构建基于水资源刚性约束的水资源优化配置模型时,需要考虑以下几个关键因素:

(1)水资源的供给和需求:了解区域内水资源的供给和需求是进行水资源优化配置的基础。供给主要来自地表水、地下水等水源,而需求则主要来自农业、工业、生活等用水部门。

(2)水资源配置的目标:明确水资源配置的目标是实现水资源的合理利用和有效管理,满足各地区的用水需求,同时实现水资源的可持续利用和区域经济的可持续发展。

(3)水资源配置的约束条件:在构建模型时,需要考虑各种约束条件,如水资源的量与质、经济社会发展水平、生态环境保护要求等。这些约束条件会对水资源配置产生影响,需要在模型中加以考虑。

(4)水资源配置的决策变量:决策变量是模型中需要优化的变量,通常包括各地区、各行业的用水量、水资源开发利用程度等。决策变量的选择和确定需要根据实际情况进行科学合理的分析和评估。

(5) 水资源配置的模型算法:基于水资源刚性约束的区域水资源优化配置模型通常采用数学优化算法进行求解,如线性规划、非线性规划、混合整数规划等。这些算法可以在给定的约束条件下,通过迭代优化方法找到最优解。

4.3.2.3　模型的构建步骤

基于水资源刚性约束的水资源优化配置模型的建立步骤通常包括:

(1) 收集数据:收集区域内各地区、各行业的用水需求和水资源供给数据,以及相关的经济社会发展信息和生态环境保护要求等信息。

(2) 建立模型:根据收集的数据和已知的约束条件,建立基于水资源刚性约束的区域水资源优化配置模型。

(3) 模型求解:采用适当的数学优化算法对建立的模型进行求解,得到最优解。在求解过程中,需要注意选择合适的算法和参数设置,以保证求解的准确性和效率。

(4) 结果分析:对求解得到的最优解进行分析,评估各地区、各行业的用水需求和水资源供给状况,以及水资源的利用效率和经济效益等指标。根据分析结果,制定相应的水资源管理措施和政策建议。

(5) 模型更新与调整:随着区域内经济社会发展水平和用水需求的变化,需要定期更新和调整建立的模型,以适应新的情况和变化。同时,也需要不断改进数学优化算法和参数设置,以提高模型的求解精度和效率。

4.3.3　基于水资源刚性约束的区域水资源优化配置模型构建

4.3.3.1　水资源刚性约束度的计算

由于人类社会活动和水资源系统的随机性、不确定性,致使水资源的供需过程成为一个随时间变化的随机过程。在这个过程中包含许多已知、未知的因素,可以将这种供需过程的时间序列灰色化。由于灰色理论中的灰色关联度反映了序列曲线在几何形状上的相似程度,可以用来分析水资源刚性约束时间序列的协调程度。

灰关联分析方法是一种相对性的排序分析法,通过灰色关联度来分析和确定系统诸因素间的影响程度或各因素对系统主行为的贡献度。其基本原理:根据对统计序列曲线几何形状的相似程度的比较来区分系统众多因素间的差异性与接近性。序列曲线的几何形状越接近，表明之间的关联程度越大。灰关联分析法对样本量的大小没有太高的要求，分析计算量小，分析时也不需要典型分布规律，因此该方法具有广泛的实用性。灰关联分析步骤如下：

(1) 确定参考序列 x_0 和比较序列 x_i：

$$x_0 = \{x_0(1), x_0(2), \cdots, x_0(n)\}$$

$$x_i = \{x_i(1), x_i(2), \cdots, x_i(n)\}$$

式中：n 为序列样本数。

(2) 计算第 k 时刻比较序列 x_i 对参考序列 x_0 的关联系数：

$$\varphi[x_0(k) - x_i(k)] = \frac{\min\limits_{i} \min\limits_{k} |x_0(k) - x_i(k)| + \rho \cdot \max\limits_{i} \max\limits_{k} |x_0(k) - x_i(k)|}{|x_0(k) - x_i(k)| + \rho \cdot \max\limits_{i} \max\limits_{k} |x_0(k) - x_i(k)|}$$

$$\text{(4.3-1)}$$

式中：$\rho \in (0,1)$ 为分辨系数，通过设置其值，可以控制式中 $\rho \cdot \max\limits_{i} \max\limits_{k} |x_0(k) - x_i(k)|$ 对数据转化的影响。

(3) 计算 x_i 对 x_0 的关联度：

$$r(x_0, x_i) = \frac{1}{n} \sum_{k=1}^{n} \varphi[x_0(k) - x_i(k)] \tag{4.3-2}$$

与参考时间序列曲线变化态势越接近者，其关联度越大。

定义刚性约束度为反映区域水资源年内供、需协调性大小的度量。其基本的计算思路为：设 $X = (X_1, X_2, \cdots, X_n)$ 为某一水平年的供水量时间序列，该序列可以是不同水源的供水量时间序列，可以是总供水量时间序列，也可以是某一用水部门实际供水序列。设 $Y_{ij} = (Y_{i1}, Y_{i2}, Y_{i3}, \cdots, Y_{in})$ 为同一水平年的需水量时间序列，式中 n 为计算时间阶段，根据研究问题需要及资料掌握情况确定，以季为单位，则 $n=4$，以月为单位，则 $n=12$，以天为单位，则 $n=365$；i 表示不同的需水部门。据此可建立某一时间段内不同水源与不同需水部门的供需水量序列，如地表水与农业需水供需序列、地表水与工业需水供需序列、地表水与生活需水供需序列等；或者是同一部门的水资源供需时间序列。然后按上述灰关联理论计算灰色关联度，作为刚性约束度，可反映各部门供需水源与部门需水间的吻合程度。

4.3.3.2 基于水资源刚性约束优化配置的原则

进行区域水资源刚性约束优化配置，应遵循公平性、高效性、可持续利用、以人为本等原则。

1. 公平性原则

公平性是从社会学角度考虑水资源的分配,具有历史的继承性和内涵上的延续性。水是大自然的赐予,属于"公共资源",为国家所有,理应由全社会成员平等分享,同时各行业用水也有共享的权利,各种形式的水资源的利用要做到统筹考虑,相得益彰。但由于水资源在时空上的分布差异性很大,就给水资源优化配置遵循公平性原则增加了难度。水资源优化配置、开发利用应满足当代人的需要又不损害子孙后代的利益,满足一个地区或一个国家人群的需要又不损害别的地区或国家人群的利益,即优化配置的公平原则包含两层含义,一是代内的公平性,即上下游之间、左右岸之间、不同用水部门之间、社会经济与生态环境之间等的公平性;二是代际间的公平性,是指在满足当代人用水需求的同时,不能毫无节制地开发利用,要给后代人平等利用水资源的机会。为判断水资源优化配置结果是否满足公平性原则,可借用经济学中"基尼系数"概念来度量。基尼系数是意大利经济学家基尼于 1922 年提出的,是目前国际上通用的一个用来综合考察居民收入分配差异程度的重要指标。基尼系数计算公式:

$$G = \frac{1}{N} \sum_{i=1}^{N} \sum_{j=2,j>i}^{N} \left(\frac{I_i}{I} - \frac{I_j}{I} \right) \tag{4.3-3}$$

式中:G 为基尼系数;N 为全社会成员或阶层总数;I 为全社会所有成员或阶层的收入之和;I_i 和 I_j 分别为第 i 、j 个成员或阶层的收入。

式(4.3-3)的经济意义是:通过计算全社会任何两个成员(或阶层)间的收入比率之差,来考察收入分配的差异程度。基尼系数介于 0~1 之间,其值越小,表明收入分配越趋于平等;基尼系数值越大,表明收入分配越趋于不平等。

不同子区或用水部门的需水量不同,其供水量一般也不同,单纯的各子区和各用水部门的供水量的差异难以反映不同子区不同用水部门间的供需差异。本节借鉴基尼系数的含义,通过考察水资源配置结果中各子区和各用水部门供需水比值的差异,来判断水资源优化配置、开发利用的代内公平性,即配置结果的代内公平性系数在某一可以接受的范围内时,即可认为配置结果满足公平性原则。假设这个范围为 ε_1,则代入公平性的度量公式为:

$$\alpha_1 = \sum_{Z=1}^{Zone} \sum_{Z'=2,Z'>Z}^{Zone} \left(\sum_{j=1}^{BM(Z)} \sum_{j'=2,j'>j}^{BM(Z)} \frac{\left| \dfrac{S(Z,j,t)}{D(Z,j,t)} - S(Z',j',t)/D(Z',j',t) \right|}{Zone \cdot BM(Z)M(t)} \right) \leqslant \varepsilon_1$$

$$\tag{4.3-4}$$

$$M(t) = \sum_{Z=1}^{Zone} \sum_{j=1}^{BM(z)} \frac{S(Z,j,t)}{D(Z,j,t)} \tag{4.3-5}$$

式中：Z、Z'分别为第Z、Z'子区；j、j'分别为第j、j'用水部门；$Zone$为子区总数；$BM(Z)$为Z子区用水部门数（$Z=1,2,3,\cdots,Zone$）；$S(Z,j,t)$为第t年第Z子区第j用水部门的供水量；$D(Z,j,t)$为第t年第Z子区第j用水部门的需水量；$M(t)$为t年所有子区和用水部门的供水量与需水量比值之和；α_1为公平性系数，其值越小，水资源配置的公平性越好。

2. 高效性原则

高效性是水资源优化配置的目标，是从经济学考虑水资源的分配。效率指在资源技术条件和社会需求下，社会生产与消费的运行状态；寻找在整个水资源的利用过程中产生最大效率的利用方式就是水资源持续利用的高效性原则。水资源作为一种有限的资源，通过优化配置，应使水资源通过合理的机制流入效率最大的部门，体现配置的高效性原则。一是通过水资源配置工程系统提高水资源的开发效率；二是提高水资源的利用效率，使调控后的水资源得到高效利用。

3. 可持续利用原则

可持续利用原则的目的是使水资源能够永续地利用下去，也可以理解为代际间水资源分配的公平性原则。同样根据基尼系数的含义，通过水资源系统计算期内各年总供水量的差异，反映代际公平性，其度量公式为：

$$\alpha_2 = \sum_{i=1}^{n} \sum_{i'=2,i'>i}^{n} \frac{|ST(t) - ST(t')|}{n \cdot T} \leqslant \varepsilon_2 \tag{4.3-6}$$

$$T = \sum_{i=1}^{n} \sum_{Z=1}^{Zone} \sum_{j=1}^{BM(Z)} S(i,j,t) \tag{4.3-7}$$

式中：$ST(t)$为第t年的总供水量；T为n年内所有子区和用水部门的供水量之和；α_2为代际公平性系数；ε_2为公平调节系数；其他符号意义同前。

4. 以人为本原则

以人为本原则是优化配置的依据。区域水资源优化配置在生产用水、生态环境用水、生活用水间进行。一方面，随着区域经济社会的发展、生活水平的提高，对适度增加的城镇生活用水、农村生活用水应优先予以保证；另外，要在保障人民生活、促进经济发展的同时维持和改善生态环境，对生态环境用水也应优先予以保证，促进生态环境的良性循环。

5. 约束性原则

水资源刚性约束制度明确了水资源在保障经济社会发展中的支配性地位，

有必要在"四水四定"水资源管控制度中体现水资源的刚性约束作用,从管控方案上体现"四水四定"对经济社会发展规模的调整和限制作用,从而不断细化当前水资源管理制度的覆盖范围和约束对象。

上述几大原则间是相互影响、相互制约和相互促进的辩证统一关系,在水资源短缺的状况下,单纯追求其中之一都不可取。发展是区域水资源优化配置问题的核心,遵循公平、高效、可持续原则的最终目的都是围绕"发展"这一核心,追求质量又好、速度又快的发展;高效原则更多注重在资源的利用、环境的保护、经济的增长与财富的积累、物质能量的有效转化和供需均衡上,追求一种人与自然关系的融洽;公平原则和以人为本原则更注重人们基本权利的享有、财富分配的合理、社会保障体系的健全、社会组织结构的有序、社会心理的稳定等一系列目标的实现,体现出人与人关系的和谐;可持续原则强调经济发展与保护资源、保护生态环境的协调一致,是为了让子孙后代能够享有充分的资源和良好的自然环境,是纵向意义上的公平。在过去一段时间,人们为了追求片面的经济效益而偏离了公平、可持续原则,这已经给我们的发展带来不可低估的反作用,故而在今后的研究与实践中应严格遵循上述几大原则,并协调好它们之间的关系。

4.3.3.3　基于水资源刚性约束的优化配置模型的构建

1. 基于水资源刚性约束的优化配置模型的构建思路

基于水资源刚性约束的优化配置模型的内涵,是进行区域水资源系统优化配置时,以系统论为指导,将水资源系统和经济、社会、环境系统组成一个综合的、开放式的大系统,并对各系统辨识分析,揭示各系统之间或系统内各因素的影响关系和作用力度,然后建立数学模型,通过合适的求解方法寻找最优解。进行水资源配置计算,可以采用模拟方法,也可采用优化方法。所谓优化方法是指根据系统实际需要,设计一定的目标函数,使目标函数达到最大或最小,即系统达到最佳状态,这其中数学模型的建立起着十分重要的作用。

区域水资源刚性约束优化配置可按以下思路进行:

(1) 确定优化目标、可行决策方案和约束条件。优化的目标值可以是一个也可以是多个,当前常见水资源优化配置模型为多目标模型,其涵盖了经济、环境、社会等方面。可行决策方案是指水资源系统中所有的可行决策方案,如供、用水工程的确定或调配计划等。同时,也应将所有的约束条件确定,如输水能力约束、可供水量约束等。

(2) 建立配置模型。即用数学模型的形式来描述系统内各影响因素的特征以及相互影响关系和影响力度。数学模型中的决策变量应能为决策者或管理者提供全部的决策信息。在实际规划中,有些决策变量难以用数字表达,应采用特定的技术解决非结构化问题。常见的模型类型有线性规划模型、非线性规划模型、动态规划模型、多目标规划模型等。

(3)求解配置模型。即按照选择的数学方法确定模型的计算参数,选择适当的分析计算方法,得到优化解。

(4)计算结果的验证。选取可靠的实际系统记录与模型性能及输出结果进行比较,然后通过调整参数,保证模型输出结果的合理可靠。

2. 基于水资源刚性约束的区域水资源优化配置模型的构建过程

基于水资源刚性约束的区域水资源优化配置模型的构建通常包括以下步骤:确定研究区域,根据实际需求和数据可得性,确定研究区域的范围,包括各地区、各行业等;划分子区,根据区域内的水资源状况、用水需求和社会经济条件等因素,将研究区域划分为若干个子区,子区的划分需要考虑各地区的实际情况和特点,以便更好地进行水资源优化配置;确定用水部门,在每个子区内,需要确定主要的用水部门,如农业、工业、生活等,用水部门的确定需要考虑子区的特点和用水需求,以便更好地进行水资源分配和管理;设定水源和水量,根据区域内水资源的分布和特点,设定各子区的主要水源和可供水量,水资源的设定需要考虑水源的可靠性、水质等因素,以确保水资源的可持续利用和有效管理;确定目标函数和约束条件,根据区域内的社会经济和生态环境需求,设定多目标函数,如经济效益、环境效益和社会效益等。同时,需要考虑各种约束条件,如水源可供水量、输水能力、用户需水量等,以确保水资源优化配置的可行性和有效性。

1)子区划分

根据区域的地理特征、水资源条件、行政区划,一般可将区域划分为若干子区。

子区的划分应遵循以下原则:

①尽量按照流域和地形、地貌条件划分,以便计算可供水量。

②尽可能与行政分区一致,以方便资料收集整理,增加实施的可行性。

③分区要与水资源调查评价中的分区相协调,以便采用水资源评价的成果。

2)水源和用户的划分

区域的供水水源根据其供水的空间范围可划分为公共水源和专用水源。公共水源指能同时向区域内两个以上子区的用水部门供水的水源,一般包括大型的蓄、引水工程和跨流域(区域)调水工程等。专用水源指仅能为区域内一个子区的用水部门供水的水源,一般包括该子区内的蓄、引、提水工程,地下水,回用污水等。

区域的用水一般分为生产用水、生活用水和生态环境用水几大类,其中生产用水又包括工业生产用水和农业生产用水。根据区域实际,每一类也可分为若干具体的用水部门,在建模时要进一步地进行细分,以便能准确地反映水资源的供、用、排、耗关系。如工业可细分为一般工业、电力工业、高排污工业和比较典型的工业用水企业等;农业用水部门可细分为种植业、林果业等;生活用水可细分为城镇生活用水和农村生活用水等。

3) 优化配置模型的目标

水资源优化配置目标选择是否合理会直接影响配置的结果,根据科学发展观的要求,本节将经济、环境、社会系统以三大实现目标的形式纳入区域水资源优化配置中。

(1) 经济目标量化

① 目标的选取

能够反映经济效果的指标很多,常见的如产值、利润、利润率、社会总产值、国民生产总值(GNP)、国内生产总值(GDP)等。这些指标有些反映宏观经济效果,有些反映微观经济效果;有些反映经济总量,有些反映一定时期的经济增加量。对于水资源优化配置问题来说,要考察的是宏观层次的经济效果,而且从资源优化利用的角度,在追求经济总量的同时,更应该注重经济效率。国内生产总值是指一个国家或地区所有常住单位在一定时期内(通常为一年)生产活动的最终成果,即所有常住机构单位或产业部门一定时期内生产的可供最终使用的产品和劳务的价值。这一指标能够全面反映经济社会活动的总规模,是衡量一个国家或地区经济实力、评价经济形势的重要综合指标,同时它也具有经济涵盖广、综合性强和计算简便易行等特点。因而,本书选用了国内生产总值(GDP)作为区域水资源优化配置计算中反映经济效果的量化指标。

② 目标的量化

对于区域内某个子区 Z 的国内生产总值 $GDP(Z)$,其计算方法如下:

$$GDP(Z) = \sum_{j \in GDP(Z)} fgdp_j^Z(x_j^Z) \tag{4.3-8}$$

式中:$fgdp_j^Z(x_j^Z)$ 为 Z 子区 j 部门 GDP 与用水量的关系函数;$GDP(Z)$ 为 Z 子区内对 GDP 有贡献的部门的集合;x_j^Z 为系统分配给 Z 子区 j 部门的总用水量。

水资源规划与管理中常采用 GDP 和用水量之间的线性关系表示:

$$GDP(Z) = \sum_{i=1}^{GY+ZY(Z)} \sum_{j \in GDP(Z)} \left[B_j^Z \cdot \left(\sum_{k=1}^{12} x_{ijk}^Z \right) \cdot gdp_j \right] \tag{4.3-9}$$

式中：GY 为公用水源的个数；$ZY(Z)$ 为 Z 子区专用水源的个数；B_j^Z 为 Z 子区 j 部门单位水量产值系数，对工业用水部门可用万元产值用水定额的倒数推求，对农业用水部门可用灌溉定额和灌溉增产效益推求；x_{ijk}^Z 为 i 水源分配给 Z 子区 j 用水部门 k 时段的水量，$k=1,2,\cdots,12$ 代表不同规划水平年年内 12 个月份；gdp_j 为 j 部门 GDP 占产值的比例系数，可用区域经济统计资料推求。

则整个区域内的 GDP 总量为：

$$GDP = \sum_{Z=1}^{Zone} GDP(Z) \tag{4.3-10}$$

式中：$Zone$ 的意义同前。

式(4.3-10)求得的是优化配置所取得的区域内总的国内生产总值，也可以在此基础上利用供水效益分摊系数法进一步求出配置所取得的净经济效益：

$$GDP_w(Z) = \sum_{i=1}^{GY+ZY(Z)} \sum_{j \in gdp(Z)} \varphi_j \left[B_j^Z \cdot \left(\sum_{k=1}^{12} x_{ijk}^Z \right) \cdot gdp_j \right] \tag{4.3-11}$$

式中：φ_j 为 j 部门的供水效益分摊系数，一般农业部门为 0.25～0.6，工业部门为 0.08～0.12，应根据具体情况分析确定。

区域水资源优化配置产生的 GDP 越大，经济效益越好，属于正向指标。

(2) 社会目标量化

① 目标的选取

以水资源优化配置产生的社会效益作为社会目标引入配置模型。

一般来讲，一个项目或工作的社会效益主要是指它在推动科学技术进步，促进经济社会发展，提高决策科学化、技术服务及科学管理水平，保护自然资源与生态环境，改善人民物质、文化、生活及健康水平等方面所起的作用。具体到水资源优化配置问题，其配置结果所产生的社会效益同样反映在社会发展的诸多方面，合理的水资源优化配置产生的社会效益会非常显著。可以和水量建立关系，从某一方面反映社会效益的指标有很多，如生活供水保证率、社会安全饮用水比例、人均粮食产量、人均 GDP、节水灌溉技术的推广率等。

将水资源优化配置所实现的社会效益全部加以量化，目前尚没有适合的方法，而且不易集成。目前所做的水资源优化配置模型研究，大多选用代表性的指标来反映。选取指标应满足配置模型的要求，易于计算，避免重叠。水资源优化配置的目的是解决水资源的短缺和用水竞争问题，合理的配置应使水资源的缺水量最小。考虑到本书是按年内各月为时间单元进行区域水资源配置的，基于本章 4.1 节、4.2 节的论述，水资源系统水资源刚性约束性越好，系统缺水越少，因此,本书选用区域水资源年内供需总约束度作为反映社会效益的量化指标。

②目标的量化

灰关联系数 φ 给出了水资源系统每个用户供水和需水之间的协调程度,但计算出的数据较多,有必要从整体上研究系统供需水协调程度。区域年内供需总约束度计算公式为:

$$ZXTD = \sum_{Z=1}^{Zone} \sum_{j=1}^{BM(Z)} \frac{1}{12} \cdot \sum_{k=1}^{12} \left[\varphi(x_{0,j}^{Z}(k) - x_{1,j}^{Z}(k)) \right] \qquad (4.3\text{-}12)$$

式中: $x_{0,j}^{Z}(k)$ 为 Z 子区 j 部门年内 k 时刻的需水量; $x_{1,j}^{Z}(k)$ 为 Z 子区 j 部门年内 k 时刻的供水量; $ZXTD$ 为区域年内供需总约束度。其他符号意义同前。

区域年内供需总约束度也属于正向指标。根据公式(4.3-12)可知, $ZXTD$ 是介于 $0 \sim \sum_{Z=1}^{Zone} BM(Z)$ 之间的值,0 代表水资源刚性约束性最差, $\sum_{Z=1}^{Zone} BM(Z)$ 代表水资源刚性约束性最好。

(3) 环境目标量化

以区域内中重要污染物排放量最小为环境目标,属于优化配置的逆向目标。逆向目标与正向目标相互竞争、相互制约、相互促进。量化计算公式为:

$$WRW = \sum_{Z=1}^{Zone} \sum_{j=1}^{BM(Z)} \frac{1}{10} \cdot \left(\sum_{l=1}^{N} d_{jl}^{Z} \right) \cdot p_{j}^{Z} \cdot \left(\sum_{i=1}^{GY+ZY(Z)} \sum_{k=1}^{12} x_{ijk}^{Z} \right) \qquad (4.3\text{-}13)$$

式中: WRW 为区域污水排放中重要污染物的量,t/a; d_{jl}^{Z} 为 Z 子区 j 部门单位污水排放量中第 l 种重要污染物的含量,mg/L,一般可用化学耗氧量 COD、生化耗氧量 BOD、氨氮 $NH_3\text{-}N$ 浓度等水质指标来表示; p_{j}^{Z} 为 Z 子区 j 部门污水排放系数; N 为 Z 子区 j 部门污水中重要污染物的种类。其他符号意义同前。

4) 刚性约束优化配置模型约束条件

水资源优化配置的实现受到诸多因素的限制,如果配置模型的约束条件遗漏或设计不正确,将影响优化的结果。约束条件包括资源约束、目标约束和变量约束等三种类型,本书的配置模型主要有以下约束条件。

(1) 水源可供水量限制

水源可供水量限制属于资源约束条件,按公共水源和专用水源的划分,有下面的表达公式。

①公共水源:供给与其相关子区各用水部门的总水量不超过其可利用的水资源总量,即

$$\sum_{Z=1}^{Zone} \sum_{j=1}^{BM(Z)} \sum_{k=1}^{12} x_{cjk}^Z \leqslant W_c \tag{4.3-14}$$

式中：x_{cjk}^Z 为公共水源 c 向 Z 子区的 j 部门 k 时段供水的供水量，万 m^3；W_c 为公共水源 c 的可利用水资源总量，万 m^3。

②专用水源：供给 Z 子区内各部门的总水量不超过其可利用水资源量，即

$$\sum_{j=1}^{BM(Z)} \sum_{k=1}^{12} x_{sjk}^Z \leqslant W_s^Z \tag{4.3-15}$$

式中：x_{sjk}^Z 为 Z 子区的专用水源 s 向该子区 j 部门 k 时段供水的供水量，万 m^3；W_s^Z 为第 Z 子区专用水源 s 的可利用水资源量，万 m^3，各水源可利用水资源量的确定可采用区域水资源评价成果。其他符号意义同前。

（2）水源输水能力约束

指水源分配给 Z 子区 j 部门的水量不能超过该水源向此部门输水工程的最大输水能力，属于目标约束。

对于公共水源有：

$$x_{cjk}^Z \leqslant Q_{cjk}^Z \quad (k=1,2,3,\cdots,12) \tag{4.3-16}$$

对于专用水源，有：

$$x_{sjk}^Z \leqslant Q_{sjk}^Z \quad (k=1,2,3,\cdots,12) \tag{4.3-17}$$

式中：Q_{cjk}^Z 为公用水源 c 向子区 Z 的第 j 部门 k 时段供水的最大输水能力，万 m^3；Q_{sjk}^Z 为子区 Z 的专用水源 s 对该子区 j 部门 k 时段供水的最大输水能力，万 m^3。

水源向子区部门供水的最大输水能力可根据输水工程规划或水资源利用现状调查评价有关资料确定。其他符号意义同前。

（3）部门需水量上下限限制

为维持系统的正常运转，分配给各部门的水量不能低于其最小需水量，也不能超过其最大用水能力：

$$N_{j\min}^Z \leqslant \sum_{c=1}^{GY} \sum_{k=1}^{12} x_{cjk}^Z + \sum_{s=1}^{ZY(Z)} \sum_{k=1}^{12} x_{sjk}^Z \leqslant N_{j\max}^Z \tag{4.3-18}$$

式中：$N_{j\max}^Z$、$N_{j\min}^Z$ 分别为 Z 子区 j 部门的需水上限和下限，万 m^3。其中，为了保证生活用水，体现水资源优化配置的以人为本原则，生活部门的上下限相同。同时考虑到人们对生态环境用水的日益重视，生态环境部门的上下限也相同，说

明该部门需水量应优先满足。各用水部门的需水上下限,可根据经济发展规划预测的部门产值和产值与用水量的关系推求。其他符号意义同前。

（4）用水公平性约束

本章论述水资源配置的公平性原则时,借鉴经济学上基尼系数的概念,给出了公平性的量化公式,此处不再赘述。

（5）污染物排放量约束

指区域各子区重要污染物最大排放量应低于水环境有关规划控制指标:

$$\sum_{Z=1}^{Zone} \sum_{j=1}^{BM(Z)} \frac{1}{10} \cdot \left(\sum_{l=1}^{N} d_{jl}^{Z}\right) \cdot p_{j}^{Z} \cdot \left(\sum_{i=1}^{GY+ZY(Z)} \sum_{k=1}^{12} x_{ijk}^{Z}\right) \leqslant p_{0}^{Z} \qquad (4.3-19)$$

式中：p_0^Z 为规划水平年 Z 子区最大污染物允许排放量,可通过查阅有关环境保护规划资料得到。其他符号意义同前。

部门需水约束、用水代内公平性约束和污染物排放量约束也均属于目标约束。

（6）其他约束

①变量非负约束同一般优化模型一样,模型要满足决策变量非负约束,即

$$x_{cjk}^{Z} \geqslant 0, x_{sjk}^{Z} \geqslant 0, x_{ijk}^{Z} \geqslant 0 \qquad (4.3-20)$$

②不同子区域在供水、用水和排污方面的特殊要求等。

5）刚性约束优化配置总体模型

将上述的目标函数方程（4.3-11）、（4.3-12）和（4.3-13）及不同的约束条件式（4.3-14）至（4.3-20）综合在一起就构成了基于水资源刚性约束的区域水资源优化配置总体模型。

第五章 水资源优化配置评价

5.1 水资源配置效果评价

为了准确地给决策者或决策机构提供科学依据,在得到水资源优化配置方案的具体分配水量后,必须建立能评价和衡量各种方案的统一尺度,即评价指标体系。因此评价指标体系应科学、客观、尽可能全面地考虑和反映各种影响因素,包括每种方案的全部影响因素和其产生的效果以及利害关系等,这样才能明确地对各种方案进行对比和评价,从而选择总体效果最好或最满意的方案。由此可以看出,建立科学客观的评价指标体系,是水资源配置效果评价的关键。

5.1.1 指标体系的分类

从不同的研究角度出发,指标体系有不同的分类方法。例如,按照指标的基本功能,可以分为描述性指标和评价性指标;按照其表述单位的不同,可以分为实物指标和货币化指标;按照其对信息的浓缩程度不同,可分为单个指标、专题指标和系统性指标等。随着社会的进步,应用于水资源及其开发利用综合评价的指标体系的模型结构也在不断优化。目前指标体系的种类繁多,归纳起来主要有单个指标体系、模式指标体系、框架模型指标体系三类。

5.1.1.1 单个指标体系

早期通常针对区域水资源系统的某一个属性设置相应的单个指标进行水资源系统评价。用不同的指标反映不同的问题,指标之间缺乏有机的联系,没有综合的评价。这种评价的针对性强,反映问题的特异性好,缺点是反映不出问题的相关性,缺乏对问题的综合认知。最具代表性的单指标评价是目前国际上通用的宏观衡量水资源压力指标:一是区域人均水资源量,二是水资源开发利用程度。

5.1.1.2　模式指标体系

模式指标体系通常会随着研究者对水资源系统的看法不同而改变。主要包括平行式、垂直式和混合式三类。

1. 平行式

这种指标体系结构通常先把水资源系统分解成几个子系统,然后再来测度每个子系统的问题,指标的选择是按照子系统分类进行的。在这种框架下,水资源系统评价指标的层次非常清晰,在综合评价时更有条理。但问题是对这种平行模式的处理方式及各子系统的划分比较主观,子系统权重、子系统间的信息重叠问题很难解释。

2. 垂直式

垂直式的水资源系统评价指标体系对水资源系统协调性问题则更加关注。这种模式认为应把水资源系统问题纵向分开,包括要测度的水资源承载能力、水资源开发利用的发展水平、水资源开发利用的协调度、水资源开发利用的管理能力等等。可见,垂直式的水资源系统评价指标体系更加注重对水资源开发利用系统持续发展能力的测度。

3. 混合式

在平行式与垂直式之间,还存在一种混合式的指标体系,这些指标体系既平等地按领域分类,又增加了一部分指标专门测度水资源系统的协调度,即在第一层次中,既有平行式,又有垂直式的分类。这种体系结构无疑是想兼备两种方法的优点,但整体性不强。

5.1.1.3　压力-状态-响应(PSR)框架模型指标体系

压力-状态-响应框架模型(Pressure-State-Response,PSR)是国际上最为流行的指标体系模式。PSR的理论基础是研究人与自然之间的相互关系,主要目的是回答"发生了什么? 为什么发生? 我们将如何做?"三个问题。因此,它将指标体系分为三类:压力指标、状态指标、响应指标。该体系的最大特点是多角度地研究某个水资源系统,综合评价指标体系问题。可见,PSR模式下的评价指标体系是一个二维的指标体系。显然,这种指标体系结构的优点在于可以动态地、系统地研究水资源开发利用的测度问题,但它有明显的局限性,即无形之中增加了指标的个数,这给指标体系的综合评价带来了一定的困难。总的来说,PSR模式的指标体系是未来发展追求的目标,然而,目前的实际应用具有较大的难度,主要由于许多指标难以获取和量化,不易实际操作。

通过以上对指标体系分类的介绍,拟采用模块式指标体系中的平行式指标体系,但这种平行模式的指标体系处理方式及各子系统的划分比较主观,子系统权重、子系统间的信息重叠问题很难解释,拟采用一种新的评价方法来解决处理子系统权重的问题。

5.1.2 指标体系构建的基本原则

从一般意义上讲,指标体系构造时必须遵循以下基本原则:

1. 系统性原则

水资源的配置是一个多属性、复杂的系统工程,涉及水资源状况、社会经济发展水平、水资源环境保护程度、水资源管理、水资源的开发利用程度以及配置格局等多方面内容,为此,构建的指标体系应该较为全面地反映水资源配置各方面。

2. 全面性原则

水资源开发利用是一个多属性的复杂系统,涉及水资源自然属性、水资源配置格局、利用程度、经济社会发展水平、生态环境保护程度、水环境状况、水资源管理等多个方面,而这些方面又有着极其复杂的联系,为此选取的指标应能够对现代环境下的水资源多属性特征进行全面描述。

3. 代表性原则

影响水资源配置的因素较多,且大多数因素是处于动态变化中的,具有动态、非线性、开放等特点,这就需要在经济社会允许下兼顾水资源的承载能力并考虑系统的动态变化,选取的评价指标应具有代表性且不宜过多,同时,选取的指标还需要对水资源开发利用和配置的方向具有指导意义,这就需要指标具有方向性、独立性或者弱关联性。

4. 可操作性原则

一个评价方案的真正价值只有付诸现实才能够体现出来。这就要求指标体系中的每一个指标都必须是可操作的,必须能够搜集到准确的数据。即选择的指标应当简单且易于解释,易于定量表达,对于一些定性指标或含义比较模糊的指标,原则上不选取。

5. 层次性原则

水资源配置效果评价指标涉及众多方面,每一个方面都存在着众多影响因素。对于这些方面及其影响因素均可以分别提出相应的指标进行表征。显然这些指标存在着层次归属问题,也就是说,指标间有一定的层次和隶属关系。

6. 可度量性原则

系统动力学模型要求的是量化指标,即指标的可度量性,原则上不选取定性指标或者定义含糊的指标,因此选取的指标要充分考虑其可获得性和量化的难易程度。本书主要选取水资源公报和统计年鉴上可以获取或间接计算得到的指标,尽量保证各选定指标的可靠性。

5.1.3 指标体系的建立

以下将从水资源配置效果评价的概念出发,分析水资源系统自身的特征属性,结合水资源优化配置的特点及调控措施手段,从水资源与社会、经济、生态环境各子系统的联系入手,参考水资源系统的其他特征指标,分析建立水资源配置效果评价指标体系。本书采用以分析法为主、综合法为辅的指标分析方法。

5.1.3.1 水资源配置效果评价的概念

水资源配置效果评价,是从水资源可持续利用的角度出发,运用系统分析的思想,在综合考虑了社会、经济、生态环境等各方面因素的前提下,对水资源被运用于生产部门或非生产部门所产生的效果进行分析判断,即在对不同的水资源配置方案产生的经济、社会和生态环境效果进行分析计算的基础上,评判水资源利用方案的综合效果,以综合效果最大为判据,选择最佳的水资源配置方案。从本质上讲,水资源配置效果评价是对优化配置过的水资源调控方案进行进一步的分析、优选,是水资源优化配置研究的延伸,为水资源优化配置方案的选取提供决策依据。

5.1.3.2 水资源配置效果评价指标体系建立

水资源配置效果评价的目的是选择既要保证水资源在社会生活各部门有效合理的分配,又要使水资源的开发利用满足社会与经济、生态环境的持续、稳定发展的水资源配置方案。如果社会经济的需求得不到水资源系统的支持,则反作用于水资源系统,影响甚至破坏水资源的开发利用;如果忽视了生态环境对水资源的需求,那么也将造成生态环境的进一步恶化,因此水资源系统是联系社会、经济和环境的纽带。任何经济部门的发展、人口的增加、生活水平的提高和水环境条件的改善都需增加供水量,这就要求水资源系统不断扩大供水能力和提升污水处理能力,减轻地下水超采等因素造成的危害;而要增加供水量,则必须增加经济系统的投入。各系统之间存在着相互制约、相互促进的关系。因此,必须按照系统论的思想,协调处理各系统间的关系。

通过以上对水资源的特征属性的分析,结合中国水资源利用的现状以及对水资源优化配置措施的分析,以水资源开发利用子系统、社会子系统、经济子系统、生态环境子系统四个方面来代表水资源的属性,并分别分析影响水资源配置效果的各指标,具体见表 5.1-1。

表 5.1-1　水资源配置效果评价指标

	开发利用水平指标	(1)	水资源供水能力
		(2)	水资源可利用量
	供水过程指标	(3)	优化配置效率
水资源开发利用子系统评价指标		(4)	用水结构比例系数
	用水过程指标	(5)	工业用水效率
		(6)	生活用水效率
		(7)	农业用水效率
	排水过程指标	(8)	污水资源化率
		(9)	防洪能力指数
		(10)	供水保证率
社会子系统指标		(11)	人均粮食产量
		(12)	劳动力就业率
		(13)	人均 GDP
		(14)	水资源管理影响系数
		(15)	配置方案边际投入
经济子系统指标		(16)	配置方案边际产出
		(17)	单方水 GDP
		(18)	生态水量
		(19)	污染物排放量或污径比
		(20)	绿化覆盖率
生态环境子系统		(21)	草场退化面积比率、荒漠化治理面积比率、盐碱地治理面积比率、水土流失治理率类指标
		(22)	地表水开采程度
		(23)	地下水开采程度
		(24)	增加水面面积

1. 水资源开发利用子系统评价指标

水资源开发利用子系统由供水、用水、耗水、排水等过程组成。它的开发与利用直接影响着一个国家或地区的经济发展,与其他资源一起为社会经济发展和维持生态环境提供基础和保障。水资源的开发利用过程就是利用水资源的自然属性实现其资源价值的过程,这一过程形成了水资源庞大而复杂的"供-用-耗-排"结构网络,其开发—利用—生产的整个过程的运转直接决定了配置资源量的多少、配置效率的高低,是水资源进行优化配置的前提条件。因此系统描述指标应包括水资源开发利用"供-用-耗-排"的各个方面,可从开发利用水平、供水过程、用水过程、排水过程 4 个方面来构成水资源开发利用系统的描述指标集。

(1)开发利用水平指标

开发水资源的目的之一就是供水。一般的,区域水资源总量越丰富,表明该区水资源调控能力越强。然而并不是所有的水资源都会被利用,水资源可利用量往往随着工程的有效性、降雨条件及其他条件的变化而变化。它是指在流域水循环过程不致发生明显不利改变的前提下,从流域地表或地下允许开发的一次性水资源量。水资源可利用量的大小与经济实力、技术水平、水污染状况等因素有关,是最大可能开发利用的水资源量,该值决定了水资源配置实际能够利用的水量。水资源系统的供水能力是指水资源系统能够供给区域的最大供水量,该值的大小直接决定了水资源配置水量总量的上限,同时也表明了水量配置的最大潜力,其大小直接影响着区域社会经济的发展水平,从数值上讲,该值应大于水资源可利用量。因此用水资源可利用量来表示某方案的水资源开发利用水平,用水资源供水能力来表示该方案调控能力的大小。

(2)供水过程指标

供水过程是指在优化配置完成后将水资源从水源输送至各用水部门的整个过程,即优化配置的实施是通过这个过程来完成的。然而在配置过程中,由于供水系统本身能力有限,譬如设备老化、渠道失修、渗漏严重等原因,用户需水量不能得到满足;或者由于某功能区污染物排放过多、环境损失较大,水量不向该区供应,以至出现在某些区域或部门缺水的情况下,可配置的水资源量仍出现剩余的现象,这种既有缺水又有余水的配置结果显然限制了水资源的合理配置,因此需要以水资源配置效率指标来反映水资源配置的合理程度。

(3)用水过程指标

水资源被输送至社会各部门后,开始进入生产、生活,创造效益。从大的方面上讲,用水部门一般分为三类:工业、农业、生活(包含环境)用水。农业、工业、生活用水比重可以从侧面反映一个国家或者地区的经济水平与文明程度,也是反映科技水平的标志之一。一般来讲,农业用水比重大,说明该区是以农业为主要产业,而且也从侧面反映了该区农业科技较为落后;工业用水比重大,说明工业化程度发达;生活用水比重大,说明文明程度较高。用水比重直接显示了方案配置的社会经济效果,因此以用水结构系数来表明用水结构对配置效果的影响。

对于不同的部门、行业,其用水水平是不同的,对于同一行业,显然用水效率较高的单位在给定的相同水量下能够创造出更多的价值,从而影响水资源配置效益,因此用水效率指标也是影响水资源配置效益的重要因素。一般的,工业用水效率用工业用水定额、工业用水重复利用率等指标表示,可以反映工业用水效率、工业科技含量和工业节水潜力;农业用水效率用灌溉用水定额(农林牧渔及农村生活用水定额)、灌溉水利用系数等指标来表示,可以反映农业用水效率、农业用水管理水平和农业节水潜力;生活用水效率用生活用水定额(城镇生活及公共用水定额)来表示,也可以反映生活节水潜力。

(4)排水过程指标

对于农业耗排系统,灌溉用水除了一部分被农作物吸收消耗以外,另一部分则主要顺延渠道作为退水或沿田间土壤补入地下水,因此农业退水量并不作为污水系统资源化的一个源头,且这部分数据难以计算;对于工业部门用水,工业取水量的一部分在生产过程中被消耗掉,而剩余的则作为废污水进入排水过程,即工业取水量=工业耗水量+工业排水量;生活用水过程同样一部分被消耗掉,另外的作为废水被排出。在对水资源进行优化配置时,工业及生活污水作为一种处理后可被重新利用的资源,对其进行资源化处理是一种较为重要的配置手段,其利用率的高低是衡量污水处理水平的重要指标,也是衡量一个国家科技水平的重要标志。对污水的利用可以直接增加水资源的可供水量,因此污水资源化率也是衡量水资源配置效果的一个重要指标。

2. 社会子系统指标

水与社会的关系主要体现在水是否满足人类的用水需求,以及人类对水资源系统的有效管理上。随着人口增长、城市化进程加快,社会对水量、水质的要求越来越高;同样,社会也肩负着管理、保护水资源的责任。水资源工程的管理、水资源优化配置、水资源的统一规划和管理、水利法规的执行等等,都需要社会的监督、公众的参与。因此,水资源与社会是相互依赖、相互联系的。水资源在经过开发利用的各个环节之后,对社会的稳定起到了支柱作用,并且良好的优化配置方案更能促进社会的发展。然而对于社会这样一个复杂的系统来说,要促进系统的发展,则首先要维持系统的稳定。

水资源对社会稳定所起的作用主要体现在社会安全上,主要指包括防洪安全、饮用水安全、粮食安全、经济用水安全和生态环境安全在内的经济社会发展条件基本得到保障。防洪安全是任何水资源配置方案实施的前提与保障,可用防洪能力指数来表示。饮用水安全与经济用水安全则体现在生活供水以及工农业供水的保证程度上,可以用供水保证率或者缺水率来表示。可以明确的是,在水量关系中:需水量＝供水量＋缺水量,供水保证率＝供水量÷需水量,缺水率＝缺水量÷需水量,二者之和为1,因此可任选一个来表示。对于粮食安全,常用的指标主要有人均国内粮食占有量和粮食自给率,由于粮食自给率指标常常与其当时的市场环境紧密相关,直接从数字本身并不能准确反映粮食安全,因此采用比较直观的人均粮食产量来表示。与生态环境安全相关的指标将在水生态环境系统中分析。另外在水资源配置过程中采取的工程措施,比如一些大型的调水工程(跨流域调水)、引水工程、蓄水工程(大中型水库)的施工为劳动力的就业提供了更多的机会,提高了劳动力就业率,促进了社会的稳定发展,因此也作为一个描述指标。

社会发展水平的提高主要有五大表现:城乡居民人均收入水平提高,居民消费结构从基本消费型向享受消费型升级;科教卫文体等社会事业全面繁荣,科技创新能力大大提高;社保体系进一步完善;社会结构变动加快,产业结构、城乡结构都向良性化方向发展;社会发展领域的改革进一步深化。与水资源配置效果直接相关的方面则具体体现在城乡居民人均收入水平提高、产业结构良性发展等。其中城乡居民人均收入可以用人均GDP来表示,而产业结构描述指标可以用用水结构比例系数来反映。

水与社会的协调关系表现在人们有权获得水,但也有义务去管理水。具体到实践中就是加强对水资源的管理,提高供水保障能力,因此水资源管理水平直接影响到水资源开发的合理性和利用的有效性,也是关系到水资源能否为国民经济可持续发展提供保证的大问题,加强水资源管理对水资源紧缺地区而言显得更加重要。目前我国水资源开发利用管理水平不高,其调控措施相对于工程措施而言,更多的是对水资源开发利用过程中相应的环节制定合适的政策、方针来指导水资源的配置,全国各省份征收水资源费、制定新的水价标准、进行水质管理、加大水利行业信息化程度、提高水资源管理水平等等,这些软措施的实施对水资源优化配置也起着很重要的作用。例如在现状水价的基础上征收水资源费、排污费、提高水价,可以减少用户对水的需求,促进节水,有利于水资源的可持续利用和产业结构、种植结构的优化,从而提高水资源配置效果。目前国内对水资源管理效果评价指标体系的研究也是一个较新的领域,由于此类措施比较分散,而各种措施如水价调整、水资源费征收等指标对配置效果的作用无法具体量化,是个较为模糊的概念,因此用水资源管理影响系数来描述水资源管理对配置效果的综合影响。

3. 经济子系统指标

经济系统和水资源系统的协调关系表现在二者之间具有内在的、相互依存和相互制约的关系。经济发展与水资源的关系不能仅仅被看作单纯的供需关系，而是要把水资源开发利用决策同经济发展的战略决策综合起来考虑，即统一考虑需求结构（经济结构）与供水结构；统一考虑水资源投资与其他经济部门的投资；统一考虑供水能力不足时经济结构调整与经济发展所导致的用水增加。水资源与经济协调的另一方面体现为供水效益提高。

在利用各调控方案对水资源进行配置的过程中，当水资源被应用于生产生活中以后，水资源的价值自然也就转移到了所获得的社会产品中去，产生了一定的经济效益。经济效益是一个较为直观的衡量方案配置效果的指标，其中根据用水部门的不同又可分为工业用水效益、农业用水效益等等。与生态、环境相关的效益则在后面的生态环境系统中进行分析。

在效益产生的过程中，针对不同的调控措施（包括所有起着不同调控作用的投资），有着不同的投入，例如地表水工程供水投资、地下水工程供水投资、外调水投资、节水投资、污水回用投资、绿化工程投资、盐渍化土地改造工程投资、沙化土地改造工程投资、水利信息化投资等。在经济学的概念中，效益往往是同成本密切联系的，对于某方案而言，创造的效益再多，若是建立在巨大的投资基础上，也是不合算的。因此在经济系统内，用配置方案的投入与配置方案经济效益指标来联合描述水资源配置效果。对于配置方案投入类指标，这里用边际投入指标来表示，因为对于任何一个配置方案，其总投入（成本）是非常复杂的，包括水资源从开发—利用—耗排所经历的所有过程花费的成本。对于一个给定的水平年而言，除去增加的调控措施以外的所有投入都是相同的，不同的只是采用不同调控措施组合的投入，因此以现状投入为基础，以各配置方案增加的资金投入即边际投入作为衡量指标就可以清楚地看到各方案调控措施的投入水平。

对于表征配置方案经济效益的指标，可以用诸如单位水量 GDP、单位耗水量增产粮食产量等指标来表示，也可用配置方案的边际产出效益指标来表示。从经济学的角度出发，边际产出是指每增加一个生产要素（或投入）所增加的产品数量，相对于水资源优化配置方案来说，边际效益是指采用优化配置调控措施后方案产生的最终效益相对于初始方案（不采取任何调控措施的方案）下的效益增加值。国内生产总值是指一个国家或地区所有常住单位在一定时期内（通常为 1 年）生产活动的最终成果（简称 GDP），即所有常住单位或产业部门一定时期内生产的可供最终使用的产品和劳务的价值，是对一国经济在核算期内所有常住单位生产的最终产品总量的度量。单方水 GDP 则反映经过优化配置后单方水产生的综合经济效益,自然也包括粮食增产带来的效益。由此可以看出边际效益反映了针对调控措施的变化而产生的效益变化,而单方水 GDP 不仅反映了一定时期内单方水产生的所有部门的效益总和,而且还隐含了其他资源对其产生的贡献,因而这个数据属于综合效益指标。因此可选用边际产出指标来反映单纯的优化配置措施对配置方案产生的效益,而用单方水 GDP 来反映综合效益指标。

4. 生态环境子系统指标

为了满足人类对水资源更多的需求,必将加大水资源的开采力度,水资源过度开发无疑会导致生态环境的进一步恶化;经济发展、人口增长、城市化进程加快,用水必将增加,废污水则相应增加,这将导致地表水及地下水污染加剧,使水资源短缺更加严重。因此,同以往的水资源优化配置相比,近年来水资源优化配置是在可持续发展的基础上,以保证水资源可持续利用为目的,逐渐地从重水量轻水质、重经济效益忽视生态环境影响转入水质水量联合优化配置、经济效益与生态环境效益并重的方向上来。

生态效益的形成是与生物系统自身的生长发育过程紧密联系在一起的,生物系统的再生产本身包含着生态效益的再生产。生态效益是一种间接的经济效益,它不能直接形成实物性产品,而是通过生态环境的改善来获得经济效益。生态效益的获得或消耗,不是通过市场的直接交换表现出来的,而是间接地表现在社会福利的增长、社会长远经济利益的增长和其他部门的经济增长之中。因此,对生态效益的直接定量研究有较大困难,本节将从水资源改善生态环境效益的各个方面入手,分析生态环境效益的不同表现形式,以此来对配置方案对生态环境系统产生的各种效应进行量化。

生态效益体现在净化环境、美化环境,给人们提供优美的生活环境和居住条件,减轻因水量过少而导致的河湖干涸、生态恶化程度,提高水质、净化水体,减少地下水的污染等。很明显,这些效应的产生与生态环境用水量的多少有着很大的关系。这一点与经济系统是不同的,经济效益的最终体现并不完全是由工业、农业的用水量决定的,这与在创造效益的过程中采取先进技术与否以及水资源使用效率均有密切的联系,是一个复杂的过程。而广泛意义上的生态环境用水功能则是由水资源系统的自然属性决定的,水资源依靠自身的纳污容量和自净能力不需借助外界的力量就对生态环境等起到了改善的作用,因此生态环境用水量的多少意味着生态用水的保障状况,是一个重要的指标。

水环境系统同水生态系统从本质上讲都是利用了水资源的自然属性,二者互相影响,密不可分,实际上可归并为一个系统。水生态系统的功能主要侧重于改善气候、促进水土保持、改善区域生态系统质量、促进生物多样性保护等等,水环境系统则侧重于水体的纳污能力与自净能力。对于一定的区域而言,该区域内水体的纳污能力是固定的,那么配置方案对环境的影响则主要体现在废污水排放量上,这个数值可用污径比来表示;但是若排放的废污水是经过处理后满足要求的,那么对环境影响较小,其根本原因在于经处理后排放的废污水中的污染物含量较少,因此污染物排放总量也可作为一个指标考虑。

结合调控措施来分析,采取一些生态类工程(植树造林、盐渍化土地改造工程、防风固沙工程等)措施时会引起生态环境的变化:绿化面积增加、水土流失面积减少、防风固沙,有助于涵养水源;盐渍化面积及沙漠化面积减少,有效耕地增加等。当采取类似调水工程、引水工程等相应的调控措施时,可对环境产生其他的影响,譬如增加区域水环境容量,节省治污投资;改善供水水质,增加供水效益;对地表水开采过量的地区,补给地表水,防止河道断流;对地下水开采过量的地区,有效补给地下水源等等,这些也都产生相应的生态环境效益。由于生态环境效益量化起来比较复杂,因此可结合采用的优化配置措施,直接采用反映生态环境效益的多种属性指标来表示。

5.1.4 指标量化方法

5.1.4.1 指标分类

由以上分析可知,水资源配置效果评价指标集包括社会、经济和生态环境等方面的许多指标,不同的指标由于其性质和特点不同,对水资源配置方案的影响也不同,其评价方法亦有差别。指标按照定量方法不同可以分为三大类:第一类是可直接采用的指标,如生态水量、污染物含量等;第二类是可间接定量的指标,如工业用水效率、农业用水效率、粮食产量等;第三类是定性指标,如水资源管理影响系数等,这类指标只有通过具体统计分析、经验判断和其他数学方法才能量化确定。以下将对建立的指标体系中的各指标进行分别量化。

5.1.4.2 指标量化方法

1. 可直接采用的指标

指标(18):生态水量

生态用水主要分为河道内生态用水和河道外生态用水,两者之和为总的生态水量。由于分析区域所进行的水资源优化配置是建立在以往旧的配置模式之上的,而以往的配置模式不考虑生态水量配置到生态配水环节,因此,生态水量是作为在水资源配置结果中的一项而存在的,可直接采用。

指标(19):污染物排放量或污径比

从本质上来讲,采用污染物排放总量指标是比较合适的,通常也采用污径比来表示,污径比是指河段的废污水量与天然径流量之比,或污水排放量与地表水资源量之比。同生态水量一样,在水质水量联合优化配置中,污染物排放量是作为水质配置结果存在的,可直接采用。

2. 可直接定量指标

指标(1):水资源供水能力=现状水资源总供水能力+新增工程供水能力

区域水资源按照来源分为地表水资源、地下水资源、外区调水资源、过境水资源等,按照属性则可分为现状工程供水和调控新增工程供水两部分。现状水资源总供水能力包括径流调蓄能力(水库设计兴利库容等)、地下水开采能力、外区调水能力、过境水量等,新增工程水资源调控能力指在进行水资源优化配置过程中,通过采取工程措施和非工程措施增加的供水能力,均用水量(m^3)表示。每个方案的水资源供水能力只与调控方案本身的措施有关,例如某方案的调控措施组合不含调水工程,其供水能力则不包括调水水量。

指标(2):水资源可利用量

按照全国水资源综合规划大纲,水资源可利用量=地表水可利用量+地下水可利用量+外调水可利用量-重复利用量。根据不同配置方案要求,水资源可利用量还应包括由于调控措施增加而变化的水资源可供水量,因此水资源可利用量=现状水资源可利用量+新增工程可利用水资源量。其中,现状水资源可利用量包括地表水实际可利用量、地下水实际可利用量、外调供水量、过境实际供水量等,新增工程可供水资源量指在进行水资源优化配置过程中,通过采取工程措施和非工程措施实际增加的利用量,均用水量(m^3)表示。为了更加清晰直观地反映开发利用水平,可用开发利用率来表示开发利用水平,即开发利用率(%)=可供水资源量(m^3)÷水资源供水能力(m^3)×100%。

指标(3):优化配置效率

在水资源配置的各水量中,从其水量的计算构成上看,存在如下关系:水资源可利用量=水资源总供水量+余水量;需水量=供水量+缺水量。令配置效率系数=水资源总供水量(m^3)÷水资源利用量(m^3),该系数越大,表明经过水资源优化配置后水资源的分配效率越高,余水越少。

指标(4):用水结构比例系数

如前所述,用水部门大致可分为工业、农业、生活(包括生态环境)用水,因此用水结构可用三者的比例(工业用水量:农业用水量:生活用水量)来表示,但是以这种形式存在的数据难以进入程序进行计算。因此对其做简化处理：

工业用水结构系数＝工业供水量（m^3）÷总供水量（m^3）

农业用水结构系数＝农业供水量（m^3）÷总供水量（m^3）

生活用水结构系数＝生活供水量（m^3）÷总供水量（m^3）

工业用水结构系数＋农业用水结构系数＋生活用水结构系数＝1

从以上式子可以看出，若农业用水结构系数降低，则（工业＋生活）用水结构系数升高，可以表明农业用水科技水平的提高，同时也可以表明工业化程度增大及精神文明程度的提升，因此可直接用农业用水结构系数来代表用水结构。

指标（5）：工业用水效率

表征工业用水效率的指标常用的有工业用水定额、工业用水重复利用率等等。工业用水定额是在一定生产技术条件下，生产单位产品或创造单位产值所需的水量标准。工业用水重复利用率是指工业用水重复利用量占总工业用水量的比例。重复利用水量主要包括循环使用、一水多用和串级使用的水量（含经处理后回用量），它的多少是由该行业的技术水平的先进与否来决定的，譬如污水处理水平、生产工艺等因素。现状年的数据可通过年鉴查得，而水资源优化配置更多的是对未来规划水平年的水资源做预测配置，因此其值较难确定。而用水定额在各个水平年的预测值根据该区域的宏观经济发展预测可直接得到，因此用水效率指标采用工业用水定额。然而由于水资源优化配置的调控措施诸如节水措施的实施，预测水平年的实际工业用水定额会有所变化，因此根据定义用该年的实际需水量除以该年的工业总产值预测值得到：

工业用水定额（m^3/万元）＝工业需水量（亿 m^3）÷［工业总产值（预测值）（亿元）×10 000］

指标（6）：生活用水效率

表征生活用水效率的指标常用生活用水定额来表示，其现状年及各规划水平年数据均可根据评价区域的数据资料查得。若存在生活节水措施，计算方法同工业用水定额；对于一般的节水措施，主要是针对工业节水及农业节水而言，因此，可直接采用预测的定额。

指标（7）：农业用水效率

表征农业用水效率的指标有灌溉用水定额、灌溉水利用系数等。灌溉用水定额是指在一定灌溉条件下，灌溉单位面积土地所需的水量标准，而灌溉水利用系数特指一个灌区的灌溉供水总量与到达田间水量的比值。对于灌溉水利用系数而言，它的取值与灌溉水源及灌区的类型关系密切，计算起来较为复杂，而且对于规划水平年的数值也要考虑众多因素，因此可以直接采用区域社会经济预测及水资源规划中的灌溉用水定额来表示,同样,由于农业节水措施的实施,不同的节水水平的预测灌溉用水定额有所变化,可用下式计算:

灌溉用水定额(m^3/亩)＝农业需水量(m^3)÷农业灌溉面积(亩)

指标(8):污水资源化率

污水资源化,常指城市污水资源化,也称中水利用,是根据用水户对水质的需求,将工业和生活的废污水经过处理后再利用的一种措施,是水资源问题的调控措施之一。其计算公式为:

城市污水化资源化率(％)＝城市污水利用量(m^3)÷城市污水排放总量(m^3)×100％

一般讲,城市污水排放总量＝城镇生活用水×生活用水排污系数＋工业供水量×工业排污系数,生活用水排污系数、工业排污系数在各规划水平年的取值可根据分析区域的数据资料分析查得。若在优化配置结果中存在该数值,则可直接采用。

指标(9):防洪能力指数

防洪能力指数指防洪减灾体系对防洪保护对象的综合保护能力,既包括工程措施和作用,也包括非工程措施的防洪作用,以高标准防洪保护区(防洪标准大于或等于50年一遇的防洪保护区)的面积占防洪保护区总面积的比例来表示。在计算时,由于现状条件下水利工程的某些参数不便查得,同时为了保证数据之间有明显的差异性,采用下式进行计算:

防洪指数能力＝方案实施前后防洪面积的变化值(km^2)÷防洪保护区总面积(km^2)

指标(10):供水保证率

供水保证率是从供水保证角度出发,计算调控方案对应供水量与方案需水量的比值,表明该部门用水量的满足程度。根据用水部门的不同,可分为农业供水保证率、工业供水保证率、生活供水保证率和牲畜供水保证率等几个方面。在水资源配置过程中,往往要求生活供水和牲畜供水完全满足,因此生活供水保证率及牲畜供水保证率均为1,这样,在包含四类用水的总供水保证率的计算中,由于其中两类的供水量与需水量完全满足而使得总供水保证率变化不敏感,因此,采用生产供水保证率来表示供水的保证程度。

生产供水保证率(％)＝(工业供水量＋农业供水量)(m^3)÷(工业需水量＋农业需水量)(m^3)×100％

指标(11):人均粮食产量

节水措施的实施,使得各个水平年实际的灌溉定额发生变化,从而影响灌溉面积与非灌溉面积预测值，进而最终影响粮食产量，因此需要重新计算。根据定义即可知：

人均粮食产量(kg/人)＝农业粮食总产量(万 kg)÷总人口(万人)

灌溉面积(万亩)＝农业供水量(亿 m³)÷灌溉定额(m³/亩)×10 000

非灌溉面积(万亩)＝耕地面积(万亩)－灌溉面积(万亩)

[注：灌溉定额计算见指标(7)，耕地面积是指种植业面积]

粮食产量(万 kg)＝灌溉面积(万亩)×灌溉区单产(kg/亩)＋非灌溉面积(万亩)×非灌溉区单产(kg/亩)

其中灌溉区单产及非灌溉区单产可根据历史资料推算获得。

指标(12)：劳动力就业率

人口就业率是指全部就业者与劳动年龄人口的比率。劳动年龄人口是指一定年龄以上的人口，它由经济特性的概念所决定。这个指标的数据往往表达为分性别和分年龄组的形式。其中，国际劳工组织推荐的年龄分组有以下几档：15 岁及其以下，16～24 岁，25～54 岁，55～64 岁，65 岁及其以上。对于同一水平年而言，就业率的计算基数——劳动年龄人口的数值是相同的，虽然各规划水平年均存在预测人口数，但是劳动年龄人口占总人口的比例并不容易查到预测值，因此可直接以就业人数来代表人口就业率。同样的原因，对于同一水平年，在各个调控方案都存在一个固定的已有的就业人数，不同的只是由于不同调控措施的实施而发生变化的那部分劳动力人数，因此为了计算简便，借用边际产出的概念，以各调控措施实施后增加的就业人数作为分析指标，从其本质上讲，属于劳动力变化值，同时这样更能反映出各调控方案之间的差别。由于调控工程而增加的劳动力数量可由下式推算得到：

增加劳动力数量(人)＝[工程总工时数(小时)÷8]÷[工程工期(天)]

其中工程总工时数及工程工期均可查相应工程概预算文件得到(注：按照 8 小时工作制计算)。

指标(13)：人均 GDP

人均 GDP(万元/人)＝国内生产总值(万元)÷总人口(人)

目前，对 GDP 的测算有生产法、收入法、支出法。由于在水资源配置方案生成过程中，本指标是对未来的一种预测，对各生产部门的中间消耗情况不易确定，同时又不需要太高的精确度，因此，GDP 按第一、第二、第三产业来核算，第一、第二产业核算的原始数据是农业总产值和工业总产值，在总产值的基础上，根据增加值率核算出第一、第二产业增加值，再运用价格指数缩算法剔除价格因素的影响，最终确定第一、第二产业的 GDP，第三产业 GDP 是根据各行业的业务量来核算的。按照这种思路,以下采用对工农业部门在求得产值(总收入)的基础上乘以分摊系数,作为该部门的 GDP。具体所采用的公式是:

国内生产总值 GDP(万元)＝工业分摊系数×工业总产值(万元)＋农业分摊系数×农业总产值(万元)＋第三产业 GDP(万元)

具体到各部门,其产值计算如下:

①对工业总产值的计算主要采用定额法。在流域(区域)规划中,整个流域(区域)的工业总产值都存在一个预测值,该预测值是在工业需水(其需水量以相应的定额计算得出)全部得到满足情况下所能获得的工业总产值,但在考虑节水措施之后,相应的用水定额发生变化,同时调控措施产生的供水差异引起工业供水量的不同,均会对工业总产值造成影响。因此,首先用工业产值的预测值和工业需水量求出调控措施对应的实际定额,进而得出工业单方水的产值,再将其与实际工业供水量相乘,即得工业总产值。

采用的公式如下[其中工业用水定额计算见指标(5)]:

工业单方水产值(元/m³)＝1/工业用水定额÷10 000

工业总产值(万元)＝工业供水量(万 m³)×工业单方水产值(元/m³)

②对农业总产值的计算也应用了灌溉定额法,具体方法为:由需水量与灌溉面积预测值求出实际灌溉定额,然后由灌溉定额和农业供水量求出实际的灌溉面积和非灌溉面积,并由此得到粮食总产量,进而得到农业总产值。公式如下:

农业总产值(万元)＝粮食产量(万 kg)×农产品综合价格(元/kg)

③第三产业的 GDP:第三产业的 GDP 耗水量主要和城镇生活用水相关,相应的计算公式为:

第三产业 GDP(万元)＝$k1$×城镇生活供水量(万 m³)×第三产业单位水量GDP(元/m³)

其中:第三产业单位水量 GDP(元/m³)＝水平年第三产业 GDP(预测)(万元)÷[$k1$×城镇生活需水量(万 m³)],$k1$ 则代表城镇生活供水量中真正创造GDP 的水量占总水量的比例,可根据区域实际情况选取。

指标(15):配置方案边际投入

配置方案边际投入指标是指在水资源优化配置中所有调控措施(地表水工程、地下水工程、外调水、节水工程、污水回用工程、绿化工程投资、盐渍化土地改造工程、沙化土地改造工程、水利信息化等)的投入资金总和,根据各方案选取的不同调控措施分别计算。

配置方案投入(万元)＝该方案采取的调控措施的投资总和

指标(16):配置方案边际产出

如前所述,边际产出指增加的效益之和,由于在水资源优化配置过程中,生活用水(包括生态环境用水)始终是完全满足的,增加调控措施后的方案与初始方案相比,生活用水量是不变的,因而由此影响的第三产业效益也是不变的,这部分边际效益为0,因此边际产出只包括增加的工业效益和农业效益,其计算公式如下:

增加的工业效益(万元)=(有调控措施的工业产值-初始方案的工业产值)(万元)×工业分摊系数×工业供水效益分摊系数

增加的农业效益(万元)=(有调控措施的农业产值-初始方案的农业产值)(万元)×农业分摊系数×灌溉效益分摊系数

由于工业部门所产生的经济效益净产值是各种因素相互作用的结果,水资源只是众多因素之一。因此由水资源所增加的工业效益要通过增加的工业效益总和乘以工业供水效益分摊系数得到,增加的农业效益同此意义。

指标(17):单方水GDP

根据定义:单方水GDP(元/m^3)=GDP(万元)÷供水量(万 m^3),GDP计算见指标(13)。

指标(20):绿化覆盖率

指区域内全部绿化种植物水平投影面积之和与区域用地面积的比率(%)。

绿化覆盖率(%)=绿化种植物水平投影面积之和(km^2)÷用地面积(km^2)×100%

指标(21):草场退化面积比率、荒漠化治理面积比率、盐碱地治理面积比率、水土流失治理率类指标

草场退化面积比率(%)=草场退化面积(km^2)÷草场总面积(km^2)×100%

荒漠化治理面积比率(%)=荒漠化治理面积(km^2)÷荒漠化总面积(km^2)×100%

盐碱地治理面积比率(%)=盐碱地治理面积(km^2)÷盐碱地总面积(km^2)×100%

水土流失治理率(%)=水土流失治理面积(km^2)÷水土流失总面积(km^2)×100%

指标(22):地表水开采程度

地表水开采程度=地表水实际供水量(万 m^3)÷地表水可供水量(万 m^3)

地表水开采程度一方面反映了开发利用程度的高低(开发利用程度用可利用量指标表示),同时更反映了对生态的影响,但在这里作为生态影响指标使用。当其数值大于1时,即发生地表水过量使用时,不仅会影响上下游的用水公平

性,也会对生态产生恶劣的影响。

指标(23):地下水开采程度

地下水开采程度＝地下水实际供水量(万 m^3)÷地下水可供水量(万 m^3)

地下水开采程度一方面反映了开发利用程度的高低(开发利用程度用可利用量指标表示),同时更反映了对生态的影响,但在这里作为生态影响指标使用。当其数值大于1时,即发生地下水超采时,会对生态产生恶劣的影响。

指标(24):增加水面面积

增加水面面积为各种类型调控措施增加的水面面积之和。对于新建水库,可根据库水位-库水面面积曲线查到对应正常蓄水位时的水面面积;对于新建引水明渠,可根据渠道水力要素计算正常流量时水面宽度与渠道长度的乘积得到增加水面面积;对于水库扩容,可查到扩容后对应于正常蓄水位时的水面面积,计算其与扩容前对应于正常蓄水位时的水面面积之差。然后将计算调控方案的各种工程措施的计算水面面积相加即可。

3. 定性指标

指标(14):水资源管理影响系数

1992 年 6 月,联合国召开的环境与发展大会的文件中,提出了应该由国家组织实施的水资源管理的一些具体措施,这些措施包括:制定国家水资源发展规划,实施淡水资源保护措施,组织研究信息化、数据化和模型化等现代水资源管理模式和方法,通过需求管理、价格机制等调控措施实现水资源的合理配置以及加强水资源管理知识的传播和教育等 16 项具体措施。在这些调控措施中,部分措施对优化配置内水量起着隐形的调节作用,如提高水利行业信息化程度,该措施的调节可以带动并提高整个供水、用水、耗水、排水一系列过程的有效性,而此有效性难以定量表示;部分措施对水量的分配则起到明显的调节作用,如水价调整、水质管理、征收水资源费及排污费等措施可以直接影响到各行业的用水量,促进节水及用水效率的提高,从而减少缺水、提高配置效益,这种效益的计算也较为烦琐。在具体进行计算时可根据采用措施的种类设定相应的影响系数,以水资源管理信息化为例,将水利信息化程度设置为高、中、低三类,其影响系数设定为 0.9、0.6、0.3(可根据具体情况设定),而其对方案的隐形影响则通过优化配置本身的水量分配来完成,这样综合对方案进行评估。在此设立这个指标只是想反映出水资源管理措施对各调控方案不同的影响作用,具体计算要根据管理措施的具体内容来分析确定。

5.2　水资源配置方案效益评价

　　水资源配置方案评价是一个多层次、多目标的群决策过程,是系统综合评价法在解决水资源问题中的一项综合性运用。水资源配置的根本目的是为水资源综合规划服务,所以水资源配置方案评价是站在水资源合理利用的角度,运用综合评价的方法,从多视角综合考虑,对水资源配置方案进行评价,要求在社会、经济、生态、效率以及资源等方面做到全面兼顾,平衡稳定。水资源配置方案评价经过多年的研究发展,基本形成了一套评价流程,基本步骤为:确定评价目标—建立评价指标体系—评价指标规范化处理—计算指标权重—应用评价模型—得出并分析评价结果。

　　一方面,水资源优化配置涉及"资源—人—生态环境—社会经济"这一复杂系统的众多子系统以及不同维度的平衡问题。在构建优化模型时,需要考虑实际条件的影响,对理论和方法做出不同程度的调整和简化。同时,还存在许多不确定因素,无法直接体现在一个独立的模型上。通过对水资源配置方案进行评价,可以评估配置方案的合理程度,决定是否需要对该方案进行调整,起到反馈作用。另一方面,同一个水资源配置工作,运用不同模型和方法得到的水资源配置方案定必然存在一定的差异,其结果各有侧重,达到的效果通常是局部最优。通过对多个水资源配置方案进行综合评价,最终依据评价结果得出最契合研究目标和决策者要求的水资源配置方案。

5.2.1　综合效益评价原则和流程

　　区域综合效益评价的目的是依据区域综合效益评价的具体目标,对各影响因素进行分析,建立多层次可操作的指标体系,对各评价指标进行赋值,确定权重系数,然后应用相应的分析方法通过综合评价模型对各指标进行评价分析,得到各方案综合效益评价值,最后对各评价方案的结果进行最优评价分析。

5.2.1.1　评价原则

　　基于区域水资源合理有效利用的基础,制定区域水资源配置方案综合效益评价的相关准则,主要包括:经济合理性准则、社会合理性准则、生态环境合理性准则、资源利用合理性准则及发展协调性准则,这些准则构成了区域水资源合理配置方案效益评价系统的评判准则。

1. 经济合理性

为了能够形成良性的经济运行机制,在区域水资源合理配置中要对各配置方案的经济合理性进行评价,其评价内容主要包括水资源供需投入产出的经济合理性、地区生产总值的增长、三产比重等方面的评价。

2. 社会合理性

区域水资源是极其重要的资源,对干旱地区的区域水资源配置合理性评价就要考虑区域社会进步的公平性,其社会合理性准则就是为了保障区域社会发展的公平均衡性,以避免因区域水资源紧缺、分配失调影响区域正常的生活、生产秩序。

3. 生态环境合理性

区域水资源系统主要包括了经济社会系统及生态环境系统,其水资源的配置也主要是在两个系统间的调配,因此区域水资源配置综合效益评价的一个重要方面就是生态环境的合理性,生态环境合理性准则是为了实现区域经济协调、可持续发展及维护区域生态系统的稳定。

4. 水资源利用合理性

在区域这个人和自然构成的复合系统中,人作为区域的活跃因子,对矿产、水资源、土地等自然资源进行利用及开发,与自然社会相互作用及联系,逐步实现区域社会经济的发展,使人们的生活水平稳步地得到提高和保障。因此,结合区域的实际状况,采取有效合理的措施,对有限的水资源进行合理而有计划地开采使用,促进区域经济可持续发展。

5. 发展协调性

区域的社会经济与资源环境能否协调发展是通过各子系统间的和谐程度进行评判的,在区域"三条红线"制度下,要对有限水资源配置进行统筹考虑,使人口、社会经济、生态等子系统相互协调,实现区域的社会经济与生态环境保护的协调发展。

5.2.1.2　评价流程

通过确定评价目标,构建适应区域的评价指标体系,进行各评价指标的权重赋值,对评价模型采用模糊物元+改进迭代熵权分析方法进行分析,得出评价分析结果,具体评价流程为:

(1)确定评价目标区域。水资源合理配置方案以实现区域社会经济可持续协调发展为目标,对区域水资源合理配置方案进行综合效益选优,不仅要实现区域社会经济的可持续发展,还要保护区域极为脆弱的生态环境。

（2）构建指标评价体系。基于区域的实际状况，根据综合效益评价指标体系建立的原则，构建区域综合效益指标评价体系，寻求各层次影响评价目标的主要因素。

（3）指标体系的规范化。对各评价指标要进行无量纲化的处理，以消除不同量纲的影响，保证区域综合效益评价的规范化。

（4）确定指标权重。在分析过程中，采用模糊物元＋改进迭代熵权分析对指标权重进行确定。

（5）综合效益方案优选。依据综合评价值，对三个水资源合理配置方案进行比较和排序，通过对各方案综合分析评价后，确定合理可行的最优方案作为区域的水资源合理配置方案。

5.2.2　水资源合理配置评价指标体系的建立

建立区域水资源合理配置评价指标体系的指导思想是借鉴国内外的先进经验，在区域社会经济可持续发展的基础上，构建能较为全面反映区域水资源合理配置状况，具有可操作性的，各子系统间能够相互联系、相互协调的综合评价方法，能够真实反映体现区域水资源合理配置的目标。

5.2.2.1　指标体系的构建

区域水资源配置方案综合效益评价系统涉及区域人口、社会经济、资源及生态环境等多个子系统，是极为复杂的大系统，相互关系错综复杂，依据上述的评价准则及指标选取的原则，构建出区域水资源合理配置综合效益评价指标体系。

指标体系构建的具体目标：对有限水资源的合理配置和协调，使区域有限的水资源可持续利用，协调区域社会经济、生态环境等顺利发展。

具体的准则依据：本书从区域水资源合理配置的角度出发，设计选择以经济合理性、社会合理性、生态环境合理性、资源利用合理性及发展协调性等构成区域水资源综合效益评价的准则。

具体可筛选的相关评价指标包括评价指标与评价因子两个部分，二者相互联系，评价因子是构成综合评价准则的主要因素，评价指标是评价因子的组成单元，本书的各评价指标是依据各准则来确定的。

经济合理性指标选取 GDP 总量、GDP 增长率、人均 GDP、人均 GDP 年增长率、经济增长率、一产占 GDP 比重、二产占 GDP 比重、三产占 GDP 比重 8 个指标进行评价。

社会合理性指标选取人口密度、人口增长率、城镇化率、人均耕地面积、城镇绿化覆盖率、三生用水比例、三产用水比例、城镇需水率8个指标进行评价。

生态环境合理性指标选取天然植被率、人工植被率、森林覆盖率、河道内生态需水量、河道内生态缺水量、河道外生态需水量、河道外生态缺水量、生态环境用水比例、回用水利用率9个指标进行评价。

资源利用合理性指标选取水资源开发利用率、地表水开发利用率、地下水开采利用率、人均用水量、农业用水比例、工业用水比例、生活用水比例、生态环境用水比例、总缺水率9个指标进行评价。

发展协调性指标以协调系数来进行评价。

将以上35个指标作为区域水资源合理配置方案的评价指标对各方案的综合效益进行评价分析,具体见图5.2-1。

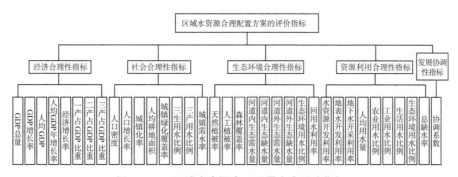

图5.2-1　区域水资源合理配置方案评价指标

在不同保证率下的各规划水平年的三种方案,分别是,方案Ⅰ:经济平稳增长的适度节水管理的配置方案;方案Ⅱ:经济快速增长的强化节水管理配置方案;方案Ⅲ:经济快速增长的适度节水管理配置方案,这三个方案构成了待评价的配置方案层。

5.2.2.2　评价指标的筛选

在实际进行综合益评价过程中,决定评价效果的关键在于评价指标在评价过程中所起的作用大小,评价指标并非越多越好,也不是越少越好,而是尽可能地用最少的主要评价指标来进行评价分析,既分析全面又不失合理性,这就需要对已建立的评价指标集的指标进行筛选工作。

在进行综合效益评价指标选取过程中,要遵循以下原则:

(1)目的性原则:所选取的评价指标能反映出相关的评价内容,目的明确。

(2)科学全面性原则:所选取的指标应具有科学、合理及全面性,尽可能涵盖综合效益评价的内容,能够反映实际问题,否则评价结果会产生偏差。

（3）易操作性：所选取的指标应具有容易获取和充分代表性，简明易操作。

5.2.2.3　综合效益评价常用方法概述

水资源合理配置方案的综合效益评价是典型的多属性综合问题，当前用于综合评价的方法主要包括综合指数法、模糊综合评价法、层次分析法、灰色关联度分析法、专家分析法等，现分别对其简要介绍。

1. 综合指数法（CIM）

综合指数法（Comprehensive Index Method）一般与各指标平均值相关联，如算术平均法、加权算术平均法、几何平均法、加权几何平均法及其各平均法的不同组合等，综合指数法在综合效益评价中，适用于单因素及多因素综合评价，方法较为简单，易操作，但在实际应用中存在难以赋权和准确定量等不足。

2. 模糊综合评价法

模糊综合评价法是一种基于模糊数学的综合评价方法，应用较为广泛，是用模糊数学对受多种因素制约的事物或对象做出一个总体的评价，该法具有结果较为清晰、系统性强的特点，能较好地解决难以量化、模糊的问题，使评价更具科学性和准确性，适合各种不确定性问题的解决，不足之处是各层次影响因素权重的确定具有一定的主观性，对于多目标评价模型，选择不同的隶属度函数其最终的评价结果会受到不同的影响。

3. 层次分析法（AHP）

层次分析法（Analytic Hierarchy Process）是把决策者的思维过程数学化，将主观判断的定性分析进行定量化处理，即将各有关因素分解成目标层、准则层、方案层等，然后进行定性和定量分析，该法能够合理地计算判断矩阵排序权值，不足之处在于权值计算时缺少考虑判别矩阵的一致性条件，对于权值的计算和判断矩阵的一致性检验是分开进行的，当判断矩阵一旦确定，权值和一致性指标就随之确定，无法改善。此外，对于一致性程度很差的判断矩阵，其特征值的求解较为困难。

4. 灰色关联度分析法（GRA）

灰色关联度分析（Gray Relational Analysis）是一种多因素统计方法，是根据序列曲线的相似程度来判断序列间的关联程度，若两条曲线的几何形状彼此相似，则关联度大；反之亦然。最终根据关联度的大小来进行综合评价。该法计算简单、样本容量不限、无须数据的典型分布，但在关联度计算中采用等权计算或是经验给定权值不尽合理，有待进一步完善。

5. 投影寻踪决策法(PPD)

投影寻踪决策(Projection Pursuit Decision)是处理和分析高维数据,尤其是高维非正态数据的新兴统计方法,该法是根据样本资料自身的特性进行聚类和评价,具有直观和可操作性强的优点。此外不用预先给定评价因素的权重,从而减少了人为的干扰,不足之处就是当采用的样本过少,则建立的数学模型不够准确,易造成相应误差,并且对于多元数据,复杂的拓扑结构难以寻求到最优的投影方向。

6. 专家分析法

专家分析法亦称为德尔菲法,是把需要咨询的问题以邮件或信件的方式传递给专家,请专家提出相应的建议和意见,根据专家反馈的建议和意见对方案计划进行修改,把修改完善的计划方案传给专家再提出建议的过程,此法较为直接、简便操作,但主观性强,人为干扰性大。

7. 物元分析法

物元分析法是我国学者蔡文创立的,可针对多因素综合评价问题进行分析,此方法的不足之处就是没有统一理论及公式来确定权重系数矩阵,对同一等级样本的优劣不能很合理地判断分析。

总体来说,当前常用的一些综合效益评价方法中缺乏一种单一且较能客观的计算评价指标权重的方法,本书拟应用模糊物元＋改进迭代熵权理论法对区域规划水平年的水资源配置方案进行综合效益评价,首先通过信息熵理论确定各规划年的评价指标权重,再结合模糊物元分析法对区域水资源合理配置方案的综合效益进行评价,该法充分考虑到了主观权重和客观权重各自蕴含的信息,兼顾了专家评分意见和客观数据属性,使得评价结果更加客观可信。在模糊综合评价分析中,权重的确定是关键内容,对最终的评价结果具有十分重要的作用。

5.3　水资源配置方案风险评估

水资源优化配置过程中,预测的降雨、径流条件,不同部门的用水需求及区域节水水平等指标变化都可能对水资源优化配置的方案生成产生影响,从而导致方案产生与既定目标不同的效果。本章节将水资源优化配置风险定义为因水资源系统来水、未来区域经济发展状况、水利工程建设与管理等方面存在多种随机因素,致使水资源配置达不到预期目标的可能性,其主要原理是令各类涉及水资源配置方案生成的预测指标在其可能的范围内变化,基于各种指标的相互作用,研究水资源配置方案在指标变化条件下无法达到目标效益的可能性。在水资源配置过程中,来水量、需水量、可供水量以及供水效益值都是通过预测和估计得到的,不可避免地存在着不确定性。尤其是对于远期规划年的预测,随机性变化会更大。水资源优化配置的过程中始终存在着不确定性,进一步地说,水资源优化配置方案具有风险。因此本小节旨在探究已有的配置方案目标效益低于各类预测指标变化条件下相互作用所产生效益的可能性,确定综合风险率的计算方法。

5.3.1 风险分析的内涵

目前对于风险概念的研究还在继续,不同的学者对于风险的概念存在着不同的定义,主要可以分为以下几种:①风险是指在未来一段时期内某种事件发生的可能性;②风险是指会导致项目结果造成损失的可能性;③风险是指事件发生后可能对结果产生损失而带来损害的严重程度。

本章节将在客观存在的条件下,给定的一段时间内,意外出现的可能带来项目结果损失的事件定义为风险事件,风险率就是风险事件在特定时间内可能发生的概率,最终的风险结果就是该项目的风险事件和相对应的风险率的函数。用 R 表示风险值,p 表示风险率,c 表示风险事件因素,则其函数式可以表示为:

$$R = f(p, c)$$

风险分析的本质是将对方案结果产生影响的因素找出来,分析因素变化对整个项目方案的影响程度。风险分析的过程主要包括风险识别、风险估计和风险评价。

1. 风险识别

风险识别主要可以分为两个方面:一方面,通过感官认识和专业经验来辨别风险事件;另一方面,通过记录项目发生损失时各环节的变化数据来对风险时间进行识别,从而找出影响项目完成效果的风险因子及其影响规律。

2. 风险估计

风险估计分为主观估计和客观估计。如果缺乏长系列统计数据或无法进行实验就可以采用主观估计,主观估计是根据熟悉风险因素的专家给出的意见,通过统计计算专家的期望值和意见情况对风险发生的可能性进行估算。客观风险估计是通过长系列的资料数据计算风险事件发生的客观概率。

3. 风险评价

风险评价是基于风险识别和风险估计的结果,综合考虑风险事件发生的不确定性和造成项目结果损失的程度,预估风险事件发生的可能性及危害程度,衡量项目风险的等级,并以此来判断是否需要对风险事件采取相应的防范措施。

5.3.2　水资源配置方案风险因子识别

一般而论,研究区域的降雨来水情况、经济发展速度、水利工程建设、水价制定标准等多个方面的不确定性因素都会对水资源配置方案的实施效果产生影响,应依据产生影响的因素的属性进行分类,以便于对关键的影响因子进行识别。汇集水资源配置方案产生过程中存在的风险因素特征,采用故障模式和影响分析法进行风险因子识别。故障模式和影响分析(FMEA)主要是针对不同故障类型的基本特征进行分析总结,找出潜在的各种故障模式,并对其进行分类,通过建立故障模式表,让风险故障因素一目了然。根据水资源优化配置风险的特点,将区域水资源配置方案风险分为自然环境风险、社会经济风险、工程设施风险、管理风险四个部分。

1. 自然环境风险

即自然环境中可能对水资源配置方案目标效益产生影响的因素。例如研究区域规划年降雨、径流因素。地表水可供水量与地下水可供水量大小与当地降雨条件息息相关,降雨量预测指标若与实际值相差较大,则区域内供水量也会随之改变,那么水资源配置方案的目标效益必然会受到影响。

2. 社会经济风险

即由于规划年社会经济发展的随机性导致水资源配置方案目标效益受到影响的因素。例如人口总量指标或产业增长速率指标等。由于配置方案生成过程中社会经济类指标大多是经预测后确定一个量化指标,并不是实际值,因此若这类指标预测值与实际值之间偏差较大,那么水资源配置方案也可能无法达到目标效益值。

3. 工程设施风险

即由于区域内工程设施建设完善程度影响水资源配置方案目标效益值的风险。例如取水、调水或污水处理等工程建设情况。研究区域规划期内可能对工程的建设运营进行调整或对水处理工艺进行优化升级,这会直接影响区域内可供水量的大小,因此水资源配置方案风险也应包括工程风险。

4. 管理风险

即由于人为管理水平的变化而导致水资源配置方案产生风险的因素。例如生活、产业和农业水价的制定。合适的供水价格将引导合理的资源配给量,且不同的水价会直接导致配置方案的经济效益受到影响,因此,若规划期内水价产生变化,将直接导致水资源配置方案无法达到预期效益。

以上风险因素,可根据不同研究区域的具体情况进行适当的增删,以符合区域实际情况为准。

5.3.3 风险估计

目前应用于水资源系统风险评估的常用计算方法,有基于概率论和数理统计的方法、重现期法、蒙特卡洛模拟(Monte-Carlo)和 JC 法,此外还有模糊风险分析计算法、灰色风险分析计算法、极大熵风险分析方法等。

在水资源系统中,导致风险产生的变量之间互相影响,其相关效应难以估计,可以采取模拟计算方法对水资源配置系统可能产生的风险进行模拟分析。在制定水资源配置方案的过程中,区域规划阶段的预测指标具有一定的不确定性,在指标互相关联下生成了区域水资源配置方案。因此本章节采用概率模拟风险分析方法(蒙特卡洛模拟)来计算现有水资源配置方案的风险率。蒙特卡洛模拟又称随机试验法,其基本思想是通过数学模拟实验方法计算得出某种风险事件产生的频率,或随机变量的平均值。它以一个概率模型为基础,通过对这个概率模型分布不断地模拟实验,再根据事件结果与事件风险因素发生的内在联系构造一个可以用来描述联系的函数关系,进而计算整个事件结果发生风险的概率。因此,蒙特卡洛模拟方法可以与水资源配置方案风险估算形成一个较强的结合,其对于水资源配置方案风险分析有较好的适应性。

同时,采用专业软件(CrystalBall)进行风险率的计算。CrystalBall 是一款进行蒙特卡洛模拟的商业仿真软件,目前已成为风险预测分析、决策组合优化的必不可缺的工具。其步骤为:

(1)设定数据表,通过输入随机变化指标建立数据表。

(2)确定假设,确定指标单元格的随机数据符合的概率分布类型,同时输入分布函数关键参数,例如三角分布的最大值、最可能值、最小值,使生成的随机数据符合该分布函数。

(3)确定预测结果,在单元格中输入水资源配置模型中供需水量以及目标函数与随机指标之间的函数关系,将最终的目标效益值定义为预测指标。

(4)选择试验次数,对模拟试验次数进行设置,次数要求足够大才能保证模拟结果更精确。

(5)运行模拟,点击菜单工具栏的运行键进行模拟,如果需要改变参数重新模拟,则点击重置模拟键。

(6)查看结果,在模拟结束后,预测窗口会生成模拟的结果,生成不同的结果图,例如风险频率图、统计图及敏感度分析图表。可根据生成的结果图对方案风险及敏感性因子进行分析。

5.3.4 敏感性分析

敏感性分析(Sensitivity Analysis),就是在蒙特卡洛模型基础上,令模型中每个风险因素取值在其合理范围内变化,将因风险因子取值变动而对模拟结果产生影响的大小称为该因素的敏感性系数,其值越大,说明该风险因子对结果产生的影响越大。敏感性分析是为了找出最可能会对优化配置方案综合效益产生影响的风险因素,研究敏感性因素变动引起目标效益大小变化的程度,以此提出相应的措施来降低配置方案的风险率。敏感性分析的具体步骤如下:

(1) 根据构建的风险因素指标集,将每个风险因素列为敏感性分析的指标。

(2) 将已有的水资源优化配置方案中的各类目标效益值作为敏感性分析的目标,量化各类风险因素在取值区间内变动时对目标值的影响程度。

(3) 找出对水资源优化配置各类目标效益产生影响最大的风险因素,即该目标的敏感因子,对其敏感系数进行分析,进而采取措施来降低敏感因子对水资源优化配置方案的影响,即降低配置方案的风险率。

第六章 | 宿迁市水资源条件评估

本书现状水平年(基准年)选取 2021 年。2021 年宿迁市全市平均降水量 1 241.1 mm,比 2020 年增加 10.6%,属于丰水年。2022 年降水量为 717.7 mm,在年降水量历史系列中排 56 位,低于同期降水量的 21.5%。根据长系列降水资料的频率分析,2022 年降水频率约为 86%,接近特枯年份。为避免现状水平年为特丰特枯年,因此,本书现状水平年取 2021 年。

规划水平年:近期规划水平年为 2025 年,中期规划水平年为 2030 年,远期规划水平年为 2035 年。

本书无特殊说明,高程采用废黄河基面。

6.1 区域概况

6.1.1 自然地理

宿迁市简称宿,位于江苏省西北部,介于北纬 33°8′~34°25′,东经 117°56′~119°10′。宿迁市东距淮安市约 100 km,西邻徐州市约 117 km,北离连云港市约 120 km,南与安徽省搭界,是通往豫、皖、鲁及苏南地区的交通要道。宿迁市处于陇海经济带、沿海经济带、沿江经济带交叉辐射区,同时又是这三大经济带的组成部分。

作为江苏、安徽、山东三省之通衢,宿迁平原辽阔、资源丰富、河湖交错。宿迁市区位独特、交通便利,京沪、宁宿徐、宿新高速公路纵贯南北,盐徐高速公路横穿东西;京杭大运河、宿淮铁路、新长铁路穿境而过。

全市总面积 8 524.0 km²。宿迁也是全国唯一拥有两大著名淡水湖(洪泽湖、骆马湖)的地级市,且两大著名河流(京杭大运河、古黄河)穿境而过。其中淮河水系面积约 4 210.3 km²,沂沭泗水系面积约 4 313.7 km²;洪泽湖水面面积 878.0 km²,骆马湖水面面积 222.0 km²。

6.1.2　地形地貌

宿迁市地处鲁北南丘陵与苏北平原过渡带,主要为黄淮沂沭泗冲积平原,境内地势呈西高东低,以平原为主,西南部及北部为低矮丘陵地区。平原坡地面积 2 539 km²,占总面积的 29.8%。分布于泗阳、宿豫两县(区)黄河故道南北两侧的冲积平原,地面组分皆为黄泛冲积物;分布于沭阳县内新沂河地区的冲积平原由变质岩风化碎屑组成;分布于洪泽湖湖滨地区的湖积平原主要由灰黑色泥质黏土组成。平原地区东西高差 10~15 m。丘陵地区面积为 1 060 km²,占总面积的 12.4%,主要分布于洪泽湖西部泗洪县境内和泗阳县穿城及宿迁城区以北地区,岗脊舒缓,地面标高 20~50 m,最高 73.4 m。

6.1.3　水文地质

宿迁市位于黄淮平原的北部,其北为鲁中南低山丘陵区。在大地构造上位于华北断块区的南部边缘,处于华北断块区与扬子断块区的交界部位。基底为前震旦系泰山群变质岩类,上覆有第三系、第四系松散堆积层。第三系下部为峰山组,岩性以粉细砂和含砾中粗砂为主,局部间夹薄层黏土;上部为下草湾组,主要岩性为黏土、壤土夹中细砂薄层。第四系自上而下分为三层:第一层为海陆交替沉积层,第二层为冲洪积层,第三层为冰水沉积层。该区出露太古界—下元古界胶东群变质岩系,基底岩石由黑云斜长片麻岩、石英岩、角闪斜长片麻岩等组成;构造复杂,断裂发育,郯城-庐江(郯庐)断裂带通过本区。

郯城-庐江断裂带是我国东部大陆最重要的断裂构造带之一,NNE 向延长约 850 km,地表宽度 20~40 km,断裂带自东而西由四条连续良好的主干断裂组成,郯庐断裂带属于超壳断裂带,对应于一条显著的地幔隆起带,沿带的莫霍面埋深 30 km,而其东西两侧的埋深则分别为 31 km 和 33~36 km。

在宿迁附近,一组北东向新生代以来活动的断裂与郯庐断裂带相交。郯庐断裂为一深大断裂,在遥感影像上极为明显,延伸规模大,演化时间长,是重要的地震活动带,现今仍在继续活动。郯庐断裂带在宿迁地区的活动性以宿迁为转折点,北段较南段强,根据观测,新构造变形主要集中在宿迁以北的中、北段,是历史强震的发生段,而南段变形相对较弱;由宿迁到安徽嘉山一带,郯庐断裂带活动性中等,历史上沿该段断裂发生的地震最大震级为 5.5 级,断裂活动所影响到的最新地层为晚更新统,没有发现全新世以来的活动断层和明显的位移踪迹。

6.1.4　社会经济

宿迁市辖沭阳、泗阳、泗洪三县和宿豫区、宿城区两个区,共有 67 个乡镇和 28 个街道办事处。2021 年,全市户籍总人口 590.86 万人,比上年下降 0.2%;常住人口为 499.90 万人,比上年增加 1.08 万人,增长 0.2%,连续十年平稳增长。

宿迁自然条件优越,境内土地肥沃,物产丰富,是鱼、米、酒之乡,是陇海经济带、沿海经济带、沿江经济带的交叉辐射区。随着改革开放的不断深入,经济社会的快速发展,该市城市建设发展步伐加快,城市人口不断增加,城市规模不断扩大。

2021 年宿迁全市实现地区生产总值 3 719.01 亿元,比上年增长 9.1%。其中,第一产业增加值 353.03 亿元,增长 3.1%;第二产业增加值 1 613.47 亿元,增长 9.9%;第三产业增加值 1 752.51 亿元,增长 9.5%。人均 GDP 达74 476 元。全市三次产业结构为 9.5:43.4:47.1。

全年粮食播种面积 904.72 万亩,比上年减少 0.18 万亩;粮食平均单产 452.75 kg/亩,比上年增加 0.25 kg/亩;粮食总产量 409.61 万 t,比上年增加 0.15 万 t。其中,夏粮种植面积 443.51 万亩,单产 384.16 kg/亩,总产 170.38 万 t;秋粮种植 461.21 万亩,单产 518.71 kg/亩,总产 239.23 万 t。

工业生产高位增长。2021 年,全市规模以上工业总产值比上年增长 31.9%,较上年提升 21.6 个百分点。企业效益增长平稳。全市规模以上工业实现营业收入 3 568.09 亿元,比上年增长 22.5%;实现利润总额 297.65 亿元,增长 6.3%。

6.1.5　河流水系

6.1.5.1　水系概况

淮河流域包括淮河和沂沭泗两大水系,废黄河处在分水岭地带,以南属于淮河水系,以北属于沂沭泗水系。淮河水系流域面积 18.9 万 km^2,其中宿迁市约 4 210.3 km^2,涉及泗阳、泗洪、宿豫、宿城等县区;沂沭泗水系流域面积 7.8 万 km^2,其中宿迁市约 4 313.7 km^2,涉及沭阳、泗阳、宿豫、宿城等区县。

1. 淮河水系概况

淮河发源于河南省桐柏山,流经河南、安徽,至江苏扬州三江营入江,全长约 1 000 km,总落差约 200 m。王家坝以上为上游,王家坝至洪泽湖三河闸为中游,洪泽湖以下为下游。淮河流域曾于 1931 年、1954 年、1991 年、2003 年发生较大洪水。上述洪水年份,洪泽湖最高水位(蒋坝水位,下同)分别为 16.25 m(废黄河零点,下同)、15.23 m、14.06 m、14.37 m。洪泽湖设计水位 16.0 m,相应库容 111.2 亿 m³。洪泽湖主要泄洪河道为入江水道、入海水道、分淮入沂工程。

淮河入江水道自三河闸至三江营,全长 158 km,设计行洪流量 12 000 m³/s。三河闸自建成后,历次大水期间最大泄洪流量分别为:1954 年 10 700 m³/s、1991 年 8 450 m³/s,2003 年 9 270 m³/s。

淮河入海水道西自洪泽湖二河闸,东至滨海县扁担港,全长 163.5 km。工程分两期实施,近期工程设计行洪流量 2 270 m³/s,强迫行洪流量 2 890 m³/s,使洪泽湖的防洪标准从 50 年一遇提高到 100 年一遇;远期工程设计行洪流量 7 000 m³/s,洪泽湖防洪标准可进一步提高到 300 年一遇。一期工程在 2003 年大水期间已投入运行,行洪流量为 1 870 m³/s。

分淮入沂工程南自洪泽湖二河闸,向北经沭阳闸入新沂河,设计分淮入沂流量 3 000 m³/s,全长 97.6 km,由二河和淮沭河两段组成,二河在淮安市境内,淮沭河流经沭阳、泗阳二县。1991 年大水,首次启用淮沭河分淮入沭,最大行洪流量 1 270 m³/s,沭阳闸上水位 11.05 m(7 月 17 日)。2003 年大水,再次启用淮沭河分淮入沂,最大行洪流量 1 720 m³/s,沭阳闸上水位 11.98 m(7 月 17 日),为历史最高水位。

2. 沂沭泗水系概况

沂沭泗水系是沂河、沭河、泗河水系的总称。沂河发源于鲁山南麓,流经山东省临沂市和江苏省新沂市,在新沂市苗圩入骆马湖。沭河发源于沂山,与沂河平行南下,至山东临沭县大官庄分成两支,南流为老沭河,在新沂市口头村入新沂河;东流入新沭河,经石梁河水库从临洪口入海。泗河汇集沂蒙山西麓白马河、城河和大沙河等来水,与南四湖以西的洙赵新河、东鱼河、复新河等来水并入南四湖,再经中运河入骆马湖。沂沭泗水系的洪水特点是峰高量大、源短流急、预见期短。沂沭泗洪水主要调蓄湖库有南四湖、骆马湖、石梁河水库,主要入海河道为新沂河和新沭河。骆马湖洪水主要经新沂河入海。根据国家防汛总指挥部有关文件规定,当骆马湖水位超过 24.5 m 并预报继续上涨时,退守宿迁大控制,启用黄墩湖滞洪区滞洪。沂沭泗地区在新中国成立后先后发生了 1957 年、1974 年大洪水。1957 年洪水黄墩湖被迫滞洪。1974 年骆马湖最高洪水位 25.47 m(洋河滩),嶂山闸泄洪 5 760 m³/s(8 月 15 日),新沂河超标行洪达 6 900 m³/s(沭阳水文站),相应洪水位 10.76 m,为历史最高水位。

6.1.5.2 主要河流湖库

宿迁市境内河道纵横交错,河网密布。境内流域性河道有淮河、怀洪新河、新汴河、新濉河、老濉河、徐洪河、中运河、淮沭河、新沂河等9条,在宿迁市境内累计长379.55 km,堤防长966.29 km;区域性河道有西沙河、西民便河、废黄河、总六塘河、邳洪河、北六塘河、大涧河、柴米河、沂南河、岔流新开河、沭新河、古泊善后河、前蔷薇河、黄泥新伍河等14条,在宿迁市境内累计长643.4 km;骨干排涝河道有老汴河、拦山河、安东河、濉河、濉北河、利民河、黄码河、高松河、成子河、马化河、朱成洼河、肖河、五河、古山河、张稿河、淮泗河、葛东河、泗塘河、小黄河、刘柴河、爱东河、颜倪河、邢马河、邢西河、柴塘河、老涧河、马河、南崇河、北崇河、塘沟河、柴南河、古屯河、柴沂河、路北河、东民便河、山东河、友谊河、虞姬沟、万公河等39条,累计长738.54 km。这些流域性、区域性河道和骨干排涝河道具有防洪、通航、调水、灌溉等综合功能,为宿迁市经济社会发展发挥了重要作用。境内流域性河湖概况如下:

1. 淮河

淮河发源于河南省桐柏山,至扬州三江营,河道全长约1 000 km,流域面积18.9万 km^2,宿迁市境内从泗洪东卡子(省界)至大柳巷船闸,河道长10.5 km,河底宽250 m,淮北大堤长11.3 km,堤顶宽6~10 m,顶高19.6~20.5 m。

2. 怀洪新河

怀洪新河西起安徽省怀远县何巷闸,东至江苏省泗洪县双沟入洪泽湖,全长126 km。其中宿迁市境内河道长26.13 km,由省界至峰山段和窑河段两段组成,两岸堤防长52.7 km,其中左堤27.3 km,右堤25.4 km。其防洪标准为淮河干流1954年型百年一遇洪水,与潆潼河40年一遇涝水组合,设计行洪流量4 710 m^3,相应峰山镇水位16.76 m,双沟引河进口水位16.12 m。

3. 新汴河

新汴河河道全长127.1 km(其中宿迁市境内18.65 km),流域面积6 640 km^2(其中宿迁市境内78 km^2),上起安徽省宿州埇桥区北4 km处的七岭子,入洪泽湖溧河洼止。流域内上游来水大,中下游地势低洼,河槽经常被上游客水所占,高出两岸地面,致使内涝无法外排,涝灾严重。新汴河在大任庄进入泗洪县境内,两岸堤防长37.3 km。堤顶高程18.9~38.6 m,顶宽10~78 m,最宽达120 m。河底高程11.9~13.8 m,底宽115 m。新汴河河道设计标准为排涝5年一遇,防洪20年一遇。

4. 新濉河

新濉河源于徐州云龙湖水库,止于宿迁市溧河洼,全长173.4 km,流域面积

2 972 km²,宿迁市境内从泗洪五里戴(省界)至溧河洼,河道长 19.0 km,两岸堤防长 32.35 km(其中左堤 13.35 km,右堤 19 km),河底高程 10.0 m,堤顶高程 17.5～21.7 m,宽 4～20 m,泗洪站警戒水位 15.66 m,保证水位 17.06 m。

5. 老濉河

老濉河源于安徽省泗县北浍塘沟,止于宿迁市溧河洼,全长 50.36 km,流域面积 626 km²,宿迁市境内从泗洪新关(省界)至溧河洼,长 29.15 km(左堤),河底高程 12.6～9.0 m,宽 30～54 m,堤顶高程 19.66～17.13 m,宽 4～6 m,泗洪站警戒水位 15.41 m,保证水位 16.86 m。

6. 徐洪河

徐洪河是贯通三湖(洪泽湖、骆马湖、微山湖)、串联三个水系(淮河、沂河、泗水)、向北调水向南排水、结合通航的多功能河道。该河道北起徐州市东郊京杭大运河,向南流经铜山、睢宁、泗洪三县,至顾勒河口入洪泽湖,全长 118.16 km,其中宿迁市境内 55.5 km;两岸堤防长 236.50 km(左堤 113.40 km,右堤 123.10 km),其中宿迁市境内堤防长 111 km(左堤长 55.5 km,右堤长 55.5 km)。境内河底高程 8.4～7.8 m,宽 45～102 m,堤顶高程 23.8～17.1 m,堤顶宽 10～22 m,目前堤防已达 20 年一遇防洪标准。

7. 中运河

中运河自苏鲁边界的黄楼村至淮阴区杨庄,全长 179.0 km,其中宿迁市境内河道长 111.15 km;两岸堤防长 295.98 km(左堤长 150.48 km,右堤长 145.5 km),其中宿迁市境内 203.87 km(左堤长 90.05 km,右堤长 113.82 km)。中运河二湾以上河道长 53 km,其中省界至大王庙为上段,长约 10.5 km,大王庙至二湾为下段,长 42.5 km。中运河是京杭大运河的一部分,既承泄沂泗洪水,又担负两岸农田灌溉、排涝的任务。

8. 淮沭河

淮沭河南起洪泽湖二河闸,北经沭阳闸入新沂河,总长 97.6 km,堤防长 173.4 km,由二河和淮沭河两段组成,是一项分淮入沂、扩大淮河洪水出路的工程,在淮沂洪水不遭遇时,设计分淮入沂流量 3 000 m³,也是充分利用淮水资源对淮北供水的人工河道。

9. 新沂河

新沂河是沂沭泗地区主要排洪河道之一,分泄上游 5.12 万 km² 的洪水,并承泄嶂山闸到沭阳段 2 322 km² 的区间汇水。从骆马湖嶂山闸起向东至燕尾港与灌河汇合入海,河长 146 km,其中宿迁境内河道长 77.8 km;两岸堤防长 290 km(左堤长 146 km,右堤长 144 km),其中宿迁市境内长 127.3 km(左堤长

60.5 km,右堤长 66.8 km)。

10. 洪泽湖

洪泽湖位于宿迁市南部,由黄河南徙夺淮而形成,是淮河中下游最大的拦洪蓄水平原湖泊型水库,具有防洪、灌溉、航运、发电、水产养殖等综合效益。洪泽湖承泄淮河上、中游 15.8 万 km² 面积来水,主要入湖河流为淮河、怀洪新河、濉河、池河、新汴河等。死水位 11.3 m,相应库容 10.45 亿 m³。正常蓄水位 13.0 m,相应水面面积 2 151.9 km²,相应库容 41.92 亿 m³。设计洪水位 16.0 m,相应水面面积 2 392.9 km²,相应库容 111.20 亿 m³。

11. 骆马湖

骆马湖位于宿豫区、新沂市的交界处,是沂沭泗流域的主要湖泊之一,也是宿迁市重要的水源地。蓄水面积 375 km²,主要拦蓄沂河洪水,承泄上中游 5.1 万 km² 的汇水。死水位 20.5 m,相应水面面积 194 km²,相应库容 2.12 亿 m³。正常蓄水位 23.0 m,相应水面面积 375 km²,相应库容 9.01 亿 m³。设计洪水位 25.0 m,相应水面面积 432 km²,相应库容 15.03 亿 m³。

6.2 水资源状况

6.2.1 降雨量

宿迁市地处亚热带向暖温带过渡地区,具有较明显的季风性、过渡性和不稳定性等气候特征,受近海区季风环流和台风的影响,形成了本地区温和湿润、雨量充沛、日照较多、霜期较短、四季分明的气候特征。宿迁市多年平均降雨量 914.9 mm,多年平均蒸发量 856.6 mm。降水量空间分布不均,总的趋势由北向南递增;降水量时间分布也不均,体现为年际变化和年内变化较大。年际间,丰水年降水量最高达 1 459.6 mm(2003 年),枯水年降水量最低为 548.6 mm(1978 年),丰枯比达 2.44∶1;年内降水量主要集中在汛期(6—9 月份),占年降水量的 70% 左右,极易形成集中暴雨,春季则多干旱。宿迁市是易旱易涝、水旱灾害频繁的地区。

2021 年宿迁全市平均降水量 1 241.1 mm,比 2020 年增加 10.6%,比多年平均偏多 35.2%,属于丰水年。全年降雨主要集中在 5—9 月份,占比约 80.9%,具体见图 6.2-1。典型代表站 5—9 月降水量占全年降水量的比值在 79.5%～83.5% 之间,平均为 81.4%。2021 年各县区典型代表站月降水量趋势见图 6.2-2。

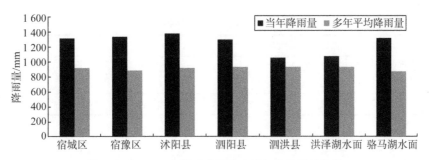

图 6.2-1　2021 年行政分区降水量与多年平均比较

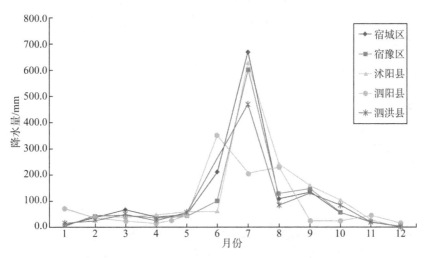

图 6.2-2　2021 年各县区典型代表站月降水量趋势图

6.2.2　水资源量

6.2.2.1　地表水资源状况

根据江苏省第三次水资源调查成果,结合《宿迁市水资源综合规划》相关成果,1980—2021 年系列宿迁市多年平均地表水资源量为 15.49 亿 m^3,最大年地表水资源量为 59.62 亿 m^3,最小年地表水资源量为-1.37 亿 m^3(湖泊蒸发量大于降雨量所致,下同),变差系数 C_v 值为 0.81,具体见表 6.2-1。由此可见,宿迁市地表水资源量年际变化较大。

2021 年全市地表水资源量 42.740 亿 m^3,相当于年径流深 501.4 mm,比 2020 年增加 31.9%,比多年平均偏多 180.4%。其中,淮河水系 15.354 亿 m^3,沂沭泗水系 27.386 亿 m^3。

表 6.2-1　宿迁市地表水资源量分析表

多年平均地表水资源量/亿 m³	最大年		最小年		C_v 值
	地表水资源量/亿 m³	出现年份	地表水资源量/亿 m³	出现年份	
15.49	59.62	2003	−1.37	1988	0.81

6.2.2.2　地下水资源状况

根据江苏省第三次水资源调查成果,结合《宿迁市水资源综合规划》相关成果,1980—2021 年系列宿迁市多年平均地下水资源量为 12.68 亿 m³,最大年地下水资源量为 20.65 亿 m³,最小年地下水资源量为 8.48 亿 m³,变差系数 C_v 值为 0.20,具体见表 6.2-2。由此可见,宿迁市地下水资源量年际变化较小。

表 6.2-2　宿迁市地下水资源量分析表

多年平均地下水资源量/亿 m³	最大年		最小年		C_v 值
	水资源量/亿 m³	出现年份	地下水资源量/亿 m³	出现年份	
12.68	20.65	2003	8.48	1988	0.20

2021 年全市地下水资源量 14.826 亿 m³,比 2020 年增加 11.4%,比多年平均偏多 16.9%。其中淮河水系 4.476 亿 m³,沂沭泗水系 10.351 亿 m³。依地貌划分,其中平原区地下水资源量为 14.263 亿 m³,占地下水资源量的 96.2%;山丘区地下水资源量为 0.593 亿 m³,仅占 3.8%。

6.2.2.3　水资源总量

根据江苏省第三次水资源调查评价的成果,结合《宿迁市水资源综合规划》相关成果,1980—2021 年系列宿迁市多年平均水资源总量为 26.85 亿 m³,最大年水资源总量为 73.44 亿 m³,最小年水资源总量为 7.03 亿 m³,变差系数 C_v 值为 0.52,具体见表 6.2-3。由此可见,宿迁市水资源总量年际变化中等偏大。

表 6.2-3　宿迁市水资源总量分析表

多年平均水资源量/亿 m³	最大年		最小年		C_v 值
	水资源总量/亿 m³	出现年份	水资源总量/亿 m³	出现年份	
26.85	73.44	2003	7.03	1988	0.52

2021 年全市水资源总量 55.104 亿 m³,比多年平均值偏多 105.2%,是

2020 年的 1.26 倍。其中,地表水资源量 42.740 亿 m³,地下水资源量 14.826 亿 m³,重复计算量 2.462 亿 m³。全市平均产水模数 64.6 万 m³。

6.2.2.4　出入境水量

根据 2010—2021 年宿迁市水资源公报,近 12 年来全市出现了偏丰水年、平水年、偏枯水年、枯水年份,基本能较好地代表宿迁市近年来降雨丰枯变化所反映出来的出入境水量变化情况。近 12 年全市多年平均入境水量为 359.8 亿 m³,2021 年全市入境水量为 449.8 亿 m³,其中淮河水系入境水量 282.0 亿 m³,沂沭泗水系入境水量 115.7 亿 m³,江、淮水北调入境水量 52.1 亿 m³。全市出境水量为 422.1 亿 m³,其中,淮河水系出境水量 228.9 亿 m³,沂沭泗水系出境水量 178.2 亿 m³,江、淮水北调出境水量 15.0 亿 m³。

6.2.3　水功能区水质情况

根据宿迁市生态环境局 2022 年 5 月 25 日发布的《宿迁市 2021 年度环境状况公报》,2021 年度考核断面质量状况如下:

全覆盖水功能区:全市 93 个水功能区,全年达标个数 38 个,达标率 40.9%;其中水资源三级分区中的蚌洪区间北岸涉及水功能区 41 个,达标个数 18 个,达标率 43.9%,高于全市平均;中运河区涉及水功能区 4 个,达标个数 4 个,达标率 100%;沂沭河区涉及水功能区 50 个,达标个数 18 个,达标率 36.0%,低于全市平均。全市境内水资源三级区中,中运河区水功能区达标率最高,为 100%;其次为蚌洪区间北岸,最低为沂沭河区。

全市省考核水功能区:全市 23 个水功能区,全年达标个数 18 个,达标率 78.3%,其中水资源三级分区中的蚌洪区间北岸涉及水功能区 9 个,达标个数 8 个,达标率 88.9%,高于全市平均;中运河区涉及水功能区 4 个,达标个数 4 个,达标率 100%;沂沭河区涉及水功能区 12 个,达标个数 9 个,达标率 75.0%,低于全市平均。全市境内水资源三级区中,中运河区水功能区达标率最高,为 100%,其次为蚌洪区间北岸,最低为沂沭河区。

国家考核水功能区:全市 12 个水功能区,全年达标个数 10 个,达标率 83.3%;其中水资源三级分区中的蚌洪区间北岸涉及水功能区 4 个,达标个数 4 个,达标率 100%;中运河区涉及水功能区 2 个,达标个数 2 个,达标率 100%;沂沭河区涉及水功能区 7 个,达标个数 5 个,达标率 71.4%,低于全市平均。全市境内水资源三级区中,中运河区、蚌洪区间北岸水功能区达标率最高,均为 100%,其次为最低为沂沭河区。

宿迁市及水资源三级区水功能区达标率统计表见表 6.2-4。

表 6.2-4　宿迁市及水资源三级区水功能区达标率统计表

水资源三级区	全覆盖			省考核			国家考核		
	参评总数	达标个数	达标率/%	参评总数	达标个数	达标率/%	参评总数	达标个数	达标率/%
蚌洪区间北岸	41	18	43.9	9	8	88.9	4	4	100
中运河区	4	4	100	4	4	100	2	2	100
沂沭河区	50	18	36	12	9	75	7	5	71.4
全市	93	38	40.9	23	18	78.3	12	10	83.3

注:表中评价因子为全指标。

6.3　水资源开发利用现状

6.3.1　现状供水工程

供水工程是指为社会和国民经济各部门提供水的全部供水设施,按不同水源和不同供水设施区分,可分为蓄水、引水、提水、地下水等工程。

6.3.1.1　河湖蓄水工程

蓄水工程主要指把降水形成的径流储蓄起来供生产、生活利用的水利工程,主要包括具有一定调节作用的水库和塘坝。宿迁市共有小型水库 39 处,其中小(1)型 15 处,小(2)型 24 处,累计集水面积 107.29 km²,总库容 4 865 万 m³,兴利库容 2 516 万 m³,累计灌溉面积 4.24 万亩。泗洪县向阳水库为宿迁市境内的最大水库,集水面积 12.14 km²,总库容 738.72 万 m³,兴利库容 333 万 m³,累计灌溉面积 7 600 亩。

6.3.1.2　引水工程

引水工程指从河道、湖泊等地表水体自流引水的工程。宿迁市引水工程主要为分布在中运河、淮沭河、新沂河、总六塘河、大涧河、岔流新开河、沭新河、怀洪新河等河道两岸沿线的涵闸。这些涵闸流量在 $10\sim100$ m³/s 之间,全市共有 27 座。总的设计最大流量为 902.07 m³/s。

6.3.1.3　外调水源

宿迁市外调水源工程主要有南水北调工程(江水北调)。南水北调东线工程

（江水北调）从长江下游调水，向黄淮海平原东部和山东半岛补充水源。

南水北调东线一期工程，主要是在江苏省江水北调泵站工程的基础上进行新建、扩建，将长江水由入江水道、灌溉总渠、二河抽送至洪泽湖，同时通过中运河、徐洪河将水送入骆马湖，南水北调东线第一期工程已于 2013 年 12 月正式建成通水。南水北调东线一期工程运行前后，骆马湖出入湖流量见表 6.3-1。

表 6.3-1　南水北调工程前后增加骆马湖翻水能力对比表

调水方式	泵站名称	原有规模/(m³/s)	南水北调东线一期工程新增规模/(m³/s)	现状调水能力/(m³/s)
入湖	皂河一站	200	0	最大为 200，南水北调期间为 100
	皂河二站	0	75	75
	邳州站	0	100	100
	合计	200	175	最大为 375，南水北调期间为 275
出湖	刘山站	50	75	125
	台儿庄站	0	125	125
	合计	50	200	250

6.3.1.4　地下水工程

宿迁市地下水开采井，主要开采层位有第Ⅱ承压含水层、第Ⅲ承压含水层以及第Ⅱ和第Ⅲ承压含水层混采。宿迁市地下水工程主要是地下水开采井，有 1 260 眼，其中市直 114 眼、宿城区 90 眼、宿豫区 82 眼、沭阳县 449 眼、泗洪县 316 眼、泗阳县 209 眼，分布最多的为沭阳县，其次为泗洪县、泗阳县。宿迁市地下水开采井数量分布情况见表 6.3-2。

表 6.3-2　宿迁市地下水开采井数量分布

序号	区域	开采层次	数量/眼	列入压采方案
1	市直	Ⅱ、Ⅲ	114	41
2	宿城区	Ⅱ、Ⅲ	90	9
3	宿豫区	Ⅱ、Ⅲ	82	2
4	沭阳县	Ⅱ、Ⅲ	449	57
5	泗洪县	Ⅱ、Ⅲ	316	14
6	泗阳县	Ⅱ、Ⅲ	209	0
合计			1 260	123

6.3.2 供水量与用水量

根据《2021 年宿迁市水资源公报》,2021 年全市总供水量 22.903 亿 m³,其中地表水供水量 22.161 亿 m³,占总供水量的 96.76%;地下水供水量 0.202 亿 m³,占总供水量的 0.88%;非常规水源供水量 0.540 亿 m³,占总供水量的 2.36%。地表水供水量中,蓄水工程供水 0.190 亿 m³,占总供水量的 0.86%;引水工程供水 8.566 亿 m³,占总供水量的 38.65%;提水工程供水 13.407 亿 m³,占总供水量的 60.49%。具体见图 6.3-1。

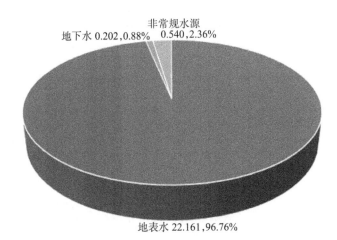

图 6.3-1　2021 年供水组成比例图

2017—2021 年五年平均总供水量 25.686 亿 m³,其中地表水供水量 24.995 亿 m³,占总供水量的 97.3%;地下水供水量 0.344 亿 m³,占总供水量的 1.3%;非常规水源供水量 0.346 亿 m³,占总供水量的 1.4%。具体见表 6.3-3。

表 6.3-3　2017—2021 年供水量统计分析表　　　　　单位:亿 m³

年份	地表水				地下水	非常规水源	总供水量
	蓄水量	引水量	提水量	小计			
2017	0.851	15.271	8.697	24.819	0.350	0.203	25.372
2018	0.833	15.127	8.438	24.398	0.274	0.232	24.904
2019	0.657	18.181	11.680	30.518	0.439	0.256	31.213
2020	0.734	14.430	7.917	23.081	0.455	0.500	24.036
2021	0.190	8.566	13.407	22.161	0.202	0.540	22.903
平均	0.653	14.315	10.028	24.995	0.344	0.346	25.686

6.3.3 用水量与用水结构

2021年全市用水总量22.903亿 m^3，其中，农田灌溉用水15.700亿 m^3，占用水总量的68.5%；林牧渔畜业用水2.313亿 m^3，占用水总量的10.1%；工业用水1.704亿 m^3，占用水总量的7.4%；城镇公共用水量0.749亿 m^3，占用水总量的3.3%；居民生活用水量2.203亿 m^3，占总用水量的9.6%；生态环境用水量0.234亿 m^3，占用水总量的1.0%。具体见图6.3-2。

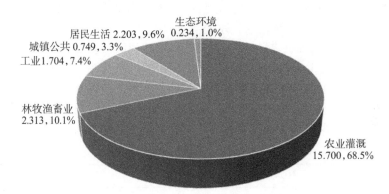

图6.3-2 2021年宿迁市用水结构图

2017—2021年年平均总用水量25.686亿 m^3，其中农田灌溉用水18.480亿 m^3，占用水总量的71.9%；林牧渔畜业用水2.323亿 m^3，占用水总量的9.0%；工业用水1.594亿 m^3，占用水总量的6.2%；城镇公共用水量0.816亿 m^3，占用水总量的3.2%；居民生活用水量2.054亿 m^3，占总用水量的8.0%；生态环境用水量0.418亿 m^3，占用水总量的1.6%。具体见表6.3-4。

表6.3-4 2017—2021年用水量统计分析表 单位：亿 m^3

年份	农田灌溉	林牧渔畜	工业	城镇公共	居民生活	生态环境	总用水量
2017	18.221	2.263	1.546	0.84	1.866	0.636	25.372
2018	17.306	2.397	1.545	0.924	1.978	0.754	24.904
2019	23.901	2.507	1.571	0.843	2.080	0.311	31.213
2020	17.271	2.137	1.604	0.725	2.145	0.153	24.036
2021	15.700	2.313	1.704	0.749	2.203	0.234	22.903
平均	18.480	2.323	1.594	0.816	2.054	0.418	25.686

6.3.4 "两区一县"水资源开发利用现状

根据前文,可知黄河故道片区(25 个乡镇街道)与水资源公报中的"两区一县"范围存在包含关系,"两区一县"范围包含黄河故道片区范围,结合《2021 年宿迁市水资源公报》,对"两区一县"以及黄河故道片区用水进行了分析统计。

6.3.4.1 "两区一县"供用水现状分析

根据《2021 年宿迁市水资源公报》,结合现场调研和座谈,2021 年"两区一县"供水情况为:2021 年地表水供水总计为 10.895 亿 m^3,地下水供水总计为 0.149 亿 m^3,其他水源供水总计为 0.729 亿 m^3,"两区一县"供水合计 11.773 亿 m^3,黄河故道片区供水合计 4.455 亿 m^3,具体见表 6.3-5;2021 年"两区一县"用水情况为:2021 年农业用水总计 8.928 亿 m^3,工业用水总计 0.904 亿 m^3,生活用水总计 1.744 亿 m^3,生态用水总计 0.197 亿 m^3,"两区一县"用水合计 11.773 亿 m^3,黄河故道片区用水合计 4.455 亿 m^3,具体见表 6.3-6。

表 6.3-5　2021 年供水统计情况　　　　　　　　　单位:亿 m^3

行政分区	地表水	地下水	其他	总计
全市合计	22.161	0.202	0.540	22.903
宿城区	4.722	0.088	0.042	4.852
宿豫区	2.970	0.041	0.174	3.185
泗阳县	3.203	0.020	0.513	3.736
县区合计	10.895	0.149	0.729	11.773
黄河故道片区范围合计	4.373	0.045	0.037	4.455

表 6.3-6　2021 年用水统计情况　　　　　　　　　单位:亿 m^3

行政分区	农业	工业	生活	生态	总计
全市合计	18.014	1.704	2.951	0.234	22.903
宿城区	3.469	0.443	0.857	0.083	4.852
宿豫区	2.537	0.247	0.348	0.053	3.185
泗阳县	2.922	0.214	0.539	0.061	3.736
县区合计	8.928	0.904	1.744	0.197	11.773
黄河故道片区范围合计	3.160	0.271	1.002	0.022	4.455

6.3.4.2 工业历年用水统计

根据 2017—2021 年宿迁市水资源公报,宿迁市 2017—2021 年多年平均工业用水量为 1.594 亿 m³，其中宿城区为 0.375 4 亿 m³，宿豫区为 0.219 2 亿 m³，泗阳县为 0.256 2 亿 m³，"两区一县"合计多年平均工业用水量为 0.850 8 亿 m³。2017—2021 年工业用水量统计表见表 6.3-7。

表 6.3-7　2017—2021 年工业用水量统计表　　　　单位:亿 m³

行政分区	2017 年	2018 年	2019 年	2020 年	2021 年
全市合计	1.546	1.545	1.571	1.604	1.704
宿城区	0.341	0.281	0.342	0.470	0.443
宿豫区	0.196	0.202	0.212	0.239	0.247
泗阳县	0.280	0.286	0.268	0.233	0.214
县区合计	0.817	0.769	0.822	0.942	0.904
黄河故道片区范围合计	0.151	0.131	0.177	0.225	0.271

6.3.4.3　综合生活历年用水统计

根据 2017—2021 年宿迁市水资源公报，宿迁市 2017—2021 年多年平均综合生活用水量为 2.870 4 亿 m³，其中宿城区综合生活用水总计 0.748 4 亿 m³，宿豫区综合生活用水总计 0.335 0 亿 m³，泗阳县综合生活用水总计 0.490 6 亿 m³，"两区一县"综合生活用水合计 1.574 0 亿 m³，黄河故道片区综合生活用水合计 0.858 0 亿 m³。2017—2021 年综合生活用水量统计见表 6.3-8。

表 6.3-8　2017—2021 年综合生活用水量统计表　　　　单位:亿 m³

行政分区	2017 年	2018 年	2019 年	2020 年	2021 年	年平均
全市合计	2.706	2.902	2.923	2.870	2.951	2.870 4
宿城区	0.610	0.666	0.833	0.776	0.857	0.748 4
宿豫区	0.326	0.323	0.336	0.342	0.348	0.335 0
泗阳县	0.464	0.516	0.463	0.471	0.539	0.490 6
县区合计	1.400	1.505	1.632	1.589	1.744	1.574 0
黄河故道片区范围合计	0.659	0.776	0.936	0.919	1.002	0.858 0

6.3.4.4　农业历年用水统计

根据 2017—2021 年宿迁市水资源公报，宿迁市 2017—2021 年多年平均农业用水量为 20.803 4 亿 m³，其中宿城区农业用水量总计 3.530 0 亿 m³，宿豫区农业用水量总计 3.067 4 亿 m³，泗阳县农业用水量总计 3.852 6 亿 m³，"两区一县"农业用水量合计 10.450 0 亿 m³,黄河故道片区农业用水量合计 3.179 0 亿 m³。2017—2021 年农业用水量统计见表 6.3-9。

表 6.3-9　2017—2021 年农业用水量统计表　　　　单位:亿 m³

行政分区	2017 年	2018 年	2019 年	2020 年	2021 年	年平均
全市合计	20.484	19.703	26.408	19.408	18.014	20.803 4
宿城区	3.551	3.295	4.380	2.955 0	3.469	3.530 0
宿豫区	3.207	2.995	3.804	2.794	2.537	3.067 4
泗阳县	3.759	3.685	5.248	3.649	2.922	3.852 6
县区合计	10.517	9.975	13.432	9.398	8.928	10.450 0
黄河故道片区合计	3.097	2.853	4.173	2.710	3.160	3.179 0

6.3.4.5　生态环境历年用水统计

根据 2017—2021 年宿迁市水资源公报,宿迁市 2017—2021 年多年平均生态环境用水量为 0.417 6 亿 m³,其中宿城区生态环境用水总计 0.108 4 亿 m³,宿豫区生态环境用水总计 0.094 0 亿 m³,泗阳县生态环境用水总计 0.071 6 亿 m³,"两区一县"生态环境用水合计 0.274 0 亿 m³,黄河故道片区生态环境用水合计 0.027 0 亿 m³。2017—2021 年生态环境用水量统计见表 6.3-10。

表 6.3-10　2017—2021 年生态环境用水量统计表　　　　单位:亿 m³

行政分区	2017 年	2018 年	2019 年	2020 年	2021 年	年平均
全市合计	0.636	0.754	0.311	0.153	0.234	0.417 6
宿城区	0.153	0.189	0.067	0.05	0.083	0.108 4
宿豫区	0.144	0.16	0.053	0.06	0.053	0.094 0
泗阳县	0.112	0.125	0.04	0.02	0.061	0.071 6
县区合计	0.409	0.474	0.16	0.13	0.197	0.274 0
黄河故道片区范围合计	0.018	0.021	0.015	0.014	0.022	0.027 0

6.3.5　基准年水资源供需分析

结合 2021 年实际统计的供用水量及经济社会发展主要指标,按照《水资源供需预测分析技术规范》(SL 429—2008)等技术要求,分别进行黄河故道片区和宿迁市基准年水资源供需分析,宿迁市基准年水资源供需分析成果见表 6.3-11,黄河故道片区基准年水资源供需分析成果见表 6.3-12。

表 6.3-11　宿迁市基准年水资源供需分析成果表　　　　单位:亿 m³

频率	需水量					工程的可供水量				缺水量
	总计	生活	农业	工业	生态	合计	地表水	地下水	其他	
现状年	22.903	2.952	18.013	1.704	0.234	22.903	22.161	0.202	0.54	0
平水年份 (P=50%)	23.170	2.952	18.260	1.704	0.254	23.170	22.428	0.202	0.54	0
枯水年份 (P=90%)	25.010	2.952	20.08	1.704	0.274	23.973	23.231	0.202	0.54	1.037

2021 年宿迁市水文年份为丰水年,现状实际用水量 22.903 亿 m³;在枯水年份($P=90\%$),需水量为 25.010 亿 m³,主要是干旱年份农业需要灌溉水量增多和河道外生态需水量增多所致,也由此增加了地表水的取水量,经测算可供水量为 23.973 亿 m³,出现约 1.037 亿 m³ 的缺水量。

2021 年黄河故道片区水文年份为丰水年,在枯水年份($P=90\%$),黄河故道片区需水量 5.023 亿 m³,主要是干旱年份农业需要灌溉水量增多和河道外生态需水量增多所致,在枯水年份因来水减少其取水量有所减少,根据计算,枯水年份黄河故道片区基准年供水量为 4.792 亿 m³。水资源供需平衡表明,黄河故道片区基准年在枯水年份缺水量为 0.231 亿 m³。

6.3.6　节水评价分析

6.3.6.1　用水水平

2021 年全市人均年综合用水量为 458.1 m³;万元 GDP(当年价)用水量为 61.6 m³;万元工业增加值(当年价)用水量为 12.6 m³;农田灌溉亩均用水量为 483.3 m³;农田灌溉水利用系数为 0.605;城镇居民生活用水量为 139.7 L/(人·d);农村居民生活用水量为 89.3 L/(人·d)。

据前文分析,"两区一县"范围是包含黄河故道片区范围的,此次黄河故道片区的用水水平指标对标"两区一县"。宿城区 2021 年人均用水量为 463.5 m³,万元 GDP 用水量为 69.12 m³,万元工业增加值用水量为 11.2 m³,城镇居民生活用水量为 158.1 L/(人·d),农村居民生活用水量为 104.7 L/(人·d),农田灌溉亩均用水量为 486.3 m³;宿豫区人均用水量为 472.0 m³,万元 GDP 用水量为 63.8 m³,万元工业增加值用水量为 12.4 m³,城镇居民生活用水量为 150.7 L/(人·d),农村居民生活用水量为 100.7 L/(人·d),农田灌溉亩均用水量为 465.4 m³;泗阳县 2021 年人均用水量为 449.6 m³,万元 GDP 用水量为 68.0 m³,

表6.3-12 黄河故道片区基准年水资源供需分析成果表

单位:亿 m³

频率	范围	需水量					合计	工程的可供水量			缺水量
		总计	生活	农业	工业	生态		地表水	地下水	其他	
现状年	黄河故道片区	4.455	1.002	3.16	0.271	0.022	4.455	4.373	0.045	0.037	0
	皂河灌区	0.824	0.195	0.590	0.034	0.005	0.824	0.817	0	0.007	
	船行灌区	1.083	0.14	0.894	0.046	0.003	1.083	1.074	0	0.009	
	运南灌区(宿城区)	0.587	0.118	0.424	0.043	0.002	0.586	0.564	0.015	0.007	
	灌区未覆盖街道(宿城区)	0.297	0.176	0.094	0.023	0.004	0.297	0.290	0.005	0.002	
	运南灌区(泗阳县)	1.098	0.162	0.884	0.049	0.003	1.098	1.076	0.015	0.007	
	灌区未覆盖街道(泗阳县)	0.566	0.211	0.274	0.076	0.005	0.567	0.552	0.010	0.005	
平水年份(P=50%)	黄河故道片区	4.680	1.002	3.380	0.271	0.027	4.68	4.598	0.045	0.037	0
	皂河灌区	0.881	0.195	0.647	0.034	0.005	0.881	0.874	0	0.007	
	船行灌区	1.105	0.14	0.915	0.046	0.004	1.105	1.096	0	0.009	
	运南灌区(宿城区)	0.609	0.118	0.445	0.043	0.003	0.609	0.587	0.015	0.007	
	灌区未覆盖街道(宿城区)	0.308	0.176	0.104	0.023	0.005	0.308	0.301	0.005	0.002	
	运南灌区(泗阳县)	1.199	0.162	0.984	0.049	0.004	1.199	1.177	0.015	0.007	
	灌区未覆盖街道(泗阳县)	0.578	0.211	0.285	0.076	0.006	0.578	0.563	0.010	0.005	

续表

频率	范围	需水量					工程的可供水量				缺水量
		总计	生活	农业	工业	生态	合计	地表水	地下水	其他	
枯水年份（P=90%）	黄河故道片区	5.023	1.002	3.718	0.271	0.032	4.792	4.71	0.045	0.037	0.231
	皂河灌区	1.031	0.195	0.795	0.034	0.007	0.914	0.907	0	0.007	0.117
	船行灌区	1.177	0.14	0.986	0.046	0.005	1.13	1.121	0	0.009	0.047
	运南灌区（宿城区）	0.643	0.118	0.478	0.043	0.004	0.627	0.605	0.015	0.007	0.016
	灌区未覆盖街道（宿城区）	0.329	0.176	0.125	0.023	0.005	0.316	0.309	0.005	0.002	0.013
	运南灌区（泗阳县）	1.242	0.162	1.026	0.049	0.005	1.218	1.196	0.015	0.007	0.024
	灌区未覆盖街道（泗阳县）	0.601	0.211	0.308	0.076	0.006	0.587	0.572	0.01	0.005	0.014

万元工业增加值用水量为 11.9 m^3，城镇居民生活用水量为 148.6 L/(人·d)，农村居民生活用水量为 100.1 L/(人·d)。

通过与 2021 年江苏省用水指标对比可知：宿迁市人均用水量、万元工业增加值用水指标、农田灌溉亩均用水量等用水效率指标均优于江苏省平均水平，万元 GDP 用水量劣于江苏省平均水平，主要是因为宿迁市农业占比较大。通过与 2021 年"两区一县"、宿迁市、江苏省、淮河流域用水指标对比可知：黄河故道片区范围万元工业增加值用水指标、农田灌溉亩均用水量等用水效率指标均优于宿迁市平均水平，万元 GDP 用水量劣于江苏省平均水平，主要是因为黄河故道片区农业占比较大。用水指标对比见表 6.3-13。

表 6.3-13　黄河故道片区用水指标对比分析

指标名称	宿迁市	宿城区	宿豫区	泗阳县	黄河故道片区范围	江苏省
人均用水量/m^3	458.1	463.5	472.0	449.6	462.0	667.3
万元 GDP 用水量/m^3	61.6	69.2	63.8	68.0	62.3	34.6
万元工业增加值用水量/m^3	12.6	11.2	12.4	11.9	12.3	19.4
城镇居民生活用水量/[L/(人·d)]	139.7	158.1	150.7	148.6	142.6	150.6
农村居民生活用水量/[L/(人·d)]	89.3	104.7	100.7	100.1	90.9	105.6
农田灌溉亩均用水量/m^3	483.3	486.3	465.4	493.3	496.4	395.1
农田灌溉水利用系数	0.605	0.611	0.605	0.610	0.609	0.618

6.3.6.2　节水潜力

1. 计算方法

（1）城镇生活节水潜力

城镇生活节水的重点是推广节水器具和减少输配水、用水环节的跑、冒、滴、漏，提高城市节水水平。此外，应大力加强节水宣传，提高公众节水意识。给水管网漏损节水潜力可分为城镇给水管网节水潜力和小区管网节水潜力。城镇给水管网节水潜力可采用下式计算：

$$SW_D = W_D^0 - W_D^0 \times (1-L_0)/(1-L_t) + R_D^0 \times J_z \times (P_t - P_0)/1\,000 \times 365$$

式中：SW_D 为生活节水潜力；W_D^0 为现状自来水厂供出的生活用水量；L_0 为现状水平年供水管网综合漏失率；L_t 为规划水平年供水管网综合漏失率；R_D^0 为现状城镇人口；J_z 为采用节水器具的日可节水量；P_0 为现状水平年节水器具普及

率；P_t 为规划水平年节水器具普及率。

（2）农业节水潜力

现状水平年实际灌溉面积要结合降水、来水情况，依据近期（3～5 年）实际灌溉面积综合确定。规划水平年亩均净灌溉水量为现有灌溉面积通过采取节水措施后达到的值（存量部分单位用水量），不能采用规划水平年全部灌溉面积亩均净灌溉水量的综合值。农业节水潜力可采用下式计算：

$$SW_A = A_0^t \times (NQ_A^0/\mu_0 - NQ_A^t/\mu_t) + (A_0 - A_0^t) \times NQ_A^0/\mu_0$$

式中：SW_A 为农业灌溉用水节水量；A_0^t 为现有灌溉面积在规划水平年存量灌溉面积；NQ_A^0 为现状各类农作物加权后亩均净灌溉水量；μ_0 为现状水平年灌溉水利用系数；NQ_A^t 为规划水平年各类农作物加权后亩均净灌溉水量；μ_t 为规划水平年灌溉水利用系数；A_0 为现有灌溉面积；$(A_0 - A_0^t)$ 为规划水平年退减灌溉面积。

为了简化计算，可以采用以下计算公式：

$$SW_A = A_0^t \times (Q_A^0 - Q_A^t) + (A_0 - A_0^t) \times Q_A^0$$

式中：Q_A^0 为现状水平年综合亩均毛灌溉水量；Q_A^t 为规划水平年综合亩均毛灌溉水量。

（3）工业节水潜力

工业节水的重点行业是火力发电、化工、造纸、冶金、纺织、水泥、食品等。在工业增加值继续增长情况下，通过产业结构战略调整和企业技术改造，控制用水量的增长。重点提高工业用水重复利用率，减少万元工业产值用水量。

规划水平年单位增加值（产品）用水量是现有工业企业通过节水改造等措施后达到的值，不能采用规划水平年全部工业单位增加值（产品）用水量值。计算公式为：

$$SW_I = V_I^0 \times (Q_I^0 - Q_I^t)$$

$$Q_I^t = (1 - \alpha)^T \times Q_I^0 \times (1 - \eta_t)/(1 - \eta_0)$$

式中：SW_I 为工业节水潜力；V_I^0 为现状水平年工业增加值或工业产品产量；Q_I^0 为现状水平年万元工业增加值取水量或单位产品用水量；Q_I^t 为规划水平年万元工业增加值取水量或单位产品用水量；α 为科技进步因子，包括节水科技进步、结构调整等综合影响系数；T 为规划期时段长度（年数）；η_0 为现状水平年工业用水重复利用率；η_t 为规划水平年工业用水重复利用率。

2. 节水潜力分析

根据节水目标与节水潜力计算方法,计算宿迁市各产业节水潜力,结果如下。

(1) 城镇节水潜力

根据《2021年宿迁市水资源公报》,宿迁市现状生活用水量为2.952亿 m^3,现状2021年供水管网漏损率为10.6%,随着全民节水意识的增强和供水管网改造,根据《宿迁市"十四五"节水型社会建设规划》,规划水平年2025年供水管网漏失率目标值为小于9.5%,按此值计算,宿迁市2025年、2030年、2035年城镇生活节水潜力分别为2 262.62万 m^3、3 450.65万 m^3 和5 003.69万 m^3。

(2) 农业节水潜力

宿迁市现状灌溉水利用系数一般,较国内节水先进地区及发达国家仍有差距,农业节水方面可通过提高灌溉水利用系数,优化种植结构,合理压缩灌溉用水、林牧渔畜用水的定额等措施挖掘农业节水潜力。2021年宿迁市农田灌溉亩均用水量483.3 m^3,2021年和近期规划年2025年农田灌溉水有效利用系数分别为0.605和0.610。根据计算,到2025年、2030年和2035年,宿迁市农业节水潜力分别为7 238.38万 m^3、12 521.07万 m^3 和21 222.46万 m^3。

(3) 工业节水潜力

根据《2021年宿迁市水资源公报》,2021年宿迁市万元工业增加值用水量为12.6 m^3,万元GDP用水量为61.6 m^3,工业用水重复利用率为91%,这些用水指标与国内外先进水平相比都还有一定的差距。因此,宿迁市应合理调整工业布局,转变经济发展方式,促进行业转型升级,以食品饮料、医药化工等行业为重点,通过推进行业节水技术改造、建设节水型企业等措施,大幅度提高工业用水效率,促进工业节水减排,实现废水"近零排放",进一步挖掘工业节水潜力。到2025年,宿迁市单位工业增加值用水量比2021年下降20%,工业用水重利用率达到91.5%,经计算,到2025年、2030年和2035年,宿迁市工业节水潜力分别为2 664.91万 m^3 和7 099.83万 m^3。

(4) 综合节水潜力

根据上述计算,至2025、2030和2035年,宿迁市综合节水潜力分别为12 165.91万 m^3、20 295.36万 m^3 和33 325.98万 m^3。

3. 节水措施

(1) 加强节水宣传,提高公众节水意识

增强社会节水自觉,一是做好教育引导,强化认识。做好丰水地区节水工作,首先要唤醒公众节约意识,扭转人们对水资源"取之不尽、用之不竭"的错误

观念,充分认识水资源的稀缺性以及节水对生态文明建设的重要性。通过广播、电视、报纸、新媒体等手段,以及举办"世界水日""中国水周"宣传活动等多种途径,向社会公众宣传节水的重要性。同时,探索可向社会复制推广的节水模式,示范带动各行业节水载体建设,形成良好社会氛围。二是明确目标任务,夯实责任。以落实《宿迁市节水行动实施方案》为统领,全面评估"十三五"节水成效。按照宿迁市节水"十四五"规划关于节水成效、节水型社会建设、节水载体创建等主要指标任务,坚持目标导向、列出责任清单、明确完成时限,进一步夯实各行业各部门的节水责任。

(2)实行计划用水和定额管理

加强生活用水管理。针对不同类型的用水,实行不同的水价,以价格杠杆促进节约用水和水资源的优化配置。鼓励用水单位采用节水措施,并对超计划用水的单位给予一定的经济处罚。居民住宅用水全面实现分户装表,计量收费,严格执行阶梯式水价。在当前阶梯式水价的基础上,适时对居民用水推行定额管理制度,强化公共用水和自建设施供水的计划管理,确定服务业的用水定额,并实行严格的计划管理。

(3)全面推广节水型用水器具

全市把非节水器具改造作为创建节水型社会示范区和提高居民节水意识的一项重要任务,采取切实有效措施,狠抓改造任务。积极推广质优高效、性价比高,具有有效标识的节水新技术和节水器具,推广节水型龙头、便器和沐浴设施。新建、改建、扩建的公共和民用建筑,禁止继续使用国家明令淘汰的用水器具,水务、质监、工商、教育、城管等部门加大监管力度,组织专项执法行动,从源头上制止非节水用水器具的使用。到2025年,节水型器具普及率达到100%。

(4)加快供水管网技术改造,降低输配水管网漏损率

对供水管网进行全面普查,建立完备的供水管网技术档案,制定供水管道维修和更新改造计划,加大新型防漏、防爆、防污染管材的更新力度。大口径管材优先考虑应力钢筒混凝土管;中等口径管材优先采用塑料管和球墨铸铁管,逐步淘汰灰口铸铁管;小口径管材优先采用塑料管,逐步淘汰镀锌管。加强自用水的管理,完善管网检漏制度,推广先进的检漏技术,提高检测手段,降低供水管网漏损率。

(5)加大生活污水处理与回用力度

根据现状非常规水资源利用和水资源配置分析,宿迁市规划期内非常规水源利用重点工程主要为污水处理回用。加强非常规水源利用,开展节水工业、高耗水行业节水技术研究与推广,铺设再生水供水管道,推行低影响开发建设模

式,城市建设注重雨水收集利用,道路两侧逐步配套建设雨水蓄水设施。

宿迁市在未来改建和扩建过程中,应积极建设生活污水集中排放和处理设施,在规划建设污水处理设施的同时,安排污水回用设施的建设。对于大型公共建筑和供水管网覆盖范围外的自备水源单位,推广建设中水系统,并在试点基础上逐步扩大居住小区中水系统建设的推行实施范围。绿化和道路浇洒应优先采用再生水。

（6）实施农业节水技术,实行节水灌溉

①利用渠道防渗技术。该技术也是节水灌溉领域的常用技术,主要是在灌溉渠道的建设中,在渠道底部和边缘增设防水层,像复合防渗、塑料薄膜和混凝土板等都是良好的防渗材料。实践表明,利用衬砌防渗能够有效控制灌溉过程的渗水量,减少渗水量60%～70%;如果使用混凝土护面,还能将渗水减少量加以提升,可超过80%;使用塑料薄膜作为防渗材料,能够将渗水量减少超过90%。

②利用低压管道作为输水灌溉设施。在水利工程建设中,利用混凝土管、塑料管等取代传统类型渠道,以降低输水期间水分的渗漏量与蒸发量,将灌溉用水的运输效率不断提升,能够更精准地控制灌溉水量。和土渠对比,低压管道不但占地面积相对较小,而且还可在管道上方土壤种植作物,从而有效提高土地利用率,同时灌溉过程节水性能优越。

③利用微灌技术。微灌技术具体包括微喷灌、滴灌以及涌泉灌等,上述技术应用的共同之处是可以按照作物对于水肥的需求量进行精准灌溉,适时适量向作物根部输送水分,有助于对地表蒸发和深层渗漏等合理控制。

6.4 水资源管控指标符合性分析

6.4.1 用水总量目标完成情况

根据宿迁市实行严格水资源管理制度和节约用水工作领导小组办公室文件《关于下达2021年度实行最严格水资源管理制度目标任务的通知》（宿水资组办〔2021〕1号）,2021年宿迁市用水总量控制在30.03亿 m³,其中,地下水用水总量4 500万 m³,农田灌溉水有效利用系数0.605。根据《2021年宿迁市水资源公报》,宿迁市现状用水量为22.903亿 m³,用水总量小于控制指标,指标尚有余量7.127亿 m³,2021年全市农田灌溉水利用系数为0.605,符合最严格水资源管理的要求。根据《关于下达2023年度实行最严格水资源管理制度目标任务的通知》(宿水资组办〔2023〕1 号),宿迁市用水总量控制指标为 27.5 亿 m³,2021 年宿迁市用水量为 22.903 亿 m³,用水总量小于控制指标,指标尚有余量 4.597 亿 m³,符合宿迁市用水总量控制要求;地下水用水总量控制在 3 500 万 m³,宿迁市现状用水量为 2 020 万 m³,地下水控制指标尚有余量 1 480 万 m³,符合宿迁市地下水用水总量控制要求。

根据前文分析,"两区一县"范围包含黄河故道片区范围,此处分析"两区一县"范围用水总量控制指标完成情况。根据《关于下达 2023 年度实行最严格水资源管理制度目标任务的通知》(宿水资组办〔2023〕1 号),宿城区用水总量控制在 3.94 亿 m³,宿豫区 3.05 亿 m³,泗阳县 4.43 亿 m³,市直(市经开区、湖滨新区、苏宿园区、洋河新区)3.2 亿 m³,《2021 年宿迁市水资源公报》中的"两区一县"(大宿城区、大宿豫区、泗阳县)用水总量控制指标总计 14.62 亿 m³,地下水用水总量控制在 1 650 万 m³。结合《2021 年宿迁市水资源公报》,2021 年"两区一县"用水总量合计 11.773 亿 m³,"两区一县"地下水用水总量合计 1 490 万 m³,"两区一县"用水总量小于控制指标,"两区一县"地下水用水总量小于地下水用水总量控制指标,符合"两区一县"用水总量控制以及地下水控制的要求。由于用水总量控制是由多年平均的来水频率计算而来,且随着降水量的变化,农业用水量变化差异较大,根据长系列降水资料的频率分析发现 2021 年为丰水年,结合 P-Ⅲ型曲线,确定了现状年与多年平均的调节系数为 1.1,依据 2021 年"两区一县"实际用水量,"两区一县"折算后的用水量为 12.43 亿 m³,即"两区一县"用水总量控制余量为 2.19 亿 m³,符合"两区一县"的用水总量控制要求。

6.4.2　用水效率完成情况

根据宿迁市实行严格水资源管理制度和节约用水工作领导小组办公室文件《关于下达 2021 年度实行最严格水资源管理制度目标任务的通知》(宿水资组办〔2021〕1 号)未对"两区一县"下达万元 GDP 用水量与万元工业增加值用水量的考核指标,根据《关于下达 2022 年度实行最严格水资源管理制度目标任务的通知》(宿水资组办〔2022〕2 号),万元 GDP 用水量较 2020 年下降了 7.6%,万元工业增加值用水量较 2020 年下降了 8%,因此黄河故道片区的考核指标参照江苏省对宿迁市下达的指标、宿迁市 2022 年对各区县下达的指标。

根据《2021 年宿迁市水资源公报》,结合《省最严格水资源管理考核和节约用水工作联席会议办公室关于下达 2022 年度实行最严格水资源管理制度目标任务的通知》(苏水资联办〔2022〕3 号)以及《关于下达 2022 年度实行最严格水资源管理制度目标任务的通知》(宿水资组办〔2022〕2 号)等文件,按 2020 年可比价计算,全市万元 GDP 用水量为 64.2 m³,较 2020 年下降 12.8％,超额完成省下达的下降 3.8％的目标;全市万元工业增加值用水量 13.4 m³,较 2020 年下降 6.4％,超额完成省下达的下降 4.0％的目标。经测算,2021 年全市农田灌溉水利用系数为 0.605,完成省下达的 0.605 的目标任务。

6.4.3 水量分配方案分配指标落实情况

根据《江苏省骆马湖水量分配方案》(江苏省水资源服务中心、中水淮河规划设计研究有限公司,2020 年 1 月),骆马湖多年平均地表水可分配水量为 12.17 亿 m³,50％、75％、90％和 95％来水频率分别为 12.39 亿 m³、13.41 亿 m³、8.26 亿 m³ 和 2.90 亿 m³。宿迁市多年平均地表水分配水量为 2.66 亿 m³,50％、75％、90％和 95％来水频率分别为 2.71 亿 m³、2.89 亿 m³、1.67 亿 m³ 和 0.48 亿 m³。宿迁市多年平均可分配地表水耗损量为 1.76 亿 m³,50％、75％、90％和 95％来水频率分别为 1.79 亿 m³、1.90 亿 m³、1.12 亿 m³ 和 0.32 亿 m³。

根据江苏省水利厅文件《省水利厅关于印发徐洪河、新通扬运河、京杭大运河(苏北段)、高邮湖、白塔河、苏南运河、池河水量分配方案的通知》(苏水资〔2022〕9 号),2030 水平年,根据分配范围内本地地表水资源量、上游来水量和用水总量控制要求,徐洪河分配范围多年平均区域地表水分配水量为 5.197 亿 m³,其中宿迁市 1.289 亿 m³。京杭大运河(苏北段)分配范围内多年平均区域地表水分配水量为 31.578 亿 m³,其中宿迁市为 5.201 亿 m³。

根据《江苏省废黄河水量分配方案》,江苏省废黄河(杨庄以上段)分配范围内多年平均区域地表水分配水量为 3.737 亿 m³,其中宿迁市为 1.382 亿 m³。

根据《江苏省洪泽湖水量分配方案》(中水淮河规划设计研究有限公司,2021 年 11 月),2030 水平年,江苏省洪泽湖水量分配范围内多年平均地表水分配水量为 11.52 亿 m³,其中宿迁市为 2.87 亿 m³。50％、75％、90％和 95％来水频率下分别为 2.98 亿 m³、3.06 亿 m³、0.86 亿 m³ 和 0.78 亿 m³。

根据宿迁市在洪泽湖、骆马湖、徐洪河、大运河、废黄河上取水许可量的统计,黄河故道片区内“两湖三河”总许可取水量约 11.770 2 亿 m³。

综上,宿迁市“两区一县”范围“两湖三河”分配指标总计 13.402 亿 m³。“两区一县”用水总量 11.773 亿 m³。黄河故道片区内“两湖三河”总许可取水量约 11.770 2 亿 m³、“两区一县”用水总量 11.773 亿 m³,小于区域分配地表水 13.402 亿 m³,符合水量分配的目标。

6.4.4 生态水位保障情况

根据《江苏省洪泽湖水量分配方案》,洪泽湖多年平均下泄水量 203.70 亿

m³,50％、75％、90％、95％来水频率下泄水量分别为 202.51 亿 m³、107.82 亿 m³、35.55 亿 m³、12.91 亿 m³。洪泽湖水位代表站为蒋坝水位站,生态水位为 11.50 m。根据《江苏省骆马湖水量分配方案》,骆马湖多年平均、50％、75％、90％、95％来水频率年下泄水量分别为 35.00 亿 m³、22.14 亿 m³、9.62 亿 m³、1.71 亿 m³、1.47 亿 m³。根据《省水利厅关于发布我省第一批河湖生态水位(试行)的通知》(苏水资〔2019〕14 号),确定骆马湖生态水位为 20.50 m。根据《省水利厅关于发布江苏省第二批河湖生态水位(试行)的通知》(苏水资〔2020〕20 号),确定徐洪河金锁镇断面生态水位为 9.80 m。

根据《市政府关于宿迁市现代水网建设规划(2023—2035)》(宿政复〔2023〕40 号)的批复,宿迁市重点河湖生态水位保障目标见表 6.4-1,其中黄河故道片区涉及洪泽湖、骆马湖、中运河、黄河故道以及徐洪河。

表 6.4-1　宿迁市重点河湖生态水位保障目标

序号	河潮名称	控制断面	生态水位/m	备注
1	洪泽湖	蒋坝	11.50	
2	骆马湖	洋河滩闸上	20.50	
3	中运河	刘老涧闸上	17.00	
		泗阳闸上	15.00	
4	黄河故道	蔡支闸下	20.33	
5	淮沭河	沭阳闸上	7.50	
6	总六塘河	复隆水文站	8.73	
7	古山河	245 省道上游 550 m 处	11.12	
8	徐洪河	金锁镇站	9.80	
9	新沂河	沭阳站	4.10	
10	西民便河	西民便河闸上	11.53	
11	刘柴河	入大涧河口处	2.70	
12	大涧河	柴米地涵(上)	2.70	
13	西沙河	韩湾站	9.95	
14	安东河	安东河闸下	11.23	

注:表中水位基面为废黄河基面。

综上,黄河故道片区各控制断面的现状水位为:洪泽湖水位代表站为蒋坝水位 13.00 m(水位基面为废黄河基面),骆马湖水位为 23.00 m,徐洪河金锁镇断面上游水位为 13.00 m,宿迁段为运河、刘老涧闸上、泗阳闸上、杨庄闸上,各段控制水位分别为 23.00 m、18.00 m、16.00 m、11.00 m。2021 年,宿迁市各段控制生态水位均得到满足。

6.5 水资源承载能力分析

6.5.1 评价方法

根据《建立全国水资源承载能力监测预警机制技术大纲》的要求,分别对水量要素(用水总量、地下水开采量)与水质要素(水功能区水质达标率)进行评价分析。具体见表 6.5-1。

表 6.5-1 水资源承载能力评价标准

要素	评价指标	承载力基线	承载状况评价			
			严重超载	超载	临界状态	不超载
水量	用水总量 W	用水总量指标 W_0	$W \geqslant 1.2W_0$	$W_0 \leqslant W < 1.2W_0$	$0.9W_0 \leqslant W < W_0$	$W < 0.9W_0$
	地下水开采量 G	地下水开采量指标 G_0	$G \geqslant 1.2G_0$	$G_0 \leqslant G < 1.2G_0$	$0.9G_0 \leqslant G < G_0$	$G < 0.9G_0$
水质	水功能区水质达标率 Q	水功能区水质达标要求 Q_0	$Q \leqslant 0.4Q_0$	$0.4Q_0 < Q \leqslant 0.6Q_0$	$0.6Q_0 < Q \leqslant 0.8Q_0$	$Q > 0.8Q_0$

在用水总量评价中,将用水总量 W 与用水总量指标 W_0 进行比较。$W \geqslant 1.2W_0$ 为严重超载,$W_0 \leqslant W < 1.2W_0$ 为超载,$0.9W_0 \leqslant W < W_0$ 为临界状态,$W < 0.9W_0$ 为不超载。将用水总量 W 与可用水总量指标 W_1 进行比较。$W \geqslant 1.2W_1$ 为严重超载,$W_1 \leqslant W < 1.2W_1$ 为超载,$0.9W_1 \leqslant W < W_1$ 为临界状态,$W < 0.9W_1$ 为不超载。在地下水开采量评价中,将地下水开采量 G 与地下水开采量指标 G_0 进行比较。$G \geqslant 1.2G_0$ 为严重超载,$G_0 \leqslant G < 1.2G_0$ 为超载,$0.9G_0 \leqslant G < G_0$ 为临界状态,$G < 0.9G_0$ 为不超载。在水功能区水质达标率评价中,将各水功能区水质达标率 Q 与水功能区水质达标率控制指标 Q_0,进行比较。$Q \leqslant 0.4Q_0$ 为严重超载;$0.4Q_0 < Q \leqslant 0.6Q_0$ 为超载;$0.6Q_0 < Q \leqslant 0.8Q_0$ 为临界状态;$Q > 0.8Q_0$ 为不超载。

6.5.2 评价结果

根据《宿迁市 2021 年水资源公报》,结合宿迁市关于下达 2021 年度最严考核目标任务通知,2021 年宿迁市用水总量 W 为 22.903 亿 m^3,用水总量指标

W_0 为 27.5 亿 m^3,可用水总量指标 W_1 为 30.32 亿 m^3,地下水开采量 G 为 0.22 亿 m^3,地下水开采量指标 G_0 为 0.35 亿 m^3,水功能区水质达标率 Q 为 78.3%,水功能区水质达标率控制指标 Q_0 为 75%,具体评价结果见表 6.5-2。根据《建立全国水资源承载能力监测预警机制技术大纲》相关要求,$W_{宿迁}<0.9W_0$ 为不超载,$G_{宿迁}<0.9G_0$ 为不超载,$Q_{宿迁}>0.8Q_0$ 为不超载,即 2021 年宿迁市用水总量、地下水开采量、水功能区水质达标率承载能力评价结果为不超载。

表 6.5-2　水资源承载能力评价结果表

指标	用水总量 W/亿 m^3	用水总量指标 W_0/亿 m^3	可用水总量指标 W_1/亿 m^3	地下水开采量 G/亿 m^3	地下水开采量指标 G_0/亿 m^3	水功能区水质达标率 Q%	水功能区水质达标要求 Q_0（自查报告)%
数值	22.903	27.5	30.32	0.22	0.35	78.3	75
系数	0.833		0.756	0.577		1.044	
结果	不超载		不超载	不超载		不超载	

6.6　存在问题和开发利用潜力分析

6.6.1　存在的主要问题

6.6.1.1　调蓄空间不足,供水网络还没有完全建立

宿迁市现有用水主要以引调水为主,分析范围境内地势平坦,水库等调蓄能力有限,蓄水能力差,而现有水源工程的布局与引水能力相对不足,由于降雨在时空上分布不均,汛期境内降雨径流、过境水等绝大部分废泄,利用率较低。古黄河为断头河,水系网络等还没有与外部水系完全连通,黄河故道中泓高滩地挡在外侧,无法自流为黄河故道补水,除需要调水时,其他时候水系不连通,河湖之间连通性差等。根据实际调查发现,河道现状管理存在"重大轻小"的现象,沿线主要蓄水建筑物和提水均由管理单位负责管理,但小型构筑物处于疏于管理状态,有的排水管涵、取水管涵甚至存在管理空白,导致有部分供水工程不能发挥应有作用。城市供水网已初步建立,农业供水灌溉网和农村供水网还有待进一步完善,总体是区域供水网还没有完全建立,区域供水不平衡现象还没有完全解决。

6.6.1.2　供水安全依然面临挑战,用水高峰期供水能力不足

宿迁市的供水水源有:一是本地水资源(包括地表水和地下水);二是经中运

河泗阳翻水站与淮沭河庄圩断面北上的江水和淮水水源；三是经皂河闸及洋河滩闸进入宿迁市的骆马湖水源；四是经邳洪河马桥断面汇入的水源。由于宿迁市地处淮河水系和沂沭泗水系的下游，外地来水的水质和水量均受上游影响较大，无法得到有效保障。

宿迁水资源总体可概括为时空分布不均、过境水多、可用水少，黄河高滩引水困难，区域蓄水能力较弱，生态用水保障明显不足，人均水资源量远远低于全国平均水平，尤其用水高峰期供水能力不足，水资源保障压力大。地下水资源利用与保护难度大，地下水监测体系不够完善，地下水利用与保护需进一步加强。

6.6.1.3 工农生水资源利用效率总体偏低，节水水平仍有提升空间

全市已全部创建成县域节水型载体，但总体水平仍有提升的余地。水资源利用效率总体偏低，农业灌溉传统漫灌方式还未有效改变，工业用水效率虽然不断提高，但与发达地区存在差距，水资源利用效率提升空间较大。

供水管网：城市综合管网漏损率紧靠考核目标，离先进值水平仍有较大差距；农村地区综合管网漏损率在 25% 以上，需加大老城区、农村老旧管网改造力度，降低管网漏损率。

农田灌溉：尽管目前创建了节水型灌区，但皂河等灌区建设时间较早，节水配套改造项目起步晚，农田灌溉水有效利用系数、节水灌溉工程面积、高效节水灌溉面积处于中等水平，距离先进值水平仍有较大差距，部分区域仍存在漫灌方式，需加大节水农业投资力度，优化农业种养殖结构，推广高效节水灌溉技术，加强农业节水的宣传力度，提高农民节水意识。

工业：工业用水重复利用率偏低，与省内先进水平有较大的差距。因此，加快节水工程建设，提高农业灌溉、工业用水效率，是今后保护水资源要解决的重要问题。

再生水利用：根据现状用水结构，全市的再生水利用率有待进一步提高，应进一步健全再生水利用管网建设，扩大再生水使用范围，对水质要求不高的工业及道路喷洒、绿化、公厕、生态补水等公共环境用水尽量使用再生水。

6.6.1.4 水资源管理精细化程度不够，管理水平有待进一步提高

围绕最严格水资源管理制度的全面深入贯彻落实，须健全水资源管理法规体系，提升水资源管理精细化程度，加大水行政管理和执法力度。此次项目调研发现各个灌区管理所的人员年龄配比出现断层，信息化的技术利用程度不高，应加强信息化的技术培训，加强水资源管理水平。

6.6.2　开发利用潜力分析

根据宿迁市实行严格水资源管理制度和节约用水工作领导小组办公室文件《关于调整"十四五"用水总量和强度控制目标的通知》(宿水资组办〔2023〕1号),2025 年宿迁市用水总量控制在 27.5 亿 m³,其中:非常规水源利用量 0.65 亿 m³,地下水用水总量 3 500 万 m³。由于用水总量控制是由多年平均的来水频率计算而来,且随着降水量的变化,农业用水量变化差异较大,因此根据长系列降水资料的频率分析发现 2021 年为丰水年,结合 P-Ⅲ型曲线,确定了现状年与多年平均的调节系数 1.1,依据全市 2021 年用水总量 22.903 亿 m³,折算后的用水量为 24.7 亿 m³,即较 2025 年宿迁市用水总量控制还有 2.8 亿 m³ 的余量。根据宿迁市取水许可量的统计情况,2023 年度取水许可总量为 25.5 亿 m³,较 2025 年宿迁市用水总量控制还有 2 亿 m³ 的余量,较 2021 年实际用水总量还有 2.597 亿 m³ 的余量。综合上述计算结果,用水总量尚有 2.597 亿 m³ 的指标余量,宿迁市尚有一定的水资源开发利用潜力。

根据《江苏省可用水量汇总核算成果》(江苏省水利厅,2021 年),到 2025 年,基于管控指标下的宿迁市可用水量为 30.83 亿 m³,基于多年平均水资源条件下的宿迁市可用水量为 30.32 亿 m³,2021 年宿迁市用水总量为 22.903 亿 m³,计算得出开源潜力为 7.417 亿 m³。

根据前文供水工程分析,按不同水源和不同供水设施区分,可分为蓄水、引水、提水、地下水工程。其中,宿迁市现状河湖蓄水工程共有小型水库 39 处,总库容 4 865 万 m³,兴利库容 2 516 万 m³,库容有限;引水工程主要为分布在中运河、淮沭河、新沂河、总六塘河、大涧河、岔流新开河、沭新河、怀洪新河等河道两岸沿线的涵闸,总的设计最大流量为 902.07 m³/s;宿迁市外调水源工程主要有江水北调工程及南水北调工程(一期),南水北调期间调入骆马湖为 275 m³/s,调出骆马湖 250 m³/s,结合南水北调工程前后增加骆马湖翻水能力的对比可知,骆马湖翻水能力提升不大;随着城区自来水管网覆盖地区地下水封井压采工作开展,地下水的年开采量也在下降。总体来看,未来宿迁市工程的供水还有一定潜力,但与用水高峰期不匹配,现状供水工程的可供水量潜力不大。

综上,宿迁市开发利用潜力主要受限于现状供水工程能力和总量控制指标。

第七章 | 宿迁黄河故道片区水资源供需分析

本书进行的需水预测前提是全面落实水资源"四水四定"和"刚性约束"制度。农业需水预测中体现"以水定地",依据《宿迁市黄河故道生态富民廊道发展总体规划(2020—2035年)》(以下简称《总体规划》)和《宿迁市高质量建设黄河故道生态富民廊道实施方案》(以下简称《实施方案》),黄河故道片区保障粮食安全,耕地保护面积为 929.53 km^2(含永久基本农田 875.87 km^2)。未来随着节水水平的提高,亩均用水量随之下降,但规划水平年黄河故道片区农业保证率提高,同时种植结构调整,规划水平年的需水量增加。因此,为了保障黄河故道片区规划水平年的用水,可通过新建工程来解决片区缺水,保证黄河故道片区水资源供需平衡。同时,进行需水合理性分析,包括与用水总量控制指标的相符性分析、与用水效率控制指标的相符性分析等,落实水资源刚性约束要求。

7.1 黄河故道片区水资源分析

依据《总体规划》《实施方案》等,确定本书研究范围为宿迁市黄河故道生态富民廊道实施建设范围,包括 25 个乡镇街道,分别为皂河镇、王官集镇、蔡集镇、支口街道、双庄街道、河滨街道、幸福街道、古城街道、项里街道、洋北街道、南蔡乡、黄河街道、洋河镇(洋河新区全域,含郑楼片区、仓集片区)、临河镇、众兴街道、城厢街道、李口镇、新袁镇、耿车镇、三棵树街道、埠子镇、龙河镇、陈集镇、来安街道、卢集镇,涉及的面积约 1 512 km^2。

7.1.1 基本概况

7.1.1.1 自然地理

黄河故道片区位于宿迁市中部,介于北纬 $33°8'\sim34°25'$、东经 $117°56'\sim$

119°10′之间。黄河故道片区涉及 1 个新区(湖滨新区)、2 个中心城区(宿城区和洋河新区)、1 个城市副中心(泗阳县城),包含 25 个乡镇街道,形成"三分在城、七分在乡"的城乡交错的格局。

7.1.1.2　地形地貌

黄河故道片区内地形整体北高南低、西高东低,其中东部古黄河流域最高,是独立的地形。古黄河横穿宿迁境内中部,堤内滩地宽约 0.05~8 km,滩地高程高出两侧地面 4~6 m。上游高、下游低,西北端滩面高程在 25.5~29.0 m,东南端滩面高程在 15.0~20.5 m,上游陡、下游缓,平均坡降 1/7 000~1/6 000。古黄河地区属低山丘陵剥蚀区地貌,介于黄河下游冲积平原与淮河平原之间,黄河故道片区地区土壤由黄河泛滥裹挟的泥沙堆积而成,堆积物的厚度达 5~10 m,土层内多有厚度不同的砂、黏夹层,夹砂层易漏水漏肥,黏土夹层易使作物受渍。其中船行灌区属黄泛冲积平原,区内地势较为平坦,自西北向东南倾斜,最高点高程 24.7 m,最低点高程 16.6 m,灌区土质为砂土。运南灌区地处宿迁南部、中运河西岸,土壤为中黏壤土,平原区农田大部分为水稻土,土层厚,耕作层 15~20 cm,局部丘陵土层较薄。皂河灌区地处宿迁市西北部,灌区以古黄河为界分为南北两个部分,北部地势较低。

7.1.1.3　水系

黄河故道片区内水网密布,从西向东主要分布有徐洪河、西民便河、黄河故道、中运河、五河、成子河等河道,其中黄河故道是沂沭泗水系与淮河水系的分水岭,北连骆马湖,南接洪泽湖。

7.1.1.4　水文气象

黄河故道片区地处江苏省北部宿迁市中部,属暖温带亚湿润季风气候,四季分明,季风盛行,秋冬季盛行东北风,春夏季盛行东南风;多年平均气温 14.2 ℃,光照充足,年平均日照总时数 2 291.6 h,无霜期 208 d,年平均气压 1 013.9 hPa,年平均降雨量 910 mm,年平均降雪天数 10 d。

7.1.2　社会经济

黄河故道片区自西北向东南,横跨宿城区、湖滨新区、市经开区、洋河新区和泗阳县。根据《总体规划》,同时参照 2018—2022 年《宿迁市统计年鉴》,宿迁市和宿城区、宿豫区、泗阳县国民经济和社会发展统计公报,2021 年黄河故道片区

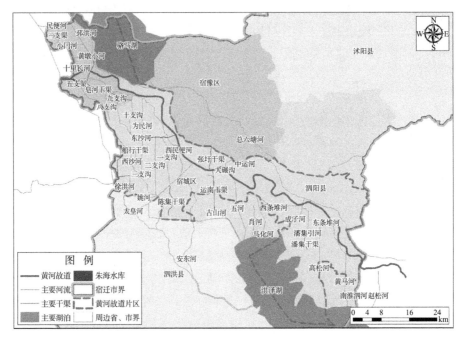

图 7.1-1　黄河故道片区现状水系示意图

人口总计 1 758 549 人,其中皂河灌区范围总计 329 484 人、船行灌区范围总计
250 980 人、运南灌区(宿城区)范围总计 198 655 人、灌区未覆盖街道(宿城
区)范围总计 284 642 人、运南灌区(泗阳县)范围总计 302 005 人、灌区未覆盖街
道(泗阳县)范围总计 392 783 人,具体见表 7.1-1。

表 7.1-1　2021 年黄河故道片区人口统计　　　　　　　单位:人

范围	分类	人口
皂河灌区小计	城镇	298 672
	农村	30 812
船行灌区小计	城镇	196 583
	农村	54 397
运南灌区(宿城区)小计	乡镇	179 170
	农村	19 485
灌区未覆盖街道(宿城区)小计	城区	283 286
	农村	1 356
运南灌区(泗阳县)小计	城镇	214 408
	农村	87 597

续表

范围	分类	人口
灌区未覆盖街道(泗阳县)小计	城区	281 129
	农村	111 654
黄河故道片区总计	城镇	1 453 248
	农村	305 301

注:运南灌区(宿城区)中的屠园镇、中扬镇和运南灌区(泗阳县)中的裴圩镇不在黄河故道片区内,本书涉及的运南灌区(宿城区)和运南灌区(泗阳县)范围均为本表中所列。

据统计,江苏省重点扶贫乡(镇)、村数量分别占故道乡(镇)、村总数的39.7%和18.23%,除去城关镇、街道、经济开发区数据外,黄河故道片区沿线各乡镇农民人均收入为7 000元左右,低于全省平均水平,农民人均收入最低为6 467元,只达到全省平均水平(11 301元)的57.2%,而生活在故道高滩地上的农民收入又低于所在县(区)农民。

7.1.3　"四大灌区"概况

根据上文的分析,黄河故道片区与"四大灌区"范围存在交叉关系,此处主要分析"四大灌区"的基本情况,四大灌区范围主要取水点规模见表7.1-2。根据《省水利厅办公室关于加快灌区取水许可证核发工作通知》(苏水办资〔2023〕12号),皂河灌区、宿城区运南灌区、船行灌区合并为古黄河灌区,设计灌溉面积2022年复核调整为82.24万亩,耕地灌溉面积58.08万亩,其中水田55.93万亩,水浇地2.15万亩,拟发证水量33 733万 m^3。泗阳运南灌区设计灌溉面积42.9万亩。

根据《总体规划》,结合实地座谈与调研,四大灌区范围现状农业作物种植面积统计数据如表7.1-3,其中皂河灌区,水稻11万亩、小麦12.5万亩、玉米1.8万亩、蔬菜2.6万亩、其他粮食作物1.1万亩、其他经济作物0.94万亩、鱼塘蟹塘1.4万亩;船行灌区,水稻18万亩、小麦18.5万亩、玉米2.2万亩、蔬菜1.5万亩、其他粮食作物1.4万亩、其他经济作物1.7万亩;运南灌区(宿城区),水稻6.3万亩、小麦7.2万亩、玉米0.56万亩、蔬菜0.32万亩、其他粮食作物0.21万亩、其他经济作物0.2万亩、鱼塘蟹塘1.5万亩;运南灌区(泗阳县),水稻14.9万亩、小麦14.2万亩、玉米2.1万亩、蔬菜1.9万亩、其他粮食作物1.2万亩、其他经济作物0.9万亩、鱼塘蟹塘0.6万亩。2021年现状灌溉用水定额见表7.1-4。

表 7.1-2　四大灌区范围主要取水点规模

工程类型			位置/水源	泵站规模/(m³/s)
古黄河灌区	皂河灌区	皂河电灌站	中运河	27
	船行灌区	船行电灌站	中运河	34.3
		秦沟站	徐洪河	4.89
		徐洼站	徐洪河	5.86
		陈集泵站	陈集干渠	7
	宿城区运南灌区	古黄河泵站	中运河	20
泗阳运南灌区		运南北渠首	中运河	38

表 7.1-3　四大灌区范围现状农业作物种植面积　　　　单位:万亩

范围	皂河灌区	船行灌区	运南灌区（宿城区）	运南灌区（泗阳县）
水稻	11	18	6.3	14.9
小麦	12.5	18.5	7.2	14.2
玉米	1.8	2.2	0.56	2.1
蔬菜	2.6	1.5	0.32	1.9
其他粮食作物	1.1	1.4	0.21	1.2
其他经济作物	0.94	1.7	0.2	0.9
鱼塘蟹塘	1.4	0	1.5	0.6

表 7.1-4　四大灌区范围农业灌溉亩均用水量　　　　单位:m³/亩

范围	皂河灌区	船行灌区	运南灌区(宿城区)	运南灌区(泗阳县)
水稻	490	486	480	495
小麦	72	57	68	70
玉米	87	79	80	85
蔬菜	89	84	85	90
其他粮食作物	80	77	78	79
其他经济作物	57	54	55	60
鱼塘蟹塘	960	953	950	980

7.1.4　土地利用现状与布局

根据《宿迁黄河故道生态富民廊道乡村产业发展规划(2021—2025 年)》,结合《宿城区统计年鉴 2018—2022 年》《泗阳县统计年鉴 2018—2022 年》,黄河故道片区总面积为 183.6 万亩,占全市总面积的 14.31%。耕地面积 85.0 万亩,占规划面积的 46.31%,占全市耕地面积的 13.06%。耕地中基本农田 63.1 万亩,占 74.2%,其中,黄河故道片区面积 30.4 万亩,占基本农田的 48.2%。根据宿迁市"三调"数据,黄河故道片区内土地总面积 108 738.94 hm^2,其中耕地 49 483.20 hm^2,占黄河故道片区总面积的 45.51%;种植园用地 2 580.75 hm^2,占总面积的 2.37%;林地 8 001.64 hm^2,占总面积的 7.36%;草地 659.23 hm^2,占总面积的 0.61%;住宅用地 12 082.77 hm^2,占总面积的 11.11%;商业服务业用地 657.13 hm^2,占总面积的 0.60%;工矿用地 5 696.96 hm^2,占总面积的 5.24%;交通运输用地 5 364.20 hm^2,占总面积的 4.93%;水域及水利设施用地 22 095.75 hm^2,占总面积的 20.32%;其他土地 671.34 hm^2,占总面积的 0.62%,具体见图 7.1-2。

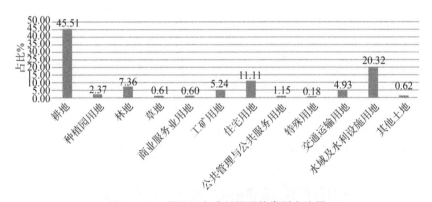

图 7.1-2　项目区土地利用现状类型占比图

7.1.5　产业发展现状与布局

7.1.5.1　产业基本概况

黄河故道是宿迁重要的灌溉水道,是宿迁市最集中、产业业态最丰富的区域。沿线乡镇产业占比相较全市一、二产稍高,三产较低。各镇产业结构区别大,洋河镇二产占比高达 82.98%;新袁镇和李口镇一产占比均超过 40%。根据《宿迁黄河故道生态富民廊道乡村产业发展规划(2021—2025 年)》,结合《宿城区统计年鉴 2018—2022 年》《泗阳县统计年鉴 2018—2022 年》,一产产值 67.3 亿元,主要包括粮食、渔业、蔬菜、林果、食用菌等种养业;二产产值 54 亿元,主要包括食品加工、饮料加工,以及新能源、新材料、纺织、新型建材、机械电子等产业;三产产值 422.0 亿元,主要以生产生活服务、餐饮等传统服务业为主,产值增幅较大。

粮食生产基础不断巩固,产量稳定,品质提升,形成四大优势特色农业,产业集聚,势头良好。黄河故道片区是粮食生产的重要地区,主导产业为稻麦产业,沿黄河故道两侧均匀分布,是黄河故道区域富饶多姿的底色。特色产业为生态渔业、绿色蔬菜、工厂化食用菌和优质水果生产产业等,沿黄河故道两侧呈片状或带状分布。具体见表 7.1-5。

表 7.1-5　农业分布情况

产业类型	分布情况
渔业产业	分布在区域北部、骆马湖沿岸(皂河镇)
林果产业	沿黄河两侧均有分布,南部桃果(李口、新袁)、中部优质苹果。梨果、葡萄(洋河)分布相对集中;中心城区南部葡萄(埠子)、北部桃、梨、葡萄、火龙果等特色品种(蔡集、王官集、皂河)分布相对分散,涉及的品种多样,其产品特性与景观效果、多片分布形态十分有利于拓展全域观光休闲旅游业态
食用菌产业	分布在南部泗阳现代农业产业园内(城厢),高度集聚
蔬菜产业	分布在中部片区(埠子、龙河、南蔡)、南部片区(城厢)

黄河故道片区内农业综合产业门类较多,新产业新业态尚处于初步发展阶段,规模较小,配套体系不完善。片区内现有王官集、蔡集、项里、埠子、龙河、洋北、洋河、众兴等 11 个"淘宝镇",花园、杨集、蚕桑等 18 个"淘宝村",电商销售总额为 9.14 亿元,其中农产品电商销售收入 5.15 亿元。

黄河故道片区农旅资源主要集中在北部环骆马湖、中部洋河、南部泗阳 3 大片区,有龙岗村、花园村、农李村、八堡村、三岔村和灯笼湖社区等 6 个乡村旅游特色村,黄河故道片区年接待游客约为 180 万人次,乡村旅游配套服务及设施场所相对不足。

田头市场在各乡镇有零散分布,已建有 3 个农产品交易市场及少量田头市场,湖滨水产交易市场年交易额为 4.8 亿元。但设备老旧问题较突出,连片规模生产区冷库配套不足,难以满足快速增长的冷链配套需求。

7.1.5.2　产业载体分布

黄河故道片区现有 5 大农业园区、4 大工业园区,覆盖面积 89.1 万亩,占总面积的 48.5%。其中,农业园区有湖滨新区骆马湖现代农业(渔业)产业园、宿城国家农业公园、宿城省级现代农业产业示范园、宿迁省级农业高新技术产业区、泗阳国家现代农业产业园;工业园区有宿迁经开区、运河宿迁港产业园、泗阳高新技术产业开发区、泗阳经开区。黄河故道片区工业、农业园区分布示意图见图 7.1-3。

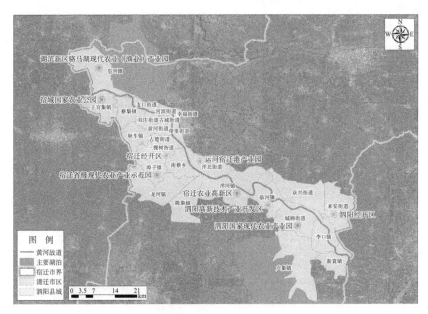

图 7.1-3　黄河故道片区工业、农业园区分布示意图

7.1.6　现状功能布局

7.1.6.1　主体功能区划

根据《江苏省主体功能区规划》,重点开发区域为宿城区、宿豫区,点状重点开发区域为沭阳县的沭城镇、贤官镇、马厂镇、韩山镇、高墟镇、胡集镇、扎下镇,泗阳县的众兴镇、新袁镇、王集镇、临河镇、裴圩镇以及泗洪县的青阳镇、梅花镇、双沟镇、界集镇、上塘镇。农产品主产区为沭阳县、泗阳县、泗洪县,以及宿城区的埠子镇、陈集镇、罗圩乡、中扬镇、屠园乡和宿豫区的丁嘴镇、关庙镇、新庄镇、保安乡、仰化镇、黄墩镇、王官集镇。禁止开发区域名录见表 7.1-6。

表 7.1-6 禁止开发区域名录表

类别	位置	名称	面积/km²	级别
省级以上风景名胜区	宿迁市	骆马湖-三台山风景名胜区	331.08	省级
	宿迁市	古黄河-运河风光带风景名胜区	49.90	省级
省级以上森林公园	宿豫区	三台山森林公园	3.84	省级

类别	位置	名称	范围
重要饮用水源地、重要湿地、清水通道维护区	市区	徐洪河清水通道维护区	徐洪河水面
		京杭大运河清水通道维护区	京杭大运河水面及宿迁市区饮用水源一、二级保护区陆域
		洪泽湖水面	未纳入自然保护区的其他水面部分
		骆马湖水面	其中包括骆马湖饮用水源保护区和骆马湖国家级水产种质资源保护区
重要饮用水源地、重要湿地、清水通道维护区	沭阳县	淮沭新河清水通道维护区	淮沭新河水面及饮用水源一、二级保护区陆域
	泗阳县	淮沭新河清水通道维护区	淮沭新河水面及饮用水源一、二级保护区陆域
		京杭大运河清水通道维护区	京杭大运河水面及饮用水源一、二级保护区陆域
		洪泽湖水面	未纳入自然保护区的其他水面部分,其中包括洪泽湖水产种质资源保护区
	泗洪县	徐洪河清水通道维护区	徐洪河清水通道维护区
		老濉河饮用水源保护区	取水口上游 3 km 至下游 1 km 水体及两岸背水坡堤脚外 100 m 的陆域
		向阳水库鸟类自然保护区	水库水面

7.1.6.2 生态空间管控区域

根据《省政府关于印发江苏省生态空间管控区域规划的通知》(苏政发〔2020〕1 号),宿迁市共划定国家级生态保护红线面积 1 641.87 km²,生态空间管控区域总面积 2 120.74 km²,分别占全市面积的 19.26%、24.88%,其中沭阳县、泗阳县、泗洪县和宿豫区生态保护红线划定比例分别为 1.31%、47.07%、19.39% 和 22.21%,红线类型主要包括洪水调蓄、水源涵养、种质资源保护、生物多样性维护等。其中黄河故道片区水源地及生态管控区域分布情况见表 7.1-7。

表 7.1-7 黄河故道片区生态管控区域分布情况

序号	水源地、生态红线名称	类别	保护区范围	备注
1	宿迁黄河故道省级湿地公园	湿地生态系统保护	宿迁黄河故道省级湿地公园总体规划中确定的范围(包括湿地保育和恢复重建区等)	国家生态红线
2	宿迁黄河故道省级森林公园	自然与人文景观保护	宿迁黄河故道省级森林公园总体规划中确定的范围(包含生态保育和核心景观区等)	
3	泗阳黄河故道省级湿地公园	湿地生态系统保护	泗阳黄河故道省级湿地公园总体规划中确定的范围(包括湿地保育和恢复重建区等)	
4	宿迁黄河故道省级湿地公园	湿地生态系统保护	宿迁黄河故道省级湿地公园总体规划中除湿地保育和恢复重建区外的其他区域	
5	废黄河-大运河重要水源涵养区	水源涵养	1. 东北至大运河泗阳境内临河镇段自西北向东南至泗阳运河四号桥,东南至运河四号桥连接线及废黄河,南至临河镇房湖中沟至废黄河,西北至宿城区边界的合围区域;2. 北至徐宿淮盐高速,东北至京杭大运河,东至淮阴区边界,西南至废黄河的合围地区	省级生态空间管控区
6	废黄河(宿豫区)重要湿地	湿地生态系统保护	废黄河及两岸各 100 m 范围	
7	废黄河(泗阳县)重要湿地	湿地生态系统保护	泗阳县境内西起临河镇熊码村、东至新袁镇新滩村段黄河故道水域,及临河镇熊码村至西安路大桥段、上海路至新袁镇新滩村段黄河故道两岸100 m 范围[其中金庄村(徐圩村)至徐淮高速段为两岸200 m 范围]	
8	废黄河(宿城区)重要湿地	湿地生态系统保护	西自王官集镇朱海村至宿城区仓集镇与泗阳交界线废黄河中心线水域及其两侧 100 m 以内区域,其中废黄河市段;通湖大道至洪泽湖路以黄河故道风光带周界为界,洪泽湖至项王路西止东岸,东至黄河路和花园路,项王路至洋河新区的徐淮路黄河大桥	

7.1.6.3 水(环境)功能区划

黄河故道水功能定位:防洪排涝骨干河道、城乡融合供水渠道、两湖沟通生态通道、黄运文化传承廊道。根据《省政府关于江苏省地表水(环境)功能区划(2021—2030 年)的批复》(苏政复〔2022〕13 号),黄河故道水功能区划为废黄河宿豫农业用水区,废黄河宿城景观娱乐区,废黄河宿豫、泗阳农业用水区,具体见表 7.1-8。

废黄河宿豫农业用水区为黄河故道源头起至蔡支闸附近。自西向东穿皂河、蔡集、双庄等镇街。全长 21.6 km,主要支流有谢庄大沟等。2021 年水质目标为Ⅲ类,共设置废黄河地涵 1 个水质监测点,于 2013 年开始监测(1 次/2 月)。

废黄河宿城景观娱乐区为蔡支闸起至船行枢纽附近,位于黄河故道中游区段,自西向东南穿宿城区。全长 17.4 km,主要支流河道有吴大沟等。2021 年水质目标为Ⅲ类,共设置黄河二桥、船行电灌站 2 个水质监测点,于 2013 年开始监测(6 次/每年)。

废黄河宿豫、泗阳农业用水区为船行枢纽起至新袁闸附近。全长 73 km,主要支流河道有五河、吴大沟,长河、临西大沟等。2021 年水质目标为Ⅲ类,共设置芦塘(废)、桥北大桥 2 个水质监测点,于 2013 年开始监测(1 次/月)。

表 7.1-8　宿迁市黄河故道省级水功能区划统计表

序号	功能区名称	长度/km	2021 年目标水质	2021 年实测水质	2030 年目标水质
1	废黄河宿豫农业用水区	12.7	Ⅲ	Ⅲ	Ⅲ
2	废黄河宿城景观娱乐区	60.5	Ⅲ	Ⅲ	Ⅲ
3	废黄河宿豫、泗阳农业用水区	41	Ⅲ	Ⅲ	Ⅲ

7.1.7　区域现状水资源开发利用

7.1.7.1　黄河故道片区现状供水分析

根据《2021 年宿迁市水资源公报》,结合现场调研和查阅相关资料,黄河故道片区范围内供水合计 4.455 亿 m³,其中地表水供水 4.373 亿 m³,地下水供水 0.045 亿 m³,其他水源供水 0.037 亿 m³,2021 年供水统计情况见表 7.1-9。

表 7.1-9　2021 年供水统计情况　　　　　　单位:亿 m³

行政分区	地表水	地下水	其他	总计
皂河灌区	0.817	0.000	0.007	0.824
船行灌区	1.074	0.000	0.009	1.083
运南灌区(宿城区)	0.564	0.015	0.007	0.586
灌区未覆盖街道(宿城区)	0.289	0.005	0.002	0.297
运南灌区(泗阳县)	1.076	0.015	0.007	1.098
灌区未覆盖街道(泗阳县)	0.552	0.010	0.004	0.567
黄河故道片区范围合计	4.373	0.045	0.037	4.455

注:运南灌区(宿城区)中的屠园镇、中扬镇和运南灌区(泗阳县)中的裴圩镇不在黄河故道片区内,本书涉及的运南灌区(宿城区)和运南灌区(泗阳县)范围均为本表中所列。

综上供水统计情况,皂河灌区供水 0.824 亿 m³,船行灌区供水 1.083 亿 m³,运南灌区(宿城区)供水 0.586 亿 m³,灌区未覆盖街道(宿城区)供水 0.297 亿 m³,运南灌区(泗阳县)供水 1.098 亿 m³,灌区未覆盖街道(泗阳县)供水 0.567 亿 m³。

7.1.7.2 黄河故道片区现状用水分析

根据《2021 年宿迁市水资源公报》,结合现场调研和查阅相关资料,黄河故道片区范围内用水量合计 4.455 亿 m³,其中农业用水 3.160 亿 m³,工业用水 0.271 亿 m³,生活用水 1.002 亿 m³,生态用水 0.022 亿 m³,2021 年用水统计情况见表 7.1-10。

表 7.1-10　2021 年用水统计情况　　　　　　单位:亿 m³

行政分区	农业	工业	生活	生态	总计
皂河灌区	0.590	0.034	0.195	0.004	0.824
船行灌区	0.894	0.046	0.140	0.003	1.083
运南灌区(宿城区)	0.424	0.043	0.118	0.002	0.586
灌区未覆盖街道(宿城区)	0.094	0.023	0.176	0.004	0.297
运南灌区(泗阳县)	0.884	0.049	0.162	0.003	1.098
灌区未覆盖街道(泗阳县)	0.274	0.076	0.211	0.005	0.567
黄河故道片区范围合计	3.160	0.271	1.002	0.022	4.455

注:运南灌区(宿城区)中的屠园镇、中扬镇和运南灌区(泗阳县)中的裴圩镇不在黄河故道片区内,本书涉及的运南灌区(宿城区)和运南灌区(泗阳县)范围均为本表所列。

综上用水统计情况,皂河灌区用水总计 0.824 亿 m³,船行灌区用水总计 1.083 亿 m³,运南灌区(宿城区)用水总计 0.586 亿 m³,灌区未覆盖街道(宿城区)用水总计 0.297 亿 m³,运南灌区(泗阳县)用水总计 1.098 亿 m³,灌区未覆盖街道(泗阳县)用水总计 0.567 亿 m³。2021 年黄河故道片总用水为 4.455 亿 m³。

7.1.7.3 黄河故道片区生态补水情况

除生态环境用水外,在农田灌溉用水有余量时,灌区将进行生态补水。根据查阅相关资料和现场调研,黄河故道片区范围内河道如古黄河、西民便河、东沙河等生态补水主要依靠皂河灌区、宿城运南灌区、泗阳运南灌区和龙岗枢纽,河道生态补水多年平均总量为 10 919.14 万 m³,具体详见表 7.1-11。

表 7.1-11 黄河故道片区范围内河道生态补水量统计表 单位:万 m³

工程名称	水源	2017 年	2018 年	2019 年	2020 年	2021 年	年平均
皂河灌区	中运河	1 754.5	2 220.5	2 003.6	2 306.9	2 310.2	2 119.14
宿城运南灌区		2 000	2 000	2 000	2 000	2 000	2 000
泗阳运南灌区		2 000	2 200	1 900	2 300	2 200	2 120
龙岗枢纽	骆马湖	4 680	4 680	4 680	4 680	4 680	4 680
合计		10 434.5	11 100.5	10 583.6	11 286.9	11 190.2	10 919.14

7.1.7.4 节水评价分析

1. 用水水平

参照《规划和建设项目节水评价技术要求》(办节约〔2019〕206 号),按各地水资源条件和经济社会发展水平的差异,为便于地区间用水效率横向比较,将全国划分为 6 大评价类型分区,并给出了节水评价指标及其参考值。按照全国分区,江苏省划分在东南区,全国节水指标和参考值见表 7.1-12。

表 7.1-12 全国节水指标和参考值

指标	全国[1]	东南区[2]		
		平均水平	先进省水平	先进市水平
万元工业增加值(当年价)用水量/m³	28.2	31.6	13.3	8.8
工业用水重复利用率/%	89.5	87.1	88.9	93
节水器具普及率/%	66.4	72.7	100	100
公共供水管网漏损率/%	14.7	13.2	10.8	6.6
单位 GDP 用水量/m³	51.8	53	35	15
再生水利用率/%	—	15.3	22.8	22.59
农田灌溉水有效利用系数	0.568	0.565	0.736	0.736
耕地实际灌溉亩均用水量/m³	355	516	503	498

注:(1) 全国指标数据来源于 2021 年度《中国水资源公报》。

(2) 数据来源于《规划和建设项目节水评价技术要求》中的附件,东南片区指上海市、江苏省、浙江省、福建省、广东省、海南省,数据已更新到 2021 年。

根据《2021 年宿迁市水资源公报》,结合现场调研和查阅相关资料,黄河故道片区范围 2021 年人均用水量 462 m³,万元 GDP 用水量 62.3 m³,万元工业增加值用水量 12.34 m³,城镇居民生活用水量 142.6 L/(人·d),农村居民生活用水量 90.9 L/(人·d)。宿迁市宿豫区、宿城区、泗阳县用水效率相关数据:宿城区 2021 年人均用水量 463.5 m³,万元 GDP 用水量 69.18 m³,万元工业增加值用水量 11.23 m³,城镇居民生活用水量 158.1 L/(人·d),农村居民生活用水量 104.7 L/(人·d),农田亩均灌溉用水量 316.32 m³;宿豫区 2021 年人均用水量 472 m³,万元 GDP 用水量 63.8 m³,万元工业增加值用水量 12.4 m³,城镇居民生活用水量 150.7 L/(人·d),农村居民生活用水量 100.7 L/(人·d),农田亩均灌溉用水量 415.4 m³;泗阳县 2021 年人均用水量 449.65 m³,万元 GDP 用水量 68.04 m³,万元工业增加值用水量 11.87 m³,城镇居民生活用水量 148.6 L/(人·d),农村居民生活用水量 100.1 L/(人·d)。

通过与全国节水指标和参考值对比可知:黄河故道片区万元 GDP 用水量劣于全国现状平均水平、东南区现状平均水平、东南区先进省水平、东南区先进市水平、宿迁市水平,这与黄河故道片区农业占比较大有关;万元工业增加值用水指标优于全国现状平均水平、东南区现状平均水平、东南区先进省水平、宿迁市水平,但离东南区先进市水平还有一定的距离;农田灌溉水有效利用系数(0.609)先进于全国现状平均水平、东南区现状平均水平,但离东南区先进省水平、东南区先进市水平还有一定的距离,黄河故道片区与同类型区域用水指标对比见表 7.1-13。

表 7.1-13　黄河故道片区与同类型区域用水指标对比

指标名称	宿迁市	宿城区	宿豫区	泗阳县	黄河故道片区范围
人均用水量/m³	458.1	463.5	472	449.65	462
万元 GDP 用水量/m³	61.6	69.18	63.8	68.04	62.3
万元工业增加值用水量/m³	12.6	11.23	12.4	11.87	12.34
城镇居民生活用水量/[L/(人·d)]	139.7	158.1	150.7	148.6	142.6
农村居民生活用水量/[L/(人·d)]	89.3	104.7	100.7	100.1	90.9
农田灌溉亩均用水量/m³	313.3	316.32	415.4	313.3	349.4
农田灌溉水利用系数	0.605	0.611	0.599	0.61	0.609

2. 节水潜力

节水潜力为现有用水行业(农业、工业、城镇生活)在规划水平年可能节约的最大水量。不同行业节约出的水量,首先要退还挤占的生态环境用水(包括河道内生态用水和压采地下水等),其次用来满足本行业发展的用水需求,富余的水量,可在不同行业用水户之间转让。节水把供水、用水、耗水和排水等过程密切联系起来,本书对宿迁黄河故道片区现状节水潜力的计算主要考虑以下方面:农业节水主要采取农业结构调整及渠道防渗,低压管灌,推广喷灌、滴灌等高效灌溉措施,提高农田灌溉水有效利用系数、降低农田灌溉用水定额;工业节水主要通过推广节水工艺技术,发展循环用水,提高水的重复利用率,减少新水取用量;城镇节水主要依靠供水管网改造、更换节水器具等措施提高水资源利用效率。

(1)城镇节水潜力

2021 年城镇供水管网漏损率为 10%,考虑规划年期间城镇供水管网改造等工程措施的实施,确定规划水平年 2025 年、2030 年、2035 年城镇供水管网漏损率分别为 9.5%、8.5%、8%。根据黄河故道片区范围涉及的城区人口及各水平年节水器具普及率,经过计算,城镇节水潜力为 220.5 万 m^3、442.9 万 m^3、663.4 万 m^3。

(2)农业节水潜力

农田灌溉水有效利用系数为灌区实际调研数据,灌溉面积以现场调研数据结合宿迁市统计年鉴等统计数据校核,现状年农田灌溉水有效利用系数来源于灌区调查,2021 年黄河故道片区农田灌溉有效利用系数为 0.609,考虑未来节水灌溉措施,高标准农田建设规划,推求至规划年 2025 年(0.61)、2030 年(0.62)、2035 年(0.63),经过计算,农业节水潜力为 863.4 万 m^3、1 435.6 万 m^3、1 967.5 万 m^3。

(3)工业节水潜力

根据《2021 年宿迁市水资源公报》,结合现场调研和查阅相关资料,黄河故道片区现状年万元工业增加值用水量为 12.34 m^3,参考《宿迁市"十四五"水利发展规划》制定的万元工业增加值用水量下降率以及 2017—2021 年万元工业增加值用水量平均降幅,结合当地工业节水水平,确定 2025 年、2030 年、2035 年万元工业增加值用水量分别为 12.09 m^3、9.70 m^3、7.98 m^3,经过计算,工业节水潜力为 556.4 万 m^3、923.1 万 m^3、1 389.3 万 m^3。

(4)综合节水潜力

根据上述计算,至 2025 年、2030 年和 2035 年,黄河故道片区综合节水潜力分别为 1 640.3 万 m^3、2 801.6 万 m^3、4 020.2 万 m^3。

3. 现状节水存在的主要问题

(1)农业节水水平尚需提升

皂河等灌区建设时间较早,节水配套改造项目起步晚,农田灌溉水有效利用系数处于中等水平,距离先进值水平仍有较大差距,部分区域仍存在漫灌方式,需推广高效节水灌溉技术,加强农业节水的宣传力度,提高农民节水意识。

(2) 全民节水意识仍需提升,推进非传统水源利用

经过广泛的水情宣传与节水教育,社会公众对全区水情已有所认识,节水减排意识已经形成,但实际社会活动中水浪费现象还屡见不鲜,节水意识尚未转化为节水行为准则,节水宣传仍需强化。重开源、轻节约的惯性做法仍在延续,过多依赖于运河引水解决缺水问题的思路仍需转变,应积极推进雨水、再生水等非传统水源利用。

(3) 节水体制机制还没有完全建立,节水内生动力不够

黄河故道片区的节水绩效评估与考核制度等长效运行机制尚未建立,节水措施落实也有所滞后。尚未形成完善的财税引导和激励政策,水资源开发利用主体缺乏节水内生动力,难以激发用水户的自主节水投入和创新意识,特别是部分工业企业节水,资金投入主要依靠企业自筹,难以将节水变为自觉行动;在节水投入方面缺乏有效的商业模式和盈利模式,节水工程的投资经济效益不显著,难以吸引社会资本参与节水工作。

4. 节水措施方案

(1) 加快农村供水管网改造

黄河故道片区大部分以农业为主,且是城乡一体化。供水企业必须采取积极措施,加大管网检漏力度,加强管网技术改造,减少管网渗水、漏水现象,同时加强管网巡查力度,对供水管线进行定期巡检和维护,降低供水管网漏损率,提高用水效率。

(2) 在黄河故道片区推广使用节水器具

鼓励黄河故道片区采用高效率节水器具,如节水型水龙头、节水型冲便器等。推广使用优质管材、阀门;推广采用带延时自闭式水龙头或光电控制式水龙头的大便器,避免长流水现象;推广真空节水技术。控制超压出流,合理设置消防水压,限制节水器具及计量仪表的使用年限,并及时更新。

(3) 加强黄河故道片区节水宣传教育

由于受传统意识影响,水资源问题还没有引起社会各界的重视。要通过新闻媒体大力宣传节水、惜水、保护水的重要性,使人民群众充分认识浪费水、污染水的危害性,树立水危机感,从根本上转变用水观念。

(4) 加强黄河故道片区工业节水

针对黄河故道片区范围内的工业企业,应依靠科技进步,不断总结经验,积极慎重地推广应用国内外先进的节水技术,采用成熟的节水新工艺、新系统和新设备,努力降低各系统的用水量;要以经济合理和保护水环境为条件,凡是可以

重复利用的水要多次使用,做到各种水质的水都能"水尽其用",提高再生水利用率,减少污水排放,提高经济效益和社会效益。

(5)采用高效灌溉模式与技术

通过地膜覆盖,使地表蒸发水分在地膜之内汇集,然后回落到土壤中,为植物的生长提供更多水分,还能加速作物发育与生长。实践表明,利用垄膜沟灌技术,每 667 m² 农田节水量可超过 95 m³,可见节水效果优越。

利用秸秆还田技术,可达到土壤保水的目的。黄河故道片区水稻、小麦、玉米收获以后,在翻地过程中可将秸秆粉碎,并且和土壤充分混合,增加内部微生物含量,使得脲酶、接触酶和转化酶等含量提升,让土壤内部孔隙率增加,从而储存更多水分,有效提升土壤的保水能力。若作物生长对水分的需求量相对固定,那么可以适当延长灌水周期,减少灌溉水量,达到节水的目的。

7.1.8　区域污水处理现状

宿迁黄河故道片区内城镇污水处理厂共 24 个,总处理规模为 47.84 万 t/d。其中宿城区 10 座,包括:江苏润生水处理产业有限公司(宿迁市城南污水处理厂)、宿迁市洋北污水处理厂、宿城区蔡集镇污水处理厂、宿城区罗圩乡污水处理厂、宿城区王官集镇污水处理厂、宿城区埠子镇污水处理厂、宿迁耿车污水处理有限公司、宿迁市城北污水处理厂、龙河污水处理厂、陈集污水处理厂,处理能力为 11.71 万 t/d;宿迁经开区 2 座,包括:南蔡乡污水处理厂、宿迁河西污水处理厂,处理能力为 10.06 万 t/d;苏州宿迁工业园区 1 座,包括:苏宿工业园区污水处理厂,处理能力为 5 万 t/d;湖滨新区 2 座,包括:皂河镇污水处理厂、黄墩镇污水处理厂,处理能力为 0.22 万 t/d;洋河新区 1 座,包括:洋河污水处理厂,处理能力为 4 万 t/d;泗阳县 8 座,包括:李口镇污水处理厂、临河镇污水处理厂、新袁镇污水处理厂、城厢污水处理站、卢集污水处理厂、高渡污水处理厂、城北污水处理厂、泗阳城东污水处理厂,处理能力为 16.85 万 t/d。

2021 年实际处理水量 9771.726 万 t。2021 年宿迁黄河故道片区范围内 24 个污水处理厂的详细情况见表 7.1-14,执行《城镇污水处理厂污染物排放标准》(GB 18918—2002)一级 A 标准。

表 7.1-14　黄河故道区域污水处理设施基本信息汇总表

序号	区县	生产经营场所所在地址	污水处理厂名称	运营单位	排污许可证编号	设计处理能力/(万 t/d)	2021 年实际处理水量/万 t	排污许可证载明应当执行的污染物排放标准	污水种类	备注
1	宿城区	运河南路56号	江苏润生水处理产业有限公司(宿迁市城南污水处理厂)	宿迁水务集团有限公司	91321300766526524F001V	5	1361	《城镇污水处理厂污染物排放标准》(GB 18918—2002)一级 A	生活污水	
2	宿城区	洋北街道通港路	宿迁市洋北污水处理厂	江苏惠民水务有限公司	91321302MA1PAXCH15004R	1.5	252.4	《城镇污水处理厂污染物排放标准》(GB 18918—2002)一级 A	工业/生活污水	
3	宿城区	蔡集镇工业园	宿城区蔡集镇污水处理厂	江苏惠民水务有限公司	91321302MA1PAXCH15003V	0.08	19.42	《城镇污水处理厂污染物排放标准》(GB 18918—2002)一级 A	生活污水	
4	宿城区	罗圩乡罗平路	宿城区罗圩乡污水处理厂	江苏惠民水务有限公司	91321302MA1PAXCH15001Q	0.05	14.9	《城镇污水处理厂污染物排放标准》(GB 18918—2002)一级 A	生活污水	
5	宿城区	王官集镇睢皂线敬老院斜对面	宿城区王官集镇污水处理厂	江苏惠民水务有限公司	91321302MA1PAXCH15002Q	0.08	19.71	《城镇污水处理厂污染物排放标准》(GB 18918—2002)一级 A	生活污水	
6	宿城区	埠子镇新工业园区华美建材向西100 m	宿城区埠子镇污水处理厂	江苏润民水务有限公司	91321302070751M005Q	0.45	74.8	《城镇污水处理厂污染物排放标准》(GB 18918—2002)一级 A	生活污水	
7	宿城区	经济开发区隆锦路98号	宿迁联车污水处理有限公司	江苏联合水务科技有限公司	91321302053488337XR001V	2.5	386.3	《城镇污水处理厂污染物排放标准》(GB 18918—2002)一级 A	生活污水	
8	宿城区	支口街道敬老院向东300 m	宿迁市城北污水处理厂	江苏润民水务有限公司	91321302072700751M004V	1.5	232.3	《城镇污水处理厂污染物排放标准》(GB 18918—2002)一级 A	生活污水	
9	宿城区	龙河镇	龙河污水处理厂	—	—	0.3	54.2	《城镇污水处理厂污染物排放标准》(GB 18918—2002)一级 A	生活污水	

续表

序号	区县	生产经营场所地址	污水处理厂名称	运营单位	排污许可证编号	设计处理能力（万t/d）	2021年实际处理水量/万t	排污许可证载明应当执行的排放标准	污水种类	备注
10	宿城区	陈集镇	陈集污水处理厂	—	—	0.25	36.28	《城镇污水处理厂污染物排放标准》(GB 18918—2002)一级A	生活污水	
11	宿迁经开区	经开区南蔡乡绿都新城东门对面	南蔡乡污水处理厂	福建龙净环保股份有限公司	11321300014319004U006Z	0.06	10.256	《城镇污水处理厂污染物排放标准》(GB 18918—2002)一级A	生活污水	
12	宿迁经开区	大道与民便河交汇处	宿迁河西污水处理厂	宿迁富春光污水处理有限公司	91321391795388597H001Q	10	2462.7	《城镇污水处理厂污染物排放标准》(GB 18918—2002)一级A	工业污水3/生活污水7	
13	苏州宿迁工业园区	古城路15号	苏宿工业园区污水处理厂	宿迁市苏善水盛水务有限公司	91321300314013920B001U	5	890.18	《城镇污水处理厂污染物排放标准》(GB 18918—2002)一级A	工业污水6/生活污水4	
14	湖滨新区	皂河镇湖庄庄村	皂河镇污水处理厂	江苏新源水务有限公司	—	0.12	26.2	《城镇污水处理厂污染物排放标准》(GB 18918—2002)一级A	生活污水	
15	湖滨新区	黄墩镇派出所往南100 m	黄墩镇污水处理厂	江苏新源水务有限公司	—	0.1	9.4	《城镇污水处理厂污染物排放标准》(GB 18918—2002)一级A	生活污水	
16	洋河新区	洋河新区金樽路东侧	洋河污水处理厂		—	4	924.5	《城镇污水处理厂污染物排放标准》(GB 18918—2002)一级A	工业污水3/生活污水7	
17	泗阳县	李口镇众装路与南京路交叉口西侧	李口镇污水处理厂	桑德泗阳水务有限公司	hb321300500000005D001R	0.2	24.16	《城镇污水处理厂污染物排放标准》(GB 18918—2002)一级A	工业污水1/生活污水9	
18	泗阳县	临河镇振兴路东侧,徐准路南侧	临河镇污水处理厂	桑德泗阳水务有限公司	hb321300500000004F001Q	0.2	28.3	《城镇污水处理厂污染物排放标准》(GB 18918—2002)一级A	生活污水	
19	泗阳县	新袁镇东北、中裴线东侧	新袁污水处理厂	桑德泗阳水务有限公司	91321300566482944F002Y	0.3	36.6	《城镇污水处理厂污染物排放标准》(GB 18918—2002)一级A	生活污水	

续表

序号	区县	生产经营场所所在地址	污水处理厂名称	运营单位	排污许可证编号	设计处理能力/（万 t/d）	2021 年实际处理水量/万 t	排污许可证载明应当执行的排放标准	污水种类	备注
20	泗阳县	城厢街道小圩社区小圩村五组西南侧	城厢污水处理站	江苏岭源水务有限责任公司	—	0.25	35.9	《城镇污水处理厂污染物排放标准》（GB 18918—2002）一级 A	生活污水	新增，远期设计规模0.5万 t/d
21	泗阳县	卢集镇	卢集污水处理厂	—	—	0.3	45.6	《城镇污水处理厂污染物排放标准》（GB 18918—2002）一级 A	生活污水	—
22	泗阳县	高渡镇	高渡污水处理厂	—	—	0.1	23.12	《城镇污水处理厂污染物排放标准》（GB 18918—2002）一级 A	生活污水	—
23	泗阳县	泗阳城北	城北污水处理厂	—	—	7.5	1535.2	《城镇污水处理厂污染物排放标准》（GB 18918—2002）一级 A	工业污水 2/生活污水 8	—
24	泗阳县	泗阳城东	泗阳城东污水处理厂	—	—	8	1268.3	《城镇污水处理厂污染物排放标准》（GB 18918—2002）一级 A	工业污水 3/生活污水 7	—
25	合计	—	—	—	—	47.84	9 771.726	—	—	—

7.2 黄河故道片区水资源需求预测

7.2.1 开展需水预测的相关规划分析

7.2.1.1 规划背景

2018年11月,习近平总书记宣布,支持长江三角洲区域一体化发展并将其上升为国家战略。2019年发布的《长江三角洲区域一体化发展规划纲要》提出实施黄河故道造林绿化工程,建设高标准农田林网。2020年10月,党的十九届五中全会审议通过了《中共中央关于制定国民经济和社会发展第十四个五年规划和二〇三五年远景目标的建议》,会上提出要使产业链现代化水平明显提高,城乡区域发展协调性明显增强,生态文明建设实现新进步,城乡人居环境明显改善。2020年中央经济工作会议指出保障粮食安全、产业链供应链安全稳定,促进就业、扩大中等收入群体。按照中央经济工作会议部署,一是强化国家战略科技力量,二是增强产业链供应链自主可控能力,三是坚持扩大内需这个战略基点,四是全面推进改革开放,五是解决好种子和耕地问题,六是强化反垄断和防止资本无序扩张,七是解决好大城市住房突出问题,八是做好碳达峰、碳中和工作。《总体规划》将扎实推动共同富裕作为规划的重点,贯彻落实"两山"理论及十九届五中全会精神,提出了"促进城乡区域协调发展,争创省级城乡发展融合示范区"的目标。

根据市委市政府《关于制定宿迁市国民经济和社会发展第十四个五年规划和二〇三五年远景目标的建议》,未来一段时期继续统筹推进"五位一体"总体布局,协调推进"四个全面"战略布局,坚持稳中求进,坚持新发展理念,坚持以人民为中心的发展思想,坚持深化改革开放,坚持统筹发展和安全,坚持四化同步绿色跨越,坚持"六增六强"工作主线,围绕为全省"争当表率、争做示范、走在前列"贡献宿迁力量总目标,以建设改革创新先行区、长三角先进制造业基地、江苏生态大公园、全国文明诚信高地为发展定位,着力推动经济发展高质量、区域融合高标准、乡村振兴高水平、生态建设高颜值、人民生活高品质、社会治理高效能,不断把"强富美高"新宿迁建设推向前进。

面对新时期对高质量发展的要求,水利行业同样也面临一些新的挑战,在水资源趋紧和水需求增长的背景下,水成为经济发展的约束资源,亟待"以水定城、以水定地、以水定人、以水定产",把水资源作为最大的刚性约束,推动用水方式由粗放向节约集约转变,深入全面推进节水型社会建设,进一步提高用水效率,同时,加强水环境治理,落实创新、协调、绿色、开放、共享的新发展理念也是满足人民美好生活的新任务。

黄河故道生态富民廊道建设是打造宿迁市山水林田湖草生命共同体、推进水资源-经济社会-生态环境协同发展的关键手段。当前,宿迁市委市政府大力推进黄河故道生态富民廊道建设,已经完成了《总体规划》。2020年,宿迁市委市政府提出宿迁市黄河故道生态富民廊道建设计划,打造以黄河故道为主轴的全流域绿色水美生态廊道、富民增收经济廊道、城乡一体示范廊道、文旅融合展示廊道。按照宿迁市政府要求,在编制总体规划的基础上,编制水利、交通、农业农村等七个专项规划。《实施方案》中对建设范围进一步明确,围绕打造"现代农业产业集聚带、特色旅游联动发展带、城乡协调发展示范带、江苏北部千里防护林带"目标定位,深入推进绿色水美生态廊道、富民增收经济廊道、城乡一体示范廊道、文旅融合展示廊道"四个廊道"建设。

综合来看,有必要从全市经济社会可持续发展的高度,根据国家及省、市各相关部门要求,开展宿迁市黄河故道片区水资源优化配置工作,保障水资源供给、构建格局合理、功能完备、多源互补、丰枯调剂、水流通畅、环境优美的供水水网,为解决目前宿迁黄河故道生态富民廊道建设中,龙岗枢纽工程、朱海站、洋河引水工程等科学性、合理性及项目立项落地提供支撑。

7.2.1.2　规划基本概况

1. 规划期限和范围

1)《宿迁市黄河故道生态富民廊道总体规划(2020—2035年)》

规划期限:近期2025年,远期2035年。

规划范围:黄河故道宿迁境内全线及两岸街道、乡镇区域,包括泗阳县、宿城区、市经济开发区、湖滨新区、洋河镇16个乡镇(街道)。黄河故道全长约114 km,规划面积约1 210 km²。区域内人口约143万人,约占全市人口的1/4。

2)《宿迁市高质量建设黄河故道生态富民廊道实施方案》

规划期限:近期2025年,中期2030年,远期2035年。

建设范围:引领区(8个乡镇、10个街道)。省委、省政府明确的黄河故道干流沿线乡镇(街道)包括:皂河镇、王官集镇、蔡集镇、支口街道、双庄街道、河滨街道、幸福街道、古城街道、项里街道、洋北街道、南蔡乡、黄河街道、洋河镇(洋河新区全域,含郑楼片区、仓集片区)、临河镇、众兴街道、城厢街道、李口镇、新袁镇;辐射区(5个乡镇、2个街道)。结合宿迁实际同步建设的乡镇(街道):耿车镇、三棵树街道、埠子镇、龙河镇、陈集镇、来安街道、卢集镇。

3)研究范围

期限:现状年,2021年;规划年,近期2025年,中期2030年,远期2035年。

范围:《总体规划》涉及宿迁中心城区、泗阳县城和16个乡镇街道,《实施方案》涉及宿城区、湖滨新区、宿迁市经济技术开发区、洋河新区以及泗阳县等25个乡镇街道,对比《总体规划》规划范围多出耿车镇、陈集镇、河滨街道、幸福街道、古城街道、项里街道、黄河街道、卢集镇、来安街道等9个乡镇街道范围。因此,依据《总体规划》和《实施方案》确定区域范围为宿迁市黄河故道生态富民廊道全部覆盖区,25个乡镇街道涉及的面积约1 560 km²。后面所涉及的内容均为25个乡镇街道,简称黄河故道片区。

黄河故道片区覆盖范围:皂河镇、王官集镇、蔡集镇、支口街道、双庄街道、河滨街道、幸福街道、古城街道、项里街道、洋北街道、南蔡乡、黄河街道、洋河镇(洋河新区全域,含郑楼片区、仓集片区)、临河镇、众兴街道、城厢街道、李口镇、新袁镇、耿车镇、三棵树街道、埠子镇、龙河镇、陈集镇、来安街道、卢集镇等25个乡镇街道。

4)黄河故道片区范围与"两区一县"范围、"四大灌区"范围的区别及联系

(1)黄河故道片区范围与"两区一县"范围的区别及联系

黄河故道片区(25个乡镇街道)与《2021年宿迁市水资源公报》中的"两区一县"范围存在包含关系,"两区一县"范围包含黄河故道片区范围,黄河故道片区主要由大宿城区(宿城区、宿迁经济技术开发、洋河新区)全部范围、大宿豫区(湖滨新区)中的皂河镇以及泗阳县的7个乡镇街道(临河镇、李口镇、新袁镇、卢集镇、众兴街道、城厢街道、来安街道)范围组成,具体见表7.2-1。

表7.2-1 黄河故道片区与"两区一县"范围的区别及联系

序号	分区	所属区县	乡镇(街道)名称
1	宿城区	宿城区	王官集镇
2			蔡集镇
3			洋北镇
4			龙河镇
5			埠子镇
6			耿车镇
7			陈集镇
8			双庄街道
9			支口街道
10			河滨街道
11			幸福街道
12			古城街道
13			项里街道
14		宿迁经济技术开发区	南蔡乡
15			黄河街道
16			三棵树街道
17		洋河新区	洋河镇(含郑楼片区和仓集片区)
18	宿豫区	湖滨新区	皂河镇

序号	分区	所属区县	乡镇(街道)名称
19			临河镇
20			李口镇
21			新袁镇
22	泗阳县	泗阳县	卢集镇
23			众兴街道
24			城厢街道
25			来安街道

（2）黄河故道片区范围与"四大灌区"范围的区别及联系

黄河故道片区（25 个乡镇街道）与"四大灌区"覆盖的行政范围不存在包含关系，两者是交叉关系，"四大灌区"覆盖的行政范围中屠园镇、中扬镇、裴圩镇不属于黄河故道片区范围，而黄河故道片区覆盖的行政范围中支口街道、河滨街道、古城街道、项里街道、幸福街道、众兴街道、来安街道不属于"四大灌区"范围，黄河故道片区范围与"四大灌区"范围存在交叉关系，具体见表 7.2-2。

表 7.2-2　黄河故道片区范围与"四大灌区"范围的区别及联系

序号	四大灌区	所属区县	乡镇(街道)名称	备注
1		宿豫区(湖滨新区)	皂河镇	√
2			王官集镇	√
3			蔡集镇	√
4	皂河灌区	宿城区	双庄街道	√
5			黄河街道	√
6			耿车镇	√
7			三棵树街道	√
8			埠子镇	√
9	船行灌区	宿城区	龙河镇	√
10			南蔡乡	√
11			洋北街道	√
12			陈集镇	√
13			洋河镇	√
14	运南灌区 (宿城区)	宿城区	屠园镇	
15			中扬镇	

续表

序号	四大灌区	所属区县	乡镇(街道)名称	备注
16	运南灌区 (泗阳县)	泗阳县	临河镇	✓
17			裴圩镇	
18			卢集镇	✓
19			城厢街道	✓
20			李口镇	✓
21			新袁镇	✓
22	灌区未覆盖 的街道	宿城区	支口街道	✓
23			河滨街道	✓
24			古城街道	✓
25			项里街道	✓
26			幸福街道	✓
27		泗阳县	众兴街道	✓
28			来安街道	✓

注:✓为黄河故道片区范围乡镇街道,运南灌区(宿城区)中的屠园镇、中扬镇和运南灌区(泗阳县)中的裴圩镇不在黄河故道片区范围内,本书涉及的运南灌区(宿城区)和运南灌区(泗阳县)范围均为本表中所列。

2. 规划目标

充分发挥在全省率先开展黄河故道生态富民廊道建设的先发优势,围绕打造"现代农业产业集聚带、特色旅游联动发展带、城乡协调发展示范带、江苏北部千里防护林带"目标定位,深入推进绿色水美生态廊道、富民增收经济廊道、城乡一体示范廊道、文旅融合展示廊道"四个廊道"建设,充分发挥资源优势、政策优势,放大先发优势,力争实现"三个提前",即:提前完成省定目标,实现先发快至;提前形成经验成果,打造示范样板;提前建成"四个廊道",呈现现实模样,努力形成更多标志性成果,使高质量推进过程可量化、可考核、可检验。到2025年,"四个廊道"建设取得明显成效。

(1)绿色水美生态廊道基底不断夯实

黄河故道"通两湖、联周边"的互联互通水系网全面形成,全流域生态涵养、生态调节、防洪排涝、高效灌溉等功能显著提升。廊道沿线林木覆盖率达28%,河道生态水位满足度达90%,水质达标率达100%。

(2)富民增收经济廊道成效充分彰显

区域绿色转型发展体系逐步完善,沿线建成一批生态工业园区和生态农业产业园区,形成若干个一、二、三产业融合发展的富民产业集群,带动城乡居民收入水平显著提高。廊道沿线人均可支配收入、人均财政收入达到苏北五市平均水平,村级集体经营性村收入均达80万元。

（3）城乡一体示范廊道格局基本形成

城乡一体发展格局全面形成，美丽宜居城市、美丽特色城镇、美丽田园乡村的空间形态布局有机贯通，基础设施一体化与基本公共服务均等化基本实现。城乡要素双向流通机制有效建立，重点改革事项实现破题，各项试点示范取得阶段成效。廊道沿线规划发展村庄全部建成美丽宜居乡村，建设省级特色田园乡村 10 个，数字农业农村发展水平达 70%。

（4）文旅融合展示廊道内涵持续提升

黄河故道历史文化充分挖掘，沿线自然生态旅游资源有效开发，形成一批黄河故道文化之旅、酒都风情之旅、美丽田园之旅等高品位旅游线路，成为国内有一定影响的古黄河文化旅游目的地。廊道沿线年接待游客 700 万人次以上，旅游业年收入 50 亿元以上，新增 3A 级以上旅游景区 2 个。

到 2030 年，"四个廊道"建设任务全面完成，廊道沿线基本实现新型工业化、信息化、城镇化、农业现代化，基本建成现代化产业体系，综合竞争力和经济创新力大幅跃升，城乡差距明显缩小，人民生活更加富裕，基本公共服务实现优质均等化，社会文明达到新高度，为宿迁推进"四化"同步集成改革示范区建设提供先行示范。

3. 规划任务

（1）构筑集群高效现代农业体系，建设更高质量富民增收经济廊道

深度衔接全市"6＋3＋X"制造业产业体系、"三群四链"农业产业发展布局，着力打造以千亿级食品酿造产业为核心，以百亿级稻米、果蔬、河蟹、食用菌四大现代农业产业为特色，以光伏新能源、绿色木材、电商物流、文化旅游四大优质产业为重点的黄河故道现代产业体系。

（2）推动人文自然多维赋能，打造独具韵味文旅融合展示廊道

立足"江苏生态大公园"发展定位，优化互动融合的文旅格局，聚焦黄河故道生态富民廊道主线，突出皂河古镇、中国酒都、平原林海牵引带动作用，串联沿线景点景观、特色村庄等小而美的"神经末梢"，谋划打造"一廊多景、一廊多韵、农旅交互、文脉融合"的廊道沿线全域农工文旅景观带，充分释放文旅产业"一业兴、百业旺"的乘数效应。

（3）增创生态发展优势，守护基底坚实绿色水美生态廊道

牢牢把握"人与自然和谐共生"的内在要求，大力推进山水林田湖草沙系统保护和综合治理，大幅增加绿色空间、生态屏障，切实增强黄河故道生态富民廊道生态系统质量和稳定性。

（4）坚持以人为本，构建互补融合城乡一体示范廊道

突出"以人为本"的核心理念和"共同富裕"的本质要求，以廊道沿线农村具

备现代生活条件为目标,率先在廊道沿线破除城乡二元结构,实现廊道建设与"1129+N"城镇发展体系配套衔接,以城带乡、城乡互促,全面提升廊道沿线城镇公共服务能力和水平。

(5)夯实基础设施建设,提升区域现代化发展支撑水平

强化高位统筹、高效联动的工作机制,注重规划衔接,加强标准对接,促进要素资源集中集约配置,加快推进"水、路、讯"等基础功能设施共建共享共用,提升区域发展基础优势。

4. 规划布局

将宿迁黄河故道生态富民廊道打造成为绿水青山转换为金山银山的标杆示范,建设绿色水美生态廊道、富民增收经济廊道、城乡一体示范廊道、文旅融合展示廊道"四大廊道"。打造黄河故道生态修复示范区,打造美丽江苏建设样板区,高水平城乡融合发展试验区。依据总体定位中的"四大廊道"建设,从水、生态、产业、文旅、交通、空间等六方面来布局基础设施。

(1)构建黄河故道海绵活水体系

引水——黄河故道流域多源补水,远期实现黄河故道全线贯通,纳入国家战略。外部调水工程:包括徐洪河补水工程、龙岗枢纽工程、洋河引水工程,依次解决黄河故道上游、中游、下游缺水问题,引水工程布局示意图见图7.2-1。

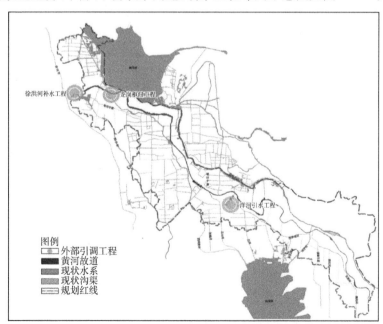

图 7.2-1　引水工程布局示意图

蓄水——雨洪收集。蓄水工程：包括朱海水库与黄河故道连通工程、龙运城与黄河故道连通工程、洋河湖改造及连通工程、沿线鱼塘改造及连通工程，蓄水工程布局示意图见图 7.2-2。

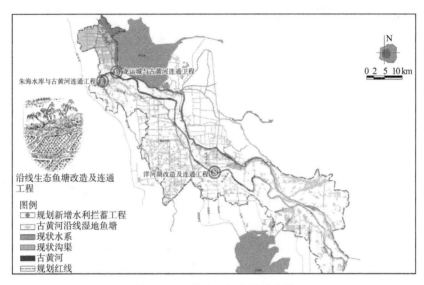

图 7.2-2　蓄水工程布局示意图

（2）构建蓝绿交织的生态网络

布局"一链串八心、绿网连多点"蓝绿交织的生态网络。一链：黄河故道湿地公园生态链；八心：朱海·牛角淹生态湿地、皂河湿地公园、宿迁市月堤湖湿地公园、洋河湿地公园、两河水源涵养生态湿地、龙窝潭生态客厅、宿迁骆马湖三角区生态建设工程、泗阳黄河故道湿地公园；绿网：重要的河流廊道及防护绿带；多点：各级城镇公园及绿地斑块。具体见图 7.2-3。

（3）建设富民增收经济廊道

宿迁产业发展极具后发优势，逐步形成以"宿有千香"为品牌的现代农业，以洋河酒业为代表的制造业，"343"现代服务业新体系。黄河故道产业发展可积极争取补贴政策，包括现代农业园产业园、生态旅游、生态环保产业等。以振兴镇村经济为重点，以镇为核，以园区为主体，带动现代农村板块经济，构建富民增收经济廊道。优选产业基础好、带动作用强、三产融合度高的工业园区、农业园区，实现"一园一特"和乡镇联动发展，形成"两城九镇八园"产业布局，示意图见图7.2-4。

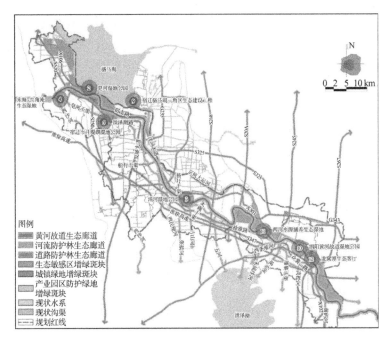

图 7.2-3 "一链串八心、绿网连多点"布局示意图

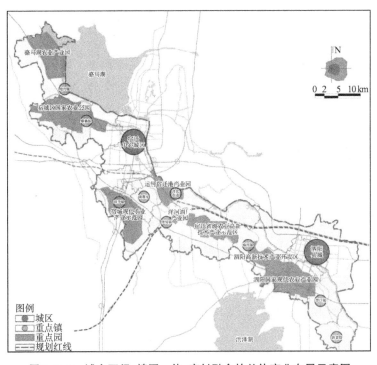

图 7.2-4 城乡互促、镇园一体、产村融合的总体产业布局示意图

（4）优化城乡空间格局

深入挖掘、整合城乡建设用地，盘活存量和补充耕地，其中农用地整理规模约 5 570 hm²，农村建设用地整理规模约 1 708 hm²，工矿废弃地复垦约 151 hm²，三类用地一共可补充耕地面积 1 697.22 hm²。

7.2.1.3 规划提出的发展目标

《实施方案》中提出绿色水美指标，2021 年，黄河故道片区水质达标率 100%、农村生活污水治理率 32%、城市生活污水集中收集率 62%，到 2025 年，要求水质达标率 100%，城市生活污水集中收集率提升到 70%，农村生活污水治理率提升到 50%，农村生态河道覆盖率 50%，农田灌溉用水保证率 80%，具体见表 7.2-3。

表 7.2-3 规划提出的发展目标

序号	一级指标	二级指标	单位	2021 年	2025 年	2028 年	数据来源单位
1	总体指标	城镇居民人均可支配收入增速	%	—	年增 5%	年增 5%	国家统计局
2		农村居民人均可支配收入增速	%	—	年增 8%	年增 8%	宿迁调查队
3		村级集体经营性村均收入	万元	60.5	80	100	市农业农村局
4		规上工业农产品加工产值增速	%	34.4	年增 10%	年增 10%	市统计局
5		规上工业增加值增速	%	32.5	年增 10%	年增 10%	
6		规上服务业营业收入增速	%	21.5	年增 12%	年增 12%	
7	绿色水美	水质达标率	%	100	100	100	市生态环境局
8		农村生活污水治理率	%	32	50	55	
9		城市生活污水集中收集率	%	62	70	75	市住房城乡建设局
10		农村垃圾收集处理率	%	98	100	100	市城管局
11		农村生态河道覆盖率	%		65	70	市水利局
12		农田灌溉用水保证率	%	—	80	85	市水利局
13		城市再生水利用率	%	—	28	30	市住房城乡建设局
14		林木覆盖率	%	—	28	28	市自然资源和规划局
15		骨干绿道长度	km	30	70	100	市住房城乡建设局

序号	一级指标	二级指标	单位	2021年	2025年	2028年	数据来源单位
16	富民增收	新增规模以上工业企业数	个	91	100	170	市统计局
17		市级以上农业产业化龙头企业数	个	40	45	50	市农业农村局
18		新增农业农村重大项目数	个	29	100	175	
19		绿色食品、有机农产品、地理标志产品	个	72	120	150	
20	城乡一体	义务教育学校达到省定办学标准比例	%	93.76	100	100	市教育局
21		村卫生室服务能力基本标准	%	—	80	—	市卫生健康委
22		公路网密度	km/百km²	165	170	175	市交通运输局
23	文旅融合	年接待游客	万人次	423	700	1 300	市文化广电和旅游局
24		旅游业年收入	亿元	26.8	50	130	
25		3A级及以上旅游景区数	个	13	15	18	

7.2.1.4 规划与相关规划协调性分析

1. 与国家、地方政策要求和上位规划的相符性

2018年11月,习近平总书记宣布,支持长江三角洲区域一体化发展并将其上升为国家战略。2019年发布的《长江三角洲区域一体化发展规划纲要》提出实施黄河故道造林绿化工程,建设高标准农田林网。2019年9月,在黄河流域生态保护和高质量发展座谈会上,习近平总书记提出,要协同推进大治理,着力加强生态保护治理、保障黄河长治久安、促进全流域高质量发展。黄河故道片区水资源优化配置研究对接黄河流域生态保护和高质量发展战略,积极向上争取,实现黄河故道流域水系全线贯通,积极对接长三角区域一体化发展战略,实施黄河故道造林绿化工程,建设高标准农田林网。

根据《江苏省国民经济和社会发展第十四个五年规划和二〇三五年远景目标纲要》,进一步提升区域城乡协调发展水平,优化国土空间格局,沿洪泽湖、高邮湖、骆马湖、沿淮河、黄河故道等地区,筑牢生态屏障,展现生态价值和竞争力,构筑江苏发展"绿心地带";沿大运河地区突出文化特色和生态优先,一体建设高品位的文化长廊、生态长廊、旅游长廊,打造江苏的美丽中轴,筑牢美丽江苏生态基底;开展国土绿化行动,推进长江、淮河—洪泽湖、大运河、黄河故道等生态廊道和江淮生态大走廊建设。黄河故道片区水资源优化配置与江苏省"十四五"规划和二〇三五年远景目标一致。

《中共宿迁市委关于制定宿迁市国民经济和社会发展第十四个五年规划和二〇三五年远景目标的建议》提出"十四五"期间目标：以建设改革创新先行区、长三角先进制造业基地、江苏生态大公园、全国文明诚信高地为发展定位，着力推动经济发展高质量、区域融合高标准、乡村振兴高水平、生态建设高颜值、人民生活高品质、社会治理高效能，不断把"强富美高"新宿迁建设推向前进，朝着实现第二个百年奋斗目标迈进；加快黄河故道生态富民廊道建设，打造城乡融合发展试验区；加强洪泽湖、骆马湖、京杭大运河、黄河故道等重点河湖生态保护治理，大力推进湖泊退圩还湖工程，全力实施好"两湖"禁捕退捕，巩固提升河湖"清四乱"整治成果，加快骆马湖宿迁大控制三角区生态建设。黄河故道片区水资源优化配置研究与《中共宿迁市委关于制定宿迁市国民经济和社会发展第十四个五年规划和二〇三五年远景目标的建议》发展目标相符。

2. 与相关水资源规划的相符性

《全国水资源综合规划》提出，要全面推行节水型社会建设，合理调整经济布局和产业结构，提高工业用水的重复利用率，按用水总量、用水效率、纳污总量控制指标强化用水需求管理，协调好生活、生产和环境用水的关系，适当建设一些区域性水资源调配工程和必要的水库工程。

《江苏省水资源综合规划》提出，统筹调配流域和区域、城市与农村水资源，合理安排生活、生产、生态用水，统一调配本地水与外调水、地表水与地下水、新鲜水与再生水，优化产业布局和结构，逐步形成与水资源条件相适应，调控能力强、调配灵活自如、安全保障程度高的水资源配置格局，巩固和提高流域和区域水资源承载能力，为经济社会发展和生态环境保护提供水资源保障。

《宿迁市现代水网建设规划》提出了"十大河湖举纲，千里河渠织目，百闸多点系结"的水网总体布局，明确防洪除涝网、水资源配置网、河湖生态网、数字孪生水网、综合管理能力五个方面任务，与国家、省级水网建设有效衔接，支撑保障宿迁经济社会发展。

此次黄河故道片区水资源优化配置研究严格执行了《全国水资源综合规划》《江苏省水资源综合规划》《宿迁市水资源综合规划》等相关规划的有关要求，统筹考虑规划发展涉及的供用水、水源组成和水资源配置、污水处理及退水等内容。通过对黄河故道片区水资源供需分析及水资源的合理配置，制定了相应的水源保护、利用布局和污水处理方案，并留有一定的水资源利用空间。综上，涉及的用水方案、水源组成和水资源配置格局均符合相关涉水规划的要求。

3. 与水资源管理要求的符合性

根据《2021年宿迁市水资源公报》以及《省最严格水资源管理考核和节约用水工作联席会议办公室关于下达2023年度实行最严格水资源管理制度目标任务的通知》(苏水资联办〔2023〕2号)、《关于下达2023年度实行最严格水资源管理制度目标任务的通知》(宿水资组办〔2023〕1号),2021年全市用水总量为22.903亿m³,小于省下达的27.5亿m³的总量控制。2021年全市国内生产总值达到3719.01亿元,按2020年不变价计为3566.48亿元,万元国内生产总值用水量为64.23 m³,比2020年的73.68 m³下降了12.8%,超额完成省定下降3.8%的目标任务。2021年全市工业增加值达到1354.74亿元,按2020年不变价计为1275.03亿元,工业用水量为1.704亿m³,万元工业增加值用水量为13.36 m³,比2020年的14.27 m³下降了6.34%,超额完成省定下降4%的目标任务。

根据《省最严格水资源管理考核和节约用水工作联席会议办公室关于下达2023年度实行最严格水资源管理制度目标任务的通知》(苏水资联办〔2023〕2号)、《关于下达2023年度实行最严格水资源管理制度目标任务的通知》(宿水资组办〔2023〕1号),泗阳县、宿豫区、宿城区、市直(市经开区、湖滨新区、苏宿园区、洋河新区)2023年的用水总量控制指标分别为4.43亿m³、3.05亿m³、3.94亿m³、3.2亿m³,《2021年宿迁市水资源公报》中的"两区一县"(大宿城区、大宿豫区、泗阳县)用水总量控制指标计14.62亿m³,依据《2021年宿迁市水资源公报》,结合《宿迁市水资源综合规划》,"两区一县"用水总量11.773亿m³,余量2.847亿m³,符合"两区一县"的用水总量控制要求。由于用水总量控制是由多年平均的来水频率计算而来,且随着降水量的变化,农业用水量变化差异较大,根据长系列降水资料的频率分析发现2021年为丰水年,结合P-Ⅲ型曲线,确定了现状年与多年平均的调节系数为1.1,依据2021年"两区一县"实际用水量,"两区一县"折算后的用水量为12.43亿m³,即"两区一县"用水总量控制余量为2.19亿m³,符合"两区一县"的用水总量控制要求。

7.2.2 研究的计算单元、分析单元和片区单元

根据《省水利厅办公室关于加快灌区取水许可证核发工作通知》(苏水办资〔2023〕12号),将皂河灌区、船行灌区、运南灌区(宿城区)合并为一个灌区,为古黄河灌区。宿迁市区片包括古黄河灌区和灌区未覆盖街道(宿城区)(支口街道、河滨街道、古城街道、项里街道和幸福街道);泗阳县城片包括运南灌区(泗阳县)和灌区未覆盖街道(泗阳县)(众兴街道和来安街道)。结合黄河故道片区实际,将其分为计算单元、分析单元和分区单元进行论证,具体见表7.2-4。

同时,为保证需水预测的精细性调查,以计算单元、分析单元的六大片区为主进行预测;在后续水资源配置时,考虑未来皂河灌区、船行灌区、运南灌区(宿城区)合并为一个古黄河灌区,为方便统一配置,以分析单元的四大片区为主进行配置;对于用水总量和用水效率指标等相关水资源管理要求,以两大片区为主进行符合性分析。

表 7.2-4 黄河故道片区计算单元、分析单元和片区单元

序号	计算单元	分析单元		片区单元
		六大片区	四大片区	两大片区
1	皂河镇	皂河灌区	古黄河灌区	宿迁市区片
2	王官集镇			
3	蔡集镇			
4	双庄街道			
5	黄河街道			
6	耿车镇			
7	三棵树街道	船行灌区		
8	埠子镇			
9	龙河镇			
10	南蔡乡			
11	洋北街道			
12	陈集镇			
13	洋河镇	运南灌区(宿城区)		
14	支口街道	灌区未覆盖街道(宿城区)	灌区未覆盖街道(宿城区)	
15	河滨街道			
16	古城街道			
17	项里街道			
18	幸福街道			
19	临河镇	运南灌区(泗阳县)	运南灌区(泗阳县)	泗阳县城片
20	卢集镇			
21	城厢街道			
22	李口镇			
23	新袁镇			
24	众兴街道	灌区未覆盖街道(泗阳县)	灌区未覆盖街道(泗阳县)	
25	来安街道			

注:运南灌区(宿城区)中的屠园镇、中扬镇和运南灌区(泗阳县)中的裴圩镇不在黄河故道片区内,本书涉及的运南灌区(宿城区)和运南灌区(泗阳县)范围均为本表中列出的乡镇街道。

7.2.3 规划水平年经济指标

7.2.3.1 人口指标

根据《总体规划》,同时参照 2018—2022 年宿迁市统计年鉴,宿迁市和宿城区、宿豫区、泗阳县国民经济和社会发展统计公报,计算各乡镇近五年的人口增长率,宿迁市区片约为 1.9%,泗阳县城片约为 1.4%,并结合《宿迁市骆马湖水源工程水资源论证报告书》、宿迁市"十四五规划"和各乡镇实际情况,计算规划水平年的人口,见表 7.2-5,黄河故道片区 2025 年、2030 年和 2035 年城镇人口分别达到 1 558 156 人、1 664 516 人和 1 807 803 人;农村人口分别达到为323 316 人、376 998 人和 431 191 人。

表 7.2-5　黄河故道片区现状及规划水平年的常住人口　　　　单位:人

范围	分类	现状水平年	规划水平年		
		2021 年	2025 年	2030 年	2035 年
皂河镇	乡镇	38 705	42 666	46 873	52 098
	农村	2 625	2 826	3 208	3 397
王官集镇	乡镇	33 044	37 571	41 524	46 770
	农村	9 963	10 726	14 756	12 896
蔡集镇	乡镇	35 561	38 282	42 136	47 029
	农村	9 650	10 388	11 398	12 490
双庄街道	城区	106 886	110 063	116 829	122 348
	农村	538	579	632	697
黄河街道	城区	55 647	59 904	63 928	69 027
	农村	298	321	349	386
耿车镇	乡镇	28 829	32 034	36 125	41 314
	农村	7 738	8 330	9 126	10 016
皂河灌区小计	城镇	298 672	320 520	347 415	378 586
	农村	30 812	33 170	39 469	39 882
三棵树街道	城区	26 022	30 013	34 825	39 682
	农村	6 978	7 512	8 254	9 032
埠子镇	乡镇	38 719	42 682	46 826	52 116
	农村	10 510	11 314	12 436	13 603

续表

范围	分类	现状水平年	规划水平年		
		2021 年	2025 年	2030 年	2035 年
龙河镇	乡镇	43 847	47 202	53 296	58 892
	农村	11 928	12 840	14 896	17 108
南蔡乡	乡镇	30 452	34 782	38 028	43 415
	农村	8 273	8 906	9 825	10 708
洋北街道	城区	24 526	28 403	32 063	37 746
	农村	6 616	7 122	7 856	8 563
陈集镇	乡镇	33 017	36 542	40 165	45 735
	农村	10 092	10 864	11 963	13 063
船行灌区小计	城镇	196 583	219 624	245 203	277 586
	农村	54 397	58 558	65 230	72 077
洋河镇	乡镇	179 170	183 877	188 358	193 908
	农村	19 485	20 976	23 029	25 220
运南灌区(宿城区)小计	乡镇	179 170	183 877	188 358	193 908
	农村	19 485	20 976	23 029	25 220
支口街道	城区	17 804	21 166	25 163	30 044
	农村	92	100	113	120
河滨街道	城区	40 657	44 768	49 165	54 625
	农村	218	234	248	282
古城街道	城区	65 497	69 231	73 021	78 946
	农村	102	121	132	146
项里街道	城区	80 732	84 522	88 368	93 103
	农村	419	486	548	582
幸福街道	城区	78 596	82 652	86 351	91 135
	农村	525	569	621	686
灌区未覆盖街道(宿城区)小计	城区	283 286	302 339	322 068	360 853
	农村	1 356	1 510	1 662	1 816
宿迁市区片合计	城镇	957 666	1 026 360	1 103 044	1 210 933
	农村	106 050	114 214	126 390	138 995
临河镇	乡镇	46 395	49 650	53 425	58 248
	农村	22 856	23 261	24 856	41 419

范围	分类	现状水平年	规划水平年		
		2021 年	2025 年	2030 年	2035 年
卢集镇	乡镇	54 108	57 259	61 125	66 993
	农村	26 209	27 914	29 429	43 025
城厢街道	城区	48 494	51 963	56 063	61 077
	农村	6 206	7 326	8 875	9 943
李口镇	乡镇	38 182	52 031	56 839	61 685
	农村	14 067	15 185	44 823	49 025
新袁镇	乡镇	27 229	31 096	35 198	40 196
	农村	18 259	19 634	21 193	22 863
运南灌区(泗阳县)小计	城镇	214 408	241 999	262 650	288 199
	农村	87 597	93 320	129 176	166 275
众兴街道	城区	217 984	222 143	226 869	231 497
	农村	82 016	85 254	89 469	92 636
来安街道	城区	63 145	67 654	71 953	77 174
	农村	29 638	30 528	31 963	33 285
灌区未覆盖街道(泗阳县)小计	城区	281 129	289 797	298 822	308 671
	农村	111 654	115 782	121 432	125 921
泗阳县城片合计	城镇	495 537	531 796	561 472	596 870
	农村	199 251	209 102	250 608	292 196
黄河故道片区总计	城镇	1 453 203	1 558 156	1 664 516	1 807 803
	农村	305 301	323 316	376 998	431 191

7.2.3.2 经济指标

宿迁市黄河故道片区涉及的乡镇、街道近三年(2019—2021 年)GDP 和工业增加值逐年递增,通过收集资料和实地调研,得出 2021 年各乡镇、街道的 GDP和工业增加值。根据《总体规划》和《实施方案》中提出的相关指标,预计至2025 年,城镇和居民人均可支配收入年均增速分别为 5‰和 8‰,规上工业增加值年均增速达到 10‰左右。同时参照宿迁市、宿城区的国民经济和社会发展第十四个五年规划纲要和各乡镇、街道的未来规划,并结合各乡镇、街道实际情况,确定 2025 年、2030 年和 2035 年宿迁市区片的 GDP 年均增速分别为 8‰、8‰和7.5‰,工业增加值年均增速分别为 12‰、12.5‰和 9‰;2025 年、2030 年和2035 年泗阳县城片的 GDP 年均增速分别为 7.5‰、7.5‰和 6‰,工业增加值年均增速分别为9.5％、10％和6.5％,略小于宿迁市区片,具体见表7.2-6。测算得出规划水平年各乡镇、街道的GDP和工业增加值见表7.2-7,黄河故道片区2025年、2030年和2035年GDP分别为1092.07亿元、1824.85亿元和2565.20亿元;工业增加值分别为361.68亿元、552.06亿元和809.75亿元。

表 7.2-6　黄河故道片区的经济发展指标　　　　　　　　单位:％

指标名称	年均增速					
	宿迁市区片			泗阳县城片		
	2025 年	2030 年	2035 年	2025 年	2030 年	2035 年
GDP	8	8	7.5	7.5	7.5	6
工业增加值	12	12.5	9	9.5	10	6.5

表 7.2-7　黄河故道片区现状及规划水平年的经济指标　　　　单位:亿元

范围	指标	现状水平年	规划水平年		
		2021 年	2025 年	2030 年	2035 年
皂河镇	GDP	22.08	30.04	44.14	63.37
	工业增加值	3.2	5.04	9.07	13.96
王官集镇	GDP	26.02	35.40	52.01	74.67
	工业增加值	5.82	9.16	16.50	25.39
蔡集镇	GDP	29.04	39.51	58.05	83.34
	工业增加值	7.76	12.21	22.00	33.86
双庄街道	GDP	25.22	34.31	50.41	72.38
	工业增加值	5.14	8.09	14.57	22.42
黄河街道	GDP	29.68	40.38	59.33	85.18
	工业增加值	7.63	12.01	21.64	33.29
耿车镇	GDP	30.06	40.90	60.09	86.27
	工业增加值	6.51	10.24	18.46	28.40
皂河灌区小计	GDP	162.1	220.54	324.04	465.20
	工业增加值	36.06	56.74	102.25	157.32
三棵树街道	GDP	13.51	18.38	27.01	38.77
	工业增加值	2.96	4.66	8.39	12.91
埠子镇	GDP	24.15	32.86	48.28	69.31
	工业增加值	5.87	9.24	16.64	25.61
龙河镇	GDP	42.69	58.08	85.34	122.51
	工业增加值	8.90	14.00	25.24	38.83

范围	指标	现状水平年	规划水平年		
		2021 年	2025 年	2030 年	2035 年
南蔡乡	GDP	18.32	24.92	36.62	52.58
	工业增加值	4.35	6.84	12.33	18.98
洋北街道	GDP	16.84	22.91	33.66	48.33
	工业增加值	5.59	8.80	15.85	24.39
陈集镇	GDP	22.77	30.98	45.52	65.35
	工业增加值	4.82	7.58	13.67	21.03
船行灌区小计	GDP	138.28	188.13	276.42	396.84
	工业增加值	32.49	51.12	92.13	141.75
洋河镇(含郑楼片区和仓集片区)	GDP	111.55	151.76	222.99	320.13
	工业增加值	56.82	89.41	161.11	247.90
运南灌区(宿城区)小计	GDP	111.55	151.76	222.99	320.13
	工业增加值	56.82	89.41	161.11	247.90
支口街道	GDP	8.12	11.05	16.23	23.30
	工业增加值	1.61	2.53	4.57	7.02
河滨街道	GDP	12.56	17.09	25.11	36.05
	工业增加值	1.80	2.83	5.10	7.85
古城街道	GDP	24.48	33.30	48.94	70.25
	工业增加值	3.16	4.97	8.96	13.79
项里街道	GDP	28.30	38.50	56.57	81.22
	工业增加值	2.51	3.95	7.12	10.95
幸福街道	GDP	30.26	41.17	74.19	106.50
	工业增加值	2.56	4.03	5.92	9.11
灌区未覆盖街道(宿城区)小计	GDP	103.72	141.11	254.28	365.06
	工业增加值	11.64	18.32	26.91	41.41
宿迁市区片合计	GDP	505.65	701.54	1 264.19	1 814.91
	工业增加值	137.01	215.59	316.77	487.39
临河镇	GDP	21.96	29.33	42.10	57.24
	工业增加值	4.98	7.16	11.53	15.80
卢集镇	GDP	13.35	17.83	25.60	34.25
	工业增加值	3.33	4.79	7.71	10.56

续表

范围	指标	现状水平年	规划水平年		
		2021 年	2025 年	2030 年	2035 年
城厢街道	GDP	14.76	19.71	28.30	37.87
	工业增加值	3.88	5.58	8.98	12.31
李口镇	GDP	11.58	15.46	22.20	29.71
	工业增加值	2.05	2.95	4.75	6.50
新袁镇	GDP	9.08	12.13	17.41	23.30
	工业增加值	1.69	2.43	3.91	5.36
运南灌区(泗阳县)小计	GDP	70.73	94.46	135.61	181.47
	工业增加值	15.93	22.90	36.88	50.53
众兴街道	GDP	179	239.05	343.19	459.26
	工业增加值	68.63	98.67	158.90	217.71
来安街道	GDP	42.7	57.02	81.87	109.56
	工业增加值	17.06	24.53	39.50	54.12
灌区未覆盖街道(泗阳县)小计	GDP	221.7	296.07	425.05	568.82
	工业增加值	85.69	123.19	198.40	271.83
泗阳县城片合计	GDP	292.43	390.53	560.66	750.29
	工业增加值	101.62	146.10	235.29	322.36
黄河故道片区总计	GDP	808.08	1 092.07	1 824.85	2 565.20
	工业增加值	238.63	361.68	552.06	809.75

7.2.4　规划水平年基于水资源刚性约束的需水量分析

从用水端来看,有必要在预测分析经济社会发展对水资源的需求中界定不同需求层次,在保障刚性用水需求的同时,抑制不合理用水需求。因此,本书对不同需水层次做出如下界定:在保障河道内基本生态环境用水的前提下,刚性需求指满足生理和安全需求的生活需求,符合国家产业政策、布局结构合理的生产需求,保障宜居水环境、健康水生态的生态用水需求等;刚弹性需求指改善区域生存条件、满足人民对美好生活向往对应的用水需求;弹性需求指在刚弹性用水需求外,奢侈需求下产生的相应用水需求。在确定各层次需求后,采用相应方法确定现状年或规划水平年配置单元的不同层次需水量。本书主要计算刚性约束下的需水量。

考虑黄河故道片区面积较大,涉及乡镇、街道较多,土地利用以灌区种植为主,因此,采取分行业定额法为主、城市综合用水量指标法为辅进行规划水平年(2025 年、2030 年和 2035 年)的需水量预测。

7.2.4.1　分行业定额法

根据最新统计口径,按不同利用类型可将需水分为综合生活需水、工业需水、农业需水和生态环境需水,依据 2.4.2 节中提出的水资源刚性约束的需水量预测方法和公式计算。

1. 综合生活需水量

生活需水量主要包括农村和城镇生活需水以及服务业、建筑业、公共事业和城市环境用水等城镇公共需水。需按区域人口结合人均生活用水定额进行计算,并通过定额控制来计算生活刚性需水量,将居民生活用水、城镇公共需水等合并成综合生活用水量。根据调研获取数据资料计算,2021 年黄河故道片区城镇和农村综合生活用水量分别为 171.3 L/(人·d) 和 89.7 L/(人·d),参照《室外给水设计标准》(GB 50013—2018)中的综合生活用水定额,具体见表 7.2-8 和表 7.2-9,以及宿迁市地方标准《生活用水定额》(DB 3213/T 1042—2022)中的居民生活定额,结合黄河故道片区近年来实际水资源状况、生活用水定额情况,同时考虑到经济水平提高,综合生活水平也在不断提高,生活条件改善等因素,确定水资源刚性约束下的综合生活用水量标准。

表 7.2-8　最高日综合生活用水定额　　　　　　　单位:L/(人·d)

城市类型	超大城市	特大城市	Ⅰ型大城市	Ⅱ型大城市	中等城市	Ⅰ型小城市	Ⅱ型小城市
一区	250~480	240~450	230~420	220~400	200~380	190~350	180~320
二区	200~300	170~280	160~270	150~260	130~240	120~230	110~220
三区	—	—	—	150~250	130~230	120~220	110~210

注:宿迁黄河故道片区属于一区Ⅱ型大城市。

表 7.2-9　平均日综合生活用水定额　　　　　　　单位:L/(人·d)

城市类型	超大城市	特大城市	Ⅰ型大城市	Ⅱ型大城市	中等城市	Ⅰ型小城市	Ⅱ型小城市
一区	210~400	180~360	150~330	140~300	130~280	120~260	110~240
二区	150~230	130~210	110~190	90~170	80~160	70~150	60~140
三区	—	—	—	90~160	80~150	70~140	60~130

宿迁黄河故道片区属于一区Ⅱ型大城市,最高日综合生活用水定额范围 220~400 L/(人·d),平均日综合生活用水定额范围为 140~300 L/(人·d)。未来一段时期,随着居民生活水平提高和卫生条件的改善需求,居民生活用水量在现有水平条件下会出现一定幅度增加,此外,随着城乡供水一体化推进和农村生活条件改善,城乡居民生活用水量差距会缩小。以此确定黄河故道片区不同

规划水平年的综合生活用水定额,具体见表 7.2-10。

表 7.2-10　黄河故道片区规划水平年综合生活用水量　单位:L/(人·d)

2025 年		2030 年		2035 年	
城镇	农村	城镇	农村	城镇	农村
200	110	220	140	240	170

注:规划水平年农村综合生活用水量中包含牲畜用水量(牲畜用水量较少)。

结合前文经济指标,计算 2025 年、2030 年和 2035 年黄河故道片区综合生活需水总量分别为 12 672.65 万 m³、15 307.85 万 m³ 和 18 511.89 万 m³,具体见表 7.2-11、图 7.2-5、图 7.2-6 和图 7.2-7。

表 7.2-11　黄河故道片区规划水平年综合生活需水量　单位:万 m³

范围		现状水平年	规划水平年		
		2021 年	2025 年	2030 年	2035 年
皂河灌区	城镇	1 867.43	2 339.80	2 789.74	3 316.41
	农村	100.88	133.18	201.69	247.47
	用水总量	1 968.31	2 472.97	2 991.43	3 563.88
船行灌区	城镇	1 229.13	1 603.26	1 968.98	2 431.65
	农村	178.10	235.11	333.33	447.24
	用水总量	1 407.22	1 838.37	2 302.31	2 878.89
运南灌区(宿城区)	城镇	1 120.25	1 342.30	1 512.51	1 698.63
	农村	63.79	84.22	117.68	156.49
	用水总量	1 184.05	1 426.52	1 630.19	1 855.12
灌区未覆盖街道(宿城区)	城区	1 771.23	2 207.07	2 586.21	3 161.07
	农村	4.44	6.06	8.49	11.27
	用水总量	1 775.67	2 213.14	2 594.70	3 172.34
宿迁市区片合计	城镇	5 988.04	7 492.43	8 857.44	10 607.77
	农村	347.21	458.57	661.18	862.46
	用水总量	6 335.25	7 951.00	9 518.63	11 470.24
运南灌区(泗阳县)	城镇	1 340.58	1 766.59	2 109.08	2 524.62
	农村	286.80	374.68	660.09	1 031.74
	用水总量	1 627.37	2 141.27	2 769.17	3 557.26
灌区未覆盖街道(泗阳县)	城区	1 757.75	2 115.52	2 399.54	2 703.96
	农村	365.56	464.86	620.52	781.34
	用水总量	2 123.31	2 580.38	3 020.06	3 485.30

续表

范围		现状水平年	规划水平年		
		2021 年	2025 年	2030 年	2035 年
泗阳县城片合计	城镇	3 098.32	3 882.11	4 508.62	5 228.58
	农村	652.36	839.54	1 280.61	1 813.08
	用水总量	3 750.68	4 721.66	5 789.23	7 041.66
黄河故道片区总计	城镇	9 086.36	11 374.54	13 366.06	15 836.35
	农村	999.57	1 298.11	1 941.79	2 675.54
	用水总量	10 085.93	12 672.65	15 307.85	18 511.89

图 7.2-5　宿迁市区片综合生活需水量

图 7.2-6　泗阳县城片综合生活需水量

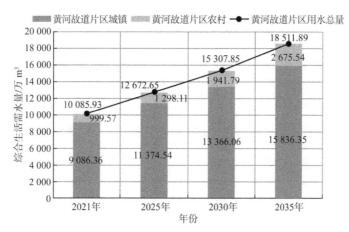

图 7.2-7　黄河故道片区综合生活需水量

2. 工业需水量

采用万元工业增加值用水量计算 2025 年、2030 年和 2035 年黄河故道片区基于水资源刚性约束下的工业需水量,如下。

根据《关于调整"十四五"用水总量和强度控制目标的通知》(宿水资组办〔2023〕1 号),2025 年万元工业增加值用水量较 2020 年下降 20%,年均下降率为 4.36%。至 2025 年满足上述用水效率控制指标目标,年均下降率取值略高于 4.36%,预计至 2025 年万元工业增加值用水量可达到较先进的水平,因此,2030 年和 2035 年万元工业增加值用水量年均下降率取值逐渐减小。在此基础上,结合黄河故道片区实际情况以及调研,计算得出近几年的万元工业增加值实际下降率,确定规划水平年的年均下降率,并计算 2025 年、2030 年和 2035 年万元工业增加值用水量,具体见表 7.2-12。结合表 7.2-7 中黄河故道片区的经济指标预测数据,计算黄河故道片区 2025 年、2030 年和 2035 年工业需水量,见表 7.2-13 和图 7.2-8,分别为 3 480.76 万 m³、5 011.14 万 m³ 和 6 390.23 万 m³。

表 7.2-12　黄河故道片区万元工业增加值用水量预测表

范围	2021 年	2025 年		2030 年		2035 年	
	万元工业增加值用水量 /m³	年均下降率 /%	万元工业增加值用水量 /m³	年均下降率 /%	万元工业增加值用水量 /m³	年均下降率 /%	万元工业增加值用水量 /m³
皂河灌区	12.2	4.7	10.06	3.4	8.46	2.9	7.31
船行灌区	11.23	4.7	9.26	3.4	7.79	2.9	6.73

范围	2021 年	2025 年		2030 年		2035 年	
	万元工业增加值用水量/m³	年均下降率/%	万元工业增加值用水量/m³	年均下降率/%	万元工业增加值用水量/m³	年均下降率/%	万元工业增加值用水量/m³
运南灌区（宿城区）	11.27	4.5	9.37	3.2	7.97	2.7	6.95
灌区未覆盖街道（宿城区）	11.33	4.5	9.42	3.2	8.01	2.7	6.99
运南灌区（泗阳县）	11.77	4.4	9.83	3.1	8.40	2.8	7.29
灌区未覆盖街道（泗阳县）	11.87	4.8	9.75	3.5	8.16	3	7.01

表 7.2-13　黄河故道片区规划水平年工业需水量　　　　单位:万 m³

范围	规划水平年		
	2025 年	2030 年	2035 年
皂河灌区	570.82	865.03	1 150.03
船行灌区	473.40	717.67	953.96
运南灌区（宿城区）	837.75	1284.09	1 722.87
灌区未覆盖街道（宿城区）	172.53	215.56	289.44
宿迁市区片合计	2 054.50	3 082.34	4 116.31
运南灌区（泗阳县）	225.13	309.82	368.39
灌区未覆盖街道（泗阳县）	1 201.13	1 618.98	1 905.53
泗阳县城片合计	1 426.26	1 928.80	2 273.92
黄河故道片区总计	3 480.76	5 011.14	6 390.23

3. 农业需水量

1）需水过程分析

黄河故道片区范围内气候温和，四季分明，雨水充沛，土地肥沃，适宜各种作物种植、水产养殖、苗木花卉生长和畜禽养殖。

水稻:麦茬稻育秧在 4 月中下旬至 5 月初，移栽期一般在 6 月上中旬至下旬，抽穗期在 8 月下旬至 9 月上旬，成熟期在 10 月上旬至下旬，春稻相应提前一个月左右。

小麦:播种期，冬性品种在 10 月上旬，半冬性品种在 10 月中下旬，春性品种在 10 月下旬;越冬期一般在 12 月中旬至次年 2 月中旬;返青拔节孕穗期一般在

图7.2-8　黄河故道片区工业需水量

3月上旬至4月中旬;成熟期在5月下旬至6月上旬。

玉米:春玉米播种期在3月下旬至4月上旬,抽穗期在6月下旬,成熟期在7月下旬至8月上旬;夏玉米播种期在6月上中旬,抽穗期在7月下旬至8月上旬,成熟期在9月上中旬。

(1) 水稻需水过程

黄河故道片区范围内主要用水作物是单季晚稻,主生长期大约为6月初至10月下旬,历时约5个月,可大致分为返青期、分蘖期、拔节孕穗期、抽穗扬花期、乳熟期及黄熟期等。用水高峰期在水稻栽插前的泡田期。水稻泡田期灌水延续时间据以往实际情况,取6天,每天灌水历时取20 h,则灌水延续时间为120 h。

(2) 旱作物需水过程

黄河故道片区处于暖温带湿润季风气候区,光热资源比较优越,四季分明,气候温和,全年作物生长期为310.5天。受季风影响,年际间变化不大,但降水分布不均,易形成春旱、夏涝、秋冬干天气。月雨量分布不均,7—8月份降雨量较为集中,占全年降雨量的57.5%,特别是7月份,雨量占全年雨量的30%～40%。全区蒸发相对较为平衡,多年平均蒸发量856.1 mm,蒸降比为0.94∶1,降水稍大于蒸发,但不同时期,蒸降比不同。

黄河故道片区土质主要为砂土、砂壤土,透水性强,砂壤土面积约占90%,其余黏壤土等面积约占10%。根据多年灌溉试验成果,冬季作物小麦一般只需要在播种期和需水敏感的抽穗开花期补充灌溉,因此设计计划湿润层深度为

40 cm，上限为田间持水量。一般 6 月下旬进入主汛期，夏季旱作物除播种期外，其他生育期降雨量能够满足生长发育需要，基本不需要灌溉。夏季旱作物播种期在 6 月上旬至中旬，在 80% 的保证率下，需要造墒播种，根据灌溉试验成果，一般采用移动喷灌或沟畦灌方式，设计计划湿润层深度为 30 cm，上限为田间持水量。

2）需水量

根据《灌溉与排水工程设计标准》(GB 50288—2018)规定，以水稻为主的湿润地区或水资源丰沛地区，灌溉设计保证率为 80%～95%。对照《江苏省"十四五"水利发展规划》(苏政办发〔2021〕53 号)，"十四五"期间，全省农业灌溉保证率达 80%～95%。同时，根据《宿城区皂河灌区节水配套改造与提档升级规划》《宿迁市宿城区船行灌区续建配套与现代化改造规划(2021—2035 年)》《江苏省运南灌区(宿城区)续建配套与现代化改造规划报告(2021—2035)》，规划 2035 年皂河灌区、船行灌区和运南灌区(宿城区)的灌溉保证率均要求达到 90%。因此，规划水平年的农业灌溉设计保证率取 90%，具有合理性。

刚性需水由保障基本口粮区、粮食主产区、商品粮基地及永久基本农田相应灌溉面积对应的需水量进行确定。通过实地调研和相关规划，了解黄河故道片区农业灌区水田和旱田转变等情况，确定农业灌溉面积，见表 7.2-14。灌溉用水以水稻和小麦为主，另外还有玉米、蔬菜、其他粮食作物和其他经济作物，以及鱼塘、蟹塘。同时，在农村生活需水预测中还包含有少量牲畜用水。根据宿迁市地方标准《农业用水定额》(DB 3213/T 1032—2021)，结合黄河故道片区作物种植的实际情况和《宿迁市"十四五"节水型社会建设规划》等，确定基于水资源刚性约束下的农业灌溉定额，见表 7.2-15。2025 年黄河故道片区 50% 和 90% 保证率下的水稻平均灌溉定额分别为 486 m³/亩和 547 m³/亩；2030 年黄河故道片区 50% 和 90% 保证率下的水稻平均灌溉定额分别为 460 m³/亩和 533 m³/亩；2035 年黄河故道片区 50% 和 90% 保证率下的水稻平均灌溉定额分别为 430 m³/亩和 506 m³/亩。50% 保证率下小麦不需要灌溉，90% 保证率下 2025 年、2030 年和 2035 年小麦平均灌溉定额分别为 71 m³/亩、62 m³/亩和 51 m³/亩。

根据水稻及旱作物需水过程，结合黄河故道片区典型地区农田灌溉需水量月分配系数调查成果，对六大片区 2025 年、2030 年和 2035 年农业需水过程进行分析，成果见表 7.2-16、表 7.2-17 和表 7.2-18，用水量较大的月份主要集中在 6 月、7 月、8 月和 9 月。

表7.2-14　黄河故道片区规划水平年农业面积

单位：万亩

范围	2021 年								2025 年							
	水稻	小麦	玉米	蔬菜	其他粮食作物	其他经济作物	鱼塘蟹塘		水稻	小麦	玉米	蔬菜	其他粮食作物	其他经济作物	鱼塘蟹塘	
皂河灌区	11	12.5	1.8	2.6	1.1	0.94	1.4		11.6	12.3	1.1	2.6	0.9	0.98	1.5	
船行灌区	18	18.5	2.2	1.5	1.4	1.7	0		18.7	19	1.5	1.5	1.2	1.81	0	
运南灌区(宿城区)	7.2	7.2	0.56	0.32	0.21	0.2	1.5		7.9	8.8	0.4	0.45	0.2	0.22	1.6	
灌区未覆盖街道(宿城区)	0.8	0.8	0.1	0.1	0	0.1	0		0.9	0.9	0.1	0.1	0	0.1	0	
运南灌区(泗阳县)	14.9	14.2	2.1	1.9	1.2	0.9	0.6		15.8	15.6	1.5	1.8	1.1	1.1	0.7	
灌区未覆盖街道(泗阳县)	6.6	6.6	0.3	0.5	0.1	0.2	0.1		6.8	6.8	1.25	0.4	0.1	0.21	0.1	

范围	2030 年								2035 年							
	水稻	小麦	玉米	蔬菜	其他粮食作物	其他经济作物	鱼塘蟹塘		水稻	小麦	玉米	蔬菜	其他粮食作物	其他经济作物	鱼塘蟹塘	
皂河灌区	13.6	14.3	0.7	2.3	0.7	0.82	1.6		14.2	14.8	0.8	2.41	0.76	0.83	1.64	
船行灌区	20.9	21.2	0.9	1.41	1	1.61	0		21.2	21.5	0.85	1.39	1.1	1.59	0	
运南灌区(宿城区)	8.3	9.1	0.2	0.38	0.2	0.16	1.5		8.25	9.3	0.15	0.39	0.21	0.15	1.58	
灌区未覆盖街道(宿城区)	1.2	1.2	0.1	0.1	0	0.1	0		1.1	1.2	0.1	0.12	0	0.13	0	
运南灌区(泗阳县)	18.5	18.1	0.8	1.2	0.9	0.96	0.8		19.3	18.9	0.75	1.12	0.92	1.01	0.85	
灌区未覆盖街道(泗阳县)	7.3	7.3	0.5	0.4	0.1	0.21	0.2		7.45	7.2	0.45	0.4	0.11	0.24	0.23	

表 7.2-15 黄河故道片区规划水平年农业灌溉定额

单位：m³/亩

2025 年

范围	水稻		小麦		玉米		蔬菜		其他粮食作物		其他经济作物		鱼塘蟹塘
	$P=50\%$	$P=90\%$	$P=50\%$	$P=90\%$	$P=50\%$	$P=90\%$	$P=50\%$	$P=90\%$	$P=50\%$	$P=90\%$	$P=50\%$	$P=90\%$	
皂河灌区	488	550	0	73	0	86	90	170	0	84	60	110	950
船行灌区	485	545	0	71	0	82	87	167	0	81	58	108	948
运南灌区（宿城区）	486	547	0	72	0	84	88	169	0	82	59	109	947
灌区未覆盖街道（宿城区）	480	544	0	70	0	84	85	166	0	83	57	105	952
运南灌区（泗阳县）	494	554	0	74	0	85	92	173	0	83	63	113	955
灌区未覆盖街道（泗阳县）	481	544	0	69	0	81	86	166	0	80	61	111	951

2030 年

范围	水稻		小麦		玉米		蔬菜		其他粮食作物		其他经济作物		鱼塘蟹塘
	$P=50\%$	$P=90\%$	$P=50\%$	$P=90\%$	$P=50\%$	$P=90\%$	$P=50\%$	$P=90\%$	$P=50\%$	$P=90\%$	$P=50\%$	$P=90\%$	
皂河灌区	465	536	0	63	0	75	80	160	0	73	51	101	930
船行灌区	460	530	0	61	0	74	76	156	0	63	47	97	928
运南灌区（宿城区）	463	532	0	63	0	74	77	158	0	72	48	98	926
灌区未覆盖街道（宿城区）	457	535	0	60	0	73	75	156	0	71	46	95	931
运南灌区（泗阳县）	460	535	0	65	0	77	80	163	0	75	51	102	934
灌区未覆盖街道（泗阳县）	455	530	0	60	0	73	75	155	0	71	50	100	930

续表

范围	水稻		小麦		玉米		蔬菜		其他粮食作物		其他经济作物		鱼塘
	$P=50\%$	$P=90\%$	$P=50\%$	$P=90\%$	$P=50\%$	$P=90\%$	$P=50\%$	$P=90\%$	$P=50\%$	$P=90\%$	$P=50\%$	$P=90\%$	蟹塘
													2035 年
皂河灌区	428	515	0	54	0	65	69	149	0	64	40	90	908
船行灌区	430	510	0	51	0	63	65	147	0	61	38	86	905
运南灌区（宿城区）	431	500	0	53	0	63	67	148	0	62	37	87	906
灌区未覆盖街道（宿城区）	425	503	0	51	0	61	64	146	0	59	35	85	909
运南灌区（泗阳县）	441	498	0	54	0	65	69	151	0	63	40	91	911
灌区未覆盖街道（泗阳县）	424	508	0	51	0	63	64	145	0	62	38	90	909

表 7.2-16　2025 年农业需水过程分析成果表　　　　单位:万 m³

月份	2025 年							
	$P=50\%$				$P=90\%$			
	古黄河灌区	灌区未覆盖街道(宿城区)	运南灌区(泗阳县)	灌区未覆盖街道(泗阳县)	古黄河灌区	灌区未覆盖街道(宿城区)	运南灌区(泗阳县)	灌区未覆盖街道(泗阳县)
1 月	242.97	4.91	95.78	37.54	310.71	6.47	123.52	49.08
2 月	817.36	16.51	322.22	126.29	1 045.24	21.76	415.53	165.11
3 月	1 391.70	28.11	548.63	215.02	1 779.71	37.05	707.52	281.13
4 月	971.99	19.63	383.18	150.18	1 242.98	25.88	494.14	197.25
5 月	2 319.56	46.85	914.42	358.38	2 966.26	61.75	1 179.23	468.56
6 月	5 655.30	114.23	2 229.43	873.77	7 232.01	150.56	2 875.07	1 142.40
7 月	4 351.89	87.90	1 715.60	672.38	5 565.21	115.86	2 212.44	879.11
8 月	2 739.21	55.33	1 079.85	423.22	3 502.91	72.92	1 392.57	553.34
9 月	1 855.61	37.48	731.52	286.70	2 372.95	49.40	943.36	374.84
10 月	883.60	17.85	348.33	136.52	1 129.95	23.52	449.21	178.49
11 月	574.39	11.60	226.43	88.75	734.53	15.29	292.01	116.03
12 月	287.18	5.80	113.21	44.37	367.25	7.65	146.00	58.01
合计	22 090.76	446.20	8 708.60	3 413.11	28 249.71	588.10	11 230.60	4 462.46
总计	34 658.67				44 530.87			

表 7.2-17　2030 年农业需水过程分析成果表　　　　单位:万 m³

月份	2030 年							
	$P=50\%$				$P=90\%$			
	古黄河灌区	灌区未覆盖街道(宿城区)	运南灌区(泗阳县)	灌区未覆盖街道(泗阳县)	古黄河灌区	灌区未覆盖街道(宿城区)	运南灌区(泗阳县)	灌区未覆盖街道(泗阳县)
1 月	254.11	6.16	103.41	39.02	313.03	7.86	129.39	48.74
2 月	854.83	20.74	347.88	131.28	1 053.05	26.45	435.27	163.95
3 月	1 455.50	35.31	592.33	223.52	1 793.01	45.04	741.12	279.15
4 月	1 016.55	24.66	413.69	156.11	325.47	8.21	134.67	50.81
5 月	2 425.90	58.85	987.24	372.55	1 094.89	27.62	453.02	170.93
6 月	5 914.56	143.49	2 406.98	908.30	1 864.25	47.02	771.35	291.03
7 月	4 551.40	110.42	1 852.23	698.96	1 302.02	32.84	538.72	203.26

续表

月份	2030 年							
	$P=50\%$				$P=90\%$			
	古黄河灌区	灌区未覆盖街道（宿城区）	运南灌区（泗阳县）	灌区未覆盖街道（泗阳县）	古黄河灌区	灌区未覆盖街道（宿城区）	运南灌区（泗阳县）	灌区未覆盖街道（泗阳县）
8 月	2 864.79	69.50	1 165.85	439.94	3 107.16	78.37	1 285.62	485.06
9 月	1 940.68	47.08	789.77	298.03	6 575.55	191.08	3 134.45	1 182.63
10 月	924.11	22.42	376.07	141.92	5 529.58	147.04	2 412.04	910.06
11 月	600.72	14.57	244.47	92.25	3 662.21	92.55	1 518.21	572.82
12 月	300.35	7.29	122.23	46.12	2 485.68	62.70	1 028.47	388.04
合计	23 103.49	560.50	9 402.16	3 548.00	29 105.9	766.78	12 582.33	4 746.48
总计	36 614.15				47 201.49			

表 7.2-18　2035 年农业需水过程分析成果表　　　　　单位:万 m^3

月份	2035 年							
	$P=50\%$				$P=90\%$			
	古黄河灌区	灌区未覆盖街道（宿城区）	运南灌区（泗阳县）	灌区未覆盖街道（泗阳县）	古黄河灌区	灌区未覆盖街道（宿城区）	运南灌区（泗阳县）	灌区未覆盖街道（泗阳县）
1 月	242.54	5.28	103.42	37.42	315.10	7.14	129.50	49.23
2 月	815.92	17.75	347.92	125.90	1 060.00	24.02	435.64	165.60
3 月	1 389.25	30.22	592.40	214.36	1 804.84	40.90	741.76	281.96
4 月	970.28	21.11	413.74	149.71	1 260.53	28.56	518.06	196.93
5 月	2 315.48	50.37	987.36	357.28	3 008.14	68.16	1 237.20	469.95
6 月	5 645.35	122.81	2 407.28	871.07	7 334.12	166.19	3 014.20	1 145.78
7 月	4 344.24	94.51	1 852.46	670.31	5 643.79	127.89	2 319.60	881.70
8 月	2 734.39	59.49	1 165.99	421.91	3 552.37	80.50	1 459.96	554.97
9 月	1 852.34	40.30	789.87	285.82	2 406.46	54.53	989.01	375.95
10 月	882.05	19.19	376.12	136.10	1 145.91	25.97	470.95	179.02
11 月	573.38	12.47	244.50	88.47	744.90	16.88	306.14	117.27
12 月	286.68	6.24	122.24	44.23	372.43	8.44	153.06	58.18
合计	22 051.89	479.73	9 403.33	3 402.59	28 648.59	649.17	11 774.09	4 475.64
总计	35 337.54				45 547.49			

规划水平年不同保证率下的农业需水量计算见表 7.2-19、表 7.2-20、表 7.2-21。

表 7.2-19　黄河故道片区近期规划水平年（2025 年）农业需水量

单位：万 m³

范围	水稻	小麦	玉米	蔬菜	其他粮食作物	其他经济作物	鱼塘蟹塘	合计
P=50%								
皂河灌区	5 660.8	0	0	234	0	58.8	1 425	7 378.6
船行灌区	9 069.5	0	0	130.5	0	104.98	0	9 304.98
运南灌区（宿城区）	3 839.4	0	0	39.6	0	12.98	1 515.2	5 407.18
灌区未覆盖盖街道（宿城区）	432	0	0	8.5	0	5.7	0	446.2
宿迁市区片合计	19 001.7	0	0	412.6	0	182.46	2 940.2	22 536.96
运南灌区（泗阳县）	7 805.2	0	0	165.6	0	69.3	668.5	8 708.6
灌区未覆盖盖街道（泗阳县）	3 270.8	0	0	34.4	0	12.81	95.1	3 413.11
泗阳县城片合计	11 076	0	0	200	0	82.11	763.6	12 121.71
黄河故道片区总计	30 077.7	0	0	612.6	0	264.57	3 703.8	34 658.67
P=90%								
皂河灌区	6 380	897.9	94.6	442	75.6	107.8	1 425	9 422.9
船行灌区	10 191.5	1 349	123	250.5	97.2	195.48	0	12 206.68
运南灌区（宿城区）	4 321.3	633.6	33.6	76.05	16.4	23.98	1 515.2	6 620.13
灌区未覆盖盖街道（宿城区）	489.6	63	8.4	16.6		10.5	0	588.1
宿迁市区片合计	21 382.4	2 943.5	259.6	785.15	189.2	337.76	2 940.2	28 837.81
运南灌区（泗阳县）	8 753.2	1 154.4	127.5	311.4	91.3	124.3	668.5	11 230.6
灌区未覆盖盖街道（泗阳县）	3 699.2	469.2	101.25	66.4	8	23.31	95.1	4 462.46
泗阳县城片合计	12 452.4	1 623.6	228.75	377.8	99.3	147.61	763.6	15 693.06
黄河故道片区总计	33 834.8	4 567.1	488.35	1 162.95	288.5	485.37	3 703.8	44 530.87

表 7.2-20　黄河故道片区中期规划水平年(2030 年)农业需水量

单位:万 m³

范围	水稻	小麦	玉米	蔬菜	其他粮食作物	其他经济作物	鱼塘蟹塘	合计
P=50%								
皂河灌区	6 324	0	0	184	0	41.82	1 488	8 037.82
船行灌区	9 614	0	0	107.16	0	75.67	0	9 796.83
运南灌区(宿城区)	3 842.9	0	0	29.26	0	7.68	1 389	5 268.84
灌区未覆盖街道(宿城区)	548.4	0	0	7.5	0	4.6	0	560.5
宿迁市区片合计	20 329.3	0	0	327.92	0	129.77	2 877	23 663.99
运南灌区(泗阳县)	8 510	0	0	96	0	48.96	747.2	9 402.16
灌区未覆盖街道(泗阳县)	3 321.5	0	0	30	0	10.5	186	3 548
泗阳县城片合计	11 831.5	0	0	126	0	59.46	933.2	12 950.16
黄河故道片区总计	32 160.8	0	0	453.92	0	189.23	3 810.2	36 614.15
P=90%								
皂河灌区	7 289.6	900.9	52.5	368	51.1	82.82	1 488	10 232.92
船行灌区	11 077	1 293.2	66.6	219.96	63	156.17	0	12 875.93
运南灌区(宿城区)	4 415.6	573.3	14.8	60.04	14.4	15.68	1 389	6 482.82
灌区未覆盖街道(宿城区)	642	72	7.3	15.6	0	9.5	0	746.4
宿迁市区片合计	23 424.2	2 839.4	141.2	663.6	128.5	264.17	2 877	30 338.07
运南灌区(泗阳县)	9 897.5	1176.5	61.6	195.6	67.5	97.92	747.2	12 243.82
灌区未覆盖街道(泗阳县)	3 869	438	36.5	62	7.1	21	186	4 619.6
泗阳县城片合计	13 766.5	1 614.5	98.1	257.6	74.6	118.92	933.2	16 863.42
黄河故道片区总计	37 190.7	4 453.9	239.3	921.2	203.1	383.09	3 810.2	47 201.49

表 7.2-21　黄河故道片区远期规划平年 (2035 年) 农业需水量

单位:万 m³

范围	水稻	小麦	玉米	蔬菜	其他粮食作物	其他经济作物	鱼塘蟹塘	合计
P=50%								
皂河灌区	6 077.6	0	0	166.29	0	33.2	1 489.12	7 766.21
船行灌区	9 116	0	0	90.35	0	60.42	0	9 266.77
运南灌区 (宿城区)	3 555.75	0	0	26.13	0	5.55	1 431.48	5 018.91
灌区未覆盖街道 (宿城区)	467.5	0	0	7.68	0	4.55	0	479.73
宿迁市区片合计	19 216.85	0	0	290.45	0	103.72	2 920.6	22 531.62
运南灌区 (泗阳县)	8 511.3	0	0	77.28	0	40.4	774.35	9 403.33
灌区未覆盖街道 (泗阳县)	3 158.8	0	0	25.6	0	9.12	209.07	3 402.59
泗阳县城片合计	11 670.1	0	0	102.88	0	49.52	983.42	12 805.92
黄河故道片区总计	30 886.95	0	0	393.33	0	153.24	3 904.02	35 337.54
P=90%								
皂河灌区	7 313	799.2	52	359.09	48.64	74.7	1 489.12	10 135.75
船行灌区	10 812	1 096.5	53.55	204.33	67.1	136.74	0	12 370.22
运南灌区 (宿城区)	4 125	492.9	9.45	57.72	13.02	13.05	1 431.48	6 142.62
灌区未覆盖街道 (宿城区)	553.3	61.2	6.1	17.52	0	11.05	0	649.17
宿迁市区片合计	22 803.3	2 449.8	121.1	638.66	128.76	235.54	2 920.6	29 297.76
运南灌区 (泗阳县)	9 611.4	1 020.6	48.75	169.12	57.96	91.91	774.35	11 774.09
灌区未覆盖街道 (泗阳县)	3 784.6	367.2	28.35	58	6.82	21.6	209.07	4 475.64
泗阳县城片合计	13 396	1 387.8	77.1	227.12	64.78	113.51	983.42	16 249.73
黄河故道片区总计	36 199.3	3 837.6	198.2	865.78	193.54	349.05	3 904.02	45 547.49

2025 年 50%和 90%保证率下农业需水量分别为 34 658.67 万 m³ 和 44 530.87 万 m³;2030 年 50%和 90%保证率下农业需水量分别为 36 614.15 万 m³ 和 47201.49 万 m³;2035 年 50%和 90%保证率下农业需水量分别为 35 337.54 万 m³ 和 45 547.49 万 m³,具体见表 7.2-22、图 7.2-9 和图 7.2-10。

表 7.2-22　规划水平年农业需水总量汇总表　　　　单位:万 m³

范围	2025 年		2030 年		2035 年	
	$P=50\%$	$P=90\%$	$P=50\%$	$P=90\%$	$P=50\%$	$P=90\%$
皂河灌区	7 378.6	9 422.9	8 037.82	10 232.92	7 766.21	10 135.75
船行灌区	9 304.98	12 206.68	9 796.83	12 875.93	9 266.77	12 370.22
运南灌区 (宿城区)	5 407.18	6 620.13	5 268.84	6 482.82	5 018.91	6 142.62
灌区未覆盖街道 (宿城区)	446.2	588.1	560.5	746.4	479.73	649.17
宿迁市区片合计	22 536.96	28 837.81	23 663.99	30 338.07	22 531.62	29 297.76
运南灌区 (泗阳县)	8 708.6	11 230.6	9 402.16	12 243.82	9 403.33	11 774.09
灌区未覆盖街道 (泗阳县)	3 413.11	4 462.46	3 548	4 619.6	3 402.59	4 475.64
泗阳县城片合计	12 121.71	15 693.06	12 950.16	16 863.42	12 805.92	16 249.73
黄河故道片区总计	34 658.67	44 530.87	36 614.15	47 201.49	35 337.54	45 547.49

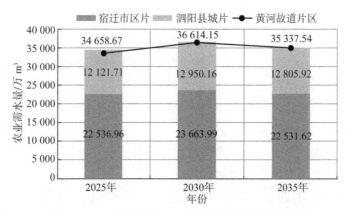

图 7.2-9　黄河故道片区 50%保证率下农业需水量

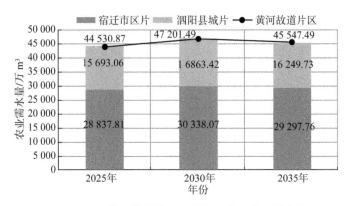

图 7.2-10　黄河故道片区90%保证率下农业需水量

4. 生态环境需水量

(1) 河道外生态需水量

河道外生态需水量包括绿地生态需水和道路浇洒需水,均采用定额法进行计算。根据《江苏省林牧渔业、工业、服务业和生活用水定额(2019 年修订)》,绿地用水定额先进值和通用值分别为 0.2 m³/(m²·a)和 0.5 m³/(m²·a),道路浇洒用水定额先进值和通用值分别为 1.5 L/(m²·d)和 2 L/(m²·d)。根据黄河故道片区实际情况进行合理预测,计算得出 2025 年、2030 年和 2035 年河道外生态需水量分别为 530.45 万 m³、720.32 万 m³ 和 988.48 万 m³。具体见表 7.2-23 和图 7.2-11、图 7.2-12、图 7.2-13。

(2) 河道内生态补水量

根据《总体规划》,未来将黄河故道片区打造成古黄河生态修复示范区、美丽江苏建设样板区、高水平城乡融合先行区。水资源的供给不足,严重制约了区域未来发展。同时,区域严重依赖外部水源,当地水资源量有限,供水主要依靠引提水。由于河道蓄水能力不足、可供水量有限,不仅不能提供新增供水,还需要外部补水。然而黄河故道没有生态补水额度,生态缺水总体比较严重。区域高质量发展和人们对美好生活的向往对水环境、水景观建设提出了更高要求。区域内相关河道生态需水及河道水环境容量提升也迫在眉睫,亟待解决。这部分水量在未来水资源配置中必须加以考虑。

根据调研结果,2016 年到 2021 年,区域河道内生态补水量从 5 680万 m³ 增加到 1.119 亿 m³,2017 年是跳跃式增加,2017 年的生态补水量为 1.043 亿 m³,总体呈逐年增加趋势,年均增加 32%,但区域内河道水质、水景观建设还没有得到根本好转。黄河故道片区涉及古黄河、中运河、徐洪河、骆马湖和洪泽湖主

表7.2-23　黄河故道片区规划水平年河道外生态环境需水量

范围	水平年	绿地面积 /万 m²	用水定额 [m³/(m²·a)]	绿地需水量 /万 m³	道路与交通设施面积 /万 m²	用水定额 [L/(m²·d)]	道路浇洒需水量 /万 m³	总需水量 /万 m³
皂河灌区	2021年	93.85	0.22	20.65	148.29	0.43	23.27	43.92
	2025年	134.71	0.26	35.02	202.07	0.91	67.12	102.14
	2030年	164.95	0.31	51.14	239.18	1.01	88.17	139.31
	2035年	197.97	0.34	67.31	269.95	1.31	129.08	197.29
船行灌区	2021年	71.49	0.20	14.30	112.96	0.41	16.90	31.20
	2025年	102.62	0.24	24.63	153.92	0.89	50.00	74.63
	2030年	127.20	0.29	36.89	184.45	0.99	66.65	103.54
	2035年	154.42	0.32	49.42	210.58	1.29	99.15	148.56
运南灌区 (宿城区)	2021年	56.59	0.19	10.75	89.41	0.40	13.05	23.80
	2025年	81.22	0.23	18.68	121.83	0.88	39.13	57.81
	2030年	99.33	0.28	27.81	144.03	0.98	51.52	79.33
	2035年	119.36	0.31	37.00	162.76	1.28	76.04	113.04
灌区未覆盖街道 (宿城区)	2021年	81.08	0.21	17.03	128.11	0.42	19.64	36.67
	2025年	114.26	0.25	28.57	171.39	0.90	57.20	84.87
	2030年	139.99	0.30	42.00	202.99	1.00	74.09	116.09
	2035年	168.35	0.33	55.56	229.57	1.30	108.93	164.49

续表

范围	水平年	绿地面积/万 m²	用水定额/[m³/(m²·a)]	绿地需水量/万 m³	道路与交通设施面积/万 m²	用水定额/[L/(m²·d)]	道路浇洒需水量/万 m³	总需水量/万 m³
宿迁市区片区合计	2021年	303.00	—	62.73	478.74	—	72.86	135.59
	2025年	432.81		106.9	649.22		212.55	319.45
	2030年	531.48		157.84	770.65		280.43	438.27
	2035年	640.10		209.29	872.86		413.2	622.49
运南灌区（泗阳县）	2021年	132.22	0.16	21.16	150.56	0.21	11.54	32.70
	2025年	164.22	0.21	34.49	173.88	0.69	43.79	78.28
	2030年	197.57	0.22	43.47	207.97	0.79	59.97	103.44
	2035年	232.92	0.23	53.57	256.22	0.89	83.23	136.80
灌区未覆盖街道（泗阳县）	2021年	186.17	0.18	33.51	211.99	0.23	17.80	51.31
	2025年	263.13	0.23	60.52	278.61	0.71	72.20	132.72
	2030年	324.03	0.24	77.77	341.08	0.81	100.84	178.61
	2035年	372.45	0.25	93.11	409.70	0.91	136.08	229.20
泗阳县城片合计	2021年	318.40	—	54.67	362.54	—	29.34	84.01
	2025年	427.35		95.01	452.49		115.99	211
	2030年	521.60		121.24	549.06		160.81	282.05
	2035年	605.38		146.68	665.92		219.31	365.99
黄河故道片区总计	2021年	621.40	—	117.4	841.28	—	102.2	219.6
	2025年	860.16		201.91	1 101.71		328.54	530.45
	2030年	1 053.08		279.08	1 319.70		441.24	720.32
	2035年	1 245.48		355.97	1 538.78		632.51	988.48

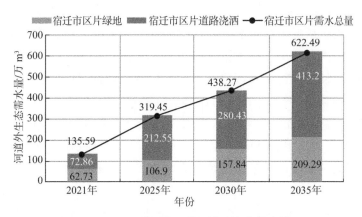

图 7.2-11　宿迁市区片河道外生态需水量

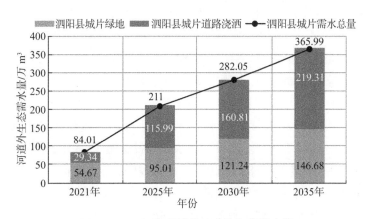

图 7.2-12　泗阳县城片河道外生态需水量

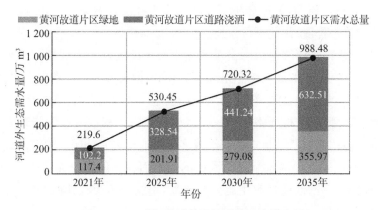

图 7.2-13　黄河故道片区河道外生态需水量

干道的国考、省考断面水质相关指标均达标,但根据调研和实测,片区内部的部分河沟的水质情况不容乐观。古黄河上游水质较差,大多时段为Ⅳ类水,沿岸多个点源和面源污染造成了流域内部分河段水质差;地上悬河高差小,流速慢,动力不足,使水体污染难以净化。区域内西民便河、西沙河、成子河、古山河、东沙河、马化河、五河等相关河流水质不稳定。对黄河故道片区内的部分支流调查发现,目前还存在着污水直排、河道淤积、河水黑臭等污染问题。根据《宿迁市黄河故道生态富民廊道生态环境提升专项规划》,2021年采样后检测发现黄河故道区域内劣Ⅴ类河流还是存在的,区域水环境状况有待进一步提升。

为了准确分析区域范围内的河道内生态补水量,根据区域特点,加强生态补水,提高水体自净能力,宿迁市在2021年开展了宿迁市黄河故道水生态调控分析及管理机制研究,该研究基于水质保障需求,利用输出系数法测算了区域内各类型污染源入河量,分析污染物入河时空分布特征,以提升水环境容量为目标,测算了相应水资源补给需求。

在区域污染源来源方面,点源污染主要有工业污水、居民生活污水(包括污水处理厂不达标排放)和池塘污水等;内源污染主要有河道淤泥淤积等;面源污染主要有城区雨水汇入、灌溉回归水和田间地表降雨径流等。本区域的污染源可以归纳为:工业源(工业企业直排)、污水处理设施尾水(污水处理厂、污水处理站)、城镇生活源(未接管直排)、农村生活源(未接管直排)、农业种植源(农田退水)、水产养殖源(尾水直排)和畜禽养殖源(粪污直排)七大类。

为了准确确定未来规划水平年的河道内生态补水量,结合黄河片区水动力、水环境特性及梯级闸控条件,本项目仍然采用基于MIKE11平台建立的水文-水动力-水质耦合模型,模拟分析了现状与未来社会发展条件下,不同调度情景下水环境的改善程度,在此不再累述。

根据《宿迁市黄河故道生态富民廊道生态环境提升专项规划》,未来要打造"七增、一改、多串联"的湿地生态格局。"七增":指朱海·牛角淹生态湿地、皂河湿地公园、月堤湖湿地公园、洋河水质保护生态湿地、两河水源涵养生态湿地、龙窝潭净化生态栖息地、宿迁骆马湖三角区生态建设工程;"一改":指现有泗阳古黄河湿地公园;"多串联":指古黄河沿线多个绿地及现有公园。国家湿地公园的面积在20 hm² 以上。国家湿地公园中的湿地面积一般占总面积的60%以上。规划生态湿地7处、改造现有生态公园1处,串联城市现有其他类型公园5处,形成一链13园。

对古黄河、中运河、西民便河、西沙河、成子河、古山河、东沙河、马化河、五河、相关乡镇河道、支流等及 13 个湿地进行基本生态流量、断面水质目标和特殊生境保障等目标的生态需水量分析,从生态环境需水目标的内涵和管理实际情况出发,对不同目标的生态环境需水量成果进行时间、空间、过程、要素、情景的耦合,采用 MIKE11 平台建立的水文-水动力-水质耦合模型进行计算和协调平衡,估算出黄河故道片区内不同规划水平年(2025 年、2030 年、2035 年)的平均生态补水量分别为 2.4 亿 m³、3.75 亿 m³、3.38 亿 m³,具体见表 7.2-24。结果表明,黄河故道片区内河道生态补水量呈先升后降趋势。2030 年后,一方面由于需水量逐渐减小,另一方面,随着环境治理和生态修复到位,入河污染物随之减少等,因此,判断 2030 年前后,河道生态补水量将达到最大。

表 7.2-24　黄河故道片区河道生态补水量需求分析表　　　　单位:万 m³

序号	片区	2021 年	2025 年	2030 年	2035 年
1	皂河灌区	2 310	4 120	7 350	7 010
2	船行灌区	3 079	6 803	9 780	8 780
3	运南灌区(宿城区)	2 000	5 400	8 640	7 330
4	灌区未覆盖街道(宿城区)	922	2 080	3 130	2 670
5	运南灌区(泗阳县)	2 200	4 060	6 650	6 130
6	灌区未覆盖街道(泗阳县)	679	1 490	1 970	1 840
	合计	11 190	23 953	37 520	33 760

5. 分行业定额法预测需水总量

综上,采用分行业定额法预测黄河故道片区规划水平年需水总量:到 2025 年黄河故道片区 $P=50\%$ 和 $P=90\%$ 时河道外总需水量分别为 51 342.53 万 m³ 和 61 214.73 万 m³。河道内生态补水量为 23 953 万 m³。具体见表 7.2-25。到 2030 年黄河故道片区 $P=50\%$ 和 $P=90\%$ 时河道外总需水量分别为 57 653.47 万 m³ 和 68 240.81 万 m³。河道内生态补水量为 37 520 万 m³。具体见表 7.2-26。到 2035 年黄河故道片区 $P=50\%$ 和 $P=90\%$ 时河道外总需水量分别为 61 228.15 万 m³ 和 71 438.10 万 m³。河道内生态补水量为 33 760 万 m³。具体见表 7.2-27。规划水平年黄河故道片区 $P=50\%$ 和 $P=90\%$ 时河道外总需水量分别见图 7.2-14 和图 7.2-15。

表 7.2-25　黄河故道片区近期规划水平年(2025 年)需水量

单位：万 m³

范围	综合生活需水量		工业需水量	农业需水量		河道外生态需水量	河道外需水小计		河道内生态需水量
	城镇生活	农村生活		P=50%	P=90%		P=50%	P=90%	
皂河灌区	2 339.80	133.18	570.82	7 378.6	9 422.9	102.14	10 524.53	12 568.83	4 120.00
船行灌区	1 603.26	235.11	473.40	9 304.98	12 206.68	74.63	11 691.38	14 593.08	6 803.00
运南灌区(宿城区)	1 342.30	84.22	837.75	5 407.18	6 620.13	57.81	7 729.26	8 942.21	5 400.00
古黄河灌区小计	5 285.35	452.51	1 881.97	22 090.76	28 249.71	234.58	29 945.17	36 104.12	16 323
灌区未覆盖街道(宿城区)	2 207.07	6.06	172.53	446.2	588.1	84.87	2 916.74	3 058.64	2 080.00
宿迁市区片合计	7 492.43	458.57	2 054.50	22 536.96	28 837.81	319.45	32 861.91	39 162.76	18 403.00
运南灌区(泗阳县)	1 766.59	374.68	225.13	8 708.6	11 230.6	78.28	11 153.28	13 675.28	4 060.00
灌区未覆盖街道(泗阳县)	2 115.52	464.86	1 201.13	3 413.11	4 462.46	132.72	7 327.35	8 376.70	1 490.00
泗阳县城片合计	3 882.11	839.54	1 426.26	12 121.71	15 693.06	211	18 480.62	22 051.97	5 550.00
黄河故道片区总计	11 374.54	1 298.11	3 480.76	34 658.67	44 530.87	530.45	51 342.53	61 214.73	23 953.00

注：表中古黄河灌区包括皂河灌区、船行灌区和运南灌区(宿城区)，下同。

表 7.2-26　黄河故道片区中期规划水平年(2030 年)需水量

单位:万 m³

范围	综合生活需水量		工业需水量	农业需水量		河道外生态需水量	河道外需水小计		河道内生态需水量
	城镇生活	农村生活		P=50%	P=90%		P=50%	P=90%	
皂河灌区	2 789.74	201.69	865.03	8 037.82	10 232.92	139.31	12 033.59	14 228.69	7 350.00
船行灌区	1 968.98	333.33	717.67	9 796.83	12 875.93	103.54	12 920.34	15 999.44	9 780.00
运南灌区(宿城区)	1 512.51	117.68	1 284.09	5 268.84	6 482.82	79.33	8 262.45	9 476.43	8 640.00
古黄河灌区小计	6 271.24	652.69	2 866.78	23 103.49	29 591.67	322.18	33 217.28	39 704.56	25 770.00
灌区未覆盖街道(宿城区)	2 586.21	8.49	215.56	560.50	746.4	116.09	3 486.85	3 672.75	3 130.00
宿迁市区片区合计	8 857.44	661.18	3 082.34	23 663.99	30 338.07	438.27	36 703.23	43 377.31	28 900.00
运南灌区(泗阳县)	2 109.08	660.09	309.82	9 402.16	12 243.82	103.44	12 584.59	15 426.25	6 650.00
灌区未覆盖街道(泗阳县)	2 399.54	620.52	1 618.98	3 548	4 619.6	178.61	8 365.64	9 437.24	1 970.00
泗阳县城片区合计	4 508.62	1 280.61	1 928.80	12 950.16	16 863.42	282.05	20 950.24	24 863.50	8 620.00
黄河故道片区总计	13 366.06	1 941.79	5 011.14	36 614.15	47 201.49	720.32	57 653.47	68 240.81	37 520.00

表7.2-27　黄河故道片区远期规划水平年(2035年)需水量

单位:万 m³

范围	综合生活需水量		工业需水量	农业需水量		河道外生态需水量	河道外需水小计		河道内生态需水量
	城镇生活	农村生活		$P=50\%$	$P=90\%$		$P=50\%$	$P=90\%$	
皂河灌区	3 316.41	247.47	1 150.03	7 766.21	10 135.75	197.29	12 676.51	15 046.05	7 010.00
船行灌区	2 431.65	447.24	953.96	9 266.77	12 370.22	148.56	13 248.19	16 351.64	8 780.00
运南灌区(宿城区)	1 698.63	156.49	1 722.87	5 018.91	6 142.62	113.04	8 709.95	9 833.66	7 330.00
古黄河灌区小计	7 446.70	851.20	3 826.87	22 051.89	28 648.59	457.99	34 634.65	41 231.35	23 120
灌区未覆盖街道(宿城区)	3 161.07	11.27	289.44	479.73	649.17	164.49	4 106.00	4 275.44	2 670.00
宿迁市区片合计	10 607.77	862.46	4 117.21	22 531.62	29 297.76	622.49	38 740.65	45 506.79	25 790.00
运南灌区(泗阳县)	2 524.62	1 031.74	368.39	9 403.33	11 774.09	136.8	13 464.88	15 835.64	6 130.00
灌区未覆盖街道(泗阳县)	2 703.96	781.34	1 905.53	3 402.59	4 475.64	229.2	9 022.62	10 095.67	1 840.00
泗阳县城片合计	5 228.58	1 813.08	2 273.92	12 805.92	16 249.73	365.99	22 487.49	2 5931.30	7 970.00
黄河故道片区总计	15 837.25	2 675.54	6 390.23	35 337.54	45 547.49	988.48	61 228.15	71 438.10	33 760.00

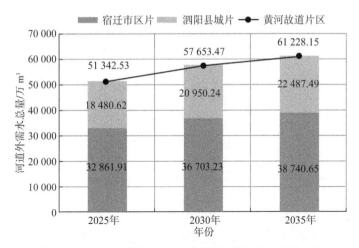

图 7.2-14 黄河故道片区 50%保证率下河道外总需水量

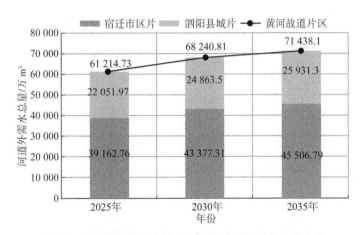

图 7.2-15 黄河故道片区 90%保证率下河道外总需水量

7.2.4.2 城市综合用水量指标法

依据《城市给水工程规划规范》(GB 50282—2016),城市综合用水量包括城市中居民生活用水、公共设施用水、工业企业生产过程和职工生活用水、浇洒道路用水、绿地用水、管网漏损等水量,城市综合用水量指标见表 7.2-28。宿迁市黄河故道片区属于一区Ⅱ型大城市,城市综合用水量指标范围为 0.40 万～0.70 万 m^3/(万人·d)(该指标已包含管网漏失水量)。

根据 2017—2021 年宿迁市水资源公报,黄河故道片区近五年平均城市综合用水量为 0.42 万 m^3/(万人·d)。根据近 5 年城市综合用水量变化趋势,结合相关规划和《宿迁市骆马湖水源工程水资源论证报告书》,预测未来黄河故道片

表 7.2-28　城市综合用水量指标　　　　单位:万 m³/(万人·d)

区域	城市规模			
	超大城市 (P≥1 000 万人)	特大城市 (500 万人≤ P<1 000 万人)	大城市	
			Ⅰ型(300 万人≤ P<500 万人)	Ⅱ型(100 万人≤ P<300 万人)
一区	0.50~0.80	0.50~0.75	0.45~0.75	0.40~0.70
二区	0.40~0.60	0.40~0.60	0.35~0.55	0.30~0.55
三区	—	—	—	0.30~0.50

注:本指标已包括管网漏失水量。

区城市人均综合用水量。城市综合用水量指标取 0.5 万 m³/(万人·d)。结合7.2.3.1 节人口指标数据,计算黄河故道片区规划水平年除农业外的河道外总需水量,见表 7.2-29。

表 7.2-29　以城市综合用水量指标预测规划水平年需水量

范围	指标取值 /[万 m³/ (万人·d)]	人口/人			需水量/万 m³		
		2025 年	2030 年	2035 年	2025 年	2030 年	2035 年
皂河灌区	0.5	353 690	386 884	418 468	6 454.84	7 060.63	7 637.04
船行灌区	0.5	278 182	310 433	349 663	5 076.82	5 665.40	6 381.35
运南灌区 (宿城区)	0.5	204 853	211 387	219 128	3 738.57	3 857.81	3 999.09
古黄河灌区小计	—	836 725	908 704	987 259	15 270.23	16 583.85	18 017.48
灌区未覆盖街道 (宿城区)	0.5	303 849	323 730	362 669	5 545.24	5 908.07	6 618.71
宿迁市区片合计	—	1 140 574	1 232 434	1 349 928	20 815.48	22 491.92	24 636.19
运南灌区 (泗阳县)	0.5	335 319	391 826	454 474	6 119.57	7 150.82	8 294.15
灌区未覆盖街道 (泗阳县)	0.5	405 579	420 254	434 592	7 401.82	7 669.64	7 931.30
泗阳县城片 合计	—	740 898	812 080	889 066	13 521.39	14 820.46	16 225.45
黄河故道片区 总计	—	1 881 472	2 044 514	2 238 994	34 336.86	37 312.38	40 861.64

同时,结合分行业定额法计算的规划水平年的农业需水量,计算黄河故道片区规划水平年的总需水量,见表 7.2-30。

表 7.2-30　黄河故道片区规划水平年需水量　　　　单位:万 m³

范围	2025 年		2030 年		2035 年	
	$P=50\%$	$P=90\%$	$P=50\%$	$P=90\%$	$P=50\%$	$P=90\%$
皂河灌区	13 833.44	15 877.74	15 098.45	17 293.55	15 403.25	17 772.79
船行灌区	14 381.8	17 283.5	15 462.23	18 541.33	15 648.12	18 751.57
运南灌区(宿城区)	9 145.75	10 358.7	9 126.65	10 340.63	9 018	10 141.71
古黄河灌区小计	37 360.99	43 519.94	39 687.34	46 175.52	40 069.37	46 666.07
灌区未覆盖街道(宿城区)	5 991.44	6 133.34	6 468.57	6 654.47	7 098.44	7 267.88
宿迁市区片合计	43 352.44	49 653.29	46 155.91	52 829.99	47 167.81	53 933.95
运南灌区(泗阳县)	14 828.17	17 350.17	16 552.98	19 394.64	17 697.48	20 068.24
灌区未覆盖街道(泗阳县)	10 814.93	11 864.28	11 217.64	12 289.24	11 333.89	12 406.94
泗阳县城片合计	25 643.1	29 214.45	27 770.62	31 683.88	29 031.37	32 475.18
黄河故道片区总计	68 995.53	78 867.73	73 926.53	84 513.87	76 199.18	86 409.13

到 2025 年,黄河故道片区 $P=50\%$ 和 $P=90\%$ 时河道外总需水量分别为 68 995.53 万 m³ 和 78 867.73 万 m³。到 2030 年,黄河故道片区 $P=50\%$ 和 $P=90\%$ 时河道外总需水量分别为 73 926.53 万 m³ 和 84 513.87 万 m³。到 2035 年,黄河故道片区 $P=50\%$ 和 $P=90\%$ 时河道外总需水量分别为 76 199.18万 m³ 和 86 409.13 万 m³。

7.2.4.3　预测需水总量确定

对比分行业定额法和城市综合用水量指标法两种方法对黄河故道片区规划水平年用水量的预测结果,两种方法所得的近期、中期、远期规划水平年需水量都有一定偏差。城市综合用水量指标法体现不出基于水资源刚性约束下的需水量预测,且指标选取较为粗糙,预测值偏大,仅作为参照结果;分行业定额法是基于水资源刚性约束下,根据相关规划预测的用水定额。分行业定额法有利于进行行业间水资源配置分析,因此,需水量采用分行业定额法需水预测成果,即黄河故道片区规划水平年需水总量如下:

到 2025 年黄河故道片区 $P=50\%$ 和 $P=90\%$ 时河道外总需水量分别为 51 342.53 万 m³ 和 61 214.73 万 m³。其中,综合生活需水量为 12 672.65 万 m³;工业需水量为 3 480.76 万 m³;农业需水量 $P=50\%$ 时为 34 658.67 万 m³,$P=90\%$ 时为 44 530.87 万 m³;河道外生态环境需水量为 530.45 万 m³;

2025 年黄河故道片区河道内生态补水量为 23 953 万 m³。

到 2030 年黄河故道片区 $P=50\%$ 和 $P=90\%$ 时河道外总需水量分别为 57 653.47 万 m³ 和 68 240.81 万 m³。其中,综合生活需水量为 15 307.85 万 m³;工业需水量为 5 011.14 万 m³;农业需水量 $P=50\%$ 时为 36 614.15 万 m³,$P=90\%$ 时为 47 201.49 万 m³;河道外生态环境需水量为 720.31 万 m³;2030 年黄河故道片区河道内生态补水量为 37 520 万 m³。

到 2035 年黄河故道片区 $P=50\%$ 和 $P=90\%$ 时河道外总需水量分别为 61 228.15 万 m³ 和 71 438.10 万 m³。其中,综合生活需水量为 18 511.89 万 m³;工业需水量为 6 390.23 万 m³;农业需水量 $P=50\%$ 时为 35 337.54 万 m³,$P=90\%$ 时为 45 547.49 万 m³;河道外生态环境需水量为 988.48 万 m³;2035 年黄河故道片区河道内生态补水量为 33 760 万 m³。

7.2.5　规划水平年需水合理性分析

7.2.5.1　与用水总量控制指标相符性分析

根据《关于调整"十四五"用水总量和强度控制目标的通知》(宿水资组办〔2023〕1 号),2025 年宿迁市用水总量控制指标为 27.5 亿 m³,其中,宿城区、宿豫区用水总量控制指标合计为 10.19 亿 m³,泗阳县用水总量控制指标为 4.43 亿 m³。根据 3.4.1 节,2021 年宿迁市经农业用水量折算后的用水总量为 24.70 亿 m³,其中宿城区、宿豫区用水总量合计约为 8.64 亿 m³,泗阳县用水总量约为 3.79 亿 m³。与用水控制相比,宿迁市尚有余量 2.80 亿 m³,宿迁市区片(含行政区宿城区、宿豫区)尚有余量 1.55 亿 m³,泗阳县城片(含行政区泗阳县)尚有余量 0.64 亿 m³。

根据需水预测结果,2025 年、2030 年和 2035 年宿迁市黄河故道片区 50% 保证率下河道外需水总量分别为 5.13 亿 m³、5.77 亿 m³ 和 6.12 亿 m³(河道内补水中消耗于蒸发和渗漏的水量较小,暂不计入用水总量指标),在宿迁市用水总量控制指标 27.5 亿 m³ 范围内。同时,2025 年、2030 年和 2035 年宿迁市黄河故道片区 50% 保证率下河道外需水总量分别较 2021 年新增 0.68 亿 m³、1.31 亿 m³、1.67 亿 m³,新增水量占宿迁市余量的比例分别为 24.29%、46.79% 和 59.64%,见表 7.2-31。

2025 年、2030 年和 2035 年宿迁市区片 50% 保证率下河道外需水总量分别为 3.29 亿 m³、3.67 亿 m³ 和 3.87 亿 m³,在宿迁市区片用水总量控制指标 10.19 亿 m³ 范围内。同时,2025 年、2030 年和 2035 年宿迁市区片 50% 保证率下河道外需水总量分别较 2021 年新增 0.5 亿 m^3、0.88 亿 m^3 和 1.08 亿 m^3，新增水量占宿迁市区片余量的比例分别为 32.26％、56.77％和 69.68％，见表 7.2-31。

2025 年、2030 年和 2035 年泗阳县城片 50％保证率下河道外需水总量分别为 1.85 亿 m^3、2.1 亿 m^3 和 2.25 亿 m^3，在泗阳县城片用水总量控制指标 4.43 亿 m^3 范围内。同时，2025 年、2030 年和 2035 年泗阳县城片 50％保证率下河道外需水总量分别较 2021 年新增 0.18 亿 m^3、0.43 亿 m^3 和 0.58 亿 m^3，新增水量占泗阳县城片余量的比例分别为 28.13％、67.19％和 90.63％，见表 7.2-31。

表 7.2-31　用水总量控制指标相符性分析表　　　　单位：亿 m^3

年份	黄河故道片区			宿迁市区片			泗阳县城片		
	余量	新增水量	占比	余量	新增水量	占比	余量	新增水量	占比
2025 年	4.597	0.68	14.8％	2.64	0.5	18.8％	0.78	0.18	23.5％
2030 年	4.597	1.31	28.5％	2.64	0.88	33.3％	0.78	0.43	55.1％
2035 年	4.597	1.67	37.2％	2.64	1.08	41.1％	0.78	0.58	74.8％

同时，根据《宿迁市水资源综合规划》，预测 2025 年宿城区、宿豫区和泗阳县需水共计 11.84 亿 m^3，其中宿城区、宿豫区需水共计 7.72 亿 m^3；泗阳县需水 4.12 亿 m^3，均在总量控制指标范围以内。分析黄河故道片区 2021 年用水量占宿城区、宿豫区和泗阳县 2021 年用水量的比例为 37.8％，2025 年需水量占宿城区、宿豫区和泗阳县预测总需水量的比例为 43.4％，仅新增 5.6％；宿迁市区片 2021 年用水量占宿城区、宿豫区 2021 年用水量的比例为 34.7％，2025 年需水量占宿城区、宿豫区预测总需水量的比例为 42.6％，仅新增 7.9％；泗阳县城片 2021 年用水量占泗阳县 2021 年用水量的比例为 44.6％，2025 年需水量占泗阳县预测总需水量的比例为 44.9％，仅新增 0.3％。因此，宿迁黄河故道片区未来需水的增长趋势与其所在行政区未来需水增长的趋势基本保持一致，即在考虑黄河故道片区以外区域未来需水增长的基础上，仍满足用水总量控制指标。

综上，黄河故道片区规划水平年需水能满足用水总量控制指标。

7.2.5.2　与用水效率控制指标相符性分析

根据《关于调整"十四五"用水总量和强度控制目标的通知》（宿水资组办〔2023〕1 号），2025 年，宿迁全市单位 GDP 用水量比 2020 年下降 19％，年均下降率为 4.36％；万元工业增加值用水量比 2020 年下降 20％，年均下降率为

4.36%;农田灌溉水有效利用系数达到0.610。

2025年宿迁市区片单位GDP用水量年均下降率为4.5%,泗阳县城片单位GDP用水量年均下降率为4.4%,均达到单位GDP用水量下降率指标;2025年宿迁市区片万元工业增加值用水量年均下降率为4.7%,泗阳县城片万元工业增加值用水量年均下降率为4.6%,均达到万元工业增加值用水量下降率指标;2025年宿迁市区片农田灌溉水有效利用系数达到0.616,泗阳县城片农田灌溉水有效利用系数达到0.615,均达到农田灌溉水有效利用系数要求。分析来看,黄河故道片区能满足已经下达的2025年用水效率控制指标。

7.2.5.3 与水量分配方案的相符性分析

黄河故道片区内涉及主要河道水量分配方案如下:

根据《江苏省洪泽湖水量分配方案》,2030水平年,江苏省洪泽湖多年平均地表水分配水量为11.52亿 m^3,其中宿迁市2.87亿 m^3。50%、75%、90%和95%来水频率下分别为2.98亿 m^3、3.06亿 m^3、0.86亿 m^3 和0.78亿 m^3。

根据《江苏省骆马湖水量分配方案》,骆马湖多年平均地表水可分配水量为12.17亿 m^3,50%、75%、90%和95%来水频率时分别为12.39亿 m^3、13.41亿 m^3、8.26亿 m^3 和2.90亿 m^3。宿迁市多年平均地表水分配水量为2.66亿 m^3,50%、75%、90%和95%来水频率时分别为2.71亿 m^3、2.89亿 m^3、1.67亿 m^3 和0.48亿 m^3。宿迁市多年平均可分配地表水耗损量为1.76亿 m^3,50%、75%、90%和95%来水频率时分别为1.79亿 m^3、1.90亿 m^3、1.12亿 m^3 和0.32亿 m^3。

根据江苏省水利厅文件《省水利厅关于印发徐洪河、新通扬运河、京杭大运河(苏北段)、高邮湖、白塔河、苏南运河、池河水量分配方案的通知》(苏水资〔2022〕9号),徐洪河分配范围多年平均区域地表水分配水量为5.197亿 m^3,其中宿迁市1.289亿 m^3。2030水平年,根据分配范围内本地地表水资源量、上游来水量和用水总量控制要求,京杭大运河(苏北段)分配范围内多年平均区域地表水分配水量为31.578亿 m^3,其中宿迁市为5.201亿 m^3。

根据宿迁市在洪泽湖、骆马湖、徐洪河、大运河、废黄河上取水许可量的统计,"三河两湖"现状总许可取水量约11.7702亿 m^3。

综上,2030年,"三河两湖"(包括废黄河、徐洪河、中运河、洪泽湖和骆马湖)在宿迁市范围内的分配水量共计13.402亿 m^3,余量为1.632亿 m^3。根据需水预测结果,2030年黄河故道片区需水量新增0.679亿 m^3,新增需水量仅占"三河两湖"在宿迁市范围内分配水量余量的41.6%,新增需水能满足水量分配方案分配的指标。总体来看,黄河故道片区2030年的需水满足2030年分配水量要求。

7.2.5.4　与相关用水定额标准的相符性分析

黄河故道片区主要用水行业包括综合生活、工业、农业和生态环境。2025年,黄河故道片区农村综合生活用水量为110～170 L/(人·d),城镇综合生活用水量为200～240 L/(人·d),符合《室外给水设计标准》(GB 50013—2018)和宿迁市《生活用水定额》(DB 3213/T 1042—2022)中的相关定额标准;黄河故道片区万元工业增加值用水量为9.62 m³,其中宿迁市区片万元工业增加值用水量为9.53 m³,泗阳县城片万元工业增加值用水量为9.76 m³,达到东南区先进省水平;黄河故道片区50%和90%保证率下的水稻平均灌溉定额分别为486 m³/亩和547 m³/亩,符合宿迁市《农业用水定额》(DB 3213/T 1032—2021)中的相关定额标准;绿地用水定额和道路浇洒用水定额均符合《江苏省林牧渔业、工业、服务业和生活用水定额(2019年修订)》中的先进值。

综上,规划水平年黄河故道片区各行业用水效率指标均符合相应的用水定额标准。

7.2.5.5　需水结构合理性分析

黄河故道片区规划水平年河道外分项需水占比见表7.2-32。2021年黄河故道片区总用水量为4.455亿 m³。到近期规划水平年2025年、中期规划水平年2030年和远期水平年2035年,黄河故道片区总需水量呈现上升趋势,2025年和2030年总需水量上升幅度较大,2035年总需水量上升幅度较小。

随着人口的增加和人民生活水平的提高,综合生活需水量增加,2021年、2025年、2030年和2035年综合生活用水量占需水总量的比例分别为22.5%、24.7%、26.6%和30.2%,并逐年增加。由于未来大力发展黄河故道富民廊道,工业需水量上升,2021年、2025年、2030年和2035年工业用水量占需水总量的比例分别为6.1%、6.8%、8.7%和10.4%,并逐年增加;虽然灌溉农业的发展趋势呈上升态势,但在采取节水措施(减小灌溉定额、提高有效水利用系数)的情况下,预计农业需水量至2030年总体为增加趋势,但在2030年后至2035年不增反减;随着各种工业产业迅速发展,且旅游业繁荣,生态环境用水有所增加,2021年、2025年、2030年和2035年生态环境用水量占需水总量的比例分别为0.5%、1.0%、1.2%和1.6%,并逐年增加。综上,可以看出黄河故道片区用水结构不断优化。

表 7.2-32　黄河故道片区规划水平年河道外分项需水占比表

分项类型	2021 年		2025 年		2030 年		2035 年	
	用水量/亿 m³	占比/%	用水量/亿 m³	占比/%	用水量/亿 m³	占比/%	用水量/亿 m³	占比/%
综合生活	1.002	22.5	1.267	24.7	1.531	26.6	1.851	30.2
工业	0.271	6.1	0.348	6.8	0.50	8.7	0.640	10.4
农业	3.160	70.9	3.466	67.5	3.661	63.5	3.534	57.7
生态环境	0.220	0.5	0.053	1.0	0.072	1.2	0.099	1.6
总计	4.455	100	5.134	100	5.765	100	6.123	100

7.3　黄河故道片区水资源供需协调分析

7.3.1　水源比选

宿迁市黄河故道片区地处淮河流域分水岭地带,以南属淮河水系,以北属沂沭泗水系,取水水源主要包括本地地表水、外调水、地下水、非常规水和雨洪水资源。

7.3.1.1　本地地表水

宿迁市古黄河西起徐洪河,东至新袁闸,经淮安张福河入洪泽湖,流经宿城区、湖滨新区、市经济开发区、洋河新区以及泗阳县,全长 114.3 km,流域面积 296.9 km²。黄河故道上游被徐洪河截断,加之河道自然汇水面积小、坡降大,自身产流不足,同时,黄河故道片区降雨在时空上分布不均,并且境内现状调蓄设施和能力有限,汛期境内降雨径流绝大部分废泄。2015 年以来,对全线河道实施了两期治理工程,完成了干河疏浚整治,经过多年治理,现状主要有皂河地涵、蔡支闸、船行枢纽、古城橡胶坝、仓集闸、陈圩闸、大兴闸、成子河分洪闸、泗阳橡胶坝、李口闸、新袁闸等控制性蓄水建筑物,建成了 11 级梯级蓄水的总体格局,形成蓄水量 1 080 万 m³ 的河槽。

古黄河的徐洪河—皂河地涵段长为 7.15 km,河底高程为 23.5～22.0 m,正常蓄水位为 24.50 m,区间可蓄水量为 38.5 万 m³。皂河地涵—蔡支闸段长为 12.75 km,河底高程为 22.0～19.4 m,正常蓄水位为 23.50 m,区间可蓄水量为 188.0 万 m³。蔡支闸—船行枢纽段长为 19.6 km,河底高程为 19.4～18.7 m,正常蓄水位为 22.5 m,区间可蓄水量为 393.5 万 m³。船行枢纽—古城橡胶坝段长为 19.85 km,河底高程为 18.7～18.0 m,正常蓄水位为 21.50 m,区间可蓄水量为 354.9 万 m³。古城橡胶坝—仓集闸段长为 6.31 km,河底高程为 18.0～

16.5 m,正常蓄水位为 20.00 m,区间可蓄水量为 100.7 万 m³。仓集闸—陈圩闸段长为 6.64 km,河底高程为 16.5～15.7 m,正常蓄水位为 19.00 m,区间可蓄水量为 85.0 万 m³。陈圩闸—大兴闸段长为 9.25 km,河底高程为 15.7～14.3 m,正常蓄水位为 18.00 m,区间可蓄水量为 121.5 万 m³。大兴闸—成子河分洪闸段长为 5.95 km,河底高程为 14.3～14.0 m,正常蓄水位为 17.00 m,区间可蓄水量为 83.4 万 m³。成子河分洪闸—泗阳橡胶坝段长为 6.1 km,河底高程为 14.0～13.6 m,正常蓄水位为 16 m,区间可蓄水量为 78.2 万 m³。泗阳橡胶坝—李口闸段长为 5.78 km,河底高程为 13.6～12.5 m,正常蓄水位为 15.00 m,区间可蓄水量为 47.0 万 m³。李口闸—新袁闸段长为 13.27 km,河底高程为 12.5～12.3 m,正常蓄水位为 14.00 m,区间可蓄水量为 93.7 万 m³。具体见表 7.3-1 和图 7.3-1。

表 7.3-1 古黄河沿线蓄水建筑物特性参数表

分段	河底高程/m	常水位/m	可蓄水量/万 m³
徐洪河—皂河地涵段	23.5～22.0	24.50	38.5
皂河地涵—蔡支闸段	22.0～19.4	23.50	188.0
蔡支闸—船行枢纽段	19.4～18.7	22.50	393.5
船行枢纽—古城橡胶坝段	18.7～18.0	21.50	354.9
古城橡胶坝—仓集闸段	18.0～16.5	20.00	100.7
仓集闸—陈圩闸段	16.5～15.7	19.00	85.0
陈圩闸—大兴闸段	15.7～14.3	18.00	121.5
大兴闸—成子河分洪闸段	14.3～14.0	17.00	83.4
成子河分洪闸—泗阳橡胶坝段	14.0～13.6	16.00	78.2
泗阳橡胶坝—李口闸段	13.6～12.5	15.00	47.0
李口闸—新袁闸段	12.5～12.3	14.00	93.7

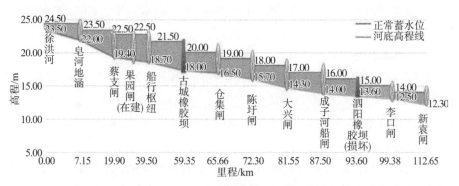

图 7.3-1 古黄河沿线蓄水建筑物图

朱海水库位于宿迁市宿城区王官集镇西北侧,西临徐洪河、北靠黄河故道,朱海水库岸线长度 10.38 km,水域面积 4050 亩,现状为大小不等的连片水塘,汇水总面积 4.52 km²。徐洪河开挖前,宿迁市境内黄河故道源头每年来水量约 0.8 亿 m³,通过朱海水库调蓄后,为西沙河、西民便河等河道提供稳定水源补给。20 世纪 90 年代,由于受徐洪河开挖影响,黄河故道被截断,朱海水库逐渐失去调蓄功能。此外,黄河故道片区内主要河湖中运河、徐洪河、骆马湖和洪泽湖中大部分依赖外调水调蓄,本地地表水的调蓄量相对较少。

综上,经分析计算,黄河故道片区内多年平均本地地表水约 2 200 万 m³,本地地表水可供水量较少,因此,黄河故道片区在水资源的利用中,外调水量占很大的比重。

7.3.1.2 外调水

黄河故道片区水系复杂,有内部的及外部的,有江水北调工程、南水北调东线(一期)工程,还有淮河来水。本书主要考虑外部调水。

黄河故道片区涉及的外调水有中运河、徐洪河、骆马湖和洪泽湖。徐洪河为国家南水北调东线工程(江水北调)的重要输水干线;中运河、骆马湖和洪泽湖均为江苏省江水北调工程的重要输水干线和重要蓄水湖泊。具体情况如下:

1. 中运河

中运河位于古黄河以东,北起山东台儿庄,南至淮安市杨庄,长 178.5 km。境内中运河由西向东横贯全境,左岸从泗宿交界处的史集西张沟村至淮泗边界的竹络坝抽水站,右岸从郑楼西卓码河至淮泗交界处的新袁东交界村。堤防长 78.55 km,其中左堤长 28.55 km,右堤长 50 km(2004 年区划调整后为 36 km),河道长 50 km(调整后为 38.55 km)。沿线有史集、郑楼、临河、众兴、城厢、农场、来安、李口、新袁九个乡镇。流域面积 44.37 km²,保护面积 647 km²。宿迁市中运河从调水方向上游至下游有泗阳水利枢纽、刘老涧水利枢纽、宿迁水利枢纽以及皂河水利枢纽四个重要水利控制枢纽。

(1)泗阳枢纽

泗阳水利枢纽包括泗阳节制闸、泗阳船闸、泗阳一站、泗阳二站。泗阳节制闸 7 孔,单孔净宽 10.0 m,设计流量 1 000 m³/s;泗阳一站设计流量 164 m³/s,泗阳二站设计流量 66 m³/s;是南水北调东线第四梯级,抽水能力 230 m³/s。

(2)刘老涧枢纽

刘老涧水利枢纽包括刘老涧节制闸、刘老涧新节制闸、刘老涧抽水站。刘老涧节制闸主要节制中运河水位,形成梯级,并控制泄洪流量,全闸共 4 孔,每孔净宽 8 m,泄洪流量 500 m³/s;刘老涧新节制闸 5 孔,每孔净宽为 5 m,泄洪流量 400 m³/s。刘老涧一站设计流量 150 m³/s,刘老涧二站设计流量 80 m³/s;是南水北调东线第五梯级,抽水能力 230 m³/s。

（3）宿迁水利枢纽

宿迁水利枢纽包括宿迁节制闸、宿迁三线船闸、六塘河节制闸。宿迁节制闸是控制骆马湖向中运河分洪的第二道建筑物,全闸共 6 孔,每孔净宽 10 m,闸身总宽 69.23 m,泄洪流量 600 m³/s;宿迁三线船闸闸室尺度分别为 210 m×15 m、230 m×23 m、260 m×23 m;六塘河节制闸共 3 孔,每孔净宽 10 m,设计泄量 600 m³/s。

（4）皂河水利枢纽

皂河水利枢纽包括皂河节制闸、皂河三线船闸、皂河一站、新邳洪河闸及邳洪河地涵上洞首等。皂河节制闸控制骆马湖向中运河排洪流量,全闸共 7 孔,每孔净宽 9.2 m,闸身总宽 71.25 m,排水流量 500 m³/s;皂河三线船闸闸室尺度分别为 230 m×20 m、230 m×23 m、260 m×23 m;皂河一站设计流量 200 m³/s（备用机组 1 台）,皂河二站设计流量 75 m³/s;是南水北调东线第六梯级,设计规模为 175 m³/s。

2. 徐洪河

徐洪河是连通三湖（洪泽湖、骆马湖、微山湖）、北调南排、结合通航的多功用河道。河道北起徐州市东郊的京杭大运河（铜山区境内）,向南流经徐州市睢宁县,至宿迁市泗洪县的顾勒河口入洪泽湖,河道全长 117.0 km,其中宿迁市境内河长 55.5 km。顾勒河口—泗洪站下段现状输水规模为 120 m³/s,设计输水水位为 11.50～11.86 m;泗洪站上段—睢宁站下段现状输水规模为 130 m³/s,设计输水水位为 13.50～14.50 m。顾勒河口—龙河段 5 年一遇排涝流量为 632～1 120 m³/s,水位 13.50～17.31 m,20 年一遇排涝流量为 1 082～1 851 m³/s,水位 14.50～19.35 m,现状底宽 15～135 m,底高程 7.9～9.0 m。徐洪河现状有泗洪站、睢宁站、邳州站等重要水利控制枢纽与本书相关性较大,具体情况如下。

（1）泗洪站

泗洪站工程位于江苏省泗洪县朱湖乡,是南水北调东线一期工程第四梯级泵站之一,主要功能是与睢宁、邳州一起,通过徐洪河向骆马湖输水,泵站设计流量 120 m³/s。

（2）睢宁站

睢宁站枢纽位于江苏省徐州市睢宁县沙集镇境内,是南水北调东线工程的第五级泵站枢纽,主要功能是通过徐洪河抽引泗洪站来水,沿徐洪河向北输送到邳州站。睢宁站枢纽梯级设计流量 110 m³/s,其中睢宁一站设计流量 50 m³/s,睢宁二站设计流量 60 m³/s。

（3）邳州站

邳州站工程是南水北调东线第一期工程的第六级抽水泵站,工程的主要任务是与泗洪站、睢宁泵站一起,通过徐洪河输水线向骆马湖输水 100 m³/s,与中运河共同满足向骆马湖调水 275 m³/s 的目标,并结合房亭河以北地区的排涝,邳州站设计流量 100 m³/s。

3. 骆马湖

骆马湖地处江苏省宿迁市西北部,地跨徐州、宿迁两市。骆马湖是江苏省第四大淡水湖泊,南北长约 20 km,东西宽约 16 km,湖底高程一般为 18.50～22.00 m,属浅水型湖泊。骆马湖位于沂沭泗流域下游,承泄上游沂沭泗河流域 5.8 万 km² 的洪水,骆马湖主要入湖河流为沂河和中运河。上游来水经骆马湖调蓄后分别由嶂山闸经新沂河下泄入海,由皂河闸及宿迁闸入中运河。同时骆马湖起着重要的灌溉作用,湖水通过龙岗枢纽被引入黄河故道和西民便河。

骆马湖湖区大部分在宿迁市境内,北与徐州市交界,南至洋河滩闸,西邻中运河,东靠马陵山南麓。东岸为丘陵高地,北岸与南岸均为堤岸。骆马湖在蓄水位 23.00 m 时,相应蓄水量为 9.18 亿 m³,相应水面面积 287 km²,其中宿迁境内水域面积约为 202 km²。骆马湖设计洪水位为 25.00 m,相应水面面积为 320 km²,相应蓄水量为 15.95 亿 m³。

4. 洪泽湖

洪泽湖地处淮河流域中下游结合处、苏北平原中部偏西,是中国五大淡水湖之一。洪泽湖属浅水型湖泊,湖底高程在 10.00～11.00 m（高程均为废黄河高程系）之间,呈西北高、东南低趋势。洪泽湖死水位 11.30 m,汛限水位 12.50 m,正常蓄水位 13.00 m,规划蓄水位 13.50 m,相应水面面积为 1 780 km²、库容 39.57 亿 m³;洪泽湖设计洪水位 16.00 m,相应水面面积 3 414 km²、库容 112 亿 m³。洪泽湖历年最低水位 9.49 m,1949 年以后最高洪水位为 15.23 m。

洪泽湖承泄淮河上中游 15.8 万 km² 的来水,入湖河流主要在湖西,有淮河干流、怀洪新河、新汴河、新（老）濉河、徐洪河、安东河等,在湖北侧和南侧有古山河、五河、肖河、马化河、高松河、黄码河、淮泗河、赵公河、张福河、维桥河、高桥河等入湖河道,淮河干流入湖水量占入湖总量的 70% 以上。经多年治理,形成了以洪泽湖大堤为屏障拦蓄淮水,下游泄洪入江、入海的防洪布局,主要泄洪河道有淮河入江水道、入海水道、淮沭新河和苏北灌溉总渠,湖水的 60%～70% 经三河闸通过入江水道流入长江。出湖控制建筑物主要是三河闸、二河闸和高良涧闸。

7.3.1.3　地下水

根据《宿迁市地下水利用与保护规划（2022—2030 年）》和《宿迁市水资源综合规划》，宿城区 2025 年、2030 年和 2035 年地下水可供水量分别为 1 100 万 m^3、1 000 万 m^3 和 1 000 万 m^3；宿豫区 2025 年、2030 年和 2035 年地下水可供水量分别为 800 万 m^3、800 万 m^3 和 700 万 m^3；泗阳县 2025 年、2030 年和 2035 年地下水可供水量分别为 700 万 m^3、700 万 m^3 和 600 万 m^3，具体见表 7.3-2。2025 年、2030 年宿城区地下水用水总量控制指标分别为 645 万 m^3、600 万 m^3，泗阳县地下水用水总量控制指标分别为 685 万 m^3、680 万 m^3。根据《2021 年宿迁市水资源公报》，全市用水总量 22.903 亿 m^3，地下水用水量 0.202 亿 m^3，占总用水量的 0.88%。

表 7.3-2　黄河故道片区涉及行政区地下水可供水量　　　　单位：万 m^3

行政区	2025 年	2030 年	2035 年
宿城区	1 100	1 000	1 000
宿豫区	800	800	700
泗阳县	700	700	600
合计	2 600	2 500	2 300

按照统筹安排地下水和地表水开发利用，优先利用地表水资源，地下水资源作为辅助、战略储备资源的原则，在确保生态环境安全、优质优用、总量控制的前提下开采深层地下水，逐步实现地下水资源采补平衡，改善生态环境，实现地下水资源的可持续利用。宿迁市黄河故道片区未来将充分考虑水源的优化配置，将有限的优质地下水用于区域部分工业用水，如特殊行业（酒业）供水水源。目前现状地下水开采量较少，地下水取水井主要用于工业企业自备水源。虽然根据表 7.3-2，目前地下水可开采量尚有余量，但江苏省一直致力于加强地下水资源管理和保护，对全省地下水开采实行总量控制、计划开采和压采管理，因此应尽量限制地下水资源的开采与利用。

7.3.1.4　非常规水源

非常规水源是指经过处理后可加以利用或在一定条件下可直接利用的再生水、集蓄雨水、淡化海水、微咸水、矿坑水等。根据宿迁市实际情况，非常规水源利用主要是指再生水和集蓄雨水，再生水主要用于部分工业企业用水、河道生态补水以及园林绿化、道路清扫等城市杂用,集蓄雨水主要用于园林绿化、道路清扫等城市杂用。宿迁市区片污水处理系统相对集中,且已有截污导流工程将污水集中输送至新沂河,沿线经过多个开发区和产业园,具备较好的再生水利用条件。泗阳县城片供水主要依赖地区河网常规地表水资源,再生水的深度利用链条尚未形成。根据《宿迁市中心城市非常规水源利用规划》和《泗阳县水资源综合利用开发规划》等相关规划,黄河故道片区具体的再生水利用规模和布局见表7.3-3,2025年、2030年和2035年黄河故道片区的再生水总利用能力分别可以达到13.4万t/d、22.0万t/d和25.25万t/d。污水处理厂分布见图7.3-2。

表 7.3-3　黄河故道片区再生水利用规模和布局　　　　单位:万 t/d

范围	污水处理厂名称	再生水利用能力		
		2025 年	2030 年	2035 年
皂河灌区	耿车污水处理厂	1	2	2
	苏宿工业园区污水处理厂	1.6	3	3
	小计	2.6	5	5
船行灌区	洋北街道污水处理厂	1	1.5	1.5
运南灌区(宿城区)	洋河污水处理厂	4.0	4.0	6.0
灌区未覆盖街道(宿城区)	城北污水处理厂	1.5	4.0	4.0
宿迁市区片合计		9.1	14.5	16.5
运南灌区(泗阳县)	临河污水处理厂	0.2	0.2	0.2
	卢集污水处理厂	0.1	0.3	0.5
	李口污水处理厂	0.2	0.2	0.2
	新袁污水处理厂	0.5	0.5	0.5
	小计	1	1.2	1.4
灌区未覆盖街道(泗阳县)	城东污水处理厂	1.2	1.8	2.1
	城北污水处理厂	2.1	4.5	5.25
	小计	3.3	6.3	7.35
泗阳县城片合计		4.3	7.5	8.75
黄河故道片区总计		13.4	22.0	25.25

科学合理地利用废污水,将再生水、雨水作为可利用水资源的一部分,一方面可以减少废物排放量、降低废水排放对环境的污染,同时可以节约大量的新鲜水,通过分质供水提高资源的使用效率。但黄河故道片区目前对于非常规水源的利用还有待提升,尤其是再生水,尽管污水处理厂具备一定规模的再生水处理设施,但目前开展使用规模不足。因此,后期应加大非常规水源的利用。同时推

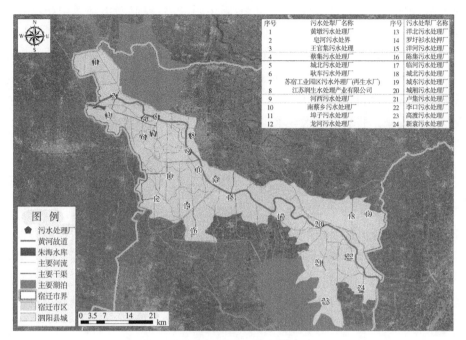

序号	污水处理厂名称	序号	污水处理厂名称
1	黄墩污水处理厂	13	洋北污水处理厂
2	皂河污水处理界	14	罗圩衫污水处理厂
3	王官集污水处理	15	洋河污水处理厂
4	蔡集污水处理厂	16	陈集污水处理厂
5	城北污水处理厂	17	临河污水处理厂
6	耿车污水外理厂	18	城北污水处理厂
7	苏宿工业园区污水外理(再生水厂)	19	城东污水处理厂
8	江苏润生水处理产业有限公司	20	城期污水处理厂
9	河西污水处理厂	21	卢集污水处理厂
10	南蔡乡污水处理厂	22	李口污水处理厂
11	埠子污水处理厂	23	高渡污水处理厂
12	龙河污水处理厂	24	新袁污水处理厂

图 7.3-2　黄河故道片区污水处理厂分布图

动黄河故道片区企业废污水实行梯级用水,形成企业间污水利用循环,促进企业间串联用水、分质用水、一水多用和循环利用。

7.3.1.5　雨洪资源

宿迁市的雨洪水资源利用仍处于前期探索尝试阶段,一方面利用河道自然落差和梯级建筑物,在骆马湖行洪期间,充分调引洪水资源入古黄河、西民便河、六塘河等城区排涝河道,给河道清底水、换新水,提升水体自净能力;另一方面,利用黄河故道调蓄雨洪资源,改造利用现有洼地,实施河道生态修复,建设湿地公园,增强河道水动力、增加水环境容量,充分利用内部水资源,实现城市内水循环利用与水质净化目标,减少外调水源,系统化解决防洪压力大、水资源紧缺、城区生态基流不足等问题。

根据《关于沂沭泗河洪水调度方案的批复》,骆马湖洪水应尽可能下泄,当骆马湖水位达到 22.50 m 并继续上涨时,嶂山闸泄洪,或相机利用皂河闸、宿迁闸泄洪;如预报骆马湖水位不超过 23.50 m,照顾黄墩湖地区排涝;预报骆马湖水位超过 23.50 m,骆马湖提前预泄。预报骆马湖水位不超过 24.50 m,嶂山闸泄洪,控制新沂河沭阳站洪峰流量不超过 5 000 m^3/s,同时相机利用皂河闸、宿迁闸泄洪;预报骆马湖水位超过 24.50 m,嶂山闸泄洪,控制新沂河沭阳站洪峰流量不超过 6 000 m³/s,同时相机利用皂河闸、宿迁闸泄洪;当骆马湖水位超过24.50 m 并预报继续上涨时,退守宿迁大控制,嶂山闸泄洪,控制新沂河沭阳站洪峰流量不超过 7 800 m³/s;视下游水情,控制宿迁闸泄洪不超过 1 000 m³/s,徐洪河相机分洪;当骆马湖水位达到 25.50 m 时,启用黄墩湖滞洪区滞洪,确保宿迁大控制安全。骆马湖洪水弃水可以通过龙岗枢纽工程充分利用,进行河道内补水,改善黄河故道片区内部分河道水质。

7.3.1.6 水源比选结论

依据上述分析可知,黄河故道片区规划水平年采用本地地表水、外调水、地下水、非常规水和雨洪资源等多水源供水。宿迁市区片和泗阳县城片自来水分别取自骆马湖和洪泽湖,水资源充沛、水质较好,取水便捷,其中宿迁市区片由联合水务供水,泗阳县城片由深水水务供水,公共供水基本保持现状;宿迁市区片自备水取本地地表水和外调水中运河、徐洪河和骆马湖水源;泗阳县城片自备水取本地地表水和外调水中运河和洪泽湖水源。地下水的取用,主要是黄河故道片区部分食品加工、酿酒等对水质要求比较高或者有特殊要求的企业取用浅层地下水,应尽量减少对地下水的取水,并抑制不合理的地下水开采;同时,大力支持使用非常规水源,积极探索科学合理利用雨洪水资源。

7.3.2 取水水源及可靠性分析

7.3.2.1 可供水量分析

1. 测算方法

可供水量包括本地地表水、浅层地下水、外调水及其他水源可供水量。可供水量的计算采用典型年法。根据表 7.3-4 中宿迁市 1956—2021 年降水量资料,采用 P-Ⅲ 型曲线适线进行统计分析,P-Ⅲ 型曲线见图 7.3-3。根据适线的结果,选取 $P=50\%$ 和 $P=90\%$ 时的典型年,分别为 1996 年和 1994 年,降水量分别为830.9 mm 和 628.0 mm,以此计算不同水平年 $P=50\%$ 和 $P=90\%$ 时的地表水可供水量。本节可供水量计算充分考虑资源性、管理性、工程性可利用水量及需水量对可供水量的约束。

(1)本地地表水

黄河故道片区现状农业灌溉取水水源为中运河与徐洪河,本地河道蓄水量主要用于农业散灌等。对于河道蓄水工程可供水量的测算,考虑将扣除河道生

表 7.3-4　宿迁市 1956—2021 年降水量　　　　　　　　单位:mm

年份	降水量	年份	降水量	年份	降水量
1956	1 021.2	1978	502.3	2000	817.6
1957	820.2	1979	887.8	2001	678.6
1958	830.3	1980	760.9	2002	673.9
1959	845.4	1981	620.6	2003	1 113.5
1960	967.3	1982	763.6	2004	653.6
1961	823.4	1983	729.8	2005	999.4
1962	1 012.1	1984	826.9	2006	855.8
1963	931.8	1985	809.1	2007	996.2
1964	911.0	1986	727.4	2008	859.3
1965	981.5	1987	850.3	2009	827.3
1966	542.2	1988	541.9	2010	958.8
1967	655.2	1989	778.6	2011	893.2
1968	681.4	1990	1 025.6	2012	957.4
1969	920.8	1991	991.5	2013	708.6
1970	929.4	1992	696.5	2014	953.0
1971	945.4	1993	807.7	2015	818.1
1972	915.9	1994	628.0	2016	920.3
1973	741.7	1995	688.9	2017	835.2
1974	1 066.8	1996	830.9	2018	960.2
1975	856.9	1997	649.8	2019	725.8
1976	669.5	1998	976.3	2020	1 109.7
1977	678.3	1999	648.6	2021	1 245.4

态基流后的蓄水量作为可供水量计算的基数,采用复蓄系数法进行估算。复蓄系数通过对不同地区各类工程进行分类,采用典型调查方法,参照邻近及类似地区的成果分析确定。

(2) 外调水

外调水可供水量为引提工程可供水量。引提水工程根据取水口的可引提流量、引提水工程的能力以及用户需水要求计算可供水量。假如地表水有足够的

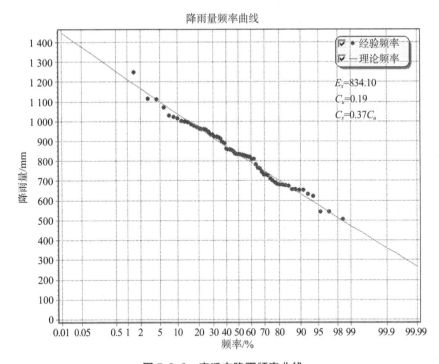

图 7.3-3　宿迁市降雨频率曲线

可引提水量,但引提水工程能力不足,则其可供水量也不大;相反,假如地表水可引水量小,再大能力的引提水工程也不能保证有足够的可供水量。引提水工程的提水能力与设备能力、开机时间等有关。引提水量为各片区从中运河、徐洪河、骆马湖和洪泽湖等通过引提工程,使用涵闸引水及泵站抽水获得的水量,用于农业灌溉及部分工业用水。

引提水工程可供水量可用下式计算:

$$W_{可供} = \sum_{i=1}^{t} \min(W_i, E_i, X_i) \tag{7.3-1}$$

式中:$W_{可供}$ 为引提水工程的可供水量;W_i 为 i 时段取水口的可引水量;E_i 为 i 时段工程的引提能力;X_i 为 i 时段用户需水量;t 为计算时段数。

（3）地下水

地下水可供水量主要是指矿化度不大于 2 g/L 的浅层地下水量,本书研究取用的地下水主要用于生产及生活。地下水可供水量与本地地下水资源可开采量、机井提水能力、开采范围和用户的需水量等有关。地下水可供水量计算公式为:

$$W_{可供} = \sum_{i=1}^{t} \min(W_i, E_i, X_i) \tag{7.3-2}$$

式中:$W_{可供}$为地下水可供水量;W_i为i时段开采井对应的本地地下水可开采量;E_i为i时段机井提水能力;X_i为i时段用户需水量;t为计算时段数。

(4) 其他水源

其他水源可供水量包括中水利用量和雨水集蓄工程可供水量等。在供水预测中,不能将未经处理、未达到水质要求的污水量计入可供水量中。城市污水经集中处理后,在满足一定水质要求的情况下,可用于农田灌溉及生态环境用水。对缺水较严重城市,污水处理再利用对象可扩及水质要求不高的工业冷却用水,以及改善生态环境和市政用水,如城市绿化、冲洗马路、河湖补水等。雨水集蓄利用主要指收集储存屋顶、场院、道路等场所的降雨或径流的微型蓄水工程,包括水窖、水池、水柜、水塘等。本书研究的其他水源可供水主要用于河道外生态,如绿化用水及环境卫生用水。此部分水量依据《宿迁市中心城区非常规水利用规划(2022—2035 年)》和《宿迁市中心城市再生水利用配置试点工作实施方案》等进行测算。

2. 测算结果

根据 $P=50\%$ 和 $P=90\%$ 时典型年 1996 年和 1994 年的相关资料数据,计算本地地表水、外调水、浅层地下水及非常规水源可供水量,结合资源性、管理性及工程性可利用水量及需水量的约束,同时综合《宿迁市中心城区非常规水利用规划(2022—2035 年)》和《宿迁市中心城市再生水利用配置试点工作实施方案》等相关资料,计算黄河故道片区规划水平年逐月可供水量,其中,2025 年逐月可供水量见表 7.3-5 和表 7.3-6,2030 年逐月可供水量见表 7.3-7 和表 7.3-8,2035 年逐月可供水量见表7.3-9 和表 7.3-10。

黄河故道片区 2025 年保证率 $P=50\%$、$P=90\%$ 时可供水量分别为 51 342.53 万 m³ 和 48 239.73 万 m³,见表 7.3-11;2030 年保证率 $P=50\%$、$P=90\%$ 时可供水量分别为 57 653.47 万 m³ 和 50 625.81 万 m³,见表 7.3-12;2035 年保证率 $P=50\%$、$P=90\%$ 时可供水量分别为 61 228.15 万 m³ 和 71 438.10 万 m³,见表 7.3-13。其中,2025 年、2030 年和 2035 年50% 保证率下外调水可供水量小于对应的河道分配水量;地下水可供水量小于最严格水资源管理制度目标任务下达的控制指标;非常规水可供水量大于最严格水资源管理制度目标任务下达的最低利用量控制指标。

表 7.3-5 2025 年黄河故道片区 50%保证率下逐月可供水量分析表

单位:万 m³

	月份	1月	2月	3月	4月	5月	6月	7月	8月	9月	10月	11月	12月	全年
古黄河灌区	可供水量	897.50	1 471.89	2 046.23	1 626.52	2 974.10	6 309.83	5 007.33	3 393.74	2 510.14	1 538.14	1 228.92	941.72	29 945.17
	用水过程 综合生活	478.15	478.15	478.15	478.15	478.15	478.15	478.15	478.15	478.15	478.15	478.15	478.15	5 737.86
	农业	242.97	817.36	1 391.70	971.99	2 319.56	5 655.30	4 351.89	2 739.21	1 855.61	883.60	574.39	287.18	22 090.76
	工业	156.83	156.83	156.83	156.83	156.83	156.83	156.83	156.83	156.83	156.83	156.83	156.83	1 881.97
	生态环境	19.55	19.55	19.55	19.55	19.55	19.55	19.55	19.55	19.55	19.55	19.55	19.55	234.58
	用水总量	897.50	1 471.89	2 046.23	1 626.52	2 974.10	6 309.83	5 007.33	3 393.74	2 510.14	1 538.14	1 228.92	941.72	29 945.17
	缺水量	0.00	0.00	0.00	0.00	0.00	0.00	0.00	0.00	0.00	0.00	0.00	0.00	0.00
灌区未覆盖街道(宿城区)	可供水量	210.79	222.39	233.99	225.51	252.73	320.11	293.78	261.21	243.36	223.73	217.48	211.68	2 916.74
	用水过程 综合生活	184.43	184.43	184.43	184.43	184.43	184.43	184.43	184.43	184.43	184.43	184.43	184.43	2 213.14
	农业	4.91	16.51	28.11	19.63	46.85	114.23	87.90	55.33	37.48	17.85	11.60	5.80	446.20
	工业	14.38	14.38	14.38	14.38	14.38	14.38	14.38	14.38	14.38	14.38	14.38	14.38	172.53
	生态环境	7.07	7.07	7.07	7.07	7.07	7.07	7.07	7.07	7.07	7.07	7.07	7.07	84.87
	用水总量	210.79	222.39	233.99	225.51	252.73	320.11	293.78	261.21	243.36	223.73	217.48	211.68	2 916.74
	缺水量	0.00	0.00	0.00	0.00	0.00	0.00	0.00	0.00	0.00	0.00	0.00	0.00	0.00

续表

	月份	1月	2月	3月	4月	5月	6月	7月	8月	9月	10月	11月	12月	全年
运南灌区（泗阳县）	可供水量	299.51	525.94	752.36	586.90	1 118.14	2 433.15	1 919.32	1 283.57	935.24	552.06	430.16	316.94	11 153.28
	用水过程 综合生活	178.44	178.44	178.44	178.44	178.44	178.44	178.44	178.44	178.44	178.44	178.44	178.44	2 141.27
	农业	95.78	322.22	548.63	383.18	914.42	2 229.43	1 715.60	1 079.85	731.52	348.33	227.33	113.21	8 708.60
	工业	18.76	18.76	18.76	18.76	18.76	18.76	18.76	18.76	18.76	18.76	18.76	18.76	225.13
	生态环境	6.52	6.52	6.52	6.52	6.52	6.52	6.52	6.52	6.52	6.52	6.52	6.52	78.28
	用水总量	299.51	525.94	752.36	586.90	1 118.14	2 433.15	1 919.32	1 283.57	935.24	552.06	430.16	316.94	11 153.28
	缺水量	0.00	0.00	0.00	0.00	0.00	0.00	0.00	0.00	0.00	0.00	0.00	0.00	0.00
灌区未覆盖街道（泗阳县）	可供水量	363.73	452.47	541.21	476.36	684.57	1 199.95	998.57	749.41	612.89	462.71	414.93	370.56	7 327.35
	用水过程 综合生活	215.03	215.03	215.03	215.03	215.03	215.03	215.03	215.03	215.03	215.03	215.03	215.03	2 580.38
	农业	37.54	126.29	215.02	150.18	358.38	873.77	672.38	423.22	286.70	136.52	88.75	44.37	3 413.11
	工业	100.09	100.09	100.09	100.09	100.09	100.09	100.09	100.09	100.09	100.09	100.09	100.09	1 201.13
	生态环境	11.06	11.06	11.06	11.06	11.06	11.06	11.06	11.06	11.06	11.06	11.06	11.06	132.72
	用水总量	363.73	452.47	541.21	476.36	684.57	1 199.95	998.57	749.41	612.89	462.71	414.93	370.56	7 327.35
	缺水量	0.00	0.00	0.00	0.00	0.00	0.00	0.00	0.00	0.00	0.00	0.00	0.00	0.00

表 7.3-6　2025 年黄河故道片区 90%保证率下逐月可供水量分析表

单位:万 m³

	月份	1月	2月	3月	4月	5月	6月	7月	8月	9月	10月	11月	12月	全年
古黄河灌区	可供水量	965.24	1 699.77	2 434.24	1 897.51	3 620.79	4 081.36	3 291.56	2 314.36	1 778.94	1 784.49	1 389.06	1 021.78	26 279.12
	用水过程 综合生活	478.15	478.15	478.15	478.15	478.15	478.15	478.15	478.15	478.15	478.15	478.15	478.15	5 737.86
	农业	310.71	1 045.24	1 779.71	1 242.98	2 966.26	7 232.01	5 565.21	3 502.91	2 372.95	1 129.95	734.53	367.25	28 249.71
	工业	156.83	156.83	156.83	156.83	156.83	156.83	156.83	156.83	156.83	156.83	156.83	156.83	1 881.97
	生态环境	19.55	19.55	19.55	19.55	19.55	19.55	19.55	19.55	19.55	19.55	19.55	19.55	234.58
	用水总量	965.24	1 699.77	2 434.24	1 897.51	3 620.79	7 886.54	6 219.75	4 157.44	3 027.49	1 784.49	1 389.06	1 021.78	36 104.12
	缺水量	0.00	0.00	0.00	0.00	0.00	3 805.18	2 928.18	1 843.08	1 248.55	0.00	0.00	0.00	9 825.00
灌区未覆盖道(宿城区)	可供水量	212.35	227.64	242.93	231.75	267.63	357.33	321.73	278.80	255.28	229.40	221.17	213.52	3 058.64
	用水过程 综合生活	184.43	184.43	184.43	184.43	184.43	184.43	184.43	184.43	184.43	184.43	184.43	184.43	2 213.14
	农业	7.37	21.76	37.05	25.88	61.75	150.56	115.86	72.92	49.40	23.52	15.29	7.65	588.10
	工业	14.38	14.38	14.38	14.38	14.38	14.38	14.38	14.38	14.38	14.38	14.38	14.38	172.53
	生态环境	7.07	7.07	7.07	7.07	7.07	7.07	7.07	7.07	7.07	7.07	7.07	7.07	84.87
	用水总量	212.35	227.64	242.93	231.75	267.63	357.33	321.73	278.80	255.28	229.40	221.17	213.52	3 058.64
	缺水量	0.00	0.00	0.00	0.00	0.00	0.00	0.00	0.00	0.00	0.00	0.00	0.00	0.00

续表

	月份	1月	2月	3月	4月	5月	6月	7月	8月	9月	10月	11月	12月	全年
运南灌区（泗阳县）	可供水量	327.25	619.26	911.24	697.87	1382.95	1858.81	1477.35	1005.38	746.79	652.93	495.73	349.72	10525.28
	综合生活	178.44	178.44	178.44	178.44	178.44	178.44	178.44	178.44	178.44	178.44	178.44	178.44	2141.27
用水过程	农业	123.52	415.53	707.52	494.14	1179.23	2875.07	2212.44	1392.57	943.36	449.21	292.01	146.00	11230.60
	工业	18.76	18.76	18.76	18.76	18.76	18.76	18.76	18.76	18.76	18.76	18.76	18.76	225.13
	生态环境	6.52	6.52	6.52	6.52	6.52	6.52	6.52	6.52	6.52	6.52	6.52	6.52	78.28
	用水总量	327.25	619.26	911.24	697.87	1382.95	3078.79	2416.16	1596.30	1147.09	652.93	495.73	349.72	13675.28
	缺水量	0.00	0.00	0.00	0.00	0.00	1219.98	938.81	590.91	400.30	0.00	0.00	0.00	3150.00
灌区未覆盖道（泗阳县）	可供水量	375.27	491.30	607.32	522.53	794.75	1468.59	1205.29	879.52	701.03	504.68	442.22	384.20	8376.70
	综合生活	215.03	215.03	215.03	215.03	215.03	215.03	215.03	215.03	215.03	215.03	215.03	215.03	2580.38
用水过程	农业	49.08	165.11	281.13	196.35	468.56	1142.40	879.11	553.34	374.84	178.49	116.03	58.01	4462.46
	工业	100.09	100.09	100.09	100.09	100.09	100.09	100.09	100.09	100.09	100.09	100.09	100.09	1201.13
	生态环境	11.06	11.06	11.06	11.06	11.06	11.06	11.06	11.06	11.06	11.06	11.06	11.06	132.72
	用水总量	375.27	491.30	607.32	522.53	794.75	1468.59	1205.29	879.52	701.03	504.68	442.22	384.20	8376.70
	缺水量	0.00	0.00	0.00	0.00	0.00	0.00	0.00	0.00	0.00	0.00	0.00	0.00	0.00

表 7.3-7　2030 年黄河故道片区 50%保证率下逐月可供水量分析表

单位:万 m³

月份		1月	2月	3月	4月	5月	6月	7月	8月	9月	10月	11月	12月	全年
古黄河灌区	可供水量	1 096.85	1 697.57	2 298.24	1 859.29	3 268.64	6 757.30	5 394.14	3 707.53	2 783.42	1 766.85	1 443.46	1 143.09	33 216.38
	用水过程 综合生活	576.99	576.99	576.99	576.99	576.99	576.99	576.99	576.99	576.99	576.99	576.99	576.99	6 923.93
	农业	254.11	854.83	1 455.50	1 016.55	2 425.90	5 914.56	4 551.40	2 864.79	1 940.68	924.11	600.72	300.35	23 103.49
	工业	238.90	238.90	238.90	238.90	238.90	238.90	238.90	238.90	238.90	238.90	238.90	238.90	2 866.78
	生态环境	26.85	26.85	26.85	26.85	26.85	26.85	26.85	26.85	26.85	26.85	26.85	26.85	322.18
	用水总量	1 096.85	1 697.57	2 298.24	1 859.29	3 268.64	6 757.30	5 394.14	3 707.53	2 783.42	1 766.85	1 443.46	1 143.09	33 216.38
	缺水量	0.00	0.00	0.00	0.00	0.00	0.00	0.00	0.00	0.00	0.00	0.00	0.00	0.00
灌区未覆盖街道(宿城区)	可供水量	250.03	264.60	279.17	268.52	302.72	387.35	354.28	313.36	290.94	266.28	258.44	251.15	3 486.85
	用水过程 综合生活	216.22	216.22	216.22	216.22	216.22	216.22	216.22	216.22	216.22	216.22	216.22	216.22	2 594.70
	农业	6.16	20.74	35.31	24.66	58.85	143.49	110.42	69.50	47.08	22.42	14.57	7.29	560.50
	工业	17.96	17.96	17.96	17.96	17.96	17.96	17.96	17.96	17.96	17.96	17.96	17.96	215.56
	生态环境	9.67	9.67	9.67	9.67	9.67	9.67	9.67	9.67	9.67	9.67	9.67	9.67	116.09
	用水总量	250.03	264.60	279.17	268.52	302.72	387.35	354.28	313.36	290.94	266.28	258.44	251.15	3 486.85
	缺水量	0.00	0.00	0.00	0.00	0.00	0.00	0.00	0.00	0.00	0.00	0.00	0.00	0.00

续表

	月份		1月	2月	3月	4月	5月	6月	7月	8月	9月	10月	11月	12月	全年
运南灌区（泗阳县）	可供水量		368.61	613.08	857.53	678.89	1 252.44	2 672.18	2 117.43	1 431.05	1 054.98	641.28	509.67	387.43	12 584.59
	用水过程	综合生活	230.76	230.76	230.76	230.76	230.76	230.76	230.76	230.76	230.76	230.76	230.76	230.76	2 769.17
		农业	103.41	347.88	592.33	413.69	987.24	2 406.98	1 852.23	1 165.85	789.77	376.07	244.47	122.23	9 402.16
		工业	25.82	25.82	25.82	25.82	25.82	25.82	25.82	25.82	25.82	25.82	25.82	25.82	309.82
		生态环境	8.62	8.62	8.62	8.62	8.62	8.62	8.62	8.62	8.62	8.62	8.62	8.62	103.44
		用水总量	368.61	613.08	857.53	678.89	1 252.44	2 672.18	2 117.43	1 431.05	1 054.98	641.28	509.67	387.43	12 584.59
	缺水量		0.00	0.00	0.00	0.00	0.00	0.00	0.00	0.00	0.00	0.00	0.00	0.00	0.00
灌区未覆盖街道（泗阳县）	可供水量		440.49	532.75	624.99	557.58	774.02	1 309.77	1 100.43	841.42	699.50	543.39	493.72	447.59	8 365.64
	用水过程	综合生活	251.67	251.67	251.67	251.67	251.67	251.67	251.67	251.67	251.67	251.67	251.67	251.67	3 020.06
		农业	39.02	131.28	223.52	156.11	372.55	908.30	698.96	439.94	298.03	141.92	92.25	46.12	3 548.00
		工业	134.91	134.91	134.91	134.91	134.91	134.91	134.91	134.91	134.91	134.91	134.91	134.91	1 618.98
		生态环境	14.88	14.88	14.88	14.88	14.88	14.88	14.88	14.88	14.88	14.88	14.88	14.88	178.61
		用水总量	440.49	532.75	624.99	557.58	774.02	1 309.77	1 100.43	841.42	699.50	543.39	493.72	447.59	8 365.64
	缺水量		0.00	0.00	0.00	0.00	0.00	0.00	0.00	0.00	0.00	0.00	0.00	0.00	0.00

表 7.3-8　2030 年黄河故道片区 90%保证率下逐月可供水量分析表

单位:万 m³

	月份	1月	2月	3月	4月	5月	6月	7月	8月	9月	10月	11月	12月	全年
古黄河灌区	可供水量	1 168.21	1 937.63	2 706.99	2 144.76	3 949.91	3 869.50	3 171.91	2 308.79	1 835.88	2 026.37	1 612.16	1 227.43	27 959.56
	用水过程 综合生活	576.99	576.99	576.99	576.99	576.99	576.99	576.99	576.99	576.99	576.99	576.99	576.99	6 923.93
	农业	325.47	1 094.89	1 864.25	1 302.02	3 107.17	7 575.55	5 829.58	3 669.31	2 485.68	1 183.63	769.42	384.69	29 591.67
	工业	238.90	238.90	238.90	238.90	238.90	238.90	238.90	238.90	238.90	238.90	238.90	238.90	2 866.78
	生态环境	26.85	26.85	26.85	26.85	26.85	26.85	26.85	26.85	26.85	26.85	26.85	26.85	322.18
	用水总量	1 168.21	1 937.63	2 706.99	2 144.76	3 949.91	8 418.29	6 672.32	4 512.05	3 328.42	2 026.37	1 612.16	1 227.43	39 704.56
	缺水量	0.00	0.00	0.00	0.00	0.00	4 548.79	3 500.41	2 203.26	1 492.54	0.00	0.00	0.00	11 745.00
灌区未覆盖道(宿城区)	可供水量	252.07	271.48	290.89	276.70	322.24	434.94	390.90	337.31	306.56	273.72	263.27	253.57	3 672.75
	用水过程 综合生活	216.22	216.22	216.22	216.22	216.22	216.22	216.22	216.22	216.22	216.22	216.22	216.22	2 594.70
	农业	8.21	27.62	47.02	32.84	78.37	191.08	147.04	92.55	62.70	29.86	19.41	9.70	747.30
	工业	17.96	17.96	17.96	17.96	17.96	17.96	17.96	17.96	17.96	17.96	17.96	17.96	215.56
	生态环境	9.67	9.67	9.67	9.67	9.67	9.67	9.67	9.67	9.67	9.67	9.67	9.67	116.09
	用水总量	252.07	271.48	290.89	276.70	322.24	434.94	390.90	337.31	306.56	273.72	263.27	253.57	3 672.75
	缺水量	0.00	0.00	0.00	0.00	0.00	0.00	0.00	0.00	0.00	0.00	0.00	0.00	0.00

续表

	月份	1月	2月	3月	4月	5月	6月	7月	8月	9月	10月	11月	12月	全年
运南灌区（泗阳县）	可供水量	399.87	718.22	1036.55	803.93	1550.82	1126.23	927.78	682.25	547.72	754.94	583.56	424.37	9556.25
	用水过程 综合生活	230.76	230.76	230.76	230.76	230.76	230.76	230.76	230.76	230.76	230.76	230.76	230.76	2769.17
	农业	134.67	453.02	771.35	538.72	1285.62	3134.45	2412.04	1518.21	1028.47	489.74	318.36	159.17	12243.82
	工业	25.82	25.82	25.82	25.82	25.82	25.82	25.82	25.82	25.82	25.82	25.82	25.82	309.82
	生态环境	8.62	8.62	8.62	8.62	8.62	8.62	8.62	8.62	8.62	8.62	8.62	8.62	103.44
	用水总量	399.87	718.22	1036.55	803.93	1550.82	3399.66	2677.24	1783.41	1293.67	754.94	583.56	424.37	15426.25
	缺水量	0.00	0.00	0.00	0.00	0.00	2273.43	1749.46	1101.16	745.95	0.00	0.00	0.00	5870.00
灌区未覆盖街道（泗阳县）	可供水量	452.28	572.40	692.50	604.73	886.53	1584.10	1311.53	974.29	789.51	586.25	521.59	461.53	9437.24
	用水过程 综合生活	251.67	251.67	251.67	251.67	251.67	251.67	251.67	251.67	251.67	251.67	251.67	251.67	3020.06
	农业	50.81	170.93	291.03	203.26	485.06	1182.63	910.06	572.82	388.04	184.78	120.12	60.06	4619.60
	工业	134.91	134.91	134.91	134.91	134.91	134.91	134.91	134.91	134.91	134.91	134.91	134.91	1618.98
	生态环境	14.88	14.88	14.88	14.88	14.88	14.88	14.88	14.88	14.88	14.88	14.88	14.88	178.61
	用水总量	452.28	572.40	692.50	604.73	886.53	1584.10	1311.53	974.29	789.51	586.25	521.59	461.53	9437.24
	缺水量	0.00	0.00	0.00	0.00	0.00	0.00	0.00	0.00	0.00	0.00	0.00	0.00	0.00

表 7.3-9　2035 年黄河故道片区 50%保证率下逐月可供水量分析表

单位:万 m³

	月份	1月	2月	3月	4月	5月	6月	7月	8月	9月	10月	11月	12月	全年
古黄河灌区	可供水量	1 291.11	1 864.48	2 437.81	2 018.84	3 364.04	6 693.91	5 392.80	3 782.95	2 900.91	1 930.61	1 621.94	1 335.24	34 634.65
	用水过程 综合生活	691.49	691.49	691.49	691.49	691.49	691.49	691.49	691.49	691.49	691.49	691.49	691.49	8 297.90
	农业	242.54	815.92	1 389.25	970.28	2 315.48	5 645.35	4 344.24	2 734.39	1 852.34	882.05	573.38	286.68	22 051.89
	工业	318.91	318.91	318.91	318.91	318.91	318.91	318.91	318.91	318.91	318.91	318.91	318.91	3 826.87
	生态环境	38.17	38.17	38.17	38.17	38.17	38.17	38.17	38.17	38.17	38.17	38.17	38.17	457.99
	用水总量	1 291.11	1 864.48	2 437.81	2 018.84	3 364.04	6 693.91	5 392.80	3 782.95	2 900.91	1 930.61	1 621.94	1 335.24	34 634.65
	缺水量	0.00	0.00	0.00	0.00	0.00	0.00	0.00	0.00	0.00	0.00	0.00	0.00	0.00
灌区未覆盖街道(宿城区)	可供水量	307.47	319.94	332.41	323.30	352.56	425.00	396.70	361.67	342.49	321.38	314.66	308.43	4 106.00
	用水过程 综合生活	264.36	264.36	264.36	264.36	264.36	264.36	264.36	264.36	264.36	264.36	264.36	264.36	3 172.34
	农业	5.28	17.75	30.22	21.11	50.37	122.81	94.51	59.49	40.30	19.19	12.47	6.24	479.73
	工业	24.12	24.12	24.12	24.12	24.12	24.12	24.12	24.12	24.12	24.12	24.12	24.12	289.44
	生态环境	13.71	13.71	13.71	13.71	13.71	13.71	13.71	13.71	13.71	13.71	13.71	13.71	164.49
	用水总量	307.47	319.94	332.41	323.30	352.56	425.00	396.70	361.67	342.49	321.38	314.66	308.43	4 106.00
	缺水量	0.00	0.00	0.00	0.00	0.00	0.00	0.00	0.00	0.00	0.00	0.00	0.00	0.00

续表

	月份		1月	2月	3月	4月	5月	6月	7月	8月	9月	10月	11月	12月	全年
运南灌区（泗阳县）	可供水量		441.89	686.39	930.86	752.21	1 325.83	2 745.74	2 190.93	1 504.46	1 128.34	714.58	582.96	460.71	13 464.88
	用水过程	综合生活	296.36	296.36	296.36	296.36	296.36	296.36	296.36	296.36	296.36	296.36	296.36	296.36	3 556.36
		农业	103.42	347.92	592.40	413.74	987.36	2 407.28	1 852.46	1 165.99	789.87	376.12	244.50	122.24	9 403.33
		工业	30.70	30.70	30.70	30.70	30.70	30.70	30.70	30.70	30.70	30.70	30.70	30.70	368.39
		生态环境	11.40	11.40	11.40	11.40	11.40	11.40	11.40	11.40	11.40	11.40	11.40	11.40	136.80
		用水总量	441.89	686.39	930.86	752.21	1 325.83	2 745.74	2 190.93	1 504.46	1 128.34	714.58	582.96	460.71	13 464.88
	缺水量		0.00	0.00	0.00	0.00	0.00	0.00	0.00	0.00	0.00	0.00	0.00	0.00	0.00
灌区未覆盖街道（泗阳县）	可供水量		505.76	594.23	682.70	618.05	825.61	1 339.41	1 138.65	890.25	754.15	604.44	556.81	512.57	9 022.62
	用水过程	综合生活	290.44	290.44	290.44	290.44	290.44	290.44	290.44	290.44	290.44	290.44	290.44	290.44	3 485.30
		农业	37.42	125.90	214.36	149.71	357.28	871.07	670.31	421.91	285.82	136.10	88.47	44.23	3 402.59
		工业	158.79	158.79	158.79	158.79	158.79	158.79	158.79	158.79	158.79	158.79	158.79	158.79	1 905.53
		生态环境	19.10	19.10	19.10	19.10	19.10	19.10	19.10	19.10	19.10	19.10	19.10	19.10	229.20
		用水总量	505.76	594.23	682.70	618.05	825.61	1 339.41	1 138.65	890.25	754.15	604.44	556.81	512.57	9 022.62
	缺水量		0.00	0.00	0.00	0.00	0.00	0.00	0.00	0.00	0.00	0.00	0.00	0.00	0.00

表 7.3-10　2035 年黄河故道片区 90%保证率下逐月可供水量分析表

单位:万 m³

月份			1 月	2 月	3 月	4 月	5 月	6 月	7 月	8 月	9 月	10 月	11 月	12 月	全年
古黄河灌区	可供水量		1 363.66	2 108.56	2 853.40	2 309.09	4 056.71	8 382.69	6 692.35	4 600.93	3 455.02	2 194.47	1 793.46	1 421.00	41 231.35
	用水过程	综合生活	691.49	691.49	691.49	691.49	691.49	691.49	691.49	691.49	691.49	691.49	691.49	691.49	8 297.90
		农业	315.10	1 060.00	1 804.84	1 260.53	3 008.14	7 334.12	5 643.79	3 552.37	2 407.36	1 145.91	744.90	372.43	28 648.59
		工业	318.91	318.91	318.91	318.91	318.91	318.91	318.91	318.91	318.91	318.91	318.91	318.91	3 826.87
		生态环境	38.17	38.17	38.17	38.17	38.17	38.17	38.17	38.17	38.17	38.17	38.17	38.17	457.99
		用水总量	1 363.66	2 108.56	2 853.40	2 309.09	4 056.71	8 382.69	6 692.35	4 600.93	3 455.02	2 194.47	1 793.46	1 421.00	41 231.35
	缺水量		0.00	0.00	0.00	0.00	0.00	0.00	0.00	0.00	0.00	0.00	0.00	0.00	0.00
灌区未覆盖街道(宿城区)	可供水量		309.33	326.21	343.09	330.75	370.35	468.38	430.08	382.68	356.72	328.15	319.07	310.63	4 275.44
	用水过程	综合生活	264.36	264.36	264.36	264.36	264.36	264.36	264.36	264.36	264.36	264.36	264.36	264.36	3 172.34
		农业	7.14	24.02	40.90	28.56	68.16	166.19	127.89	80.50	54.53	25.97	16.88	8.44	649.17
		工业	24.12	24.12	24.12	24.12	24.12	24.12	24.12	24.12	24.12	24.12	24.12	24.12	289.44
		生态环境	13.71	13.71	13.71	13.71	13.71	13.71	13.71	13.71	13.71	13.71	13.71	13.71	164.49
		用水总量	309.33	326.21	343.09	330.75	370.35	468.38	430.08	382.68	356.72	328.15	319.07	310.63	4 275.44
	缺水量		0.00	0.00	0.00	0.00	0.00	0.00	0.00	0.00	0.00	0.00	0.00	0.00	0.00

续表

月份		1月	2月	3月	4月	5月	6月	7月	8月	9月	10月	11月	12月	全年
运南灌区（泗阳县）	可供水量	467.96	774.10	1 080.22	856.52	1 574.76	3 352.66	2 657.97	1 798.43	1 327.48	809.41	644.60	491.53	15 835.64
	综合生活	296.36	296.36	296.36	296.36	296.36	296.36	296.36	296.36	296.36	296.36	296.36	296.36	3 556.36
用水过程	农业	129.50	435.64	741.76	518.06	1 236.30	3 014.20	2 319.50	1 459.96	989.01	470.95	306.14	153.06	11 774.09
	工业	30.70	30.70	30.70	30.70	30.70	30.70	30.70	30.70	30.70	30.70·	30.70	30.70	368.39
	生态环境	11.40	11.40	11.40	11.40	11.40	11.40	11.40	11.40	11.40	11.40	11.40	11.40	136.80
	用水总量	467.96	774.10	1 080.22	856.52	1 574.76	3 352.66	2 657.97	1 798.43	1 327.48	809.41	644.60	491.53	15 835.64
	缺水量	0.00	0.00	0.00	0.00	0.00	0.00	0.00	0.00	0.00	0.00	0.00	0.00	0.00
灌区未覆盖街道（泗阳县）	可供水量	517.56	633.93	750.30	665.26	938.28	1 614.11	1 350.04	1 023.31	844.29	647.36	584.71	526.52	10 095.67
	综合生活	290.44	290.44	290.44	290.44	290.44	290.44	290.44	290.44	290.44	290.44	290.44	290.44	3 485.30
用水过程	农业	49.23	165.60	281.96	196.93	469.95	1 145.78	881.70	554.97	375.95	179.02	116.37	58.18	4 475.64
	工业	158.79	158.79	158.79	158.79	158.79	158.79	158.79	158.79	158.79	158.79	158.79	158.79	1 905.53
	生态环境	19.10	19.10	19.10	19.10	19.10	19.10	19.10	19.10	19.10	19.10	19.10	19.10	229.20
	用水总量	517.56	633.93	750.30	665.26	938.28	1 614.11	1 350.04	1 023.31	844.29	647.36	584.71	526.52	10 095.67
	缺水量	0.00	0.00	0.00	0.00	0.00	0.00	0.00	0.00	0.00	0.00	0.00	0.00	0.00

表 7.3-11　2025 年黄河故道片区可供水量　　　　单位:万 m³

范围	保证率	本地地表水	外调水	地下水	非常规水	合计
古黄河灌区	50%	923	27 062.62	206	1 753.55	29 945.17
	90%	740	23 579.57	206	1 753.55	26 279.12
灌区未覆盖街道（宿城区）	50%	312	2 055.64	44	505.1	2 916.74
	90%	159	2 350.54	44	505.1	3 058.64
宿迁市区片合计	50%	1235	29 118.26	250	2 258.65	32 861.91
	90%	899	25 930.11	250	2 258.65	29 337.76
运南灌区（泗阳县）	50%	418	10 335.98	92	307.3	11 153.28
	90%	237	9 888.98	92	307.3	10 525.28
灌区未覆盖街道（泗阳县）	50%	352	5 967.10	102	906.25	7 327.35
	90%	186	7 182.45	102	906.25	8 376.70
泗阳县城片合计	50%	770	16 303.07	194	1 213.55	18 480.62
	90%	423	17 071.42	194	1 213.55	18 901.97
黄河故道片区总计	50%	2005	45 421.33	444	3 472.2	51 342.53
	90%	1 322	43 001.53	444	3 472.2	48 239.73

表 7.3-12　2030 年黄河故道片区可供水量　　　　单位:万 m³

范围	保证率	本地地表水	外调水	地下水	非常规水	合计
古黄河灌区	50%	959	29 719.43	206	2 331.95	33 216.38
	90%	771	24 650.61	206	2 331.95	27 959.56
灌区未覆盖街道（宿城区）	50%	353	2 387.60	44	702.25	3 486.85
	90%	185	2 741.50	44	702.25	3 672.75
宿迁市区片合计	50%	1 312	32 107.03	250	3 034.2	36 703.23
	90%	956	27 392.11	250	3 034.2	31 632.31
运南灌区（泗阳县）	50%	452	11 605.84	90	436.75	12 584.59
	90%	270	8 759.50	90	436.75	9 556.25
灌区未覆盖街道（泗阳县）	50%	388	6 714.19	98	1 165.45	8 365.64
	90%	221	7 952.79	98	1 165.45	9 437.24
泗阳县城片合计	50%	840	18 320.04	188	1602.2	20 950.24
	90%	491	16 712.30	188	1 602.2	18 993.50
黄河故道片区总计	50%	2 152	50 427.07	438	4 637.3	57 653.47
	90%	1 447	44 104.41	438	4 637.3	50 625.81

表 7.3-13　2035 年黄河故道片区可供水量　　　　单位:万 m³

范围	保证率	本地地表水	外调水	地下水	非常规水	合计
古黄河灌区	50%	991	30 439.70	204	2 999.95	34 634.65
	90%	802	37 225.40	204	2 999.95	41 231.35
灌区未覆盖街道（宿城区）	50%	381	2 660.15	44	1 020.85	4 106.00
	90%	210	3 000.59	44	1 020.85	4 275.44
宿迁市区片合计	50%	1 372	33 099.85	248	4 020.80	38 740.65
	90%	1 012	40 225.99	248	4 020.80	45 506.79
运南灌区(泗阳县)	50%	183	12 674.13	88	519.75	13 464.88
	90%	305	14 922.89	88	519.75	15 835.64
灌区未覆盖街道（泗阳县）	50%	412	6 958.22	96	1 557.30	9022.62
	90%	253	8 190.27	96	1 557.30	10 095.67
泗阳县城片合计	50%	595	19 632.34	184	2 076.15	22 487.49
	90%	558	23 113.15	184	2 076.15	25 931.30
黄河故道片区总计	50%	1 967	52 732.20	432	6 096.95	61 228.15
	90%	1 570	63 339.15	432	6 096.95	71 438.10

7.3.2.2　供需分析

1. 2025 年黄河故道片区河道外水资源供需分析

近期规划水平年 2025 年黄河故道片区在社会经济发展条件下,水资源呈现紧缺态势。在 50% 保证率下,黄河故道片区总需水量为 51 342.53 万 m³,可供水量为 51 342.53 万 m³,供需平衡,整体区域不存在缺水。但结合农田灌溉发展规划,同时经现场查勘,上游古黄河灌区存在部分灌溉薄弱片区,主要位于灌区灌溉末梢和高亢地区,平水年存在一定取水困难,区域内部存在灌溉不均衡的情况。在 90% 保证率下,黄河故道片区总需水量为 61 214.73 万 m³,可供水量为 48 239.73 万 m³,总缺水量为 12 975 万 m³,缺水片区为上游古黄河灌区和下游运南灌区(泗阳县),根据表 7.3-6,上游古黄河灌区缺水 9 825 万 m³,缺水月份主要为 6 月、7 月、8 月和 9 月,缺水量分别为 3 805.18 万 m³、2 928.18 万 m³、1 843.08 万 m³ 和 1 248.55 万 m³。下游运南灌区(泗阳县)缺水 3 150 万 m³,缺水月份主要为 6 月、7 月、8 月和 9 月,缺水量分别为 1 219.98 万 m³、938.81 万 m³、590.91 万 m³ 和 400.30 万 m³。

新增的需水中,自来水与非自来水情况分别是:自来水由联合水务有限公司和深水水务有限公司分别向宿迁市区片和泗阳县城片供水,依据《宿迁市骆马湖水源工程水资源论证报告书》和《宿迁市水资源综合保障规划》，2025 年宿迁市区片自来水供水能力达到 43 万 m^3/d，泗阳县城片自来水供水能力达到 30 万 m^3/d，2025 年宿迁市区片和泗阳县城片自来水需水量均在供水能力范围内，因此，维持现有自来水体系不变。非自来水中主要缺口为外调地表水，上游古黄河灌区和下游运南灌区（泗阳县）缺水量分别为 9 825 万 m^3 和 3 150 万 m^3。除采取节水（部分用水效率较低的片区未来将通过提高用水效率节约部分水资源量）和管理等非工程措施辅助解决缺水问题外，主要还需采取工程措施，近期规划水平年 2025 年前暂时优先考虑解决上游古黄河灌区的缺水，因此考虑开展上游徐洪河引水工程，建设朱海站，设计补水流量 20 m^3/s；开展龙岗枢纽工程，设计新增补水规模 16 m^3/s（发挥原七堡枢纽已有管道 10 m^3/s 的过流能力，现在已有 4 m^3/s 泵站，规划扩建七堡枢纽泵站，新增补水规模 6 m^3/s；新建龙岗站 10 m^3/s），该站既可抽中运河水也可抽骆马湖汛限水位以下水源，用来补给古黄河灌区缺水。下游运南灌区（泗阳县）缺水计划在 2030 年前解决。新增供水工程供水后，可以满足黄河故道片区上游古黄河灌区 2025 年 90% 保证率下河道外需水，下游运南灌区（泗阳县）仍缺水 3 150 万 m^3。

2. 2030 年黄河故道片区河道外水资源供需分析

中期规划水平年 2030 年黄河故道片区在社会经济发展条件下，水资源呈现紧缺态势。在 50% 保证率下，黄河故道片区总需水量为 57 653.47 万 m^3，可供水量为 57 653.47 万 m^3，供需平衡，不存在缺水；在 90% 保证率下，黄河故道片区总需水量为 68 240.81 万 m^3，可供水量为 50 625.81 万 m^3，总缺水量为 17 615 万 m^3。其中上游古黄河灌区缺水 11 745 万 m^3，根据表 7.3-8，缺水月份主要为 6 月、7 月、8 月和 9 月，缺水量分别为 4 548.79 万 m^3、3 500.41 万 m^3、2 203.26 万 m^3 和 1 492.54 万 m^3；下游运南灌区（泗阳县）缺水 5 870 万 m^3，缺水月份主要为 6 月、7 月、8 月和 9 月，缺水量分别为 2 273.43 万 m^3、1 749.46 万 m^3、1 101.16 万 m^3 和 745.95 万 m^3。

新增的需水中，自来水与非自来水情况分别是：自来水由联合水务有限公司和深水水务有限公司分别向宿迁市区片和泗阳县城片供水，依据《宿迁市骆马湖水源工程水资源论证报告书》和《宿迁市水资源综合保障规划》，2030 年宿迁市区片自来水供水能力达到 43 万 m^3/d，泗阳县城片自来水供水能力达到 40 万 m^3/d，2030 年需水量均在供水能力范围内，因此，维持现有自来水体系不变。非自来水中主要缺口为外调地表水，上游古黄河灌区和下游运南灌区（泗阳县）缺水量分别为 11 745 万 m^3 和 5 870 万 m^3。因此，中期规划水平年 2030 年前需要再考虑从洪泽湖引水，建设洋河引水工程，解决下游泗阳县城片区域用水需求，规模为 20 m³/s。成子河将古黄河截断,现状泗阳县城片范围内成子河以西区域供水需从成子河以东通过地涵供给,建设洋河引水工程后,可直接供给泗阳县城片范围内成子河以西区域,可不再使用地涵供水。同时,洋河引水工程实施后,洪泽湖水源由现状的泗阳站、刘老涧站、黄河故道泵站三级提水改为洋河站一级提水直接向片区供水,进一步减少泵站提水能耗损失。新增供水工程后,可以满足黄河故道片区 2030 年 90% 保证率下河道外需水。

3. 2035 年黄河故道片区河道外水资源供需分析

远期规划水平年 2035 年黄河故道片区在节水优先的前提下,在 50% 保证率下,黄河故道片区总需水量为 61 228.15 万 m³,可供水量为 61 228.15 万 m³,不缺水;在 90% 保证率下,黄河故道片区总需水量为 71 438.10 万 m³,可供水量为 71 438.10 万 m³,不缺水。根据表 7.3-9 和表 7.3-10,黄河故道片区不存在缺水月份。2035 年黄河故道片区河道外总体不存在缺水,依据《宿迁市骆马湖水源工程水资源论证报告书》和《宿迁市水资源综合保障规划》,2035 年宿迁市区片自来水供水能力达到 61 万 m³/d,泗阳县城片自来水供水能力达到 45 万 m³/d,2035 年需水量均在供水能力范围内。非自来水供水体系沿用 2030 年供水,维持不变。

7.3.2.3 取水水质分析

根据宿迁市生态环境局提供的 2022 年各河道、湖泊水质考核数据,古黄河、中运河、徐洪河、骆马湖和洪泽湖水质目标均为Ⅲ类,来水水质稳定,且均能达标,水质达标率达到 100%。黄河故道片区取水水源水质情况见表7.3-14。

表 7.3-14 黄河故道片区取水水源水质情况表

序号	河流名称	责任地区	断面属性	断面名称	2021 年水质		市考核目标	是否达标
					水质现状	超标项目		
1	古黄河	宿城区	省考	黄河新桥	Ⅲ	—	Ⅲ	是
2		湖滨新区	市考	皂河黄河新桥	Ⅲ	—	Ⅲ	是
3	中运河	市湖滨新区	省考	三湾	Ⅲ	—	Ⅲ	是
4		宿城区	国考	马陵翻水站	Ⅲ	—	Ⅲ	是
5			省考	宿迁闸	Ⅲ	—	Ⅲ	是
6		泗阳县	省考	水泥厂渡口	Ⅲ	—	Ⅲ	是
7		洋河新区	市考	张渡渡口	Ⅲ	—	Ⅲ	是

续表

序号	河流名称	责任地区	断面属性	断面名称	2021 年水质		市考核目标	是否达标
					水质现状	超标项目		
8	徐洪河	泗洪县	国考	顾勒大桥	Ⅲ	—	Ⅲ	是
9	骆马湖	湖滨新区	国考	骆马湖乡	Ⅲ	—	Ⅲ	是
10			国考	三场	Ⅲ	—	Ⅲ	是
11	洪泽湖	泗洪县	国考	成河乡中	Ⅲ	—	Ⅲ	是
12			国考	临淮乡	Ⅲ	—	Ⅲ	是
13			国考	龙集镇北	Ⅲ	—	Ⅲ	是

第八章 基于水资源刚性约束的宿迁黄河故道片区水资源优化配置与评价

8.1 基于水资源刚性约束的宿迁黄河故道片区水资源优化配置

选取宿迁市黄河故道片区作为典型区域进行水资源优化配置研究,以2021年作为现状水平年,2025年作为近期规划水平年,2030年作为中期规划水平年,2035年作为远期规划水平年。

水资源刚性约束就是根据水资源的禀赋条件,通过制定约束指标,包括江河水量分配、河湖生态流量水量保障目标、地下水的取水总量和水位双控指标、区域的可用水量等,结合区域具体情况,针对农业、城镇和生态安全等三大需求,科学制定水资源管控目标,定好水资源保护利用的范围边界,突出差别化管理,发挥水资源刚性约束作用。

基于刚性约束的水资源配置,其最重要的一点就是要处理好有限的水资源和经济社会高质量发展的关系,通过供需双向发力,在需求侧"约束倒逼",发挥水资源的刚性约束作用;在供给侧"优化提升",以有限的区域可用水量支撑经济社会高质量发展,从而界定经济社会发展空间和用水效率范围,确定经济社会行业部门的取水控制要求和合理规模。同时,要在刚性约束的前提条件下对不同层次的用水需求进行水资源配置。首先,需水层次为刚性时,是必须要保障的;其次,需水层次为刚弹性时,应以公平性为原则,并将可用水量平均配置到各个用水户;最后,需水层次为弹性时,应将各个用水户用水的边际效益大小作为参考来进行配置,优先配置效益高的用户。

黄河故道片区水资源优化配置可保障水资源供给,构建格局合理、功能完备、多源互补、丰枯调剂、水流通畅、环境优美的生态水网,同时,为宿迁黄河故道生态富民廊道建设中龙岗枢纽工程、朱海站工程、洋河引水工程等项目立项落地提供依据支撑。

8.1.1 现状水源配置情况

根据表 7.2-4 中的划分,分析单元包括六大片区,共涉及 4 个灌区,分别是皂河灌区、船行灌区、运南灌区(宿城区)、运南灌区(泗阳县)。宿城区内灌区未覆盖街道包括支口街道、河滨街道、古城街道、项里街道、幸福街道,泗阳县内灌区未覆盖街道包括众兴街道、来安街道。通过实地调研、召开座谈会与查阅文献资料相结合的方式,收集了整理六大片区现状水源配置情况。

8.1.1.1 六大片区基本情况

1. 皂河灌区

灌区现状主要通过皂河电灌站取水,水源为中运河,取水口位于宿城区皂河镇中运河右堤,取水口高程为 16.0 m,取水许可量为 9 889.98 万 m^3,2021 年灌区从中运河取水约 5 840 万 m^3,皂河电灌站为皂河灌区取水泵站,设计流量 27 m^3/s,可通过皂河干渠向黄河故道补水,补水口门为 2.5 m×2.5 m,设计补水流量 5 m^3/s。皂河干渠沿线八支渠、九支渠泄水闸可分别向小白河、九支沟和蔡庄大沟补水。同时承担向黄河故道生态补水的任务。皂河灌区范围内综合生活用水和部分工业用水由联合水务自来水有限公司提供。

2. 船行灌区

船行灌区主要水源为中运河,取水口有船行一站、船行二站和杨圩涵洞及秦沟、徐洼两个泵站。灌区取水许可量为 16 291.1 万 m^3,2021 年灌区从中运河取水量约为 9 300 万 m^3。船行灌区由西干渠片、东干渠片和陈集干渠片三部分组成,三个片区使用相同水源,且渠系之间均可相互沟通,可实现相互调水。①西干渠系统为提水区,水源工程为船行一站(七一电灌站)和船行二站,均抽提中运河水灌溉,船行一站设计流量为 20.0 m^3/s,船行二站设计流量为 14.3 m^3/s。②东干渠系统为自流区,渠首水源工程为东干渠渠首杨圩地涵,设计流量 7.0 m^3/s。③陈集片系统为提水区,渠首水源工程为陈集渠首站,建于 2010 年,设计流量为 7.0 m^3/s,该片水源主要依靠太皇河的回归水和拦蓄水来保证。船行灌区范围内综合生活用水和部分工业用水由联合水务自来水有限公司提供。

3. 运南灌区(宿城区)

运南灌区(宿城区)取水水源为中运河和洪泽湖,取水许可量是 7 876 万 m^3,2021 年灌区从中运河和洪泽湖取水约 7 170 万 m^3。取水过程:中运河设置有取水闸洞,张圩闸设计取水流量 22 m^3/s,通过黄河一站和二站(共计流量 20 m^3/s)

将水从引水渠抽到黄河里,利用橡胶坝拦水,将黄河故道作为蓄水池,通过干支渠进行输水灌溉;洪泽湖水源主要依靠在通湖河道下游建设节制闸,并将闸下河道向湖心伸延,闸下建排灌两用站,便于在中运河水源紧张时,通过通湖河道抽取洪泽湖水源向闸上补充,还可兼顾闸下地区排灌。目前仅有灌区一小部分边远地区,如西民便河下游区域,通过沿线泵站抽取通湖河道水,引洪泽湖水源灌溉。运南灌区(宿城区)范围内综合生活用水和部分工业用水由联合水务自来水有限公司提供。

4. 运南灌区(泗阳县)

运南灌区(泗阳县)主要水源为中运河、洪泽湖。灌区引中运河、洪泽湖水进行自流灌溉和提水灌溉,取水许可量总计 1.1 亿 m³,2021 年灌区从中运河和洪泽湖取水约 6 530 万 m³。水源工程主要有运南北渠首、运南南渠首。运南北渠首兴建于 1967 年,设计流量 38 m³/s,建于中运河右堤上,从中运河引水灌溉。该闸于 2011 年拆建,设计流量维持原设计流量不变,上游设计水位 16.00 m。根据 2001—2015 年多年灌溉期(6—9 月)实测水位分析,85% 保证率下的上游实际水位为 15.38 m,运南北渠首引水流量减至 22～26 m³/s。运南南渠首于 2016 年宿迁市泗阳段黄河故道干河治理工程中拆除重建,设计流量维持 38 m³/s,黄河侧设计水位 15.75 m,条堆干渠侧水位 15.40 m,采用 3 孔 2.3 m×2.6 m 涵洞式结构。按照实测水位推求南渠首上游实际水位为 15.00 m,运南南渠首引水流量减至 23～25 m³/s。运南灌区(泗阳县)范围内综合生活用水和部分工业用水由深水水务自来水有限公司提供。

5. 宿城区内灌区未覆盖街道(支口街道、河滨街道、古城街道、项里街道、幸福街道)

支口街道、河滨街道、古城街道、项里街道、幸福街道,农业灌溉用水由泵站取中运河水,2021 年从中运河取水约 1 070 万 m³。综合生活用水和部分工业用水由联合水务自来水有限公司提供。

6. 泗阳县内灌区未覆盖街道(众兴街道、来安街道)

众兴街道、来安街道属于泗阳县(众程灌区),农业灌溉用水由泵站取中运河水,2021 年从中运河取水约 7 170 万 m³。综合生活用水和部分工业用水由深水水务自来水有限公司提供。

8.1.1.2　现状水资源配置

2021 年,黄河故道片区用水总量共计 4.455 亿 m³。主要用水为综合生活用水、工业用水、农业用水和生态环境用水,主要取水水源为古黄河、中运河、洪泽湖和骆马湖。公共供水由联合水务自来水有限公司和深水水务有限公司供给。联合水务自来水有限公司供给宿迁市区片,取水水源为骆马湖;深水水务有限公司供给泗阳县城片,取水水源为中运河;备用水厂为成子湖水厂(城南水厂),取水水源为洪泽湖,主要用于部分工业及综合生活用水。根据《宿迁市水资源综合规划》,黄河故道片区水厂基本情况见表 8.1-1。河道外水资源配置体系见图 8.1-1。

表 8.1-1　黄河故道片区供水水厂基本情况　　　　　　　　单位:万 m³/d

供水公司	供水水源	供水规模				供水范围
		2021 年	2025 年	2030 年	2035 年	
联合水务	骆马湖	43	43	43	61	宿迁市区片
深水水务	中运河	15	25	35	35	泗阳县城片
	洪泽湖	5	5	5	10	

8.1.2　水资源配置方案论证

8.1.2.1　水资源配置原则

1. 坚持"水资源刚性约束"原则

水资源配置应考虑地区水资源基础条件,改变以往"以需定供"甚至过度开发的方式,防止在供需矛盾情况下单一考虑新增供水和无序取用水。应在"以水定需"的理念指导下,加强监督管理,严格把控用水许可指标,以宿迁市黄河故道片区水资源总量控制指标作为基础进行水资源配置。

2. 坚持统一调度、分级负责原则

保障黄河故道片区域用水需求,需要完善水资源供配格局,坚持统一制定水政策、统一配置水资源、统一调度水工程和分级管理、分级负担的"三统一、两分级"的水源调度管理方式,提升灌区基础设施建设水平,提高水资源供需保证率。

3. 坚持开发利用与保护相协调原则

开发利用水资源要充分考虑水资源和水环境承载能力,切实保护生态环境,协调人与自然的相互关系,实现水资源的可持续利用。按照生态城市建设要求,强化节水和水资源保护,基本保证河湖生态需水量、水位和环境基流量,增加改善河湖水质的水源。

4. 坚持节水优先、治污为本原则

大力发展节水减排农业,优先考虑通过节水降低用水需求,对新建项目取水按节水标准实施更严格的准许制度;大力、持续推进水污染防治和生态修复,保护水资源及河湖资源,改善水环境。

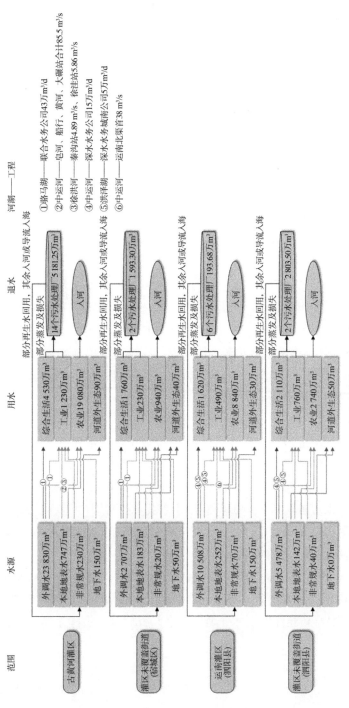

图 8.1-1　2021 年黄河故道片区 90%保证率下河道外水资源配置体系图

5. 坚持公平、高效和可持续利用原则

通过合理抑制需求和有效增加供给,以及工程和非工程措施的最佳组合,统筹上游与下游、经济用水与生态用水、本地用水与向外调水、水量与水质,提出合理的水资源配置方案。

8.1.2.2 水资源配置

根据以上宿迁黄河故道片区水资源配置模型的构建和带入相关指标的分析,可得如下结果。

1. 河道外水资源配置体系

黄河故道片区用水类型有公共供水、地表水、地下水和再生水。综合生活用水配置公共供水,工业用水配置公共供水、地表水、地下水和再生水,农业用水配置地表水,河道外生态环境用水配置再生水,河道内生态补水配置再生水和雨洪资源。

(1) 公共供水

2025 年、2030 年和 2035 年黄河故道片区公共供水体系不变,用于综合生活用水和部分工业用水,具体配置情况为:宿迁市区片,包括古黄河灌区和灌区未覆盖街道(宿城区),均由取水水源为骆马湖的宿迁市银控自来水公司供给,泗阳县城片,包括运南灌区(泗阳县)和灌区未覆盖街道(泗阳县),均由取水水源为中运河和洪泽湖的深水水务有限公司供给。

(2) 地表水

地表水包括本地地表水和外调水,用于部分工业用水和农业用水,古黄河灌区主要利用秦沟站(流量 4.89 m^3/s)、徐洼站(流量 5.86 m^3/s)从徐洪河(南水北调)提水,皂河站、船行站、大碾站(合计流量 85.5 m^3/s)从中运河(江水北调)提水;灌区未覆盖街道(宿城区)利用小型提水泵站从中运河提水;运南灌区(泗阳县)利用运南北渠首(流量 38 m^3/s)从中运河提水;灌区未覆盖街道(泗阳县)利用小型提水泵站从中运河提水。

同时,除以上引水工程,2025 年拟新建朱海站(流量 20 m^3/s)从徐洪河提水,龙岗枢纽工程(新增流量 16 m^3/s)从中运河和骆马湖引水同时向古黄河灌区补水;2030 年拟再新建洋河引水工程(流量 20 m^3/s)从洪泽湖引水向运南灌区(泗阳县)补水。

(3) 地下水

2025 年、2030 年和 2035 年黄河故道片区地下水用于部分工业(酿酒和制药等特殊行业)用水。地下水总配置量分别为 444 万 m^3、438 万 m^3 和 432 万 m^3。

（4）非常规水

根据《宿迁市中心城市非常规水源利用规划》和《泗阳县水资源综合利用开发规划》等相关规划，黄河故道片区各污水处理厂回用的再生水用于部分工业用水、河道外生态环境用水和部分河道内生态补水。同时，古黄河灌区、灌区未覆盖街道（宿城区）有部分建筑与居住小区、城市道路、公园、绿地等存在雨水利用系统，可配置少部分雨水用于河道外生态环境需水。2025 年、2030 年和 2035 年黄河故道片区河道外再生水配置量分别为 1 549.52 万 m^3、2 198.40 万 m^3 和 2 854.28 万 m^3；河道外雨水配置量分别为 85 万 m^3、125 万 m^3 和 173 万 m^3，河道内再生水配置量分别为 1 837.68 万 m^3、2 313.00 万 m^3 和 3 069.67 万 m^3；总体再生水利用率分别达到 28%、30% 和 32%。

（5）雨洪资源

2025 年、2030 年和 2035 年黄河故道片区内雨洪资源用于河道内生态补水，河道内雨洪资源总配置量分别为 5 893.57 万 m^3、7 405.12 万 m^3 和 6 079.15 万 m^3。

2. 河道外水资源配置方案

（1）2025 年河道外水资源配置方案

2025 年黄河故道片区 $P=50\%$ 和 $P=90\%$ 时河道外总配置水量分别为 51 342.53 万 m^3 和 58 064.73 万 m^3，90% 保证率下运南灌区（泗阳县）农业仍缺水 3 150 万 m^3。2025 年河道外总体水资源配置方案如表 8.1-2 所示，90% 保证率下河道外水资源配置体系如图 8.1-2 所示。

表 8.1-2　黄河故道片区 2025 年河道外水资源配置表　　　　单位：万 m^3

范围	用水行业		需水量	水源配置	
				需水量	用水类型
古黄河灌区	综合生活用水		5 737.86	5 737.86	公共供水
	工业用水		1 881.97	701.53	公共供水
				353.00	地表水
				206.00	地下水
				621.44	再生水
	农业用水	$P=50\%$	22 090.76	22 090.76	地表水
		$P=90\%$	28 249.71	28 249.71	
	生态环境需水		234.58	185.58	再生水
				49	雨水

范围	用水行业		需水量	水源配置	
				需水量	用水类型
灌区未覆盖街道（宿城区）	综合生活用水		2 213.14	2213.14	公共供水
	工业用水		172.53	62.52	公共供水
				11.71	地表水
				44.00	地下水
				54.30	再生水
	农业用水	P=50%	446.20	446.20	地表水
		P=90%	588.10	588.10	
	生态环境需水		84.87	68.87	再生水
				16	雨水
宿迁市区片合计	综合生活用水		7 951.00	7 951.00	公共供水
	工业用水		2 054.50	764.05	公共供水
				364.71	地表水
				250.00	地下水
				675.74	再生水
	农业用水	P=50%	22 536.96	22 107.16	地表水
		P=90%	28 837.81	27 785.01	
	生态环境需水		319.45	254.45	再生水
				65	雨水
运南灌区（泗阳县）	综合生活用水		2 141.27	2 141.27	公共供水
	工业用水		225.13	29.01	公共供水
				23.80	地表水
				92.00	地下水
				80.32	再生水
	农业用水	P=50%	8 708.60	8 708.60	地表水
		P=90%	11 230.60	8 080.60	
	生态环境需水		78.28	70.28	再生水
				8	雨水

续表

范围	用水行业		需水量	水源配置	
				需水量	用水类型
灌区未覆盖街道（宿城区）	综合生活用水		2 580.38	2 580.38	公共供水
	工业用水		1 201.13	438.52	公共供水
				312.60	地表水
				102.00	地下水
				348.01	再生水
	农业用水	P＝50%	3 413.11	3 413.11	地表水
		P＝90%	4 462.46	4 462.46	
	生态环境需水		132.72	120.72	再生水
				12	雨水
泗阳县城片合计	综合生活用水		4 721.66	4 721.66	公共供水
	工业用水		1 426.26	467.53	公共供水
				336.40	地表水
				194.00	地下水
				428.33	再生水
	农业用水	P＝50%	12 121.71	12 121.71	地表水
		P＝90%	15 693.06	12 543.06	
	生态环境需水		211	191	再生水
				20	雨水
黄河故道片区总计	综合生活用水		12 672.65	12 672.65	公共供水
	工业用水		3 480.76	1 231.58	公共供水
				701.11	地表水
				444.00	地下水
				1 104.07	再生水
	农业用水	P＝50%	34 658.67	34 658.67	地表水
		P＝90%	44 530.87	41 380.87	
	生态环境需水		530.45	445.45	再生水
				85	雨水

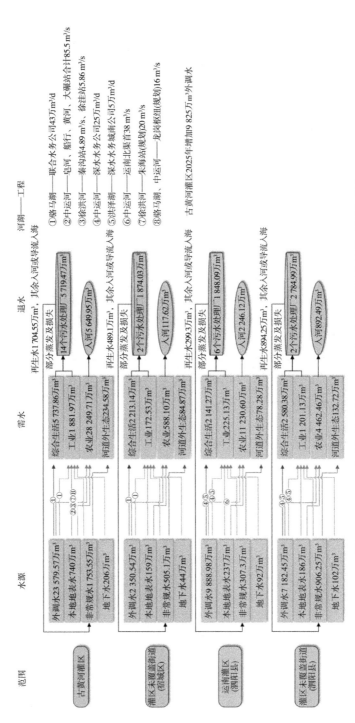

图 8.1-2　2025 年黄河故道片区 90%保证率下河道外水资源配置体系图

（2）2030 年河道外水资源配置方案

2030 年黄河故道片区 $P=50\%$ 和 $P=90\%$ 时河道外总配置水量分别为 57 653.46 万 m^3 和 68 240.80 万 m^3，2030 年河道外总体水资源配置方案如表 8.1-3 所示，90% 保证率下河道外水资源配置体系如图 8.1-3 所示。

表 8.1-3　黄河故道片区 2030 年河道外水资源配置表　　　单位：万 m^3

范围	用水行业		需水量	水源配置	
				需水量	用水类型
古黄河灌区	综合生活用水		6 923.93	6 923.93	公共供水
	工业用水		2 866.78	1 021.78	公共供水
				785.80	地表水
				206.00	地下水
				853.20	再生水
	农业用水	$P=50\%$	23 103.49	23 103.49	地表水
		$P=90\%$	29 591.67	29 591.67	
	生态环境需水		322.18	264.18	再生水
				58	雨水
灌区未覆盖街道（宿城区）	综合生活用水		2 594.70	2 594.70	公共供水
	工业用水		215.56	61.10	公共供水
				11.71	地表水
				44.00	地下水
				98.75	再生水
	农业用水	$P=50\%$	560.50	560.50	地表水
		$P=90\%$	746.40	746.40	
	生态环境需水		116.09	89.09	再生水
				27	雨水
宿迁市区片合计	综合生活用水		9 518.63	9 518.63	公共供水
	工业用水		3 082.34	1 082.88	公共供水
				797.51	地表水
				250.00	地下水
				951.95	再生水
	农业用水	$P=50\%$	23 663.99	23 663.99	地表水
		$P=90\%$	30 338.07	30 338.07	
	生态环境需水		438.27	353.27	再生水
				85	雨水

续表

范围	用水行业		需水量	水源配置	
				需水量	用水类型
运南灌区 (泗阳县)	综合生活用水		2 769.17	2 769.17	公共供水
	工业用水		309.82	93.72	公共供水
				23.80	地表水
				90.00	地下水
				102.30	再生水
	农业用水	$P=50\%$	9 402.16	9 402.16	地表水
		$P=90\%$	12 243.82	12 243.82	
	生态环境需水		103.44	86.44	再生水
				17	雨水
灌区未覆盖街道 (泗阳县)	综合生活用水		3 020.06	3 020.06	公共供水
	工业用水		1 618.98	659.55	公共供水
				312.60	地表水
				98.00	地下水
				548.83	再生水
	农业用水	$P=50\%$	3548.00	3 548.00	地表水
		$P=90\%$	4 619.60	4 619.60	
	生态环境需水		178.61	155.61	再生水
				23	雨水
泗阳县城片合计	综合生活用水		5 789.23	5 789.23	公共供水
	工业用水		1 928.80	753.27	公共供水
				336.40	地表水
				188.00	地下水
				651.13	再生水
	农业用水	$P=50\%$	12 950.16	12 950.16	地表水
		$P=90\%$	16 863.42	16 863.42	
	生态环境需水		282.05	242.05	再生水
				40	雨水
黄河故道片区总计	综合生活用水		15 307.85	15 307.85	公共供水
	工业用水		5 011.14	1 836.15	公共供水
				1 133.91	地表水
				438.00	地下水
				1 603.08	再生水
	农业用水	$P=50\%$	36 614.15	36 614.15	地表水
		$P=90\%$	47 201.49	47 201.49	
	生态环境需水		720.32	595.32	再生水
				125	雨水

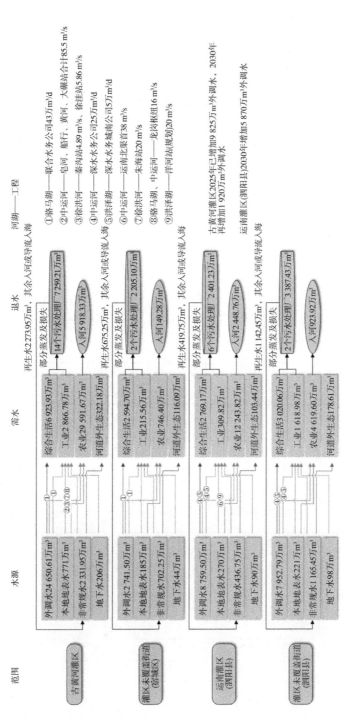

图 8.1-3　2030 年黄河故道片区 90%保证率下河道外水资源配置体系图

（3）2035 年河道外水资源配置方案

2035 年黄河故道片区 $P=50\%$ 和 $P=90\%$ 时河道外总配置水量分别为 61 228.14 万 m^3 和 71 438.09 万 m^3，2035 年河道外总体水资源配置方案如表 8.1-4 所示，90% 保证率下河道外水资源配置体系如图 8.1-4 所示。

表 8.1-4　黄河故道片区 2035 年河道外水资源配置表　　　　单位:万 m^3

范围	用水行业		需水量	水源配置	
				需水量	用水类型
古黄河灌区	综合生活用水		8 297.90	8 297.90	公共供水
	工业用水		3 826.87	1 528.08	公共供水
				896.20	地表水
				204.00	地下水
				1 198.59	再生水
	农业用水	$P=50\%$	22 051.89	22 051.89	地表水
		$P=90\%$	28 648.59	28 648.59	
	生态环境需水		457.99	388.99	再生水
				69.00	雨水
灌区未覆盖街道（宿城区）	综合生活用水		3 172.34	3 172.34	公共供水
	工业用水		289.44	118.44	公共供水
				41.30	地表水
				44.00	地下水
				85.70	再生水
	农业用水	$P=50\%$	479.73	479.73	地表水
		$P=90\%$	649.17	649.17	
	生态环境需水		164.49	125.49	再生水
				39.00	雨水
宿迁市区片合计	综合生活用水		11 470.24	11 470.24	公共供水
	工业用水		4 116.31	1 648.12	公共供水
				937.50	地表水
				248.00	地下水
				1 284.29	再生水
	农业用水	$P=50\%$	22 531.62	22 531.62	地表水
		$P=90\%$	29 297.76	29 297.76	
	生态环境需水		622.48	514.48	再生水
				108.00	雨水

续表

范围	用水行业		需水量	水源配置	
				需水量	用水类型
运南灌区 (泗阳县)	综合生活用水		3 556.36	3 556.36	公共供水
	工业用水		368.39	66.49	公共供水
				52.30	地表水
				88.00	地下水
				161.60	再生水
	农业用水	$P=50\%$	9 403.33	9 403.33	地表水
		$P=90\%$	11 774.09	11 774.09	
	生态环境需水		136.80	109.80	再生水
				27.00	雨水
灌区未覆盖街道 (泗阳县)	综合生活用水		3 485.30	3 485.30	公共供水
	工业用水		1 905.53	904.02	公共供水
				312.60	地表水
				96.00	地下水
				592.91	再生水
	农业用水	$P=50\%$	3 402.59	3 402.59	地表水
		$P=90\%$	4 475.64	4 475.64	
	生态环境需水		229.20	191.20	再生水
				38.00	雨水
泗阳县城片合计	综合生活用水		7 041.66	7 041.66	公共供水
	工业用水		2 273.92	970.51	公共供水
				364.90	地表水
				184.00	地下水
				754.51	再生水
	农业用水	$P=50\%$	12 805.92	12 805.92	地表水
		$P=90\%$	16 249.73	16 249.73	
	生态环境需水		366.00	301.00	再生水
				65.00	雨水
黄河故道片区总计	综合生活用水		18 511.89	18 511.89	公共供水
	工业用水		6 390.23	2 617.03	公共供水
				1 302.40	地表水
				432.00	地下水
				2 038.80	再生水
	农业用水	$P=50\%$	35 337.54	35 337.54	地表水
		$P=90\%$	45 547.49	45 547.49	
	生态环境需水		988.48	815.48	再生水
				173.00	雨水

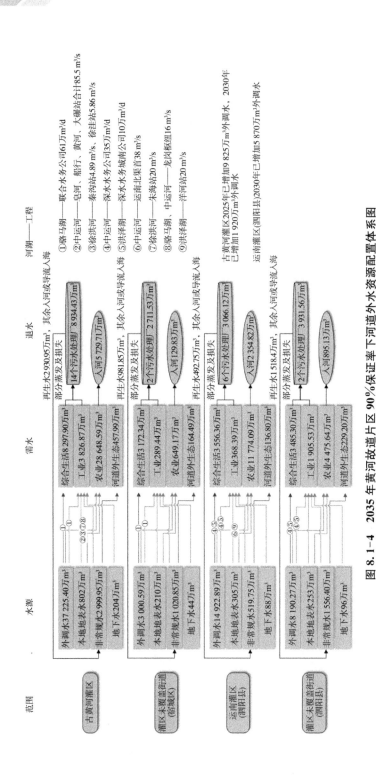

图 8.1-4 2035 年黄河故道片区 90%保证率下河道外水资源配置体系图

3. 河道内水资源配置方案

河道内生态补水配置骆马湖汛期弃水和非常规水等,片区内不同规划水平年(2025 年、2030 年、2035 年)的生态补水量分别为 23 953 万 m^3、37 520 万 m^3、33 760 万 m^3。考虑将区域内灌溉用水与部分工业用水纳入古黄河调配,且满足河道补水的相关水质要求,因此,当采取最节约利用水源策略时,利用龙岗枢纽和船行枢纽补水后,基本不需要因考虑水质改善而向古黄河新增生态补水,而采用高水高用、低水低用策略时,从龙岗枢纽、船行枢纽、洋河站按本段实际需求量引水,此时调水经济成本最少。但经过调研和对相关资料的充分考虑和计算,2025 年、2030 年和 2035 年仍需通过龙岗枢纽工程引骆马湖水以及黄河故道片区部分利用的再生水等进行额外补水,补水量分别为 7 731.25 万 m^3、9 718.12 万 m^3 和 9 148.82 万 m^3,方能满足相应的河道水质要求。

2025 年河道内配置水量为 7 731.25 万 m^3,具体见表 8.1-5,其中雨洪资源和再生水分别为 5 893.57 万 m^3 和 1 837.68 万 m^3;2030 年河道内配置水量为 9 718.12 万 m^3,具体见表 8.1-6,其中雨洪资源和再生水分别为 7 405.12 万 m^3 和 2 313.00 万 m^3;2035 年河道内配置水量为 9 148.82 万 m^3,具体见表 8.1-7,其中雨洪资源和再生水分别为 6 079.15 万 m^3 和 3 069.67 万 m^3。同时,为保证河道内生态补水的可行性,可考虑增加相应的调蓄池。

表 8.1-5　黄河故道片区 2025 年河道内水资源配置表　　　　单位:万 m^3

序号	片区	计算需水量	灌溉用水与部分工业用水	另需配置水量		补水水源
1	古黄河灌区	16 323	11 963.24	4 359.76	3 462.23	雨洪资源
					897.53	再生水
2	灌区未覆盖街道(宿城区)	2 080	406.12	1 673.88	1 307.95	雨洪资源
					365.93	再生水
3	运南灌区(泗阳县)	4 060	3 257.65	802.35	653.65	雨洪资源
					148.70	再生水
4	灌区未覆盖街道(泗阳县)	1 490	594.74	895.26	469.74	雨洪资源
					425.52	再生水
	合计	23 953	16 221.75	7 731.25	5 893.57	雨洪资源
					1 837.68	再生水

表 8.1-6 黄河故道片区 2030 年河道内水资源配置表 单位:万 m³

序号	片区	计算需水量	灌溉用水与部分工业用水	另需配置水量		补水水源
1	古黄河灌区	25 770	20 662.25	5 107.75	3 951.18	雨洪资源
					1 158.17	再生水
2	灌区未覆盖街道（宿城区）	3 130	522.68	2 607.32	2 119.91	雨洪资源
					487.41	再生水
3	运南灌区（泗阳县）	6 650	5 603.09	1 046.91	815.90	雨洪资源
					231.01	再生水
4	灌区未覆盖街道（泗阳县）	1 970	1 013.86	956.14	518.13	雨洪资源
					438.01	再生水
	合计	37 520	27 801.88	9 718.12	7 405.12	雨洪资源
					2 313.00	再生水

表 8.1-7 黄河故道片区 2035 年河道内水资源配置表 单位:万 m³

序号	片区	计算需水量	灌溉用水与部分工业用水	另需配置水量		补水水源
1	古黄河灌区	23 120	18 276.15	4 843.85	3 500.48	雨洪资源
					1 343.37	再生水
2	灌区未覆盖街道（宿城区）	2 670	428.44	2 241.56	1 470.90	雨洪资源
					770.66	再生水
3	运南灌区（泗阳县）	6 130	5 193.16	936.84	715.49	雨洪资源
					221.35	再生水
4	灌区未覆盖街道（泗阳县）	1 840	713.43	1 128.17	392.28	雨洪资源
					734.29	再生水
	合计	33 760	24 611.18	9 148.82	6 079.15	雨洪资源
					3 069.67	再生水

8.1.3 水资源配置合理性

综合平衡经济社会发展和生态环境保护对水资源的要求,遵循共享、系统、协调、高效和优先原则,合理确定水资源调配格局和制定水资源配置方案,进行不同区域、不同供水水源间和不同用水行业间的水量配置,分析配置方案的合理性。

8.1.3.1　区域配置合理性分析

近期规划水平年 2025 年,在 90% 保证率下,黄河故道片区总需水量为 61 214.73 万 m³,可供水量为 48 239.73 万 m³,总缺水量为 12 975 万 m³,上游古黄河灌区缺水 9 825 万 m³,下游运南灌区(泗阳县)缺水 3 150 万 m³。基于《关于印发黄河故道生态富民廊道总体规划、专项规划的通知》(宿黄河办〔2022〕1 号),以及根据《黄河故道生态富民廊道水利建设三年行动计划(2023—2025 年)》等确定的相关工程和规模,对朱海站新建 20 m³/s、龙岗枢纽工程新增引水 16 m³/s 和洋河引水工程新建 20 m³/s 进一步论证复核。通过三个项目的可供水量分析,认为朱海站新建 20 m³/s、龙岗枢纽工程新增引水 16 m³/s 和洋河引水工程新建 20 m³/s 能够满足黄河故道片区在 2025 年和 2030 年的缺水情况。

因此近期规划水平年 2025 年前拟新建朱海站(流量 20 m³/s)从徐洪河提水、龙岗枢纽工程(新增流量 16 m³/s)从骆马湖和中运河引水同时向古黄河灌区补水,下游运南灌区(泗阳县)缺水计划在 2030 年前解决。中期规划水平年 2030 年,在 90% 保证率下,黄河故道片区总需水量为 68 240.81 万 m³,可供水量为 50 625.81 万 m³,总缺水量为 17 615 万 m³,其中上游古黄河灌区缺水 11 745 万 m³,下游运南灌区(泗阳县)区域缺水 5 870 万 m³,上游古黄河灌区缺水利用 2025 年新增供水工程可解决;从洪泽湖引水,建设洋河引水工程,可解决下游泗阳县城片区域用水需求,规模为 20 m³/s。远期规划水平年 2035 年,在 90% 保证率下不存在缺水。因此,2025 年、2030 年和 2035 年黄河故道片区在水资源配置时,均能达到供需平衡。

同时,古黄河灌区、灌区未覆盖街道(宿城区)、运南灌区(泗阳县)和灌区未覆盖街道(泗阳县)"四大片区"配置地表水、外调水和非常规水等多水源到综合生活、工业、农业和生态环境各行业用水。其中古黄河灌区地表水水源主要取自古黄河、徐洪河、中运河和骆马湖;灌区未覆盖街道(宿城区)地表水水源主要取自古黄河、中运河和骆马湖;运南灌区(泗阳县)地表水水源主要取自古黄河、中运河和洪泽湖;灌区未覆盖街道(泗阳县)地表水水源主要取自古黄河、中运河和洪泽湖。相关河湖的可供水量和水质均能满足区域需求。

8.1.3.2　用水结构合理性

黄河故道片区水源配置的原则是:合理利用地表水资源,限制开采地下水,加大利用非常规水源。配置过程中优先满足生活用水、保障重点工业用水、兼顾生态环境用水。可供水量不满足需水时,通过增加供水工程后可满足用水需求,规划水平年均可达到水资源供需平衡。

黄河故道片区用水结构主要包括综合生活用水、工业用水、农业用水和生态环境用水。具体各行业需水分项占比见表8.1-8。2021年、2025年、2030年和2035年综合生活用水量占比分别为22.5%、24.7%、26.6%和30.2%，工业用水量占比分别为6.1%、6.8%、8.7%和10.4%，占需水总量的比例均逐年增加；虽然灌溉农业发展趋势增加，但在节水措施作用下，农业需水量至2030年为增加趋势，在2030年后至2035年不增反减；随着各种工业产业迅速发展，且旅游业繁荣，生态环境用水有所增加，2021年、2025年、2030年和2035年生态环境用水量占比分别为0.5%、1.0%、1.2%和1.6%，占需水总量的比例逐年增加。综上，可以看出黄河故道片区用水结构不断优化，且符合黄河故道片区未来规划。

表 8.1-8 黄河故道片区规划水平年河道外分项需水占比表

分项类型	2021 年		2025 年		2030 年		2035 年	
	用水量/亿 m³	占比/%	用水量/亿 m³	占比/%	用水量/亿 m³	占比/%	用水量/亿 m³	占比/%
综合生活	1.002	22.5	1.267	24.7	1.531	26.6	1.851	30.2
工业	0.271	6.1	0.348	6.8	0.50	8.7	0.640	10.4
农业	3.160	70.9	3.466	67.5	3.661	63.5	3.534	57.7
生态环境	0.022	0.5	0.053	1.0	0.072	1.2	0.099	1.6
总计	4.455	100	5.134	100	5.765	100	6.123	100

8.1.3.3 供水结构合理性

根据《宿迁市水资源综合规划》，宿迁市水资源配置的总体目标是：通过水资源优化配置，实现水资源开发利用与经济社会发展和生态环境保护相互协调，促进水资源可持续利用，提高水资源承载能力，缓解水资源供需矛盾，遏制生态环境恶化趋势，支撑经济社会可持续发展。

综合生活需水均采用公共供水，工业需水采用公共供水、地表水、地下水和非常规水，农业需水采用地表水，河道外生态环境用水采用非常规水，河道内生态补水采用汛期弃水和非常规水。2025年、2030年和2035年黄河故道片区再生水供水量分别达到3 387.20万 m³、4 511.40万 m³和5 923.95万 m³，总体再生水利用率分别达到28%、30%和32%。对再生水实施应用尽用的原则。同时，为响应江苏省地下水资源限采保护的要求并结合区域实际，黄河故道片地下水配置较少，2025年、2030年和2035年分别为444万 m³、438万 m³和432

万 m³。

8.1.3.4　水量分配的合理性分析

黄河故道片区内涉及的主要河湖为废黄河、中运河、徐洪河、骆马湖和洪泽湖,根据《江苏省废黄河水量分配方案》《关于印发徐洪河、京杭大运河水量分配方案的通知》《江苏省洪泽湖水量分配方案》和《江苏省骆马湖水量分配方案》,2030 年,"三河两湖"包括废黄河、徐洪河、中运河、洪泽湖和骆马湖在宿迁市范围内的分配水量共计 13.402 亿 m³,水量分配方案中分配水源为分配范围内的区域地表水,包括本地产水和过境水,不包括引调水。本书中所述新增建设朱海站、龙岗枢纽工程、洋河引水工程等水源主要为江淮水,不占水量分配指标。古黄河片区新增供水满足水量分配要求。

8.1.4　突发情况下应急预案和措施

8.1.4.1　突发情况下应急预案

对未来水资源的配置需考虑到非正常供水的情况。一是由于特殊干旱年形成的水资源匮乏,二是自然灾害或人为因素引发的突发事件(水污染、地震等)破坏了水源,进而造成水质恶化或断水,为预防未然,对黄河故道片区非正常供水做好应急对策预案。目前黄河故道片区涉及 1 个水源地为骆马湖,已经具备通过水源地互备和清水互通工程的备用条件,未来宿迁市中运河月堤应急水源地可在规划期内实现骆马湖和中运河作为互备。

2017 年 9 月,《水利部淮河水利委员会关于批准宿迁市河湖连通工程-应急水源工程取水许可申请的决定》(淮委许可〔2017〕68 号)批复,仅当骆马湖水源地发生取水困难时,河湖连通泵房才能从中运河取水,年允许最大启用时间为70 d,年最大取水量 1 960 万 m³。月堤水源厂设计规模 38 万 m³/d,现状规模28 m³/d,可以同时从骆马湖和中运河引水。从中运河取水向银控一水厂和二水厂提供应急供水水源,可保障宿迁中心城市综合生活和工业应急供水。

1. 水质方面

根据对骆马湖水源地运行情况的调查,骆马湖水质优良,并且第二水厂已做好预处理和深度处理工艺,一般原水发生Ⅳ、Ⅴ类的微污染情况,经过水厂净水处理后完全可以满足供水水质要求。根据近 5 年的骆马湖、中运河水源地水质监测情况分析,骆马湖和中运河水质均无超标污染物。因此,中运河与骆马湖水源地可以作为饮用水厂的水源地互为备用。

2. 水位方面

根据骆马湖杨河滩闸上水位资料统计,近 30 年中,骆马湖发生低于死水位 20.50 m 的时间共 108 d,而中运河宿迁闸上水位基本在 18.28 m 以上,中运河月堤应急水源地引水管设计顶高程为 16.02 m,管顶处尚有 2.26 m 以上的水深,完全可以保证取水安全。因此可以得出,骆马湖与中运河一般不会同时发生特枯水位的情况,中运河为调水干线,通过水利工程调度对中运河的水位控制比控制骆马湖水位更加快速、方便、稳定。因此,在水位方面,骆马湖水源地与拟建的中运河备用水源地互为备用是可行的。

因此,经实际调研及中运河月堤应急备用水源地自评估,中运河月堤应急备用水源地符合"水量保证、水质达标、管理规范、运行可靠、监控到位、信息共享、应急保障"的安全保障体系的要求,达到了"一个保障、两个达标、三个没有、四个到位"的总体目标,作为备用水源保障特殊条件下的供水是可行的。

8.1.4.2 突发情况下应急措施

1. 特殊干旱年应急措施

为保障特殊干旱年的城市供水安全,由各级防汛防旱指挥机构负责本行政区域的防旱事件应对工作。有关单位可根据需要设立防旱临时机构,负责本单位防旱突发事件应对工作,并服从当地防旱指挥机构的统一指挥。特殊干旱年的应急措施包括以下四个方面。

预测和预报。各级气象、水文部门应加强对当地干旱天气的监测和预报,并将结果及时报送有关防汛防旱指挥机构;对重大干旱天气,应采取联合监测、会商和预报,尽可能延长预见期,并将结果及时报送同级人民政府和防汛防旱指挥机构。

预警与信息报送。当预报即将发生严重干旱灾害时,当地防汛防旱指挥机构应提早预警,通知有关部门做好相关准备。防汛防旱指挥机构应针对干旱灾害成因、特点,因地制宜采取预警防范措施;及时掌握水雨情变化和城市供水情况,加强旱情监测,并按照有关报表制度上报受灾情况,遇旱情急剧发展时应及时上报。

机构建设。建立健全旱情监测网络和干旱灾害统计队伍,随时掌握实时旱情灾情,并预测干旱发展趋势,根据不同干旱等级,提出相应对策,为抗旱指挥决策提供科学依据。加强抗旱服务网络建设,鼓励和支持社会力量开展多种形式的社会化服务组织建设,以防范干旱灾害的发生和蔓延。

应急响应。旱情发生时,防汛防旱指挥机构进行抗旱会商,研究部署抗旱工作,并报上级防汛防旱指挥机构备案。防汛防旱指挥机构做好防旱水源的统一管理和调度,落实应急抗旱资金和抗旱物资。进一步加强旱情监测和分析预报工作,及时掌握旱情灾情及其发展变化趋势,通报旱情信息和抗旱情况。当旱情开始影响水源地供水时,根据旱情严重程度和城市各方面用水需求情况,采取后备调度、启用后备水源、跨地域运水等措施。同时,加强旱情灾情及抗旱工作的宣传,动员社会各方面力量支援抗旱救灾工作。

2. 突发性污染事故应急措施

在地方政府的领导下,水行政主管部门分级建立突发性污染事故应急处置指挥部,遵循"预防为主、常备不懈"的方针,分工、分级负责,加强水量、水质监测和预测,通过水利工程的应急调度,减轻污染损失,减少污染危害,提高集中式饮用水源地安全保障水平。按照《宿迁中心城市供水突发事件应急预案(修编)》以及各区县已编制的集中式饮用水源地突发性水污染事件水利系统应急预案要求,做好突发性污染事故应急处置。

突发性污染事故应急工作包括预防监测、应急响应与善后处置与恢复重建等几个方面:

(1)预防监测。市应急办统一部署协调供水突发事件的预防工作,市水务局、环保局、卫健委等部门和供水企业按照职能分工分别开展水质、水量监测预警工作。

(2)应急响应与处置。包括应急响应、指挥协调、处置措施、信息发布、应急监测、应急监察、应急供应与社会稳定、应急终止等环节。

供水突发事件发生后,市应急现场指挥部成立前,事发单位、供水单位和有关部门要坚持属地处置为主,迅速实施先期处置。以"早发现早处置、先发现先处置、边报告边处置"为原则,与事件抢时间,最大限度地减少损失。采取有效措施控制事态发展,严防次生、衍生事件发生,处置过程要做好记录。同时,迅速向当地人民政府和上一级相关主管部门、水务局报告。

应急供水坚持"属地为主、重点保障"的原则。通过合理调度,尽可能保障所有用户有序用水。在无法保障全部用户用水时,要确保居民用户基本生活用水;重点保障饭店宾馆等服务业基本用水;重点保障学校、医院、部队等社会重点事业单位的用水;重点保障城乡运行生命线企事业单位和重要外资企业的正常生产用水;优先保障市区重点企业、高新技术企业的合理用水。

(3)善后处置与恢复重建。供水突发事件发生地的人民政府应会同市有关部门,积极稳妥、认真细致地做好危机过后的有关工作,弥补损失,消除影响,总结经验,改进工作,进一步落实应急防范措施。

8.1.5 配置影响分析

8.1.5.1 取水影响分析

1. 对水资源配置格局的影响

黄河故道片区供水水源主要为本地地表水、外调水、地下水和非常规水。根据《宿迁市水资源综合规划》,宿城区、宿豫区的来水主要有四个部分。一是通过中运河从南部引江淮水,其控制性水利枢纽工程是刘老涧翻水闸;二是通过中运河从北部引骆马湖水,其控制性水利枢纽工程是皂河闸;三是通过六塘河引骆马湖水,其控制性水利枢纽工程是洋河滩闸;四是通过邳洪河引来自上游徐州的出水,其控制性水利枢纽工程是邳洪河新闸。泗阳县的来水主要有三个部分。一是通过中运河从南部引洪泽湖和长江水,其控制性水利枢纽工程是竹洛坝闸;二是通过淮沭河、淮柴河从南部引洪泽湖和长江水,其控制性水利枢纽工程是淮柴闸;三是通过中运河从北部引骆马湖水,其控制性水利枢纽工程是刘老涧闸和刘老涧新闸。通过工农业节水措施、水资源的保护措施、增加新供水工程以及非常规水利用、洪水利用等工程,可以实现宿城区、宿豫区和泗阳县"两区一县"未来的供需平衡。本书研究在规划水平年 2025 年和 2030 年通过新增供水工程来保证规划水平年的供需平衡。

黄河故道片区部分工业和综合生活用水主要依靠联合水务公司和深水水务集团供给,基本不直接使用区域内水资源,联合水务公司取水水源为骆马湖湖水,深水水务集团取水水源为中运河河水和洪泽湖湖水,取水对区域内河道和调水通道沿线水位的影响很小。黄河故道片区地下水资源限制开采,使用地下水资源占比很小,后续虽然工业用水增长较多,但基本由自来水厂、地表水及再生水供水,地下水使用量占比较少,因此对地下水资源影响较小。

2025 年、2030 年和 2035 年宿迁市黄河故道片区 50% 保证率下河道外需水总量分别为 5.13 亿 m^3、5.77 亿 m^3 和 6.12 亿 m^3,在宿迁市用水总量控制指标 27.5 亿 m^3 内。同时,2025 年、2030 年和 2035 年宿迁市黄河故道片区 50% 保证率下河道外需水总量分别较 2021 年新增 0.68 亿 m^3、1.31 亿 m^3、1.67 亿 m^3,新增水量均在宿迁市余量 4.597 亿 m^3 内。根据供需预测以及总量约束条件下的配置建议,黄河故道片区未来总体不以新增总量控制指标为目标,进行内部指标调剂。规划期内需重点解决由于用水结构变化导致行业之间供水需求变化而带来的新增供水需求。由于黄河故道片区本地水资源量有限,以及上游来水水质水量不能得到充分的保障,调水工程对于黄河故道片区供水来讲尤为重要,规划期内主要从骆马湖、徐洪河、中运河和洪泽湖增加调水。

骆马湖蓄水面积 375 km²，主要拦蓄沂河洪水，承泄上中游 5.1 万 km² 的汇水。死水位 20.50 m，相应水面面积 194 km²，相应容积 2.12 亿 m³。正常蓄水位 23.00 m，相应水面面积 375 km²，相应容积 9.01 亿 m³。设计洪水位 25.00 m，相应水面面积 432 km²，相应容积 15.03 亿 m³。而龙岗枢纽工程中包含七堡枢纽泵站扩建工程流量 6 m³/s，综合分析，引水流量对骆马湖影响较小。

徐洪河是区域重要的灌溉用水水源，但在枯水期上游来水量较少，主要依靠南水北调东线工程或江水北调工程调引江淮水补给。徐洪河本是南水北调输水干线，南水北调一期工程，输水规模为 120～100 m³/s，二期工程规划输水规模为 470～445 m³/s。朱海站设计流量 20 m³/s，建成以后，抽引徐洪河水入黄河故道，徐洪河输水压力增加不大。90% 取水保证率时年取水量 6 935 万 m³，因此，在江水北调工程和南水北调东线工程正常运行的情况下，区域水利工程合理调度的情况下，取水影响较小。

中运河宿迁闸至皂河闸之间为二级航道，设计通航保证率为 97%，最低通航水位为 18.50 m。实际调度过程中，当水位降低到控制水位时，防汛调度部门及时通过南水北调工程调水或从骆马湖向中运河补水，以保证一定的通航水位。遇到特别情况或水源补给不充分时，采取农业灌溉错峰用水及压缩农业用水来满足生活、中运河航运等特殊行业用水需求。取水水域的进出水量基本由人为控制调度，即使区域上游来水不能满足区域用水时，也可通过水利工程的合理调度和对水量的合理配置来满足区域内生活、工业、航运等用水户的用水要求。通过计算分析，宿迁闸—刘老涧闸河段 95% 保证率枯水典型年区间可供水量包括径流及调水可供水量，区间年总富余水资源量 2.966 亿 m³。综合分析，引水流量对中运河影响较小。

洪泽湖死水位 11.30 m，相应容积 10.45 亿 m³。正常蓄水位 13.00 m，相应水面面积 2 151.9 km²，相应容积 41.92 亿 m³。设计洪水位 16.00 m，相应水面面积 2 392.9 km²，相应容积 111.20 亿 m³。洋河引水工程设计流量 20 m³/s，综合分析，引水流量对洪泽湖影响较小。

综上，黄河故道片区规划水平年总需水量在用水总量控制指标范围内，按照节水优先，保证生活、工业等用水的刚性增长需求的水资源配置原则，优先保证经济效益较好产业的水资源供给，有利于黄河故道片区总体经济发展。故黄河故道片区的发展对水资源需求增长、对水资源配置格局的总体影响较小。

2. 对水生态系统的影响

黄河故道片区未来主要从古黄河、中运河、徐洪河、骆马湖和洪泽湖取水，黄河故道片区规划在"三河两湖"的最大取水流量均小于河道正常来水量,不会引起河流生态水源的枯竭。古黄河生态水位为 20.33 m,控制断面为蔡支闸下;中运河生态水位分段分梯级控制,全线共分九段,其中宿迁段为运河、刘老涧闸上、泗阳闸上、杨庄闸上,各段控制水位分别为 20.50 m、17.00 m、15.00 m、10.10 m。徐洪河生态水位为 9.80 m,控制断面为金锁镇站;洪泽湖水位代表站为蒋坝水位站,生态水位为 11.50 m;骆马湖生态水位为 20.50 m;若遇特殊干旱年、突发事件等情况,徐州市、宿迁市水行政主管部门严格执行生态水位要求,加强河道内用水管控,预测无法满足控制断面生态水位要求时,应根据应急调度方案,严格执行水量调度计划,加强取用水管控。因此,取水对"三河两湖"生态用水影响较小。

3. 对其他用水户的影响

黄河故道片区总用水量中农业用水量占比较大,考虑农灌高峰期取用水需求,灌溉高峰期可能会对沿线用水户供水有一定影响。2025 年和 2030 年增加引水工程后,黄河故道片区未来的可供水量经年内调剂基本可以满足区域用水需求。针对对其他权益相关方取用水条件可能会产生的影响,一方面可以采取错峰取水方式,随着宿迁市对农业灌溉节约用水技术的推广,区域内农业用水定额将有所减小,正常情况下,区间的可供水量可以满足区间的农业灌溉用水和生态用水,如遇特殊情况,区域水资源量不足时,为保证用水户正常取水,需对农业灌溉进行错峰用水或改变某些灌区的取水水源;另一方面,黄河故道片区工程调度主要由相应的枢纽共同控制,这些水利工程是否开闸放水或启动调水,是由防洪调度部门、南(江)水北调部门根据河道来水、年度调水任务、江苏境内上游缺水情况等决定的。综上,取水水域水量、水位与工程调度运行和区间水利工程人为调度控制密切相关,通过调度方式的适当调整,一般工况下,可以满足各用水户的用水,对其他用水户的影响较小。

8.1.5.2 退水影响分析

1. 退水量预测

经分析计算,现状水平年 2021 年黄河故道片区内工业污水量排放系数和生活污水量排放系数分别约为 0.62、0.81,参考现状农业灌溉退水相关资料,农田退水系数约为 0.15~0.2,因此,取规划水平年黄河故道片区的工业污水量排放系数和生活污水量排放系数分别为 0.6、0.8 对退水量进行预测,农田退水系数取 0.2 测算,2025 年、2030 年和 2035 年黄河故道片区退水量预测结果见表8.1-9、表 8.1-10 和表 8.1-11。2025 年综合生活和工业退水量为 12 226.58

万 m³,农业退水量在 50% 和 90% 保证率下分别为 6 931.73 万 m³ 和 8 906.17 万 m³;2030 年综合生活和工业退水量为 15 256.57 万 m³,农业退水量在 50% 和 90% 保证率下分别为 7 322.83 万 m³ 和 9 440.30 万 m³;2035 年综合生活和工业退水量为 18 643.65 万 m³,农业退水量在 50% 和 90% 保证率下分别为7 067.51 万 m³ 和 9 109.50 万 m³。

表 8.1-9　黄河故道片区近期规划水平年(2025 年)退水量　　单位:万 m³

范围	综合生活退水量	工业退水量	小计	农业退水量		总计	
				50%	90%	50%	90%
皂河灌区	1 978.38	342.49	2 320.87	1 475.72	1 884.58	3 796.59	4 205.45
船行灌区	1 470.69	284.04	1 754.74	1 861.00	2 441.34	3 615.73	4 196.07
运南灌区(宿城区)	1 141.22	502.65	1 643.86	1 081.44	1 324.03	2 725.30	2 967.89
灌区未覆盖街道(宿城区)	1 770.51	103.52	1 874.03	89.24	117.62	1 963.27	1 991.65
宿迁市区片合计	6 360.80	1 232.70	7 593.50	4 507.39	5 767.56	12 100.89	13 361.06
运南灌区(泗阳县)	1 713.02	135.08	1 848.09	1 741.72	2 246.12	3 589.81	4 094.21
灌区未覆盖街道(泗阳县)	2 064.31	720.68	2 784.99	682.62	892.49	3 467.61	3 677.48
泗阳县城片合计	3 777.32	855.76	4 633.08	2 424.34	3 138.61	7 057.42	7 771.69
黄河故道片区总计	10 138.12	2 088.46	12 226.58	6 931.73	8 906.17	19 158.31	21 132.75

表 8.1-10　黄河故道片区中期规划水平年(2030 年)退水量　　单位:万 m³

范围	综合生活退水量	工业退水量	小计	农业退水量		总计	
				50%	90%	50%	90%
皂河灌区	2 393.14	519.02	2 912.16	1 607.56	2 046.58	4 519.72	4 958.74
船行灌区	1 841.84	430.60	2 272.44	1 959.37	2 575.19	4 231.81	4 847.63
运南灌区(宿城区)	1 304.15	770.45	2 074.61	1 053.77	1 296.56	3 128.37	3 371.17
灌区未覆盖街道(宿城区)	2 075.76	129.34	2 205.10	112.10	149.28	2 317.20	2 354.38
宿迁市区片合计	7 614.90	1 849.41	9 464.31	4 732.80	6 067.61	14 197.11	15 531.92
运南灌区(泗阳县)	2 215.34	185.89	2 401.23	1 880.43	2 448.76	4 281.66	4 849.99

范围	综合生活退水量	工业退水量	小计	农业退水量		总计	
				50%	90%	50%	90%
灌区未覆盖街道（泗阳县）	2 416.05	971.39	3 387.43	709.60	923.92	4 097.03	4 311.35
泗阳县城片合计	4 631.38	1 157.28	5 788.66	2 590.03	3 372.68	8 378.69	9 161.35
黄河故道片区总计	12 248.28	3 008.29	15 256.57	7 322.83	9 440.30	22 575.80	24 693.27

表 8.1-11　黄河故道片区远期规划水平年（2035 年）退水量　　单位：万 m³

范围	综合生活退水量	工业退水量	小计	农业退水量		总计	
				50%	90%	50%	90%
皂河灌区	2 851.10	690.02	3 541.12	1 553.24	2 027.15	5 094.37	5 568.27
船行灌区	2 303.11	572.38	2 875.49	1 853.35	2 474.04	4 728.85	5 349.54
运南灌区（宿城区）	1 484.10	1 033.72	2 517.82	1 003.78	1 228.52	3 521.61	3 746.35
灌区未覆盖街道（宿城区）	2 537.87	173.66	2 711.53	95.95	129.83	2 807.48	2 841.37
宿迁市区片合计	9 176.19	2 469.78	11 645.97	4 506.32	5 859.55	16 152.30	17 505.53
运南灌区（泗阳县）	2 845.09	221.04	3 066.12	1 880.67	2 354.82	4 946.79	5 420.94
灌区未覆盖街道（泗阳县）	2 788.24	1 143.32	3 931.56	680.52	895.13	4 612.08	4 828.29
泗阳县城片合计	5 633.33	1 364.35	6 997.68	2 561.18	3 249.95	9 558.86	10 247.63
黄河故道片区总计	14 809.52	3 834.14	18 643.65	7 067.51	9 109.50	25 711.16	27 753.15

2. 退水方案

1）综合生活和工业退水方案及可行性

（1）综合生活和工业退水方案

规划水平年黄河故道片区内生产废水、生活污水均接入各片区内污水处理厂处理。根据《宿迁市水资源综合规划》《宿迁市中心城市非常规水源利用规划》和实际调研情况，黄河故道片区污水处理厂概况见表 8.1-12，共有 24 座污水处理厂，其中宿迁市区片 16 座，泗阳县城片 8 座。黄河故道片区预计 2025 年污水处理厂总规模为 54.91 t/d，退水总量约 33.50 t/d，占比 61.0%；2030 年污水处理厂总规模为 65.7 t/d，退水总量约 41.79 t/d，占比 63.6%；2035 年污水处理规模为 77.45 t/d，退水总量约 51.08 t/d，占比 66.0%。分片区看，运南灌区（宿城区)在 2025 年污水处理能力不足,但其在 2030 年有扩建计划,建议相关部门提前启动污水处理厂相应的扩建计划以增加污水处理规模。另外,运南灌区(泗阳县)片区在 2025 年、2030 年和 2035 年污水处理能力不足,建议相关部门进行污水处理厂的新建和改建,以满足污水处理要求,其余片区均可以满足污废水退水需求。具体的综合生活和工业退水方案见表 8.1-13。同时,黄河故道片区废水水质简单,均可以接管处理,且各污水处理厂处理工艺可以满足黄河故道片区废水处理排放要求。

(2) 主要污染物

主要考虑综合生活和工业退水中的 COD 和氨氮两种污染物,黄河故道片区污水处理厂出水水质排放标准均为《城镇污水处理厂污染物排放标准》(GB 18918—2002)表 1 中一级 A 标准,主要污染物排放标准为 COD 50 mg/L,氨氮 5 mg/L。另外,黄河故道片区内有部分尾水导流工程污水处理厂,包括耿车污水处理厂、城南污水处理厂、河西污水处理厂和苏宿工业园区污水处理厂,规划设计导流量分别为 1.5 万 t/d、3 万 t/d、8.5 万 t/d 和 5 万 t/d,2022 年全年总导流量分别为 0 万 t、476.8 万 t、805.3 万 t 和 507.5 万 t,黄河故道片区综合生活和工业废污水处理后的污染物排放总量见表 8.1-14(计算时已扣除截污导流工程的污水量和再生水利用量)。2025 年 COD 排放总量为 3 303.42 t,氨氮排放总量为 330.34 t;2030 年 COD 排放总量为 4 006.49 t,氨氮排放总量为 400.65 t;2035 年 COD 排放总量为 4707.14 t,氨氮排放总量为 470.71 t。

2) 再生水利用及可行性

黄河故道片区河道外生态环境用水和部分工业企业用水以及河道内生态补水拟利用再生水,再生水利用情况见表 8.1-15,各片区规划水平年的再生水利用量均在再生水利用能力范围内,能满足需求。同时,河道外生态环境用水使用部分雨水,再生水利用率见表 8.1-16,2025 年、2030 年和 2035 年黄河故道片区总体再生水利用率分别达到 28%、30% 和 32%。其中,2025 年、2030 年和 2035 年宿迁市区片的再生水利用率分别达到 29%、31% 和 34%;2025 年、2030 年和 2035 年泗阳县城片的再生水利用率略低于宿迁市区片,分别达到 26%、27% 和 29%。但是,针对黄河故道片区规划水平年的河道外再生水利用,部分污水处理厂到片区间暂未铺设再生水利用管道,为了保证片区再生水利用的实际可行性,建议相关部门在污水处理厂和片区间进行再生水利用管道的规划和铺设。

表 8.1-12　黄河故道片区接管污水处理厂概况

范围	名称	污水处理工艺	污水处理规模/(万 t/d)				出水水质	尾水去向
			2021 年	2025 年	2030 年	2035 年		
皂河灌区	苏宿工业园区污水处理厂		5	5	5	10		西民便河
	皂河污水处理厂	粗/细格栅+曝气沉砂池+二沉池+砂滤罐+接触消毒池	0.12	0.12	0.2	0.2		西沙河
	黄墩污水处理厂		0.1	0.1	0.15	0.15		西沙河
	王官集污水处理厂		0.08	0.15	0.15	0.15		西沙河
	蔡集污水处理厂	格栅+曝气沉砂池+二沉池+砂滤罐+接触消毒池+人工湿地	0.08	0.08	0.45	0.45		西民便河
	耿车污水厂	粗/细格栅+曝气沉砂池+二沉池+砂滤罐+接触消毒池	2.5	2.5	3	3		西民便河
	宿迁经开区河西污水处理厂	沉砂池+调节池+改良 A^2/O 生物处理+平流沉淀池+滤布滤池	10	10	10	15		西民便河
船行灌区	埠子污水厂	格栅+曝气沉砂池+二沉池+砂滤罐+接触消毒池+人工湿地	0.45	0.5	0.5	0.5		经太平沟排二支沟
	罗圩污水处理厂		0.05	0.05	0.1	0.1		西沙河
	龙河污水处理厂		0.3	0.3	0.3	0.3		西沙河
	南蔡乡污水处理厂	细格栅及旋流沉砂池+调节池+改良 A^2/O 生物处理+平流沉淀池+滤布滤池+次氯酸钠与紫外线消毒工艺	0.06	0.06	0.1	0.1		西民便河
	洋北污水处理厂		1.5	3	3	3		西民便河
	陈集污水处理厂		0.25	0.25	0.25	0.5		鲍河

续表

范围	名称	污水处理工艺	污水处理规模/(万 t/d)				出水水质	尾水去向
			2021 年	2025 年	2030 年	2035 年		
运南灌区（宿城区）	洋河污水处理厂	曝气沉砂＋AAO 活性污泥法＋纤维转盘滤池＋紫外消毒	4	4	9	9	《城镇污水处理厂污染物排放标准》（GB 18918—2002）一级 A 标准	古山河
灌区未覆盖街道（宿城区）	城北污水处理厂		1.5	1.5	1.5	3		西民便河
	江苏润生水处理产业有限公司		5	5	5	5		西民便河
运南灌区（泗阳县）	临河污水处理厂	预处理＋生物转盘＋高效滤布滤池＋生态湿地	0.2	0.2	0.2	0.2		小店大沟
	卢集污水处理厂		0.3	0.3	0.5	0.5		潘集干渠
	高渡污水处理厂		0.1	0.1	0.1	0.1		颜勒河
	城厢污水处理厂		0.25	0.5	0.5	0.5		小扫引水河
	李口污水处理厂		0.2	0.2	0.2	0.2		范大沟
	新袁污水处理厂		0.3	0.5	0.5	0.5		弯腰河
灌区未覆盖街道（泗阳县）	泗阳城东污水处理厂	预处理＋生物转盘＋高效滤布滤池＋生态湿地	6	10	10	10		淮泗河
	泗阳城北污水处理厂		7.5	10.5	15	15		六塘河

表 8.1-13　综合生活和工业退水方案

单位:万 t/d

范围	2025 年			2030 年			2035 年		
	退水总量	污水总处理能力	是否具有可行性	退水总量	污水总处理能力	是否具有可行性	退水总量	污水总处理能力	是否具有可行性
皂河灌区	6.36	7.95	是	7.98	8.95	是	9.70	13.95	是
船行灌区	4.81	14.16	是	8.23	14.25	是	7.88	19.5	是
运南灌区（宿城区）	4.50	4	否	5.68	9	是	6.90	9	是
灌区未覆盖街道（宿城区）	5.13	6.5	是	6.04	6.5	是	7.43	8	是
运南灌区（泗阳县）	5.06	1.8	否	6.58	2	否	8.40	2	否
灌区未覆盖街道（泗阳县）	7.63	20.5	是	9.28	25	是	10.77	25	是
黄河故道片区总计	33.50	54.91	是	41.79	65.7	是	51.08	77.45	是

表 8.1-14　综合生活和工业废污水处理后主要污染物排放量

范围	2025 年			2030 年			2035 年		
	污水排放量/万 m³	COD/t	氨氮/t	污水排放量/万 m³	COD/t	氨氮/t	污水排放量/万 m³	COD/t	氨氮/t
皂河灌区	859.20	429.60	42.96	1 061.63	530.81	53.08	1 205.81	602.90	60.29
船行灌区	414.30	207.15	20.72	537.25	268.63	26.86	862.49	431.24	43.12
运南灌区（宿城区）	1 103.68	551.84	55.18	1 384.76	692.38	69.24	1 510.42	755.21	75.52
灌区未覆盖街道（宿城区）	790.14	395.07	39.51	802.88	401.44	40.14	849.02	424.51	42.45
运南灌区（泗阳县）	1 548.78	774.39	77.44	1 981.48	990.74	99.07	2 573.37	1 288.29	128.67
灌区未覆盖街道（泗阳县）	1 890.72	945.36	94.54	2 244.98	1 122.49	112.25	2 413.16	1 206.58	120.66
黄河故道片区总计	6 606.83	3 303.42	330.34	8 012.98	4 006.49	400.65	9 414.28	4 707.14	470.71

注:污水排放量不含截污导流工程的污水量和再生水利用量。

表 8.1-15　再生水利用方案　　　　　　　　　　　　　　单位:万 t/d

范围	污水处理厂名称	2025 年		2030 年		2035 年	
		利用能力	利用量	利用能力	利用量	利用能力	利用量
皂河灌区	耿车污水处理厂	1	2.27	2	2.95	2	3.83
	苏宿工业园区污水处理厂	1.6		3		3	
	小计	2.6		5		5	
船行灌区	洋北街道污水处理厂	1	0.92	1.5	1.39	1.5	1.44
运南灌区(宿城区)	洋河污水处理厂	4.0	1.48	4.0	1.89	6.0	2.76
灌区未覆盖街道(宿城区)	城北污水处理厂	1.5	1.34	4.0	1.85	4.0	2.69
宿迁市区片合计		9.1	6.01	14.5	8.08	16.5	10.72
运南灌区(泗阳县)	临河污水处理厂	0.2	0.82	0.2	1.15	0.2	1.35
	卢集污水处理厂	0.1		0.3		0.5	
	李口污水处理厂	0.2		0.2		0.2	
	新袁污水处理厂	0.5		0.5		0.5	
	小计	1		1.2		1.4	
灌区未覆盖街道(泗阳县)	城东污水处理厂	1.2	2.45	1.8	3.13	2.1	4.16
	城北污水处理厂	2.1		4.5		5.25	
	小计	3.3		6.3		7.35	
泗阳县城片合计		4.3	3.27	7.5	4.28	8.75	5.51
黄河故道片区总计		13.4	9.28	22.0	12.36	25.25	16.23

表 8.1-16　黄河故道片区再生水利用率　　　　　　　　　单位:%

范围	2025 年	2030 年	2035 年
皂河灌区	36	37	39
船行灌区	19	22	18
运南灌区(宿城区)	33	33	40
灌区未覆盖街道(宿城区)	26	31	36
宿迁市区片	29	31	34
运南灌区(泗阳县)	16	17	16
灌区未覆盖街道(泗阳县)	32	34	39
泗阳县城片	26	27	29
黄河故道片区	28	30	32

3) 农业退水方案及可行性

(1) 农业退水方案

根据前文退水量预测,2025 年黄河故道片区农业退水量在 50% 和 90% 保证率下分别为 6 931.73 万 m³ 和 8 906.17 万 m³;2030 年黄河故道片区农业退水量在 50% 和 90% 保证率下分别为 7 322.83 万 m³ 和 9 440.30 万 m³;2035 年黄河故道片区农业退水量在 50% 和 90% 保证率下分别为 7 067.51 万 m³ 和 9 109.50 万 m³。农田废水进入沟塘后,通过地表径流进入西沙河、西便民河等等。

(2) 农业面源污染

黄河故道片区内种植业夏季以水稻种植为主,冬季种植小麦。根据实地调研统计,该地区化肥主要以尿素和各种复合肥为主。灌区农田多采用沟塘等灌溉,农田废水进入沟塘后,通过地表径流进入西沙河、西便民河,成为水体氮磷的主要来源。根据《农业源产排污核算方法和系数手册》,结合黄河故道片区调研实际,确定污染源入河系数 COD 为 8.8 kg/(亩·a),氨氮为 1.8 kg/(亩·a);农田入河系数取 0.2,修正系数取 1.05。

黄河故道片区农业污染物排放量计算式为:

$$W_{农p} = M \times \alpha_3$$

式中:$W_{农p}$ 为农田污染物排放量;M 为耕地面积;α_3 为农田排污系数。

黄河故道片区农业污染物入河量计算式为:

$$W_{农} = W_{农p} \times \beta_4 \times \gamma_1$$

式中:$W_{农}$ 为农田污染物入河量;$W_{农p}$ 为农田污染物排放量;β_4 为农田入河系数;γ_1 为修正系数。

计算得出黄河故道片区农田污染物排放量见表 8.1-17,黄河故道片区农田污染物入河量见表 8.1-18。黄河故道片区 2025 年 COD 和氨氮排放量分别为 12 823.36 t 和 2 622.96 t,2030 年 COD 和氨氮排放量分别为 13 794.00 t 和 2 821.50 t,2035 年 COD 和氨氮排放量分别为 14 113.44 t 和 2 886.84 t;2025 年 COD 和氨氮入河量分别为 2 692.91 t 和 550.82 t,2030 年 COD 和氨氮入河量分别为 2 896.74 t 和 592.52 t,2035 年 COD 和氨氮入河量分别为 2 963.82 t 和 608.24 t。

表 8.1-17　黄河故道片区规划水平年农田污染物排放量表

范围	耕地面积/万亩			排放系数/[kg/(亩·a)]		农田污染物排放量/t					
	2025 年	2030 年	2035 年	COD	氨氮	2025 年		2030 年		2035 年	
						COD	氨氮	COD	氨氮	COD	氨氮
皂河灌区	29.48	32.42	33.8	8.8	1.8	2 594.24	530.64	2 852.96	583.56	2 974.40	608.40
船行灌区	43.71	47.02	47.63	8.8	1.8	3 846.48	786.78	4 137.76	846.36	4 191.44	857.34
运南灌区（宿城区）	17.97	18.34	18.45	8.8	1.8	1 581.36	323.46	1 613.92	330.12	1 623.60	332.10
灌区未覆盖街道（宿城区）	2.1	2.7	2.65	8.8	1.8	184.80	37.80	237.60	48.60	233.20	47.70
运南灌区（泗阳县）	36.9	40.46	42	8.8	1.8	3 247.20	664.20	3 560.48	728.28	3 696.00	756.00
灌区未覆盖街道（宿城区）	15.56	15.81	15.85	8.8	1.8	1 369.28	280.08	1 391.28	284.58	1 394.80	285.30
黄河故道片区总计	145.72	156.75	160.38	8.8	1.8	12 823.36	2 622.96	13 794.00	2 821.50	14 113.44	2 886.84

表 8.1-18　黄河故道片区规划水平年农田污染物入河量表

范围	农田入河系数	修正系数	农田污染物入河量/t					
			2025 年		2030 年		2035 年	
			COD	氨氮	COD	氨氮	COD	氨氮
皂河灌区	0.2	1.05	544.79	111.43	599.12	122.55	624.62	127.76
船行灌区	0.2	1.05	807.76	165.22	868.93	177.74	880.20	180.04
运南灌区（宿城区）	0.2	1.05	332.09	67.93	338.92	69.33	340.96	69.74
灌区未覆盖街道（宿城区）	0.2	1.05	38.81	7.94	49.90	10.21	48.97	10.02
运南灌区（泗阳县）	0.2	1.05	681.91	139.48	747.70	152.94	776.16	158.76
灌区未覆盖街道（宿城区）	0.2	1.05	287.55	58.82	292.17	59.76	292.91	59.91
黄河故道片区总计	0.2	1.05	2 692.91	550.82	2 896.74	592.52	2 963.82	608.24

3. 对水功能区的影响

（1）纳污能力分析

根据《省水利厅、省发展和改革委关于水功能区纳污能力和限制排污总量的意见》（苏水资〔2014〕26 号）和《省生态环境厅 省水利厅关于印发〈江苏省地表水（环境）功能区划（2021—2030 年）〉的通知》（苏环办〔2022〕82 号），黄河故道片区退水共涉及 13 个水功能区，规划水平年的纳污能力为 COD 5 801 t/a，氨氮 347 万 t/a。黄河故道片区规划退水涉及的水功能区纳污能力如表 8.1-19 所示。

表 8.1-19　退水受纳水功能区纳污能力表　　　　　　单位：t/a

序号	名称	纳污能力	
		COD	氨氮
1	邳洪河湖滨新区过渡区	202	12
2	黄河故道宿城景观、农业用水区	782	47
3	黄河故道泗阳农业用水区	1 463	87
4	西民便河宿迁农业用水区	969	58
5	＊小闫河湖滨新区农业用水区	118	7
6	西沙河宿城农业用水区	898	54

续表

序号	名称	纳污能力	
		COD	氨氮
7	*黄墩小河湖滨新区农业用水区	142	8
8	*皂河干渠宿城区、湖滨新区农业用水区	296	18
9	成子河泗阳农业用水区	226	13
10	古山河宿城农业用水区	131	8
11	五河宿城区、洋河新区农业用水区	50	3
12	高松河泗阳农业用水区	411	25
13	黄码河泗阳农业用水区	114	7
	总计	5 801	347

注:其中带有 * 号的三个水功能区是 2022 年新增的,表中相关数据为估算值。

（2）水功能区达标分析

黄河故道片区污染物入河总量为综合生活和工业污染物入河量(计算时综合生活和工业污水排放量不包括再生水利用量和截污导流工程的污水量),具体如表 8.1-20 所示。农业污染物均排入黄河故道片区内部相应河道。黄河故道片区范围排入受纳水功能区的污染物 COD 入河总量 2035 年前不会超出纳污能力的要求,氨氮入河总量在 2030 年超出纳污能力的要求。2025 年 COD 入河总量达到纳污能力的 56.95%,氨氮入河总量达到纳污能力的 95.20%;2030 年 COD 入河总量达到纳污能力的 69.07%,氨氮入河总量达到纳污能力的 115.46%;2035 年 COD 入河总量达到纳污能力的 81.14%,氨氮入河总量达到纳污能力的 135.65%。未来可以通过黄河故道片区内污水处理厂提标改造、提高再生水利用率和加大河道内生态补水循环等措施,减少污染物入河量,改善黄河故道片区内部分河道水质,预计未来黄河故道片区受纳水功能区污染物入河总量不会超过纳污能力。

表 8.1-20　受纳水功能区污染物入河总量与纳污能力对比表

水平年	污染因子	入河量/t	涉及水功能区 纳污能力/t	入河总量/ 纳污能力/%
		综合生活和工业		
2025 年	COD	3 303.42	5 801	56.95
	氨氮	330.34	347	95.20
2030 年	COD	4 006.49	5 801	69.07
	氨氮	400.65	347	115.46

水平年	污染因子	入河量/t	涉及水功能区 纳污能力/t	入河总量/ 纳污能力/%
		综合生活和工业		
2035 年	COD	4 707.14	5 801	81.14
	氨氮	470.71	347	135.65

（3）水功能区纳污监管对策措施

黄河故道片区内农业灌溉退水给灌区沟渠和河湖本身带来了一定的农业退水污染。灌区管理站和有关部门应加强政策和法律法规的宣传，倡导生态种植。加强对农民生态种植技术的宣传和教育工作，针对集约化程度较高的农田，可根据作物高产养分需求规律及土壤供肥特征等进行肥料优化管理，采用新型缓控释肥或新的按需施肥技术，提高肥料利用率，减少化肥用量；也可通过种植制度等的调整如改稻麦轮作为稻-绿肥轮作、稻-蚕豆轮作或稻-休闲来减少化肥投入量；也可通过施用肥料增效剂、土壤改良剂等增加土壤对养分的固持，从而从源头上减少养分流失。从经济上和思想上，引导农民开展绿色种植。通过无害化种植的方式，削减污染物排放量。

8.1.6 水资源节约保护和管理措施

8.1.6.1 水资源节约措施

大力推进农业节水、工业节水、生活节水，加快推进节水型社会建设，以点带面，全面提高黄河故道片区水资源利用效率与效益。

1. 规范节水管理

在黄河故道片区推广普及节水新技术，鼓励发展节水型产业，构建节水的管理、运行、投入体系，针对取用水许可、计划用水和节约用水、水资源高效利用、水资源费征收、中水设施建设、非常规水源利用等方面，对黄河故道片区内的节水工作进行有效管理。

进入黄河故道片区的各企业单位要编制节水措施方案、开展节水评估，在建设过程中要落实节水设施"三同时"（节水设施必须与主体工程同时设计、同时施工、同时投入运行）、"四到位"（用水计划到位、节水目标到位、节水措施到位、管水制度到位）制度，强化用水计划考核制度、节水统计制度等节水管理制度的执行力度。

2. 优化用水结构

以黄河故道片区水资源配置格局为基础，以与区域水资源承载能力相协调为原则,优化产业布局与合理调整用水结构,提高各行业的水资源利用效率。一是优化空间布局。应充分考虑水资源、水环境承载能力,合理确定发展布局、结构和规模。鼓励发展低耗水产业以及生态保护型旅游业,严格控制高耗水、高污染行业发展。二是提高环境准入。根据水质目标和主体功能区规划要求,明确黄河故道片区环境准入条件,细化功能分区,实施差别化环境准入政策;建立水资源、水环境承载能力监测评价体系,实行承载能力监测预警。三是调整产业结构。依法淘汰落后产能,要依据部分工业行业淘汰落后生产工艺装备和产品指导目录、产业结构调整指导目录及相关行业污染物排放标准,结合水质改善要求及产业发展情况,制定并实施分年度的落后产能淘汰方案,推动污染企业退出,黄河故道片区内现有污染较重的企业应限期升级改造。

3. 鼓励非常规水源开发利用

根据再生水水源、潜在用户地理分布、水质水量要求和输配水方式,合理确定污水再生利用的规模、用水途径、布局和建设方式。根据统一规划、分期实施、优水优用、分质供水、注重实效、就近利用等原则,建设污水深度处理再生利用系统。提高污水处理再生利用技术,建立与黄河故道片区水系统相协调的城市再生水利用管网系统和集中处理厂。优化供水结构,推进再生水的综合利用。

4. 发展循环经济

结合黄河故道片区建设布局,对四大工业园区进行整合和优化,促进黄河故道片区工业园区的生态建设。在工业园区原规划基础上,扩充循环经济、清洁生产等内容,制定周密规划,按照循环经济模式研究制定企业进驻工业园区的标准和鼓励政策,实现从末端治理为主向全过程管理为主的转变,发展园内厂际串联用水、一水多用、循环用水、污水资源化,努力实现工业园区废污水零排放,把黄河故道片区内工业园区建设成各具特色的生态工业园区。

5. 强化工业节水

工业节水兼有节水和减排的双重任务,应以取水量大及水污染严重的行业为重点,大力促进产业结构调整,加大技术改造力度,强化工业节水减排管理。强化工业企业用水定额管理,通过取水许可审批、用水计划管理等措施及严格控制用水和排污许可量等方式,逐步建立和实施工业项目用水、节水、减排评估和审核制度。根据国家鼓励和淘汰的用水技术、工艺、产品和设备目录,完善高耗水行业取用水定额标准。从企业的取水、排水两端实行严格控制,规范企业用水统计报表,督促企业加强自身的用水管理。企业中的用水大户、污染大户按照国家有关标准配备符合要求的用水、排水计量器具,全面开展水平衡测试和查漏维修维护工作,主要用水车间和主要用水设备的计量器具装配率达到100%。到规划水平年,黄河故道片区内重点耗水行业单位用水指标应达到国内先进水平。

推广先进节水减排技术和工艺,新建、改建、扩建工业项目要按照高标准节水减排要求建设,对取水许可有效期满要延续的用水户,要按新的节水要求重新核定其取用水量,现有的企业要结合技术改造对用水系统进行改造,淘汰落后的用水设施。采取"推广""限制""淘汰""禁止"等措施,引导节水减排技术和工艺的发展,努力提高工业用水重复利用率。扶持一批节水减排示范企业,对高污染企业实行严格的用水定额管理,创建节水型企业、近零排放企业。

6. 加强农业节水

黄河故道片区目前灌溉水综合利用系数为 0.606,农业节水有一定潜力。依托黄河故道片区资源条件和市场需求,因地制宜地发展具有明显优势的农产品,推进农业产业升级;积极推广优质的高效节水新品种、新技术、新机械,以科技创新促进农业增产增效;优化农业产业布局和调整种植结构,推广不同类型的生态农业建设模式;发展以产业化、集约化、生态化为特点的都市型农业,提高农业综合生产能力。

加快灌区配套和节水改造,发展田间高效节水灌溉工程,加强取用水的计量,重点解决水源脆弱、输水漏损严重和田间用水效率低的问题。应从实际出发,采取不同的模式,进行泵站改造、灌排渠系建筑物与田间节水工程的配套改造;结合高标准农田建设,推广灌溉暗渠、明渠衬砌,采取轮灌等方法,以适应农业现代化的需要;推行节水灌溉制度,改善土壤结构,增加土壤蓄水能力;重视耕作保墒、覆盖保墒、节水作物品种筛选、化学制剂保水,提高土壤保墒能力;减轻水土流失,推广少耕、免耕为主的保护性耕作技术;在相对集中连片的蔬菜、水果、花卉种植区,发展低压管道、喷灌、滴灌等高效节水灌溉农业和生态农业,控制农业灌溉用水需求的增长。在相对集中连片、农业生产条件和作物种植结构具有代表性、配套资金落实、灌溉水源有保证的地区建设节水增效示范区。通过整合资源,结合农业科技示范园区建设,加快优质水稻高产示范区、农业产业化示范园区、苗木示范园区等一批农业科技示范园区建设。到2030年,黄河故道片区境内成规模的灌区节水改造任务基本完成。

7. 推进城镇生活节水

黄河故道片区城镇生活用水量占黄河故道片区总用水的30%。随着城市化迅猛发展,需水量和占用水比重将逐渐增加。因此,需要强化节约和保护意识,加快城市供水管网改造;强化城镇用水管理,合理利用多种水源,全面提升城镇节水水平。

结合黄河故道片区建设,加快城区管网改造和管网建设,配套建设完善城市自来水管网系统；加强计量管理，完善供水计量设施，加强仪表的检查和更新，严防私接用水和偷盗水行为；推广先进的检漏技术，提高检测手段，完善管网检漏制度，合理确定管网检漏周期，及时进行堵漏抢修。到 2025 年，黄河故道片区供水管网漏损率控制在 10% 以内，2030 年控制在 8% 以内。

积极组织开展节水器具和节水产品的推广和普及工作，禁止生产、销售不符合节水标准的产品、设备；公共建筑必须采用节水器具，限期淘汰公共建筑中不符合节水标准的水嘴、便器水箱等生活用水器具；鼓励居民家庭选用节水器具，引导居民尽快淘汰现有住宅中不符合节水标准的生活用水器具。

开展节水型示范建设工作。以宾馆饭店、机关、医院、科研单位为重点，创建"节水型单位"。在重点用水行业开展"节水型企业"创建活动，树立一批行业内有代表性、产品结构合理、用水管理基础较好、用水指标达到行业领先水平的节水标杆企业典范。组织居民代表，利用宣传栏、节水讲座、宣传横幅等宣传节水知识等，创建一批"节水型社区"。选择条件较好的学校作为"节水型校区"创建单位。通过宣传、咨询等活动提高居民节水意识，使家家户户都来争做"节水型家庭"。

8. 考核用水效率

依托宿豫区、宿城区、泗阳县水资源管理，建立完善的用水效率控制制度，制定涵盖区域、行业和用水产品的用水效率指标体系，建立万元国内生产总值水耗指标、重点耗水行业用水指标等用水效率评估考核体系，把节水目标任务完成情况纳入地方政府政绩考核。从用水定额、计划管理、项目准入、市场调节及节水基础管理等方面加强用水管理，提高用水效率。建立健全的水资源管理责任和考核管理制度，建立节水激励机制，把节水任务具体化并分解至不同部门，确保年度节水指标的完成；对率先完成节水任务的单位和个人给予嘉奖，激发节水的积极性。

8.1.6.2　水资源保护措施

始终坚持"空间均衡"的治水原则，注重维护河湖水系连通性，控制开发强度，统筹上下游、左右岸、地上地下、城市乡村，实现生产空间集约高效、生活空间宜居适度、生态空间湖美水秀。始终坚持"系统治理"的思想，要立足山水林田湖生命共同体，统筹自然生态各要素。在黄河故道片区把治水、治林、治田、治湖有机结合起来，从修复生态、减少污染物入河量入手，强化河湖生态空间打造，提升水资源调蓄能力、水环境自净能力和水生态修复能力，调整空间结构，协调解决水资源、水环境、水生态、水灾害问题。

1. 加强饮用水源区保护

严格执行饮用水水源保护区管理制度,对新区内的集中式饮用水源区强化管理,开展集中式饮用水源保护区挂牌管理和实施封闭保护措施,加大饮用水源地巡查力度,定期开展水源地水质监测和评估,强化集中式饮用水水源地保护区内的环境隐患排查,落实饮用水水源区管理责任制。建立重大水污染事件应急预案和应急响应工作机制,构建饮用水水源应急监管体系等措施,保障饮用水安全。

2. 保护重要生态区域

按照《全国生态功能区划》中规定的生态环境敏感区和《全国生态脆弱区保护规划纲要》中规定的生态脆弱区,科学划定生态敏感脆弱区红线。提出红线管控策略,给出产业布局的生态安全距离,制定红线区生态环境管理措施。

加强对重要生态保护区、水源涵养区、湿地的保护与修复,综合运用生态驳岸建设、湿生群落恢复等生态措施,改善水生态环境,提高水生生物多样性。采取河湖堆积物清除及河道底泥清淤、沟渠扩宽、河岸滩地生态缓冲带建设、支流入河口湿地建设等措施。采取控源截污措施拦截陆域污染物,通过排污口整治、生态浮岛、河滩地自然恢复或人工种植水生植物等措施涵养水源、削减入河污染物、净化水体。

3. 地下水保护与水土保持

对地下水要实行取用水总量和水位双控制,对地表水供水管网覆盖区内的自备井要封闭。加强地下水动态监测,对高于限采水位的区域,按照规划实行科学有序开采;对已经接近或者达到限采水位的区域,严格控制新凿井和地下水开采量;对已经低于禁采水位的区域,禁止新凿井。

4. 加强废污水处理

对黄河故道片区内的重点污染企业进行摸排,制定专项治理方案。加快城镇污水处理设施建设与改造,全面加强配套管网建设。控制农业面源污染,制定各行业排污标准,实行排污总量控制制度,根据水体纳污能力确定和分配排污量以及设置排污口。建立排污许可制度,试点发放排污许可证。完善污水收集处理系统,推进污水处理厂增容和雨污分流系统改造,强化清洁生产审核,加强工业污染源控制,提高城市污水处理率,改善水环境质量。

5. 控制农业面源污染

推广节肥、精准施肥、节药种植新技术,减少化肥、农药使用量。开展农作物病虫害绿色防控和统防统治,促进蔬菜、水果等生产区和农田生产区使用高效、低毒、低残留化学农药和生物农药,控制回归水中污染物入河量;利用生态工程措施控制非点源污染,在农田与水体之间建立合理的草地或林地过滤带,利用不同的农作物对营养元素吸收的互补性,采取合理的间作套种;防治水产养殖和饲养场污染,严格控制规模化禽畜养殖业布局,科学划定畜禽养殖禁养区,依法关闭或搬迁禁养区内的畜禽养殖场和养殖专业户,禁止在水源保护区和城镇居民区内进行规模化畜禽养殖,对非禁养区内经营规模禽畜养殖业的实行限期治理。

6. 保障河道内生态需水

要充分依托黄河故道片区江河湖库连通水系,充分利用洪水资源,综合运用引水工程、调蓄工程和水源工程等各类工程,通过调水引流、闸坝生态调度等措施进行生态补水,满足排水渠系沟道、人工河道等河流生态流量和湖泊生态水位,确保河流、湖泊生态用水安全。

在汛期,充分利用雨洪资源,保持河流主槽流与分支河汊、池塘和湿地连通,恢复河床垂向渗透性,保持地表水与地下水连通,实现以丰补歉的水资源利用策略,确保河流生态用水安全。在非汛期,保障河流最小生态用水安全,必要时采用生态调水或补水措施保障河流生态用水安全。

7. 加强监测和应急能力

开展水功能区水质、水量动态监测,加强水功能区监管能力建设,建立水功能区限制纳污制度;严格入河湖排污口监督管理,加强入河排污口监测,严格控制入河湖排污总量;优化调整地下水动态监测网。建立和完善应对突发性水污染事故的供水应急处理技术体系和应急处理系统,提高城市应急供水能力,确保应急状态时的城市供水安全。实行风险管理,建立健全环境风险管理机制体系。制定涉水事故所造成的公共危机预案与应急预案,建设综合性的应对水危机的决策、指挥系统,成立专业化与社会化相结合的应急抢险救援队伍,健全应急抢险物资储备体系,完善水危机处理技术支撑体系,以增强危机管控能力,提高危机判断和处理能力。

8.1.6.3　水资源管理措施

贯彻"节水优先、两手发力"的治水思路,在全面落实最严格水资源管理制度基础上,不断探索水管理体制和机制的创新,提高水资源管理和治水能力,建立严格的监督考核机制,强化责任落实,把最严格水资源管理制度的落实纳入各级政府的考核体系,推动黄河故道片区生态文明建设进程,保障经济社会的可持续发展。

1. 健全水资源管理体制

建议黄河故道片区实行取供用耗排、处理、回用、节约及保护的水资源开发利用全过程的一体化管理体制。加强水资源管理、监测,完善日常调度和风险调度预案、应急管理制度等,执行最严格水资源三条红线管理制度。监督各行政区域入河污染物排放,确保入河排污不超过纳污能力或限排指标。

2. 建立管理考核体系

结合节水型社会建设与实行最严格水资源管理制度,制定严格落实水资源总量控制、水资源利用效率控制的具体要求,建立水资源管理目标考核体系与考核办法。将水资源开发利用、用水效率等控制指标体系纳入地方经济社会发展综合评价体系,明确政府、管理部门、主要负责人、用水单位等各级责任,制订黄河故道片区水资源管理责任考核办法,严格执法监督与责任追究,提高水资源管理的执行力。

3. 建立监控管理体系

加强取退水计量和监测设施的建设,建立易操作的水资源监控管理体系,并开发其相应的监控/监测网络平台。建立取水计量监测与统计制度,加速推进水资源监控预警能力建设,整合优化资源,切实提高水资源实时监控能力。以"智慧水利"为核心平台,加强对重要河流断面、饮用水水源地和其他重点水域以及地下水的监控,构建布局合理的监测网点,开发先进实用的应用系统和决策支持系统;推进水务信息化建设,开展重点监测点的信息实时采集和传送建设,搭建数据共享平台,完善水资源监测网络。

4. 提出补偿方案措施

以减少和控制排污为目的,逐步确立环境生态补偿机制。在满足限排量的前提下,将污染物排放量和环境补偿治理的责任直接挂钩,针对排污者提出强制性的环境补偿措施和方案。建立健全环境、生态补偿投融资体制,健全水生态环境保护责任追究制度和水环境损害赔偿制度,完善河湖水域生态补偿机制。

8.2 基于水资源刚性约束的宿迁黄河故道片区水资源优化配置评价

8.2.1 水资源配置节水目标与指标评价

8.2.1.1 节水目标评价

根据《水利部 国家发展改革委关于印发"十四五"用水总量和强度双控目标的通知》(水节约〔2022〕113号)、《宿迁市水资源综合规划(2021—2035)》,结合近年来工作基础和节水指标下降趋势,以及未来经济社会发展预测,考虑规划期内继续强化节水工作,确定宿迁市近远期的主要节水指标如表8.2-1所示。

根据宿迁市实行最严格水资源管理制度和节约用水工作领导小组办公室文件《关于调整"十四五"用水总量和强度控制目标的通知》(宿水资组办〔2023〕1号),2025年宿迁市用水总量控制在27.5亿 m³,其中:非常规水源利用量0.65亿 m³,地下水用水总量3500万 m³,万元国内生产总值用水量比2020年下降19%,万元工业增加值用水量比2020年下降20%,农田灌溉水有效利用系数0.610。结合黄河故道片区现状,在黄河故道片区现状用水的基础上,下降率会逐年降低,因此黄河故道片区下降率以宿迁市为准,取19%和20%。

综上,制定规划水平年黄河故道片区节水目标为:2025年单位GDP用水量、万元工业增加值用水量较2020年分别下降19%、20%;公共供水管网漏损率控制在9.5%以下,工业用水重复利用率达到90%。

表8.2-1　宿迁市节水目标

分类	节水指标	现状年	近期2025年	远期2030年	远期2035年
总体指标	总用水量/亿 m³	22.903	27.5	27.5	27.5
	万元地区生产总值用水量/m³	61.6	49.89	48.34	45
农业节水指标	农田灌溉水利用系数	0.605	0.61	0.62	0.63
	农田灌溉亩均用水量/m³	483.3	459.6	436.6	413.6
工业节水指标	万元工业增加值用水量/m³	12.6	10.08	9.26	8.68
	规模以上工业用水重复利用率/%	91	92	93	95
城镇生活节水	城市居民生活用水量/[L/(人·d)]	139.7	140	155	170
	村镇居民生活用水量/[L/(人·d)]	89.3	120	130	140
	城市供水管网漏损率/%	10.6	9.5	9	8.5
	节水器具普及率/%	100	100	100	100

8.2.1.2　节水指标评价

黄河故道片区2021年和2025年的单位GDP用水量分别为62.3 m³和48.43 m³,万元工业增加值用水量分别为12.34 m³和12.09 m³,2025年单位GDP用水量和万元工业增加值用水量较2020年下降率分别为22.25%和13.25%。2025年黄河故道片区公共供水管网漏损率9.20%,城市节水器具普及率100%,工业用水重复利用率92%,均可以满足节水目标,近期规划水平年2025年节水指标可达性评价见表8.2-2。

表 8.2-2　近期规划水平年节水指标可达性评价

指标	目标要求	2025 预测值
单位 GDP 用水量/m³	2025 年较 2020 年下降 20%	2025 年较 2020 年下降 22.25%
万元工业增加值用水量/m³	2025 年较 2020 年下降 10%	2025 年较 2020 年下降 13.25%
公共供水管网漏损率	9.5%	9.20%
工业用水重复利用率	91.50%	92%

8.2.2　水资源配置综合效益评价

本章节以 2025 年为例,在 90% 保证率的前提下,运用模糊物元＋改进迭代熵值法对三种规划方案进行综合效益评价分析,其中 M1 代表经济平稳增长的适度节水管理方案(方案Ⅰ),M2 代表经济快速增长的强化节水管理方案(方案Ⅱ),M3 代表经济快速增长的适度节水管理方案(方案Ⅲ),其具体评价计算结果见表 8.2-3,按综合贴近度值越大越优原则,各方案由优到劣排序为 M2、M3、M1。

表 8.2-3　各评价方案综合贴近度值计算汇总表

目标	M1	M2	M3
经济合理性	0.664	0.811	0.784
社会合理性	0.328	0.414	0.385
生态环境合理性	0.296	0.425	0.349
资源利用合理性	0.475	0.573	0.479
综合效益	0.564	0.689	0.639
排序结果	3	1	2

(1) 由表 8.2-3 评价计算结果数据可以得出:在三个水资源合理配置规划方案中,方案Ⅱ优于方案Ⅲ,方案Ⅲ优于方案Ⅰ,表明经济快速增长的强化节水管理方案要优于经济快速增长的适度节水方案;而经济快速增长的适度节水方案又优于经济平稳增长的适度节水方案。

(2) 从经济合理性的角度分析,各水资源合理配置方案均能满足区域经济发展用水需求,能够促使区域社会经济可持续发展。

(3) 从社会合理性方面评价,贴近度值均较低,说明区域社会效益也较低,这需要在合理分配水资源过程中加强社会效益的考虑,以提高水资源合理配置中的社会效益最大化,使区域社会协调可持续发展。

(4)从生态环境合理性方面分析,区域生态环境的效益还较低,人居环境还需要进行大力改善,要加强对生态环境效益的研究,保证区域生态环境良性发展。

(5)从资源利用合理性方面分析,随着区域水资源合理分配,各用户的资源利用效益得到了提高,区域有限的水资源利用也得到最优化。

(6)从综合效益方面分析,方案Ⅱ和方案Ⅲ的综合效益较为显著,在经济快速增长的过程中,加强节水措施、合理分配水资源,对区域各方面发展都有显著的效果。

(7)通过采用模糊物元+改进迭代熵权法的结合,全面地考虑了主、客观权重的不同信息,将主观权重与熵权有机地结合在一起,形成了综合权重,最终使综合效益评价结果科学、客观、合理。

8.2.3　水资源配置方案风险评估

8.2.3.1　风险结果估计

采用专业软件(Crystal Ball)进行风险率的计算。在各种风险因素的影响下,风险率越大,区域用水系统达到配置方案目标效果的可能性就越小。在不同来水频率的影响下,经济效益风险率会随着来水频率的增大、来水量的减小而逐渐减小,而社会效益风险率、生态效益风险率则相反会随之增大。经济效益风险率减少是因为供水量减小而导致配置方案目标经济效益降低,无法达到目标值的概率降低,风险率随之减少;当来水频率增大,供水量减少,用水系统供需水缺口增大,有限的供水量优先配置生活用水,其次满足效益比例更高的第二产业和第三产业用水,可配置水量的减少导致各行业间的供水公平性随之降低,从而使得配置方案的社会效益风险增加;随着来水频率提高,供水量减少,配置方案配置给各类用水户的水量减少,排污量随之减少,则用水系统排污量高于目标排污量的概率增加,进而导致方案风险率增大。

从时间跨度上看,随着经济的不断发展,2035年配置方案中目标经济效益更高,则其风险有略微的增长,但风险率较低,表明方案经济效益基本可以满足。而配置方案由于节水型社会建设力度的不断加大,供需缺口缩小,在风险因素变动范围内无法满足需水要求的可能性也随之降低,即社会风险率降低。同时,区域在规划期内管道铺设情况不断完善,扩建了污水处理厂,有效减少了污染物的排放,则用水系统中随各类风险因子变化所带来的污染物排放量高于方案目标排污量的风险降低,即生态环境风险降低。

8.2.3.2 敏感性分析结果

本章节使用 Crystal Ball 软件中敏感性分析工具对水资源优化配置方案进行敏感性分析。

在经济效益方面,万元工业增加值年均增长率和第三产业万元增加值年均增长率以及万元工业增加值用水定额是影响配置方案经济效益的主要敏感因素。当万元工业增加值年均增长率增长,有43.2%的概率会带来经济效益的增长,同理,第三产业万元增加值年均增长率影响经济效益的占比为19.8%。而万元工业增加值用水定额减小会带来工业效益的增大,进而影响经济效益增长,因此,万元工业增加值用水定额减少会有12.8%的可能带来经济效益的增长。可以发现,促进第二产业经济稳步增长有利于保障水资源配置方案的经济效益。

在社会效益方面,降雨量、灌溉水利用系数以及地表水可利用系数是社会效益的主要敏感因素,且都和社会效益有正相关关系。农田有效灌溉水利用系数对社会效益的影响高达78.8%,即农田灌溉水利用系数越大,用水系统的缺水量越小,社会效益越好。因此,研究区域应大力发展节水农业,提高农田灌溉水利用率。

在环境效益方面,这里的环境效益指的是用水系统中排放的污染物 COD 含量。污水回用率、污水处理率以及万元工业增加值用水定额是影响环境效益的主要敏感因素。污水处理率、万元工业增加值用水定额增长则处理污水量随之增大,污染物排放量增加;而污水回用率增长,污水排放量即减少,污染物排放量也随之减少。因此,研究区域应加快污水处理厂的建设,铺设污水处理管道,积极发展污水回用工程,增加污水回用量,提高污水排放标准。在工业产业方面加大节水力度,降低万元工业增加值用水定额,积极构建节水型社会。

8.2.3.3 风险管控措施

针对水资源配置方案风险评估结果,从生活、工业、农业三方面提出管控措施,加强各用水部门节水强度,防范非常规水利用风险产生,提高各类用水部门用水效率,使水资源配置方案达到综合效益最优。

1. 生活用水

遏制管网漏失、普及节水型器具,制定供水管网更新改造计划,推广先进的检漏技术,完善管网检漏制度,降低供水管网漏失率,依靠科技进步研制、开发节水新技术和新产品。推行国内外城市先进的污水处理与中水回用技术,在城镇改造扩建过程中,要加大城镇排水管网的改造力度,扩大废污水收集范围,提高污水处理厂废污水处理和回用能力,逐步建设城镇污水处理与回用设施,到规划后期拟实施自来水管网和中水管网两路供水。加强对污水接入市政排水管网的许可管理,定期检查管网工况,排除管网破裂风险。在大型宾馆、酒店、浴场和健身俱乐部等用水量较大的场所,要充分利用沐浴、洗涤等废水进行处理后回用作为中水水源。在污水处理厂周围半径3~5 km范围内实施中水回用,主要用于公共绿地绿化、环境卫生、消防、冲洗街道和郊区农业灌溉等。城市绿化灌溉、卫生清扫采用非常规水时,清扫车辆应做出明确标示,考虑非常规水对人体健康的影响,工作人员应采取必要的防护措施;用于洗车、冲厕时也应做明显标识。

2. 工业用水

相关部门应严格执法,依法进行查处和治理,坚决做到污水处理达标后再排放入河。大力研究开发治污控制技术,积极推广清洁生产,从生产工艺和管理各个环节削减污染物发生量;同时加大工业废污水处理力度,做到达标排放。严格限制在现状水质较好的区域建设重污染型企业,推动发展绿色环保生态产业。在加强城市供水、排水管网系统改造建设的同时,对原排水系统逐步做到由合流向分流过渡,尽快实施雨污分流、便于污水集中处置。加强污水管道建设力度,扩大污水收集范围和处理能力。在工业生产中使用非常规水时,应考虑非常规水对产品质量和生产过程的影响。当用于循环冷却水时,应采取相应的防腐、防垢措施;当用于锅炉补给水时,应根据锅炉工况进一步软化、脱盐。

3. 农业用水

应根据各片区的土壤土质选择合适的防渗措施,例如混凝土衬砌、低压等;灌溉方式鼓励采用轮灌和间灌技术。推广田间节水技术,在水稻灌溉方面,实行勤晒少灌、湿润灌溉、浅灌深蓄等节水灌溉方式。旱作物鼓励实行滴灌、微灌等节水灌溉技术(目前主要用于蔬菜和果林绕灌)。调整作物结构,提高复种指数,扩大树木覆盖率,改善农田小气候,减少田间水分蒸发,充分利用有效降雨,增加沟渠水源和土壤水分的调蓄能力。限制农药、化肥的使用,尽量减少农业面源对水体的污染。理顺和完善农业节水的综合管理才能保证农业节水技术的全面推广和工程措施的落实,充分挖掘农业节水潜力。

参考文献

［1］田乃旭.基于水文连通的吉林省辽河流域水资源优化配置研究［D］.长春:东北师范大学,2023.

［2］王梦磊.基于水-碳足迹的水资源优化配置研究——以江苏为例［D］.扬州:扬州大学,2023.

［3］肖凌峰.基于干支线协调优化的引松供水工程水量联合调度研究［D］.郑州:华北水利水电大学,2023.

［4］邵美烨.大连市水资源优化配置研究［J］.黑龙江水利科技,2022,50(4):144-146＋192.

［5］陈飞,王慧杰,李慧,等.黄河流域实行水资源刚性约束制度的立法思考［J］.中国水利,2023(5):23-26.

［6］赵金森,佟玲,岳琼,等.基于遥感数据的不确定性的农业水资源优化配置研究——以漳河灌区为例［J］.中国农业大学学报,2022,27(4):244-255.

［7］王浩,王建华,胡鹏.水资源保护的新内涵:"量-质-域-流-生"协同保护和修复［J］.水资源保护,2021,37(2):1-9.

［8］李彤彤.海口市水资源优化配置及调度系统［D］.广州:华南理工大学,2018.

［9］马睿,李云玲,邢西刚,等.水资源刚性约束指标体系构建及应用［J］.人民黄河,2023,45(4):76-80.

［10］吴明晏.近三十年来水利史与水利纠纷研究综述［J］.华北水利水电大学学报(社会科学版),2020,36(4):21-26.

［11］王凡.锦州市水资源优化配置研究［J］.黑龙江水利科技,2022,50(1):43-46.

［12］胡鑫,冯杰,苏长青.基于区间直觉模糊集的空间均衡水资源优化配置模型［J］.水电能源科学,2021,39(10):50-53＋62.

［13］肖洁,温天福,蔡付林,等.水资源刚性约束下新余市水资源承载力系统动力学仿真分析［J］.水资源与水工程学报,2022,33(5):62-71,80.

［14］郭孟卓.对建立水资源刚性约束制度的思考［J］.中国水利,2021(14):12-14.

［15］Zhao L H. Water Resource Management and Its Role in Development of Integrated Mountainous Agriculture—A Case from Ningnan County of Sichuan Province［J］. Agricultural Science and Technology, 2010,11(8):183-188.

［16］赵晶.区域水资源配置方案综合评价研究[D].西安:西安理工大学,2009.

［17］陈苏春,李进兴,温进化,等.永康市水资源刚性约束协同推进机制探索与实践[J].中国水利,2020(21):53-54+62.

［18］Buras N. Scientific Allocation of Water Resources:Water Resources Development and Utilization—A Rational Approach[M]. New York:Elsevier,1972.

［19］高丽,高庆锋.基于水资源优化配置下的无定河水能开发探析[J].黑龙江水利科技,2023,51(8):96-99.

［20］王小军,金志丰,陈扬,等.国土空间规划中水资源刚性约束机制研究[J].中国国土资源经济,2021,34(5):4-9.

［21］杨得瑞.建立水资源刚性约束制度科学推进实施调水工程[J].中国水利,2021(11):1-2.

［22］宋树成.基于风险价值的水资源优化配置研究[J].水利科技与经济,2023,29(8):15-20.

［23］柳长顺,陈献,刘昌明,等.国外流域水资源配置模型研究进展[J].河海大学学报(自然科学版),2005(5):522-524.

［24］Keith W H,Fang L,Wang L. Fair Water Resources Allocation with Application to the South Saskatchewan River Basin[J]. Canadian Water Resources Journal,2013,38(1).

［25］Iosvany R V,Jose M R,Jose L M,et al. Multiobjective Optimization Modeling Approach for Multipurpose Single Reservoir Operation[J]. Multidisciplinary Digital Publishing Institute,2018,10(4).

［26］严芳芳.浅议水资源优化配置方法[J].地下水,2023,45(4):244-246.

［27］付银环,李新旺,徐宝同,等.不确定性多目标模糊规划在水资源优化配置中的应用[J].南水北调与水利科技(中英文),2023,21(3):470-479.

［28］高斌.区域水资源优化配置及供水系统规划研究[D].天津:天津大学,2009.

［29］Bielsa J,Duarte R. An Economic Model for Water Allocation in North Eastern Spain [J]. International Journal of Water Resources Development,2001,17(3):397-408.

［30］Maqsood I,Huang G,Huang Y,et al. ITOM:An Interval-Parameter Two-Stage Optimization Model for Stochastic Planning of Water Resources systems[J]. Stochastic Environmental Research and Risk Assessment,2005,19(2):125-133.

［31］Afzal J,Noble D H,Weatherhead E K. Optimization Model for Alternative Use of Different Quality Irrigation Waters[J]. Journal of Irrigation and Drainage Engineering,1992,118(2):218-228.

［32］Giannias D A,Lekakis J N. Fresh Surface Water Resource Allocation Between Bulgaria and Greece[J]. Environmental and Resource Economics,1996,8(4):473-483.

［33］王露阳.基于虚拟水平衡的塔里木河区间水资源优化配置[J].海河水利,2023(6):5-7+22.

［34］孙凯悦,牛最荣,王建旺,等. 面向供水对象转型的引大入秦工程水资源优化配置研究［J］. 水资源与水工程学报,2023,34(3):93-100.

［35］Wong H S,Sun N Z,Yeh W. Optimization of Conjunctive Use of Surface Water and Groundwater with Water Quality Constraints［J］. International Review of Hydrobiology,2014,97(97):526-541.

［36］Mianabadi H,Mostert E,Pande S,et al. Weighted Bankruptcy Rules and Transboundary Water Resources Allocation［J］. Water Resources Management,2015,29(7):2303-2321.

［37］Ning D,Rasool E,Hamid M,et al. Agent Based Modelling for Water Resource Allocation in the Transboundary Nile River［J］. Water,2016,8(4):139.

［38］Kucukmehmetoglu M,Guldmann J M. International Water Resources Allocation and Conflicts:the Case of the Euphrates and Tigris［J］. Environment and Planning A,2002,36(5):783-801.

［39］Khare D,Jat M K,Sunder J D. Assessment of Water Resources Allocation Options:Conjunctive Use Planning in a Link Canal Command［J］. Resources Conservation and Recycling,2007,51(2):487-506.

［40］Jafarzadegan K,Abed-Elmdoust A,Kerachian R. A Fuzzy Variable Least Core Game for Inter-Basin Water Resources Allocation Under Uncertainty［J］. Water Resources Management,2013,27(9):3247-3260.

［41］Oftadeh E,Shourian M,Saghafian B. Evaluation of the Bankruptcy Approach for Water Resources Allocation Conflict Resolution at Basin Scale,Iran's Lake Urmia Experience ［J］. Water Resources Management,2016,30(10):3519-3533.

［42］Dadmand F,Naji-Azimi Z,Farimani N M,et al. Sustainable Allocation of Waterresources in Water-scarcity Conditions Using Robust Fuzzy Stochastic Programming［J］. Journal of Cleaner Production,2020,276.

［43］华士乾. 水资源系统分析指南［M］. 北京:水利电力出版社,1988.

［44］贺北方. 区域水资源优化分配的大系统优化模型［J］. 武汉水利电力学院学报,1988(5):109-118.

［45］黄军. 基于用水总量控制的合肥市水资源优化配置研究［J］. 水利规划与设计,2023(6):25-29.

［46］卢瑶,马真臻,贺华翔,等. 基于缺水量与保证率"双控"的水资源优化配置模型及应用［J］. 水利水电技术(中英文),2023,54(8):91-103.

［47］刘鑫,吴向东,鄢笑宇,等. 鄱阳湖流域水资源开发利用的时空特征［J］. 水资源与水工程学报,2022,33(4):72-78.

［48］刘健民,张世法,刘恒. 京津唐地区水资源大系统供水规划和调度优化的递阶模型［J］. 水科学进展,1993(2):98-105.

［49］王钰娟,罗健,薛晴,等.基于混沌高斯扰动布谷鸟算法的水资源优化配置［J］.水电能源科学,2021,39(9):45-49.

［50］杨治中,刘猛.基于地下水压采的水资源优化配置研究［J］.治淮,2021(8):4-6.

［51］潘家华.水资源跨流域配置的资源经济问题研究——以南水北调中线工程为例［J］.自然资源,1994(4):7-14.

［52］常一帆,沙金霞,刘彬,等.改进蝴蝶优化算法在邯郸市水资源优化配置中的应用［J］.水电能源科学,2023,41(4):56-60.

［53］陶洁,王沛霖,王辉,等.基于 A-NSGA-Ⅲ的引江济淮工程河南段水资源优化配置研究［J］.水利水电科技进展,2023,43(6):111-119.

［54］邵东国.跨流域调水工程优化决策模型研究［J］.武汉水利电力大学学报,1994(5):500-505.

［55］邵东国.多目标水资源系统自优化模拟实时调度模型研究［J］.系统工程,1998(5):19-24+66.

［56］曾伟清.基于生态需水保障的赣抚平原灌区水资源优化配置研究［D］.南昌:南昌大学,2023.

［57］王栋柱.基于多目标多水源的仪征市水资源优化配置研究［D］.扬州:扬州大学,2023.

［58］龙爱华,徐中民,张志强,等.基于边际效益的水资源空间动态优化配置研究——以黑河流域张掖地区为例［J］.冰川冻土,2002(4):407-413.

［59］孙宗凤.用微观经济学理论对水资源配置中有关问题的新思考［J］.江苏水利,2007(12):12-14.

［60］于言哲,熊黑钢.基于 SD 模型的新疆奇台县水资源的优化配置研究［J］.干旱区资源与环境,2010,24(5):37-41.

［61］沈燕.水资源管理机构人员配置模型的构建与应用研究［J］.水利水电技术,2015,46(3):27-29+38.

［62］田林钢,杨丹.基于鲸鱼优化算法的区域水资源优化配置研究［J］.中国农村水利水电,2021(7):31-34+42.

［63］冀宁远,杨侃,陈静等.基于 IABC-PSO 算法的区域水资源优化配置模型研究［J］.人民长江,2021,52(6):49-57+87.

［64］董玲燕,许继军,马瑞,等.基于 GIS 网络模型的水资源优化配置系统设计与实现［J］.水利水电技术,2016,47(12):7-11+18.

［65］邢辉.基于模糊聚类法在康平县水资源优化配置中的应用［J］.黑龙江水利科技,2018,46(7):159-162.

［66］朱思峰,李子胥.基于改进型 NSGA-Ⅱ算法的晋中市水资源优化配置［J］.中国农村水利水电,2023(5):91-97+105.

［67］姜秋香,何晓龙,王子龙,等.基于区间多阶段随机规划的水资源优化配置模型及应用［J］.水利水电科技进展,2022,42(6):1-7.

［68］孙静思.基于居民幸福感的水资源配置优化研究——以洛阳市为例[J].资源与产业，2021(3):88-94.

［69］梁晓燕.怀头他拉灌区水资源配置研究[D].西安:西安理工大学，2020.

［70］杨伍梅,刘陶文.基于MATLAB的多目标规划问题的理想点法求解[J].湖南城市学院学报(自然科学版),2017,26(4):60-63.

［71］陈颖杰.考虑物理机制的流域需水预测系统动力学模型研究[D].福州:福州大学,2021.

［72］杨丹.某县水资源优化配置研究[D].郑州:华北水利水电大学,2021.

［73］申晓晶.基于协同论的水资源配置模型及应用[D].北京:中国水利水电科学研究院,2018.

［74］陈芳.基于多目标规划的区域水资源优化配置[D].重庆:重庆交通大学,2017.

［75］张成凤.考虑不确定性的榆林市榆阳区水资源优化配置及配置系统和谐性研究[D].杨凌:西北农林科技大学,2017.

［76］刘洁.江苏省城镇化与水资源协调发展研究[D].南京:南京农业大学,2016.

［77］米财兴.榆阳区需水预测与水资源优化配置研究[D].杨凌:西北农林科技大学,2015.

［78］侯丽娜.基于来水和需水的周期规律及不确定性的水资源配置模型[D].北京:中国水利水电科学研究院,2013.

［79］彭晶.基于GIS的多目标动态水资源优化配置研究[D].天津:天津大学,2013.

［80］王福林.区域水资源合理配置研究——以辽宁省为例[D].武汉:武汉理工大学,2013.

［81］Holland J H. Adaptation in Naturation in Naturaland Artificial Systems[J]. The University of Michigan Press,1975(1):21-24.

［82］刘美钰,张雷,栾清华,等.人工鱼群算法在河间市水资源优化配置中的应用[J].水利水运工程学报,2021(3):74-83.

［83］伍鑫,王艺杰,姚园等.基于区间两阶段法的城市水资源优化配置[J].水利水电技术(中英文),2021,52(10):24-34.

［84］李虹瑾.基于系统动力学的天山北坡城市群水资源优化配置研究[J].水资源开发与管理,2021(5):36-42.

［85］覃杰香.跨越式经济发展地区需水预测方法研究——以广西北部湾经济区为例[D].广州:华南理工大学,2012.

［86］陈冬萍.基于粒子群算法的区域水资源优化配置研究[D].南昌:南昌大学,2011.

［87］胡啸.基于大系统总体优化遗传算法的水资源多目标优化配置研究[D].兰州:兰州大学,2017.

［88］程美家.济南市水资源优化配置研究[D].济南:山东师范大学,2010.

［89］蔺颖.山西省需水预测及水资源优化配置研究[D].西安:西安理工大学,2010.

［90］杜守建.区域水资源优化配置研究[D].西安:西安理工大学,2009.

［91］薛保菊.宝鸡市需水量预测研究[D].西安:西安理工大学,2009.

［92］张静.不确定条件下城市多水源供水优化配置［D］.北京：华北电力大学,2008.

［93］赵秀美.基于 Repast 仿真平台的水资源优化配置研究［D］.天津：天津大学,2008.

［94］李陶琳.基于水资源承载力的区域水资源优化配置研究［D］.贵阳：贵州师范大学,2008.

［95］李云玲.水资源需求与调控研究［D］.北京：中国水利水电科学研究院,2007.

［96］朱成涛.区域多目标水资源优化配置研究［D］.南京：河海大学,2006.

［97］徐瑛丽.区域水资源配置方案评价研究［D］.南京：河海大学,2006.

［98］姜琼.基于可持续利用水量的需水预测方法研究——以延安市为例［D］.南京：河海大学,2006.

［99］袁洪州.区域水资源优化配置的大系统分解协调模型研究［D］.南京：河海大学,2005.

［100］邓彩琼.区域水资源优化配置模型及其应用研究［D］.武汉：武汉大学,2005.

［101］岳春芳.东南沿海地区水资源优化配置模型及应用研究［D］.乌鲁木齐：新疆农业大学,2004.

［102］汪党献.水资源需求分析理论与方法研究［D］.北京：中国水利水电科学研究院,2002.

［103］刘鑫.城轨列车自动驾驶的多目标优化控制策略研究［D］.兰州：兰州交通大学,2020.

［104］刘晓敏,刘志辉,孙天合.基于熵权法的河北省水资源脆弱性评价［J］.水电能源科学,2019,37(4):33-35+39.

［105］黄洪伟.碳中和背景下区域水资源优化配置——以陕北能源基地为例［D］.杨凌：西北农林科技大学,2023.

［106］马森.适应生态消费模式的二元水资源优化配置研究［D］.昆明：昆明理工大学,2023.

［107］刘倩倩,陈岩.基于熵权法的流域水资源脆弱性评价——以淮河流域为例［J］.长江科学院院报,2016,33(9):10-17.

［108］田林钢,靳聪聪.基于改进的熵权-TOPSIS 法的震损水库最佳除险加固方案选择［J］.水电能源科学,2013,31(9):68-71.

［109］田相俊,李翠平,曹志国,等.基于 TOPSIS 法的西部矿区水资源承载力综合评价［J］.矿业研究与开发,2020,40(9):170-175.

［110］杨才杰,王贺龙,温进化,等.基于 IA-PSO 的库坝梯级系统水资源优化配置与调度［J］.水利水电技术(中英文),2023,54(4):60-68.

［111］王芊予,胡天林,芮松楠,等.基于模拟优化模型的渠井结合灌区多目标水资源优化配置［J］.节水灌溉,2022(9):30-38.

［112］章运超,王家生,朱孔贤,等.基于 TOPSIS 模型的河长制绩效评价研究——以江苏省为例［J］.人民长江,2020,51(1):237-242.

［113］熊雪珍,何新玥,陈星,等.基于改进 TOPSIS 法的水资源配置方案评价［J］.水资源保护,2016,32(2):14-20.

［114］赵燕.基于改进萤火虫算法的水资源优化配置［D］.太原：太原理工大学,2019.

［115］汪亮亮,张同刚,叶茂,等.基于线性趋势外推和 GM(1,1)模型预测塔里木河下游胡杨

年轮径向生长变化[J].中南林业科技大学学报,2018,38(4):87-94.

[116] 刘呈玲,方红远,刘志辉.改进的灰色预测模型在区域用水总量预测中的应用[J].华北水利水电大学学报(自然科学版),2018,39(2):57-62.

[117] 韩淑敏.平和县城及其周边乡镇水资源优化配置方案[J].水利科技,2023(1):14-17.

[118] 王占海,何梁,王保华,等.环北部湾地区水资源优化配置研究[J].水电能源科学,2022,40(10):44-47.

[119] 吴泽宁,张海君,王慧亮.基于不同预测方法组合的郑州市工业需水量评价[J].水电能源科学,2020,38(3):46-48.

[120] 王浩,游进军.锚定国家需求以水资源优化配置助力高质量发展[J].中国水利,2022(19):20-23.

[121] 栾清华,高昊悦,刘红亮,等.基于GWAS模型的武安市水资源优化配置[J].水资源保护,2023,39(3):32-42.

[122] 谢之帅.基于不确定性的武威市水资源优化配置研究[D].西安:长安大学,2023.

[123] 李胜.微咸水利用潜力分析及水资源优化配置研究——以河北省馆陶县为例[D].保定:河北农业大学,2022.

[124] 莫昱晨.基于SSP-RCP情景的黄淮海流域需水预测与水资源优化配置[D].徐州:中国矿业大学,2022.

[125] 孙琦.太原市市区生态环境需水量特征及水资源优化配置研究[D].太原:太原理工大学,2022.

[126] 翟晋浩.三义寨灌区水资源优化配置研究[D].郑州:华北水利水电大学,2022.

[127] 王丽娟.基于多水源联合的建三江垦区农业水资源优化配置研究[D].哈尔滨:东北农业大学,2022.

[128] Adam S. An Inquiry into the Nature and Causes of the Wealth of Nations[M]. Irwin: Homewood,IL. ,USA,1776.

[129] Affuso E. Spatial Autoregressive Stochastic Frontier Analysis:An Application to an Impact Evaluation Study[J]. Social Science Electronic Publishing,2011.

[130] Allan J A. Fortunately There Are Substitutes for Water:Otherwise Our Hydro-political Futures Would be Impossible[J]. Priorities for Water Resources Allocation and Management,1993::13-26.

[131] Allan J A. Water Use and Development in Arid Regions:Environment,Economic Development and Water Resource Politics and Policy. [J]. Review of European Community & International Environmental Law,1996,5(2):107-114.

[132] Allan J A. Virtual Water-the Water,Food,and Trade Nexus Useful Concept or Misleading Metaphor[J]. Water International,2003,28(1):106-113.

[133] Allan J A. Water Security in the Mediterranean ind the Middle East// Security and Environment in the Mediterranean[M]. Berlin:Springer,2003.

[134] Allan J A. Virtual Water: A Strategic Resource Global Solutions to Regional Deficits [J]. Groundwater, 2010, 36(4):545-546.

[135] Bazrafshan O, Zaman H, Etedali H R, et al. Improving Water Management in Date Palms Using Economic Value of Water Footprint and Virtual Water Trade Concepts in Iran[J]. Agricultural Water Management, 2020, 229:105941.

[136] Berittella M, Hoekstra A Y, Rehdanz K, et al. The Economic Impact of Restricted Water Supply: A Computable General Equilibrium Analysis[J]. Working Papers, 2007, 41(8):1799-1813.

[137] Boyne G, Powell M, Ashworth R. Spatial Equity and Public Services: An Empirical Analysis of Local Government Finance in England[J]. Public Management Review, 2001, 3(1):19-34.

[138] Brown L R, Halweil B. China's Water Shortage Could Shake World Food Security[J]. World Watch, 1998, 11:10.

[139] Bruvoll A G, Glomsrd S, Vennemo H. Environmental Drag: Evidence from Norway [J]. Ecological Economics, 1999, 30(2):235-249.

[140] Bulsink F, Hoekstra A Y, Booij M J. The Water Footprint of Indonesian Provinces Related to the Consumption of Crop Products[J]. Hydrolog and Earth System Sciences, 2010, 14(1):119-128.

[141] 刘震,幸占斌. 我国水土保持的目标与任务[J]. 中国水土保持科学,2003(4):13-17.

[142] 顾斌杰,严家适,罗建华. 建立与完善小型农田水利建设新机制的若干问题[J]. 中国水利,2008(1):37-40.

[143] 钱正英,张兴斗. 中国可持续发展水资源战略研究综合报告—中国工程院"21世纪中国可持续发展水资源战略研究"项目组[J]. 中国工程科学,2000,2(8):1-17.

[144] 刘昌明. 二十一世纪中国水资源若干问题的讨论[J]. 水利水电技术,2002,33(1):15-19.

[145] 曾肇京,石海峰. 中国水资源利用发展趋势合理性分析[J]. 中国水利,2000(8):45-48.

[146] 畅明琦,刘俊萍. 论中国水资源安全的形势[J]. 生产力研究,2006(8):5-7

[147] 牛文元,营明奎. 生态灾害及其对我国的影响[J]. 地球科学进展,1990,5(4):54-58.

[148] 张重阳,李红,苑电波,等. 我国节水高效农业发展问题研究[J]. 安徽农业科学,2006,34(21):5642-5643.

[149] 朱连勇. 阿拉尔垦区水资源变化特征及合理配置研究[D]. 乌鲁木齐:新疆农业大学,2020.

[150] 高胖胖. 阿姆河流域径流变化分析与水资源优化配置[D]. 北京:华北电力大学,2022.

[151] 蒋赞美. 高质量发展视角下郑汴同城化水资源配置研究[D]. 郑州:华北水利水电大学,2023.

[152] 刘珈伊. 基于多目标规划的济宁市水资源优化配置[D]. 泰安:山东农业大学,2020.

[153] 孟建佛.基于能值理论的用水效率评估及韩城市水资源配置研究[D].杨凌:西北农林科技大学,2023.

[154] 任兴华.基于水资源管理"三条红线"的水资源配置模式研究[D].太原:太原理工大学,2015.

[155] 张偲葭.京津冀区域协同发展的水资源配置研究[D].哈尔滨:哈尔滨工业大学,2017.

[156] 纪静怡.纳入非常规水源利用的区域水资源配置研究[D].扬州:扬州大学,2021.

[157] 屈国栋.区域水资源合理配置及方案综合效益评价研究[D].杭州:浙江大学,2014.

[158] 崔萌.水资源配置效果评价指标体系和模型研究[D].郑州:郑州大学,2005.

[159] 刘立红.中国水资源利用效率研究[D].大连:辽宁师范大学,2017.

[160] 张瑶.中国水资源利用与经济发展的匹配性研究:基于农业虚拟水量与水质足迹的测算[D].杨凌:西北农林科技大学,2023.

[161] 陈旭升.中国水资源配置管理研究[D].哈尔滨:哈尔滨工程大学,2011.

[162] 赵学敏.基于供需协调的区域水资源优化配置研究[D].郑州:郑州大学,2007.